HISTOIRE MILITAIRE DE FLANDRE

depuis l'Année 1690. Jusqu'en 1694. inclusivement,

Ouvrage fait sur les Mémoires & Manuscrits des Camps, Marches Batailles & Sieges de M. le Maréchal Duc de Luxembourg, sur sa correspondance avec la Cour, sur celle des Officiers Généraux employés sur la frontiere pendant ces mêmes années et sur le Journal imprimé de M. Vaultier, Lieutenant d'Infanterie, Chevalier de St. Louis.

DÉDIÉE ET PRÉSENTÉE AU ROY

Par son très-humble, très-obeissant, très-fidel, Serviteur et Sujet, le Chevalier DE BEAURAIN, Géographe ordinaire du ROY, ci-devant de l'éducation de Monseigneur le Dauphin.

AVEC PRIVILEGE DU ROY.

HISTOIRE MILITAIRE

DE FLANDRE,

Depuis l'année 1690. jufqu'en 1694.
inclufivement;

*QUI COMPREND LE DETAIL DES MARCHES,
Campemens, Batailles, Siéges & Mouvemens des Armées du
Roi & de celles des Alliés pendant ces cinq Campagnes.*

DÉDIÉE ET PRÉSENTÉE AU ROI,
Par le Chevalier DE BEAURAIN, Géographe ordinaire du ROI, & ci-devant
de l'éducation de Monfeigneur le DAUPHIN.

CAMPAGNE DE 1692.

A PARIS,

Chez {
Le Chevalier DE BEAURAIN, Géographe ordinaire du Roi, rue Pavée,
la premiere porte à gauche, en entrant par le Quai des Auguftins.
CH. NIC. POIRION, Libraire, rue Saint Jacques, à l'Empereur.
CH. ANT. JOMBERT, Imprimeur-Libraire du Roi en fon Artillerie, rue
Dauphine, à l'Image Notre-Dame.
}

M. DCC. LV.
AVEC APPROBATION ET PRIVILEGE DU ROI.

AVERTISSEMENT.

Dans l'entreprise qu'a fait le Chevalier de Beaurain, de donner au Public les cinq dernieres Campagnes de M. le Maréchal de Luxembourg, il avoit formé le projet de suivre & de faire exécuter les Cartes & les Plans tels qu'ils étoient dans les volumes qui lui ont été communiqués par M. le Duc de Luxembourg ; mais le Chevalier de Beaurain, toujours plus jaloux de son honneur & de sa réputation que de son intérêt, a changé presque entièrement ce plan ; ce qui a augmenté la dépense de près de moitié, comme on le va voir ci-après.

Le papier & l'impression lui ont coûté un tiers de plus que dans son premier plan : les Batailles des volumes de M. le Duc de Luxembourg n'étant faites que sur des Plans Géographiques en grands points, nonobstant la dépense quadruplée de cet article, il a jugé à propos de se servir de Cartes Topographiques, où le terrein est représenté au naturel, & d'y asseoir dessus la disposition de ces Batailles prises d'après M. le Maréchal de Luxembourg, pour que les Militaires puissent mieux juger des opérations de ce Général. De plus, il fait présent aux Souscripteurs de plusieurs Cartes & Plans qui ont rapport à l'ouvrage, & qui ne sont pas dans M. le Maréchal de Luxembourg, tels que le Plan du siege d'Huy, la Carte Topographique de l'investissement de Mons, le Plan retranché de Liege, la Carte détaillée des Lignes d'Espierres à Menin, la Carte Topographique de l'investissement de Charleroy, la Carte Topographique de l'enlevement de M. le Comte de Tilly dans son camp, la Carte du bombardement de Dunkerque par la flotte Angloise, le Plan de la machine infernale, & un frontispice pour cette derniere partie. Quant à ce qui regarde la Géographie, il a fait aussi des changemens considérables, sur ce qu'il s'est apperçu que la plûpart des noms des lieux qui étoient sur ces Cartes, avoient été corrompus ; il s'est cru obligé de réparer ce défaut par de pénibles recherches, plusieurs étant fondées sur des titres anciens pour en mieux définir l'origine ; c'est pourquoi l'on y trouvera souvent jusqu'à deux, trois & quatre noms ; enfin il a fait tout son possible pour les rendre exactes : les Militaires y trouveront des petits détails de Ponts, Gués, Tombes, petits Bois, Censes ou Fermes, Ruisseaux, Chapelles, &c. qui ne sont pas dans la plûpart des Cartes qui ont été levées pendant la derniere guerre de Flandre. Malgré les attentions extraordinaires que le Chevalier de Beaurain a prises, tant sur ces différens noms que sur les marches des troupes, il pourroit s'y être glissé des fautes : mais pour peu que le lecteur fasse attention à l'immensité de cet ouvrage, il espere qu'il sera assez judicieux pour les pardonner ; cependant il est bon d'avertir que ces fautes se peuvent réparer aisément par le lecteur même, dans le cas que les marches décrites dans le discours ne s'accorderoient pas avec celles qui sont tracées sur les Cartes : il sera alors facile d'y remédier avec un trait de crayon sur la Carte, pour faire passer ces marches par où le discours l'indique.

AVERTISSEMENT.

Il croit devoir encore prévenir Messieurs les Officiers, particuliérement ceux qui aussi laborieux qu'intelligens, par un dessein louable vont vérifier sur les lieux mêmes les Marches, les Camps, les Champs de Bataille, &c. qu'on s'est attaché le plus scrupuleusement qu'on a pu, à donner des Cartes exactes de tous les lieux comme on les voit à présent, & tels qu'ils étoient alors; ce qui étoit un devoir indispensable au Chevalier de Beaurain, pour le but de son ouvrage. Les Militaires éclairés sentiront donc bien que les révolutions qui arrivent dans les lieux, soit par accident ou par la volonté des propriétaires, peuvent faire changer ou défigurer le terrein en un petit nombre d'années, quoique la Carte pût être bonne en elle-même, & juste d'ailleurs. Ces sages considérations doivent entrer dans l'esprit du Militaire, & l'engager à faire beaucoup d'attention, particuliérement lorsque la guerre est portée en des endroits qui ont pu être susceptibles de ces variations.

Le Chevalier de Beaurain aura beaucoup d'obligation à ceux qui trouveront quelques fautes qui ont pu lui échapper, de l'en avertir : il fera usage de leurs observations dans la seconde édition qu'il ne tardera pas de donner, & il fera imprimer autant d'exemplaires de ces corrections qu'il en a fait faire de la premiere édition de l'ouvrage, pour les donner à ceux qui auront eu cette premiere édition : comme cela ne fera tout au plus qu'une feuille d'impression, il ne sera pas difficile de l'insérer dans le volume.

HISTOIRE MILITAIRE
DE FLANDRE,
EN L'ANNÉE M. DC. XCII.

Louis XIV forma pour cette année deux projets dignes de sa gloire & de sa puissance : l'un fut le rétablissement du Roi Jacques sur le trône d'Angleterre, l'autre de faire une entreprise en Flandre qui pût décider les Alliés à désirer la paix.

1692.

Il résolut d'employer ses forces maritimes & un grand nombre de ses troupes de terre à faire une descente en Angleterre pour seconder le zele des sujets de ce Royaume qui étoient restés attachés à leur Roi. La conquête de Namur lui parut en même temps la plus capable d'étonner les Hollandois & les Espagnols, & de donner de la terreur aux Princes dont les états sont situés sur la Meuse, & entre cette riviere & le Rhin.

Le Roi, qui avoit formé ce projet depuis long-temps, avoit songé aux moyens qui pouvoient en assurer le succès. S. M. avoit eu soin de faire des augmentations dans ses troupes (*), & avoit mandé au mois d'Août de l'année précédente à M. de Malezieux, Intendant de Champagne, d'assembler secrétement

---

(*) On augmenta de cinq hommes chaque compagnie d'infanterie ; & de trois bataillons on en fit quatre, en les réduisant de dix-sept compagnies à treize. Ils se formerent sur cinq rangs, & quelquefois à la fin des campagnes sur quatre. Il paroit que les piquiers n'étoient point entremêlés dans chaque compagnie avec les fusiliers & les Mousquetaires, & qu'au lieu d'être repartis de cette façon sur tout le front des bataillons, ils étoient placés ensemble au centre : on en détachoit seulement quatre ou six files pour fermer la droite & la gauche de chaque bataillon.

& peu à peu, aux environs de la Meufe 1300 mille rations de fourrage qu'il devoit tirer, foit de la Champagne & du Luxembourg, foit des Evêchés & de la Lorraine; on ordonna auffi pendant l'hyver à M. de Bagnoles, Intendant de Flandre, & à M. Chauvelin, Intendant de Picardie, d'en faire acheter & voiturer 900 mille rations aux environs de la Sambre.

M. de Vauban avoit été envoyé dans le Hainault pour y faire préparer ce qui pouvoit être néceffaire pour un grand fiege: M. de Vigny, commandant l'artillerie en Flandre, avoit reçu au mois de Janvier des ordres pour faire mettre en état fur la Meufe & fur l'Efcaut un équipage très-confidérable de campagne & de fiege. On avoit eu foin de former de gros magafins dans les places du Hainault pour la fubfiftance des troupes: il y avoit à Givet, Dinant, Philippeville & Maubeuge 40 mille facs de farine du poids de 200 livres chacun; à Mezieres, Avefnes, Landrecie & Mons 45 mille facs; & outre ces approvifionnemens, la Cour avoit ordonné à M. Chauvelin de faire rendre fur la Sambre la plus grande quantité de bleds & de farines qu'il pourroit trouver.

Les projets que Louis XIV avoit formés contre l'Angleterre & les Pays-Bas, devoient éprouver de grandes difficultés: la réduction de l'Irlande mettoit le Prince d'Orange en état de faire paffer en Flandre un corps de troupes confidérable: ce Prince, qui étoit l'ame de la ligue, avoit encouragé les Alliés à faire de nouveaux efforts, & les forces qu'ils devoient envoyer dans les Pays-Bas paroiffoient fuffire pour y faire la guerre avec avantage. Il faifoit en même-temps de grands préparatifs fur mer dont on ignoroit l'objet. On prétendoit dans toutes les Cours de l'Europe, & furtout à Londres, que ce Prince monteroit fur fa flotte avec 20000 hommes de débarquement, & on étoit perfuadé qu'après avoir été joint par celle de Hollande, il tenteroit une defcente fur les côtes de France pour y faire une puiffante diverfion.

Ces grands préparatifs ne changerent rien aux projets que Louis XIV avoit formés. Il réfolut de faire agir en Flandre & fous fes ordres, la plus grande partie de fes troupes, & de fe réduire à une guerre défenfive fur toutes fes autres frontieres. Il donna la conduite de fes armées aux mêmes Généraux qui les avoient commandées les années précédentes. Celle d'Allemagne fut confiée au Maréchal de Lorge; celle de Piémont à

DE FLANDRE.

M. de Catinat, & celle de Catalogne au Duc de Noailles.

Le Maréchal de Bellefonds fut chargé de la descente qu'on projettoit de faire en Angleterre, & les troupes qui y étoient destinées devoient s'assembler en Normandie.

1692.

Le Maréchal de Luxembourg fut nommé pour commander en Flandre une armée séparée de celle qui devoit agir sous les ordres du Roi. M. de Boufflers eut la conduite de celle qu'on forma sur la Meuse.

Le Roi ayant donné ses ordres pour l'armement de sa flotte, & pour la défense des frontieres du Royaume, se rendit le 17 Mai à la tête de son armée de Flandre, qui s'assembloit près de Mons. Les troupes que Sa Majesté devoit commander étoient campées à Givries, ayant la Trouille derriere elles. Celles qui étoient aux ordres de M. de Luxembourg, avoient leur droite près du village des Hautes-Estinnes, & leur gauche au bois Mesdames, près de Boussoit; le ruisseau des Estinnes étoit devant leur droite, & la Haine devant leur gauche; la réserve campoit au-delà du ruisseau des Estinnes.

MAI.

Le 20 le Roi fit la revue générale de ces deux armées dans la plaine qui est entre les petites rivieres de la Trouille, de la Haine, & le ruisseau des Estinnes. Celle où étoit Sa Majesté, s'avança par les soins de M. le Maréchal d'Humieres dans la plaine, depuis le ruisseau de Saint-Simphorien jusqu'à celui de Givries, & celle qui étoit aux ordres de M. de Luxembourg, depuis le faux Roeux jusqu'au bois d'Havré.

Monsieur le Dauphin & toute la Cour accompagnoient le Roi, & parcoururent avec Sa Majesté le front des lignes dans toute leur étendue. Les deux armées faisoient ensemble 104 bataillons, & 299 escadrons (*).

(*) Voyez la Planche I.

Pendant que ces troupes s'assembloient près de Mons, M. de Boufflers faisoit camper les siennes à Rochefort au-delà de la Meuse; elles étoient au nombre de seize bataillons & soixante escadrons.

M. de Joyeuse rassembloit en même-temps un corps sur la Moselle, auprès de Mont-Royal, & devoit avancer une tête sur la riviere d'Ahr, pour retenir les troupes ennemies dans l'Electorat de Cologne & le pays de Juliers. M. de Maulevrier avoit aussi à ses ordres trois bataillons & vingt-six escadrons pour défendre les lignes. Il étoit chargé de veiller à la sureté de cette partie de la frontiere, & de faire évacuer Furnes, Dixmude & Courtray, afin de n'employer ses troupes qu'à la défense du pays & des places qui appartenoient au Roi.

1692.
MAI.

L'artillerie de campagne & de siége consistoit en 196 pieces de canon, & 67 mortiers ou pierriers, dont une partie étoit sur la Meuse. Celle que M. de Vigny avoit fait préparer sur l'Escaut, s'étoit rendue à Mons en même-temps que les troupes, & on y avoit assemblé de la Flandre, de la Picardie & du Hainault 6000 charriots pour le transport des munitions de toute espece.

Ces grands préparatifs donnoient beaucoup d'inquiétude au Prince d'Orange & à l'Electeur de Baviere, à qui la Cour d'Espagne avoit donné le gouvernement des Pays-Bas. L'éloignement d'une partie des troupes des Alliés les mettoit hors d'état de s'opposer aux entreprises que le Roi voudroit former. Cependant afin d'observer ses mouvemens, & de garantir Bruxelles, ils firent promptement assembler sous cette place une armée de 26 à 27 mille hommes, & envoyerent des ordres aux Généraux Fleming & Cerclas de venir les joindre avec les troupes de Brandebourg & de Liége, qui avoient leurs quartiers aux environs d'Aix-la-Chapelle, & sur la Meuse.

L'armée du Roi se mit en marche le 23 Mai, & alla camper sur le Piéton; la droite eut Carnieres derriere elle, la Chapelle de N. D. des sept Douleurs fut derriere la gauche, & le quartier de Sa Majesté au Prieuré d'Herlaimont.

Les troupes qui étoient aux ordres de M. de Luxembourg, & son artillerie forte de 64 pieces de canon, marcherent le même jour sur six colonnes pour aller à Felluy.

Marche des Estinnes à Felluy.
PLANCHE II.

On battit la générale à la pointe du jour, & aussi-tôt après l'assemblée, les colonnes se jetterent sur la gauche, afin de ne pas embarrasser celles de l'armée du Roi qui marchoient sur la droite.

L'aîle droite de cavalerie fit la colonne de la droite, la Gendarmerie en eut la tête, & fut suivie du reste de la premiere ligne de cette aîle, ainsi qu'elle étoit campée, ensuite de la Brigade de Saint-Simon, & du reste de la seconde ligne. Cette colonne, en partant de son camp, en forma deux, dont l'une passa aux Hautes-Estinnes, & l'autre à la Chapelle de Notre-Dame de Cambron; elles allerent à travers champs passer le ruisseau de Binch au pont de Taperiaux, & au gravier de Péronne; de-là elles traverserent la Haine, l'une au pont de Triviere & l'autre à celui de Saint-Vaast, & elles entrerent dans la plaine pour y gagner la tête de la ravine qui tombe à Haine-Saint-Paul. Les deux lignes ne formant plus qu'une colonne, allerent droit à la hauteur
d'Hardimont,

DE FLANDRE.

d'Hardimont au Fayt & aux Wanages, où elles se trouverent à la droite du camp, qui étoit leur poste. La réserve commandée par M. le Duc de Chartres, marcha à la tête de cette colonne.

La premiere ligne d'infanterie fit la seconde colonne; Navarre en en eut la tête, & fut suivi des autres Brigades de cette ligne, ainsi qu'elles étoient campées. Cette colonne passa au pont que l'on avoit fait à la droite au-dessus de Maurage, & laissa Strepy, & l'autre colonne d'infanterie à sa gauche; elle marcha ensuite à la cense du Sart, où elle prit le chemin de Famille-à-Roeux, & laissant le moulin à gauche, elle se rendit dans la plaine de Seneff où fut le camp.

La troisiéme colonne fut pour la seconde ligne en commençant par Poitou qui en avoit la gauche. Cette colonne alla passer au pont du milieu des trois qui étoient faits au-dessus de Maurage; de-là elle alla à Strepy, qu'elle laissa à gauche, & la colonne d'infanterie à sa droite pour continuer sa marche à travers champs, & passer sur la digue de l'étang de la cense de la Louviere; elle prit ensuite le chemin de Famille-à-Roeux, qu'elle laissa à gauche, & la colonne d'infanterie à sa droite, pour se rendre à la hauteur de Seneff où fut son camp.

La quatriéme colonne fut pour les gros & menus bagages du quartier général de l'infanterie, & de l'aîle droite de cavalerie; ceux du quartier général en eurent la tête: cette colonne ayant passé la Haine au pont de la gauche des trois que l'on avoit fait au-dessus de Maurage, alla à Bracquignies, traversa le Roeux, prit le chemin de Megneau, & alla à Marcq, où tous les bagages du quartier général prirent le chemin de Felluy, & ceux de l'aîle droite de cavalerie celui de Famille-à-Roeux, d'où ils se rendirent à leur camp. Les bagages de l'infanterie, & ceux de l'aîle droite s'assemblerent près de Maurage, & traverserent la Haine sur un pont que l'on avoit fait dans le village. Ceux de l'aîle gauche d'infanterie y passerent les premiers.

La cinquiéme colonne fut pour l'artillerie, les caissons & les gros & menus bagages de l'aîle gauche, en commençant par le Mestre de Camp, suivi du reste de la premiere ligne de cette aîle; ensuite de la Brigade du Maine, & du reste de la seconde ligne. Cette colonne traversa la Haine sur le pont de Boussoit, & par des ouvertures que l'on avoit faites, elle alla passer au gué de Thieu, & au pont qu'on avoit fait au-dessous; elle continua sa marche par la Justice du Roeux & le Moulin à vent, d'où elle suivit le chemin des Escaussines, passant par l'Enfer; de-là elle prit le chemin qui va à la cense de l'Escail, & à Felluy, où elle entra dans son camp.

La sixiéme colonne fut pour l'aîle gauche; la Brigade du Mestre de Camp marcha la premiere, & fut suivie du reste de la premiere ligne de cette aîle, ainsi qu'elle étoit campée, ensuite de la Brigade du Maine, & du reste de la seconde ligne. Cette colonne en forma deux pour passer la Haine sur les deux ponts que l'on avoit fait à Ville-sur-Haine, de-là elles allerent à travers champs droit à Thieusies, & en approchant

1692.
MAI.

Qq

du village, elles le laisserent à gauche pour marcher à la cense d'Ubifossé, où elles prirent le chemin de Naast; elles allerent ensuite au cabaret de Belle-tête, & laissant Henripont à gauche, elles passerent au moulin du Cromeleu; de-là elles traverserent le ruisseau de Felluy au-dessous de ce village, pour entrer par la queue de leur camp.

Cette colonne devant avoir passé la Haine plutôt que celle des bagages, laissa des escadrons de distance en distance pour couvrir leur marche, il en resta un auprès de Gottignies, un auprès de la cense d'Ubifossé, & un autre entre Naast & Megneau.

Il y avoit à la tête de chaque colonne de cavalerie 100 dragons avec des outils pour accommoder les chemins; à la tête de celles d'infanterie cent hommes de pied tirés des Brigades qui avoient l'avant-garde, & à la tête de celles des bagages cinquante hommes de pied pour la même raison. Les vieilles Gardes firent l'arriere-garde des colonnes des bagages & d'infanterie, & cet ordre fut donné pour toute la campagne. Les troupes qui devoient avoir la tête des colonnes envoyerent le soir reconnoître leur marche pour la sortie du camp, & les ponts sur lesquels elles devoient passer la Haine. Il y eut huit cens hommes de pied commandés pour être postés de distance en distance dans les colonnes d'artillerie & des bagages. Il y eut aussi un Colonel commandé avec cent Maîtres pour leur faire observer l'ordre de la marche.

On fit partir à minuit quatre cens chevaux & cent dragons pour couvrir la marche de l'armée sur la gauche; on en détacha cent à la tête du bois del Houssierre, & le surplus fut placé vers le moulin à vent de Braine-le-Comte. On commanda aussi pour la même raison cinq cens hommes de pied, lesquels eurent leur rendez-vous auprès de Boussoit. On en mit cent à la tête du bois del Houssierre, cent à Ronquieres, cinquante à Henripont, cinquante au château de la Folie, cinquante à celui des Escaussinnes, cinquante dans le bois de Rougelin, & cent dans le bois de Soignies; tous ces détachemens ne revinrent au camp qu'à l'entrée de la nuit. On envoya un parti d'infanterie dans le chemin du Roeux à Naast, & un vers le Fayt.

On commanda, pour marcher au campement, quatre cens travailleurs qui firent alte auprès d'Arquenne; on s'en servit pour les faire travailler aux chemins. On fit marcher à leur tête trois charrettes chargées d'outils, & il y eut un Officier d'artillerie qui fut commandé pour les employer aux endroits nécessaires.

On commanda trois cens hommes de pied qui marcherent avec le campement, & qui furent postés pour la sureté du camp & du fourrage au bois d'Haine, au pont de Seneff, à Rosignies, à Renisart, au petit Roeux, & au petit bois qui est au-dessous d'Arquenne; ils ne rentrerent dans le camp que le lendemain à la générale. L'enceinte du fourrage se fit entre le ruisseau de Seneff & celui des Escaussinnes; & le détachement qui couvroit la marche de l'armée, ne rentra qu'après que le fourrage fut fait.

DE FLANDRE.

Le campement s'assembla au-delà du pont de Bray avec toutes les gardes de cavalerie & d'infanterie.

1692.
MAI.

Les Officiers eurent ordre de camper régulierement à la queue de leurs Brigades, & de ne loger que dans les villages & les lieux qui en étoient les plus proches. Les Officiers Généraux logerent tous à leurs aîles.

On n'envoya au campement que trois Sergens par bataillon, qui marcherent avec le détachement du campement.

Le Prevôt marcha sur les aîles de l'armée pour arrêter ceux qui s'écarteroient de leurs colonnes.

L'armée campa sur deux lignes, la droite près des Wanages, la gauche à Arquenne, le quartier général à Felluy. La réserve fut placée au-delà du ruisseau, & près le village d'Arquenne.

Le Roi menoit avec lui une partie de l'artillerie & des munitions qui s'étoient rendues à Mons, l'autre partie alla passer le même jour la Sambre à la Bussiere, pour marcher à Philippeville, & de-là à Namur. M. de Ximenes fut chargé de l'escorter avec six bataillons qu'il tira de Dinant & de Philippeville, & auxquels M. de Boufflers joignit douze escadrons.

Le 24 le Roi s'avança avec son armée dans la plaine de Fleurus : elle y campa sur deux lignes ; la droite près de Sombreff, la gauche près de Saint-Fiacre. Le quartier de Sa Majesté fut au château de l'Escaille.

Le même jour M. de Luxembourg fit marcher son armée sur six colonnes pour aller à Marbay.

L'aîle droite de cavalerie fit la colonne de la droite ; la Brigade de Courtebonne en eut la tête, & fut suivie du reste de la seconde ligne de cette aîle, ainsi qu'elle étoit campée ; ensuite de celle de Dalou & du reste de la premiere ligne. Cette colonne passa au pont de Seneff, & alla droit à Ubay, de-là à Reve & à Villers-Peruis, qu'elle laissa à gauche, ensuite à hauteur de Marbay où fut le camp.

Marche de Felluy à Marbay.
PLANCHE III.

La seconde colonne fut pour les bagages du quartier général, ceux de l'infanterie & de l'aîle droite de cavalerie, leur rendez-vous fut à cinq cens pas en avant du camp de Navarre. Cette colonne ayant passé le ruisseau de Seneff au pont de Saint-Cornelis, alla à Renisart, à Buze, à Reve, le laissant à droite, à Frasne, à Villers-Peruis, & de-là au camp.

La troisiéme colonne fut pour l'artillerie, les bagages de l'aîle gauche de cavalerie, ceux de la réserve & les caissons. Cette colonne passa au pont de pierre près la cense d'Ubeaumont, & alla par des ouvertures que l'on avoit faites à Houtain-le-Mont, d'où elle alla prendre le grand chemin de Nivelle à Namur, près de Bontrelet. Elle le suivit jufqu'à la hauteur de Villers-Peruis, d'où elle fe rendit au camp.

La quatriéme colonne fut pour l'aîle droite d'infanterie. Champagne en eut la tête, & fut fuivi des Brigades de Royal, Bourbonnois & Stoppa. Cette colonne laiffant celle des bagages à droite, traverfa le ruiffeau fur un pont que l'on avoit fait entre le pont du château d'Arquenne, & celui où paffoit l'artillerie, & par des ouvertures qu'elle trouva faites, elle continua fa marche à travers champs, ayant la colonne d'artillerie à fa droite, & une d'infanterie à fa gauche. Elle paffa à Hautaing-le-Val, laiffa le bois de Reve à droite, & alla à travers champs à Sart-à-Maveline, qu'elle laiffa à gauche pour entrer dans la plaine du camp.

La cinquiéme colonne fut pour l'aîle gauche d'infanterie. Navarre en eut la tête, & fut fuivi des Brigades de Lyonnois, Poitou & Greder. Cette colonne coula tout le long de la tête du camp de l'aîle gauche pour paffer au pont du château d'Arquenne, & par des ouvertures qu'on lui avoit faites, elle alla à travers champs auprès de Thiene, ayant à fa gauche une colonne de cavalerie. Elle paffa enfuite à Loupoigne, à Baffy & à Sart-à-Maveline, d'où elle entra dans la plaine du camp.

La fixiéme colonne fut pour l'aîle gauche de cavalerie, en commençant par Magnac, qui avoit la gauche de la feconde ligne; elle fut fuivie du refte de cette ligne, & de la premiere dans le même ordre que la feconde. La réferve marcha à la queue de cette colonne, qui après avoir traverfé le ruiffeau fur le pont du village d'Arquenne, prit tout court à droite, & enfuite à gauche à travers champs, par des ouvertures que l'on avoit faites pour aller paffer au pied de la Chapelle de Bon-confeil; elle laiffa cette Chapelle à gauche, & monta dans la plaine, laiffant la Juftice de Nivelle à gauche pour aller à Thiene; elle laiffa enfuite Loupoigne à droite pour arriver à Genappe, où elle traverfa le ruiffeau fur le pont du village. De-là elle marcha à Villers-la-Ville, qu'elle laiffa à gauche pour entrer dans le camp.

M. de Rofen fut chargé de couvrir avec cette colonne la marche de l'armée du côté de Bruxelles.

On envoya deux cens Fufiliers dès le foir dans le bois de Reve; ils y furent féparés en plufieurs pelotons, & ne rentrerent dans le camp qu'à la nuit: on mit à l'efcorte des bagages le même nombre de troupes qu'à la derniere marche; le campement s'affembla à la tête de Champagne.

L'armée campa fur deux lignes, la droite à la grande chauffée, entre Wanglée & Marbay, la gauche fe repliant en potence, & ayant Sart-à-Maveline devant elle.

La réferve campa en avant de l'aîle droite.

Le 25 l'armée du Roi alla au Mafy où fut le quartier de Sa Majefté: fes troupes camperent fur deux lignes; la droite fut appuyée à l'Orneau au-deffous du Château de Mafy, la gauche près d'Yne-les-Dames.

M.

DE FLANDRE.

M. de Luxembourg fit marcher en même-temps son armée sur six colonnes pour aller à Gemblours.

1692.
MAI.

L'aîle gauche de cavalerie fit la colonne de la droite ; le Meſtre de Camp en eut la tête, & fut ſuivi du reſte de cette ligne, ainſi qu'elle étoit campée, & de la ſeconde ligne, dans le même ordre que la premiere.

Marche de Marbay à Gemblours.
PLANCHE IV.

Cette colonne alla paſſer auprès du cabaret des trois Burettes, & le laiſſant à gauche, traverſa la chauſſée de Bruxelles à Namur, pour aller à Sombref qu'elle laiſſa à droite ; de-là elle continua ſa marche par la cenſe de Vieux-Maiſon, & laiſſant le bois d'Elpeche ſur ſa gauche, elle entra dans le camp. La réſerve marcha à la tête de cette colonne, & alla à Sauvenelle.

La ſeconde colonne fut pour les bagages de l'armée, qui eurent leur rendez-vous à la droite du village de Marbay. Le tréſor & le quartier général en eurent la tête, & furent ſuivis de ceux de l'aîle droite dans l'ordre marqué pour leurs troupes, enſuite de ceux de l'infanterie, & de l'aîle gauche. Cette colonne prit le chemin de Bruxelles à Namur, juſqu'aux trois Burettes, traverſa la grande chauſſée pour la laiſſer à ſa gauche, & continua ſa marche à travers champs pour aller droit au bois d'Elpeche, d'où elle entra dans la plaine du camp.

La troiſiéme colonne fut pour l'artillerie, les caiſſons & les bagages de la réſerve. Cette colonne partant de ſon parc, laiſſa le grand chemin de Bruxelles à Namur, & la colonne des bagages à ſa droite, pour aller prendre la grande chauſſée à cent pas au-deſſous des trois Burettes, & elle la ſuivit juſqu'au camp.

La quatriéme colonne fut pour l'aîle gauche d'infanterie, en commençant par Poitou qui avoit la gauche de la ſeconde ligne, & qui fut ſuivi de Greder Allemand, Navarre & Lyonnois. Cette colonne alla paſſer à Tilly, & de-là à la cenſe de la Houſſiere ; elle côtoya enſuite la grande chauſſée, la laiſſant à droite, & fit un paſſage entre Bertinchant & Courty, pour aller à la cenſe de Painville, où fut le centre de la ligne.

La cinquiéme colonne fut pour l'aîle droite d'infanterie, en commençant par Bourbonnois, qui avoit la droite de la ſeconde ligne, & qui fut ſuivi des Brigades de Stoppa, Champagne & Royal. Cette colonne laiſſant Tilly & l'autre colonne d'infanterie à ſa droite, & le chemin de Meliory à gauche, alla à la cenſe de Gentiſeaux, à Gemptines, à Saint-Gery & à Courty, d'où laiſſant Hernage à gauche, elle entra dans la plaine de Gemblours, & ſe rendit à ſon camp.

La ſixiéme & derniere colonne fut pour l'aîle droite de cavalerie ; la Gendarmerie en eut la tête, & fut ſuivie du reſte de la premiere ligne, enſuite de la Brigade de Saint-Simon, & du reſte de la ſeconde ligne. Cette colonne alla d'abord à Meliory, & enſuite à Villeroux ; de-là laiſſant Saint-Gery à droite, elle alla à Noiremont, d'où marchant dans la plaine pour aller à Sauvenel, elle se trouva dans le camp. L'on commanda six cens hommes de pied pour le campement.

L'armée campa sur deux lignes entre le ruisseau de Gemblours & la grande chauffée, Sauvenel derriere la droite, & Conroy derriere la gauche. La réserve campa derriere la cavalerie de la droite, près du village de Sauvenel.

Ce même jour le Roi fit investir Namur de tous côtés. M. le Prince, avec quatre Brigades de cavalerie de l'armée que le Roi commandoit, & 1500 hommes d'infanterie, occupa les postes, depuis la basse Meuse jusqu'au ruisseau de Vedrin; M. de Quadt, avec sa Brigade de cavalerie, l'investit depuis ce ruisseau jusqu'à la Sambre : M. de Ximenès, avec le corps qu'il avoit à ses ordres, resserra la place depuis la Sambre jusqu'à la haute Meuse; entre la haute & la basse Meuse, M. de Boufflers forma l'investissement avec 48 escadrons & 16 bataillons.

M. de Luxembourg fit en même-temps deux détachemens de son armée, l'un de quatre mille chevaux, sous les ordres de M. de Montal, Lieutenant Général, pour aller se poster à Longchamp & à Jennevaux, près des sources de la Mehaigne, afin d'arrêter de ce côté-là les détachemens des ennemis, l'autre de deux Brigades de cavalerie, commandées par M. de Coigny, Maréchal de Camp, pour aller à Chastelet, afin de veiller sur Charleroy, & d'assurer les fourrages & les convois qu'on tiroit de Maubeuge.

Le Roi fit marcher son armée le 26, pour se rendre devant Namur; en y arrivant Sa Majesté alla reconnoître, depuis la Sambre jusqu'à la basse Meuse, les endroits par où il falloit faire passer les lignes de circonvallation, & régla tout ce qui concernoit l'établissement & la sûreté des quartiers. Le Roi choisit le sien entre le village de Flauven & la cense Rouge, & donna ses ordres pour la construction des ponts de bateaux sur la Sambre & sur la Meuse : Sa Majesté se transporta aussi dès le même jour avec M. de Vauban sur les hauteurs de Bouge, pour examiner les environs de la place, & ordonna d'y faire les approches; M. le Comte d'Auvergne prit poste à l'Abbaye de Salsenne, & M. d'Alégre fut détaché avec une Brigade de Dragons pour se saisir du passage de Gelbersée, qui étoit un poste important sur le chemin de Namur à Liége, du côté de la Hasbaïe (1).

---

(1) C'est ainsi qu'on appelle tout le pays qui est situé entre la Mehaigne, le Jaar & la Meuse.

DE FLANDRE.

1692.
MAI.
(*) Voyez la
PLANCHE V.

L'armée du siège étoit séparée par les deux rivieres en trois principaux quartiers (*); celui du Roi occupoit tout le terrein depuis la Sambre jusqu'à la basse Meuse; M. le Prince commandoit les troupes qui étoient campées depuis cette riviere jusqu'à Vedrin, & M. le Maréchal d'Humieres celles qui campoient depuis Vedrin jusqu'à la Sambre; le quartier de M. de Boufflers s'étendoit depuis la basse jusqu'à la haute Meuse, & celui de M. de Ximenes tenoit le pays d'entre Sambre & Meuse.

La garnison de Namur, forte de 8280 hommes, étoit aux ordres de M. le Prince de Barbançon, Gouverneur de la ville & du château, & consistoit en dix-sept bataillons de différentes nations, & en un Régiment de cavalerie de deux cens hommes, une Compagnie franche, & quatre-vingt Canonniers.

Le 27 & les jours suivans, le Roi visita les quartiers de M. de Boufflers & de M. de Ximenes, & reconnut le fauxbourg de Jambe. Les convois d'artillerie & de munitions arriverent aussi pendant ce temps-là, de Philippeville par terre, & de Dinant par la Meuse. On établit des fours à Flauven, afin d'y cuire le pain pour la subsistance des deux armées, & on travailla à former deux parcs d'artillerie, l'un derriere les hauteurs de Bouge, l'autre au quartier de M. de Ximenes, selon l'état qui suit.

ETAT des munitions de guerre qui ont été apportées & consommées au Siége de Namur.

PIECES.

	Munitions consommées.
De 33.	6.
De 24. dont 4 de nouvelle invention.	66.
De 16.	8.
De 12. dont 6 *idem*.	16.
De 8. dont 10 *idem*.	38.
De 4. dont 12 *idem*.	48.
De 3.	14.
	196.

AFFUTS.

De 33.	9.	2
De 24. dont 5 de nouvelle invention.	74.	15

HISTOIRE MILITAIRE

1692. MAI.	Munitions apportées au Siége de Namur.		Munitions consommées.
	De 16.	13.	3
	De 12. dont 7 *idem*.	21.	4
	De 8. dont 11 *idem*.	43.	1
	De 4. dont 14 *idem*.	56.	
	De 3.	14.	
		230.	25
	Avant-trains.	213.	22
	Charriots à canon.	52.	4

BOULETS.

De 33.	5960.	1893
De 24.	55352.	33540
De 16.	10460.	4506
De 12.	12930.	6420
De 8.	16337.	2355
De 4.	6537.	1813
De 3.	1400.	258
	108976.	50765

ARMES DES PIECES.

De 33.	9.	1
De 24.	93.	28
De 16.	23.	11
De 12.	33.	26
De 8.	74.	34
De 4.	78.	25
De 3.	14.	

MORTIERS.

De 18. pouces.	3.
De 12.	32.
De 8.	24.
	59.
Pierriers.	8.

AFFUTS A MORTIERS.

De 18 pouces.	3.

De

DE FLANDRE.

Munitions apportées au Siége de Namur. — Munitions confommées. 1692. MAI.

	Apportées	Confommées
De 12.	38.	
De 8.	26.	
	67.	
Affûts à pierriers.	16.	

BOMBES.

De 18.	600.	334
De 12.	8466.	7440
De 8.	4000.	1380
	13066.	9154
Grenades.	43200.	20773
Fufées à bombes.	17179.	8457
Fufées à grenades.	50300.	12950
Poudre.	1058400.	725000
Plomb.	182200.	102472
Meche.	175400.	88450
Hallebardes.	480.	240
Armes à l'épreuve.	50.	8

OUTILS A PIONNIERS.

Pics à hoyaux.	24070.	9515
Hoyaux.	10400.	2158
Pics à croc.	6470.	2120
Béches.	24672.	10505
Pelles de bois ferrées.	3500.	2270
	69712.	26568
Haches.	6559.	2877
Serpes.	11514.	5973
Outils à mineurs.	200.	87
Outils à ouvriers.	221.	
Madriers.	1830.	1378
Pieces de bois.	229.	229
Leviers.	218.	126
Couffinets ou gros coins de mire.	26.	26
Hampes.	364.	204
Chevres.	6.	
Triqueballes.	2.	

HISTOIRE MILITAIRE

	Munitions apportées au Siége de Namur.		Munitions consommées.
1692. MAI.	Crics.	8.	
	Tire-bourres.	23.	
	Sacs à terre.	113553.	86253
	Pierres à fusil.	10000.	
	Soufre.	708.	558
	Salpêtre.	1236.	1036
	Térébenthine.	150.	100
	Vieux-oing.	1128.	1004
	Chandelle.	200.	200
	Flambeaux de cire jaune.	126.	12
	Peaux de mouton.	120.	95
	Aunes de toile.	73.	73
	Lanternes claires.	29.	
	Lanternes sourdes.	23.	
	Tamis.	4.	
	Mesures à poudre.	38.	
	Chaudieres de fer à artifices.	2.	
	Entonnoirs.	2.	2
	Maillets de bois.	10.	
	Baguettes pour charger les fusées à bombes.	99.	
	Baguettes de fer pour fusées à grenades.	41.	26
	Gamelles de bois.	4.	1
	Egrugeoirs.	8.	2
	Aiguilles à coudre de toutes sortes.	142.	
	Fil.	$1\frac{1}{2}$.	$1\frac{1}{2}$
	Ficelle.	6.	4
	Vrilles.	12.	9
	Passe-boulets de cuivre de 12. 8 & 4.	3.	
	Dégorgeoirs.	20.	
	Caisses à boulets sur des charrettes.	24.	4
	Moufles de bois avec poulies.	26.	2
	Harnois de limons.	100.	10
	Bottes de cercles.	56.	56
	Grils à rougir boulets.	7.	
	Tenailles de fer.	5.	
	Cuillers de fer.	29.	5
	Métal.	294.	

DE FLANDRE.

Munitions apportées au Siége de Namur.

CORDAGES.

	Munitions consommées.
Cinquenelles. . . . . 11.	1
Alonges. . . . . 50.	39
Cables de chevres. . . . . 3.	
Prolonges & travers. . . . . . . 635.	402
Commandes. . . . . 700.	700
Paires de traits. . . . . 530.	366
Menus cordages. . . . . 13.	13
Bateaux de cuivre. . . . . . . 110.	
Hacquets. . . . . 118.	
Ancres. . . . . 32.	8
Cabestans. . . . . 11.	
Rames. . . . . 21.	17
Crocs. . . . . 60.	57
Fourches de fer. . . . . 40.	40
Masses de bois. . . . . 20.	20
Piquets. . . . . 57.	57
Caissons. . . . . 4.	
Étain.	
Forges complettes. . . . . . . 8.	
Fer en barres. . . . . 2000.	1490
Vieux fer. . . . . 588.	
Acier. . . . . 45.	19
Limes. . . . . 30.	30
Clous de fer. . . . . 980.	529
Rasieres de charbon. . . . . . . 22.	22
Charriots couverts. . . . . . . 12.	
Caissons. . . . . 5.	
Charrettes. . . . . 258.	22

1692.
MAI.

Aussi-tôt que la place fut investie, vingt mille pionniers commandés pour travailler aux lignes & aux chemins, se rendirent au camp : ils étoient tirés de Flandre, du Hainault, de Picardie & de Champagne.

Le Prince d'Orange & l'Electeur de Baviere ayant appris l'investissement de Namur, avoient fait aussi-tôt marcher leurs troupes à Betlehem près de Louvain. Cette marche ne fut pas assez considérable pour engager M. de Luxembourg à faire aucun mouvement; il fit seulement préparer toutes les routes pour la marche de ses colonnes, afin de prévenir les ennemis dans les postes qu'il avoit dessein d'occuper, lorsqu'ils s'avanceroient pour secourir la place.

Le Roi avoit résolu de s'emparer de la ville avant d'attaquer le château, & d'y faire deux attaques différentes. M. de Vauban devoit les conduire des deux côtés de la basse Meuse.

On ouvrit la tranchée (*) la nuit du 29 au 30. Elle fut tous les jours relevée par trois bataillons à l'attaque qui se faisoit sur les hauteurs de Bouge, & qui s'étendoit jusqu'à la Meuse; deux autres bataillons monterent à celle qui se faisoit contre le faux-bourg de Jambe : deux escadrons divisés en quatre troupes, étoient commandés pour soutenir cette attaque ; ils devoient se tenir un peu en arriere de la queue de la tranchée, & être re-levés tous les jours jusqu'à ce que le fauxbourg fût pris.

L'attaque comprenoit deux bastions revêtus, & une demi-lune de terre ; il y avoit au pied du glacis qui étoit devant ces ouvrages, un avant-fossé formé par une partie des eaux du ruisseau de Vedrin. Ce petit ruisseau détourné étoit retenu par un batardeau, & formoit devant le glacis de la demi-lune, une flaque d'eau assez spacieuse, mais peu profonde. Devant le bastion qui étoit sur le bord de la Meuse, & la demi-lune de la porte Saint-Nicolas, il y avoit un avant-chemin couvert, à la gauche duquel étoit cette flaque d'eau ; en remontant le ruisseau, on trouvoit une écluse défendue par un petit ravelin.

Le travail de la premiere nuit fut poussé à quatre-vingt toises du glacis. La nuit du 30 au 31, on travailla à deux batteries de canon sur la hauteur de Bouge, où étoit la droite de l'attaque; l'une étoit de dix pieces (1), & l'autre de cinq (2) : on y établit aussi une batterie de douze mortiers (3); on en fit encore deux autres de canon sur une hauteur au quartier de M. de Boufflers, l'une de six pieces (4), & l'autre de quatre (5), lesquelles enfiloient tous les ouvrages du front de l'attaque de la porte Saint-Nicolas.

Toutes ces batteries commencerent à tirer le 31 au matin, & avec beaucoup de succès. Ce même jour on travailla à deux nouvelles batteries de canon (6), qui furent établies sur le bord de la Meuse pour battre de plus près les ouvrages de la place. On en fit aussi une troisiéme (7) à la queue de la tranchée, à l'attaque de M. de Boufflers, pour ruiner le batardeau qui retenoit les eaux de l'avant-fossé.

La

DE FLANDRE.

La nuit du 31 au premier Juin, la tranchée fut continuée à la grande attaque, & pouffée fur le bord de la Meufe, jufqu'au pied du glacis de l'avant-chemin couvert, ce qui ôtoit aux ennemis le moyen de pouvoir faire des forties de ce côté-là. On perfectionna auffi la communication des tranchées de la gauche à la droite, & on pouffa jufqu'à dix heures du matin des demi-fappes en avant fur le glacis de l'avant-chemin couvert. On travailla fur les hauteurs de Bouge à établir une batterie de quatre pieces de canon (8) à la droite des deux autres, & une autre (9) à la gauche, entre les hauteurs & la Meufe. On y fit auffi une batterie de mortiers (10) qui étoit fort près de l'avant-chemin couvert.

Le même jour, fur les huit heures du matin, M. de Boufflers fit attaquer par trois cens Grenadiers & quatre cens Dragons, le retranchement qui couvroit le fauxbourg de Jambe, lequel fut pris fans beaucoup de réfiftance. Les ennemis fe retirerent dans un réduit revêtu qui étoit à la tête du pont ; & on s'établit dans les maifons les plus prochaines que l'on perça ; on continua une tranchée à travers des jardins, pour aller joindre celle que l'on avoit fait fur le bord de la Meufe.

A midi on établit des travailleurs fur la crête du glacis de l'avant-chemin couvert, afin d'y faire un logement. Pour favorifer ce travail, toute la garde de la tranchée & les batteries de canon & de mortiers eurent ordre de faire un feu continuel. Les logemens qu'on avoit fait fur le penchant des hauteurs, & dans lefquels on avoit placé des Moufquetaires, commandoient les ouvrages des ennemis, ce qui donna la facilité de s'étendre & de fe loger fans perte.

La nuit fuivante on travailla à faire le paffage de l'avant-foffé qui étoit devenu aifé à paffer par l'attention que M. de Vauban avoit eu de faire ruiner le batardeau.

Le 2 à midi, fix compagnies de Grenadiers attaquerent le chemin couvert de la porte Saint-Nicolas, & en chafferent les ennemis. On fe contenta cependant de fe bien établir fur l'angle faillant de la demi-lune. Le feu des deux batteries qui étoient fur le bord de la Meufe, & les logemens faits fur le penchant des hauteurs, incommodoient tellement les affiégés, qu'ils abandonnerent la demi-lune du front de l'attaque.

On travailla pendant la nuit du 2 au 3 à combler le foffé, & comme la demi-lune n'étoit pas revêtue, on s'en empara, & on

1692.
JUIN.

Tt

1692.
JUIN.

y fit un logement : on s'étendit aussi du côté de la Meuse, en suivant le chemin couvert que les ennemis avoient entierement abandonné.

Une des batteries placées sur la hauteur de Bouge, & deux autres batteries de l'attaque de M. de Boufflers, battoient en bréche les deux faces du bastion qui étoit sur le bord de la Meuse, & ruinoient le batardeau qui soutenoit les eaux du fossé du corps de la place. La bréche du bastion étant devenue praticable, quelques Officiers & des Ingénieurs passerent le fossé sur le batardeau dont la chappe avoit été rasée : ils monterent sur la pointe du bastion, & n'y rencontrerent que deux ou trois soldats qui prirent la fuite ; mais on ne jugea pas la bréche assez grande pour entreprendre de s'y loger ; les batteries continuerent à tirer, & on s'approcha pendant la nuit du 3 au 4 de l'ouvrage qui couvroit le pont du fauxbourg de Jambe. On poussa un boyau à la tête du fauxbourg, en s'approchant du bord de la Meuse ; on y fit deux batteries pour ruiner le réduit & une des piles du pont, afin de couper aux assiégés les communications de cet ouvrage, & aussi-tôt que les batteries commencerent à tirer, ils abandonnerent ce poste.

Le Roi ordonna de faire la nuit du 4 au 5 un logement sur le bastion qui tenoit à la Meuse, ce qui fut exécuté, & on s'étendit aussi sur la courtine. Les ennemis avoient abandonné la nouvelle enceinte, & occupoient la vieille qui n'en étoit séparée que par un fossé plein d'eau & peu profond.

Le 5 voyant le logement fait sur le bastion, ils demanderent à capituler. Ils évacuerent la place le lendemain, & se retirerent dans le château. On convint de part & d'autre qu'on ne tireroit point de la ville sur le château, ni du château sur la ville. M. de Guiscard en fut nommé Gouverneur, & on y fit entrer dix bataillons pour en composer la garnison, & occuper les postes du côté du château.

Pendant que le Roi se rendoit maître de la ville de Namur, les ennemis s'empressoient de rassembler leurs troupes. Le Prince d'Orange & l'Electeur de Baviere ayant été joints par les Généraux Fleming & Cerclas, & par les troupes de Hollande, partirent de Louvain le 5 Juin, & vinrent à Meldert & à Bevecum. Le 6 ils camperent près de Hougaerde, entre Tirlemont & Judoigne. Le 7 ils marcherent à Orp & Montenaken. Leur armée étoit de 188 escadrons & de 85 bataillons (*), & leurs

(*) Voyez la Planche X.

DE FLANDRE. 167

bataillons étoient plus forts que ceux de l'armée Françoise, ce qui rendoit leur infanterie supérieure en nombre à celle que M. de Luxembourg pouvoit leur opposer.

1692.
JUIN.

Sur les mouvemens que le Prince d'Orange avoit fait pour s'approcher de Louvain, le Roi avoit ordonné à M. de Maulevrier, qui commandoit depuis l'Escaut jusqu'à la mer, d'envoyer sa cavalerie à Chastelet aux ordres de M. de Coigny, & d'être attentif aux démarches des ennemis, afin de se jetter avec son infanterie dans les places qu'ils paroîtroient vouloir attaquer.

Sur la nouvelle que le Prince d'Orange & l'Electeur de Baviere devoient s'avancer sur la Gette, M. de Luxembourg s'étoit fait joindre le 3 par ces troupes qui étoient à Chastelet, où il n'avoit laissé que cinq cens chevaux. Le Roi lui envoya aussi le même jour dix pieces de canon, & un détachement de six bataillons & de douze escadrons des troupes de M. de Boufflers. Le lendemain de la prise de la ville, l'armée d'observation fut encore renforcée de dix bataillons qui étoient au siége, de dix pieces de canon, & de vingt-neuf escadrons de cavalerie ou de dragons, & alors elle se trouva forte de quatre-vingt-deux bataillons & de deux cens soixante-huit escadrons (*).

(*) Voyez la PLANCHE X.

M. de Luxembourg avoit envoyé M. d'Albergotty & M. de Puisegur reconnoître le camp de Longchamp qu'il avoit dessein d'occuper dès que les Alliés s'approcheroient : le 4 de Juin il y fit marcher son armée.

La marche se fit sur sept colonnes.

Marche de Gemblours à Longchamp. PLANCHE VII.

La premiere ligne de l'aîle gauche eut la colonne de la droite ; le Mestre de Camp en eut la tête ; cette colonne laissa le village de Conroy à sa gauche, pour passer l'Orneau au pont de Mazy qui étoit au-dessous : elle laissa aussi à gauche le grand chemin & le château, & alla droit à Ine-Sauvage, & de-là à Bovesse, où fut son camp.

La seconde colonne fut pour la seconde ligne de l'aîle gauche. Le Maine en eut la tête. Cette colonne passa entre le Château & l'Eglise de Conroy, pour aller au pont du château de Mazy, où elle traversa l'Orneau ; elle côtoya ensuite les hayes de Golzenne qu'elle laissa à gauche, ainsi que le bois d'Argenton, & se rendit à Bovesse où fut son camp. Les gros & menus bagages de cette aîle en prirent la queue.

La troisiéme colonne fut pour l'aîle gauche d'infanterie ; Poitou en eut la tête. Cette colonne laissant le grand Maisnil à sa gauche, & Visenet à sa droite, passa l'Orneau sur un pont qu'elle trouva près de ce dernier village ; de-là elle marcha à travers champs, & traversa le bois pour aller à Fero qu'elle laissa à gauche : elle marcha ensuite près de Golzenne, & reprit entre Saint-Denis & Bovesse, pour se rendre à la Commanderie de Brouard qui étoit dans le camp.

La quatriéme colonne fut pour l'artillerie & les bagages du quartier général & de toute l'infanterie. Cette colonne en forma deux pour passer l'Orneau, l'une au-dessous & l'autre au-dessus de Gemblours; & étant dans la plaine, les deux n'en firent qu'une pour aller à l'Abbaye d'Argenton ; en approchant de cette Abbaye, cette colonne la laissa à droite, & suivit le grand chemin, laissant aussi Saint-Denis à droite pour aller à la cense d'Ostin, où fut le centre du camp.

La cinquiéme colonne fut pour l'aîle droite d'infanterie, dont Bourbonnois eut la tête. Cette colonne passa l'Orneau à la cense de la Posterie, alla à Liroup qu'elle laissa à gauche, & ensuite au petit Lez qu'elle laissa aussi à gauche ; de-là elle passa par une ouverture qu'elle trouva faite dans le bois pour aller traverser le ruisseau de Jennevaux, & laissant le village à gauche, elle marcha à d'Huy où fut son camp.

La sixiéme colonne fut pour la seconde ligne de l'aîle droite ; Saint Simon en eut la tête. Cette colonne laissa Sauvenel à gauche, & traversa l'Orneau sur un pont que l'on avoit fait pour elle au-dessous de ce village ; elle traversa de la même façon le ruisseau de Liroup, & alla passer devant le château du petit Lez ; laissant ensuite la colonne d'infanterie à sa droite, elle suivit le chemin de Jennevaux, où elle passa le ruisseau pour aller à Upignies où fut son camp. Les gros & menus bagages de l'aîle droite, avec ceux de la réserve, prirent la queue de cette colonne.

La septiéme & derniere colonne fut pour la réserve & la premiere ligne de l'aîle droite. Cette colonne laissa Sauvenel à droite, passa au petit Maisnil & au grand Lez ; de-là elle suivit le chemin de Liernue, & alla à Monceau, & ensuite à Mehaigne & à Longchamp où fut son camp.

L'armée campa sur deux lignes, la droite au village d'Arleu, la gauche entre les villages de Bovesse & de Saint-Denis.

Le 6 M. de Luxembourg ayant reconnu que les ennemis quittoient leur camp de Hougaerde pour s'avancer du côté de Hannuye, fit mettre son armée en bataille sur les quatre heures du soir, pour marcher à Emptine.

Chaque ligne devant former sa colonne, ✦ rompit par un quart de conversion que chaque bataillon & chaque escadron fit sur sa droite ; chaque division marcha ensuite de front & à la distance nécessaire pour se mettre en bataille. L'armée traversa dans cet ordre le ruisseau de Longchamp.

La premiere ligne passa sur plusieurs ponts que l'on avoit fait au-dessous de ce village, & la seconde sur ceux que l'on avoit fait au-dessus. Elles traverserent de la même façon le ruisseau qui passe à la cense

DE FLANDRE. 169

cenfe de Fraucou; enfuite elles s'étendirent dans la plaine de Bonef, à 300 pas l'une de l'autre, & jufqu'à ce que la tête de chaque colonne fût arrivée au village & au ruiffeau d'Emptine, où la droite devoit être appuyée, & pour lors chaque efcadron & chaque bataillon faifant un quart de converfion à gauche, les deux lignes fe trouverent en bataille, & l'armée campa.

1692.
JUIN.

L'artillerie paffa fur un pont que l'on avoit fait au-deffus de Longchamp, laiffa les deux colonnes des troupes à fa gauche, & étant dans la plaine de Bonef, elle alla parquer auprès d'Henrée.

Tous les bagages marcherent dans le même ordre que les troupes. Ils laifferent l'artillerie à leur gauche, pafferent le ruiffeau de Longchamp au pont que l'on avoit fait auprès du petit bois d'où ils allerent à Leeufe, & fe rendirent dans la plaine du camp.

L'armée eut fa droite appuyée à Emptine où étoit le quartier général, & la gauche à Longchamp. La referve campa près de Montigny.

Auffi-tôt après la prife de la ville, il y avoit eu une ceffation d'armes pour donner le temps aux affiégés de fe retirer dans le château; on en avoit profité pour établir des batteries entre la porte de Bruxelles & la Sambre.

Le Roi avoit auffi changé de quartier: Sa Majefté étoit venue entre Sambre & Meufe, pour être plus à portée de donner fes ordres pour les attaques. Avant d'ouvrir la tranchée, on avoit fait une nouvelle difpofition des troupes pour refferrer de plus près les ennemis. Il y avoit une ligne d'infanterie & de cavalerie qui s'étendoit depuis l'Abbaye de Malogne fur la Sambre jufqu'aux ponts de la haute Meufe: dix bataillons furent deftinés à camper plus près du château, fur les hauteurs entre la Balance & la Blanche-Maifon, en s'étendant jufqu'à la Meufe.

Le château de Namur, fitué au confluent de la Sambre & de la Meufe, étoit défendu du côté qui defcend vers l'Abbaye de Salfenne, par un ouvrage irrégulier que le Prince d'Orange avoit fait conftruire, & qu'on appelloit le Fort Neuf, ou le Fort Guillaume. En avant de cet ouvrage, & en tirant du côté de la Meufe, les ennemis occupoient des retranchemens protegés par un petit ouvrage qu'on appelloit la Caffotte, au-delà defquels ils avoient établi trois cens hommes en différens poftes fur les hauteurs où les troupes du Roi devoient camper; ces poftes étoient foutenus par cinq bataillons, qui étoient en bataille à environ mille pas en arriere de ces détachemens.

M. le Prince de Soubife, qui étoit Lieutenant Général de

V u

jour, & qui devoit placer les troupes du Roi au pied de ces hauteurs, remarqua que les ennemis y tenoient des postes : il les fit reconnoître sur les flancs, afin de sçavoir par combien de troupes ces détachemens étoient soutenus ; & comme il étoit important de chasser les ennemis de ces hauteurs avant qu'ils y fussent retranchés, il envoya rendre compte au Roi de l'état des choses, & lui demander ses ordres pour l'attaque. Ayant reçu les ordres de Sa Majesté pour en chasser les ennemis, il mit ses dix bataillons en bataille sur une seule ligne, afin de déborder le front qu'on pourroit lui opposer : il plaça les Grenadiers un peu en avant pour marcher droit aux détachemens qu'il voyoit devant lui. Les troupes du Roi dans cette disposition marcherent aux ennemis, & les chasserent des hauteurs où ils avoient pris poste ; ils furent poursuivis vivement, & jusqu'à d'autres hauteurs où étoient les cinq bataillons destinés à soutenir ces détachemens. Les troupes du Roi animées du succès qu'elles venoient d'avoir, chasserent aussi ces bataillons du terrein qu'ils occupoient ; & comme elles s'emporterent loin dans la poursuite, elles couroient risque d'être maltraitées par le feu que les ennemis faisoient de leurs ouvrages, si M. le Prince de Soubise ne les eût retenues. Il les ramena sur le terrein qu'elles devoient occuper, & elles camperent au pied des hauteurs, afin de n'être point exposées au feu du château.

On ouvrit la tranchée la nuit du 8 au 9 par deux endroits différens pour s'approcher en même-temps du Fort Guillaume & de la premiere enveloppe du château, nommée par les ennemis *Terra-Nova*.

La tranchée fut tous les jours relevée par sept bataillons, mais dans les premiers jours qui suivirent l'ouverture de la tranchée, le travail fut poussé fort lentement, tant par la difficulté du terrein, qu'à cause des orages & des pluies continuelles. On eut aussi beaucoup de peine à achever les batteries qu'on établit sur les hauteurs, & qui tirerent quelques jours après.

Pendant qu'on attaquoit le château de Namur, le Prince d'Orange s'avançoit pour en faire lever le siége. Le 8 il vint camper sur la Mehaigne, ayant sa droite à Thine, & sa gauche à Latine. M. de Luxembourg, qui étoit attentif aux mouvemens des ennemis, fit marcher son armée pour occuper la plaine d'Acoche.

DE FLANDRE.

On sonna le boutte-selle, & on battit la générale à midi. L'armée fit cette marche dans le même ordre que la précédente. Les deux lignes marcherent sur leur droite par bataillons & par escadrons de front. La premiere traversa le ruisseau d'Emptine entre Meffle & l'embouchure du ruisseau d'Acoche, la seconde près d'Emptine, & elles continuerent leur marche dans la plaine à 300 pas l'une de l'autre, jusqu'à ce que la tête de chaque colonne fût arrivée à hauteur de la tombe de Viscou, où la droite de la deuxiéme ligne devoit être appuyée, & pour lors chaque escadron & chaque bataillon faisant un quart de conversion à gauche, les deux lignes se remirent en bataille, & l'armée campa.

L'artillerie laissa le village d'Emptine à gauche, pour entrer dans la plaine d'Acoche. Les bagages marcherent sur la droite de l'artillerie, & traverserent le ruisseau sur le pont que l'on avoit fait auprès du château de Montigny, d'où ils entrerent dans le camp. Les bagages de l'aîle gauche allerent à Emptine.

L'armée eut sa droite à la tombe de Viscou, la gauche près du village d'Emptine, & le quartier général à Acoche.

M. de Luxembourg ayant mis ses troupes en bataille, & visité tous les gués de la Mehaigne, fit avancer vingt pieces de canon pour éloigner les troupes que les ennemis avoient placées sur le bord de la riviere, & qui travailloient à y faire des ponts, on en fit quatre décharges, & ensuite on les retira, parce que les ennemis, qui avoient la hauteur pour eux, firent aussi avancer beaucoup de canon, & qu'ils auroient eu beaucoup d'avantage à établir un feu d'artillerie d'un bord de riviere à l'autre.

Les deux armées resterent dans cette position jusqu'au dix. Le Prince d'Orange avoit fait espérer qu'il passeroit la Mehaigne pendant la nuit du 10 au 11; & M. de Luxembourg, à qui le Roi avoit ordonné de ne point engager d'un bord de riviere à l'autre un combat où sa cavalerie n'auroit point eu la meilleure part, retira les Gardes qu'il avoit sur la Mehaigne, & fit reculer son armée le dix après-midi, pour laisser le passage libre aux ennemis (*); il mit sa droite entre la tombe & la cense de Viscou; la gauche fut appuyée au ruisseau de Seron, laissant Emptine & son ruisseau devant elle. Le village d'Acoche étoit entre les deux lignes. On forma deux corps de réserve, l'un derriere la droite, l'autre derriere la gauche de l'armée. La Brigade de Bohlen, cavalerie, & celle d'Alégre dragons, devoient être placées, sçavoir la premiere entre les deux lignes d'infanterie, presqu'à leur droite où le terrain étoit plus ouvert,

1692.
JUIN.
Marche d'Emptine à Acoche.
PLANCHE IX.

(*) Voyez la PLANCHE X.

l'autre entre les deux lignes de cavalerie de l'aîle gauche, & presqu'à leur droite, soit pour y servir de réserve, ainsi qu'à la gauche de l'infanterie, soit pour mettre pied à terre, & occuper les bords du ruisseau qui passe à Emptine.

On s'attendoit que le Prince d'Orange ayant la liberté de passer la Mehaigne, feroit entrer son armée dans la plaine pour attaquer celle de M. de Luxembourg, & on croyoit qu'il feroit tous ses efforts pour sauver une place aussi importante que Namur: sa flotte avoit remporté le 29 de Mai dans la Manche, un avantage considérable sur celle de France, & cet événement paroissoit devoir rendre le calme à l'Angleterre; mais soit que ce Prince craignît que la perte d'une bataille n'y causât une révolution dans un moment où la fermentation étoit encore fort grande, soit qu'il crût ne devoir point passer la Mehaigne à cause des grandes crues d'eau que les pluies avoient occasionnées, il se servit auprès des Alliés de ce dernier prétexte pour ne rien hazarder.

Pendant ces mouvemens, les travaux du siege ayant été poussés jusqu'auprès des retranchemens qui étoient protégés par la redoute de la Cassote, M. de Vauban jugea qu'on pouvoit en chasser les ennemis, & le 13 on fit les dispositions suivantes pour l'attaque.

M. le Duc, qui commandoit à la tranchée, plaça à la droite trois compagnies de Grenadiers des Gardes Françoises, ensuite en revenant vers le centre deux cens Mousquetaires, deux compagnies de Grenadiers de Piémont, deux des Vaisseaux & une de Toulouse; au centre cent cinquante Grenadiers à cheval, & à la gauche quatre compagnies de Grenadiers du Régiment du Roi, & trois des Gardes Suisses: quinze cens Fusiliers partagés en trois troupes, furent destinés à suivre les Grenadiers; ils étoient soutenus de sept bataillons de la tranchée, & des dix de la Brigade du Roi, qui étoient en bataille sur la hauteur à la tête de leur camp. Ces troupes furent encore renforcées par le Régiment de dragons de Gramont, qui mit pied à terre pour se joindre à la garde de la tranchée. M. de Vauban indiqua aux troupes les endroits jusqu'où elles devoient aller.

Tout étant ainsi disposé, le Roi, qui étoit sur une hauteur pour voir l'attaque, fit donner à midi le signal par trois décharges de bombes, & dans la derniere les bombes ne furent remplies que de terre; les Grenadiers, qui en étoient avertis, en

profiterent

profiterent pour sortir des tranchées & marcher en avant; ils partirent ensemble au signal, & essuyerent à bout portant le feu des ennemis qui avoient environ quatre cens hommes dans la redoute & ses dehors, & trois cens dans le retranchement; le chemin que les Grenadiers avoient à faire étoit si court, & ils marcherent avec tant de vivacité, que les assiégés, après leur décharge, ne songerent qu'à se retirer; ils furent chassés de leurs retranchemens & de la redoute, & furent poursuivis la bayonnette au bout du fusil (1) jusqu'au chemin couvert des ouvrages de la tête du château. Aussi-tôt que les Grenadiers eurent poussé les ennemis, on établit les travailleurs à la gauche sur la crête du chemin couvert de la redoute, & à la droite au-delà du retranchement où l'on occupa le sommet d'une hauteur de laquelle on découvroit entierement les ouvrages. Les assiégés perdirent en cette occasion plus de trois cens hommes & beaucoup d'Officiers de consideration, parmi lesquels se trouva le Comte d'Alme, Grand d'Espagne.

Le Roi qui voyoit cette attaque étoit à portée d'y envoyer promptement ses ordres; M. le Comte de Toulouse reçut au bras une grosse contusion un peu en arriere de Sa Majesté, & M. de Nonant y fut blessé à la tête.

Les vents & les pluies continuelles avoient rendu les chemins impraticables, ce qui engagea le Roi à donner ses chevaux & ses mulets pour porter aux batteries les bombes, boulets & autres munitions.

La nuit qui suivit cette attaque, le travail fut poussé plus de 500 pas en avant vers la gorge du Fort Guillaume. Le 14 on s'étendit sur la droite, & on y dressa deux batteries, tant contre le Fort Guillaume que contre le vieux château: ce même jour les assiégés abandonnerent une maison retranchée qu'ils occupoient en avant de leurs ouvrages.

La nuit suivante on ouvrit une nouvelle tranchée auprès de l'Abbaye de Salsenne pour embrasser le Fort Guillaume du côté de la Sambre, & le travail fut poussé à trois cens pas du chemin couvert.

Le 15 les nouvelles batteries qu'on avoit établi depuis la

---

(1) Les bayonnettes à manche de bois étoient en usage depuis long-temps, & on s'en servit encore pendant toute cette guerre. Les Dragons & les Grenadiers étoient armés de fusils, mais il n'étoit pas permis d'en avoir plus de quatre dans chaque compagnie d'infanterie.

prise de la Cassotte demonterent presqu'entierement le canon des assiégés.

1692.
JUIN.

Pendant que le Roi pressoit le château de Namur, le Prince d'Orange, qui ne vouloit pas engager une bataille, cherchoit différens moyens pour troubler le siege; il fit le 14 au soir un détachement de cinq à six mille chevaux, sous les ordres du Comte de Cerclas, pour passer la Meuse à Huy, où il fut encore renforcé par l'infanterie de la garnison : M. de Cerclas marcha pour attaquer le quartier de M. de Boufflers ; il projettoit de couper les ponts de bateaux qui faisoient la communication de ses troupes avec celles de M. de Ximenes & de M. le Prince, & de s'emparer des munitions qui se trouveroient entre la haute & la basse Meuse. Le Roi, qui en eut avis, fit fortifier la garde des ponts, & le quartier de M. de Boufflers, & ayant fait venir la réserve de l'armée d'observation, il rangea lui-même ses troupes en bataille hors des lignes.

M. de Cerclas ayant appris que sa marche avoit été découverte, repassa la Meuse & alla rejoindre les ennemis sans avoir osé rien entreprendre.

Les Alliés attaquerent presque dans le même temps auprès de Slenrieu, un convoi considérable qui venoit de Beaumont à Philippeville, & brûlerent une vingtaine de charriots chargés de farine & d'avoine. Les garnisons de ces deux places étant accourues au secours de l'escorte qui se battoit en retraite, on sauva le reste du convoi.

Malgré la précaution qu'on avoit eu de renvoyer les gros équipages à Givet, il étoit impossible de trouver dans le pays où l'armée étoit obligée de séjourner, une quantité de fourrages assez considérable pour la faire subsister ; afin d'y suppléer, on commença le 13 à délivrer du fourrage sec, & un demi-boisseau d'avoine par cheval : la consommation pour l'armée de M. de Luxembourg seulement, étoit chaque jour de trente mille boisseaux mesure de Paris.

Les magasins d'avoine & de fourrages formés avant le siege, suffisoient pour faire subsister de cette maniere la cavalerie des deux armées jusqu'au premier de Juillet. Elles avoient ensuite la ressource de tout ce que l'on pouvoit tirer du Hainaut : les équipages qui étoient à Givet prenoient les fourrages dont ils avoient besoin sur le pays qui est situé sur la rive droite de la Meuse, depuis Givet jusqu'à Huy.

DE FLANDRE.

1692.
JUIN.

Le 15 & le 16 on s'approcha de fort près d'un avant-chemin couvert qui étoit devant le Fort Guillaume : on travailla aussi à une double sappe, pour essayer de couper la commmunication du Fort avec le Château ; à l'attaque qui partoit de l'Abbaye de Salsenne, on se logea entre le Fort Guillaume, & une redoute dépendante de la fortification de la ville, dans laquelle M. de Vauban avoit placé cinquante Fusiliers.

Le 17 avant jour, les assiégés firent une sortie de quatre cens hommes sur l'attaque de la gauche : ils mirent beaucoup de désordre dans les travailleurs, dont ils tuerent environ trente Soldats, & deux ou trois Officiers ; mais les troupes qui étoient de garde à la tranchée, les repousserent aussi-tôt, & rétablirent en peu de temps le travail qu'ils avoient dérangé.

Ce même jour les ennemis marcherent à Taviers : ils décamperent à trois heures du matin. Leur droite fut poussée à Peruis, & ils mirent leur gauche à Branchon, ayant devant leur front la Mehaigne. M. de Luxembourg en étant informé, alla occuper le camp de Longchamp.

Marche d'Acoche à Longchamp.
PLANCHE XI.

L'armée fit cette marche par la gauche, dans le même ordre qu'elle avoit fait les deux précédentes par la droite, & l'on suivit avec tant d'ordre les ennemis le long de Mehaigne, que les têtes & les arriere-gardes des deux armées marcherent presque toujours en présence. La droite de l'armée de M. de Luxembourg resta dans la plaine de Bonef, & fut appuyée à Henrée, la gauche étoit près de Temploux, le quartier général fut à Longchamp.

Le Prince d'Orange fit encore dans ce camp des démonstrations de vouloir décider du sort de Namur par une bataille ; il fit élargir les chemins qui étoient entre les deux armées, & s'avança pour examiner la gauche de M. de Luxembourg pendant que l'Electeur de Baviere passa la riviere à Bonef pour reconnoître la droite. Le Prince d'Orange ayant fait occuper par quelques détachemens d'infanterie les haies qui se trouvoient entre les deux armées, parut en plusieurs endroits, mais sans s'approcher d'assez près pour pouvoir être attaqué : l'Electeur de Baviere s'avançant par la plaine, fut chargé par quelques troupes de Carabiniers qu'on détacha sur lui, & fut obligé de repasser promptement la Mehaigne.

Les ennemis pouvoient marcher à M. de Luxembourg par leur droite, en se coulant d'abord entre Asche & les bois du grand Lez, pour venir enfuite par Liernue & Jennevaux prendre la fource des ruiffeaux. On voyoit un mouvement continuel dans les troupes de leur droite; elles s'avançoient par détachemens qui fe fuccédoient les uns aux autres pour reconnoître le centre & la gauche de l'armée d'obfervation, ce qui donnoit lieu à des efcarmouches fréquentes, & de temps en temps affez vives: les Alliés n'avoient entre les bois & les ruiffeaux que fort peu d'efpace pour fe mettre en bataille, & en s'avançant dans un pays où ils auroient eu beaucoup de peine à fe communiquer, ils euffent été défolés par l'artillerie Françoife; cependant, malgré les défavantages qu'ils y auroient trouvé, M. de Luxembourg ne crut pas devoir refter dans la pofition où il étoit, parce que dans le terrain que fon armée occupoit, la communication de fes deux aîles étoit auffi très-difficile, & que fa cavalerie n'eût pu y avoir que très-peu de part à une bataille. Il alla le 20 reconnoître un autre camp qu'il fit prendre auffi-tôt à fon armée.

Marche de Longchamp à la Falife.
PLANCHE XII.

Chaque brigade envoya reconnoître les chemins que devoient tenir fes bagages, lefquels fe mirent en marche auffi-tôt que la générale fut battue. Les troupes ne partirent de leur camp, que quand tous les bagages furent arrivés dans l'autre.

Les brigades de l'aîle droite de cavalerie, qui étoient campées dans la plaine de Bonef, pafferent le ruiffeau qui fort de Leeufe, fur les ponts qui étoient derriere leur camp, & laiffant le village de Leeufe à leur droite, elles prirent le chemin de Longchamp à Namur, qu'elles fuivirent jufqu'à Daufoir; laiffant enfuite la ravine de Vedrin à leur gauche, elles fe rendirent dans leur camp, qui étoit entre cette ravine & celle de la Falife. Les autres brigades de cette aîle, pafferent à la tête du village d'Upignies pour aller à Warjus, & de-là au camp.

L'aîle gauche & toute l'infanterie fe rompirent fur leur gauche, pour marcher par bataillons & par efcadrons de front, & s'étendirent dans la plaine jufqu'au château de Millemont; la droite de l'infanterie fut appuyée à la ravine de la Falife.

L'armée eut fa droite à Daufoir, & fa gauche au ruiffeau de l'Orneau près de Millemont, le quartier général fut à la Falife. Namur étoit derriere la droite, la referve étoit près de Daufoir, & faifoit face au chemin de Bonef à Namur.

Les deux armées refterent tranquilles pendant plufieurs jours, depuis que celle de M. de Luxembourg eut pris cette pofition, & les Alliés ne chercherent point à entreprendre fur elle.

Le 18 & le 19 la communication du Fort Guillaume avec le Château fut prefqu'entierement ôtée aux affiégés par des

doubles

doubles sappes, à la tête desquelles on mit des Carabiniers pour tirer sur ceux qui se présenteroient au passage.

Le 20 & 21 deux batteries placées sur la hauteur la plus proche du château, battirent en bréche un des bastions de l'ouvrage appellé *Terra-Nova*, & la branche gauche du Fort Guillaume. On fit encore deux batteries au-delà de la Sambre, qui battoient en écharpe quelques parties du chemin couvert de cet ouvrage, dont on s'approcha de fort près à la sappe. On travailla aussi à élargir la tranchée, & à la perfectionner.

Le 22, le Roi ayant vu qu'on pouvoit se rendre maître du chemin couvert du Fort Guillaume, ordonna de l'attaquer.

Huit compagnies de Grenadiers & un pareil nombre de Fusiliers se joighirent aux sept bataillons de la tranchée ; M. le Duc qui la commandoit, plaça ces troupes sur les six heures du soir, & disposa les bataillons dans des endroits où ils pouvoient s'opposer aux ennemis, & s'avancer sur eux en cas de besoin. On donna sur les neuf heures du soir le signal de l'attaque, qui étoit de six coups de canon tirés en salve ; les Grenadiers marcherent en même temps au premier chemin couvert, & après en avoir chassé les assiégés, ils les forcerent encore dans le second. Ils poursuivirent les ennemis avec tant de vivacité, qu'ils traverserent avec eux le fossé, & quoique la bréche fût très-difficile à insulter, & qu'elle fût protégée par les ouvrages du vieux château, ils y monterent, & les assiégés en furent tellement effrayés, qu'ils battirent à l'instant la chamade, & envoyerent au Roi des ôtages.

On convint de part & d'autre que la garnison qui étoit dans l'ouvrage, donneroit le lendemain 23, à sept heures du matin, une des portes aux troupes du Roi. Elle en sortit à midi par la bréche, tambour battant & enseigne déployée, & fut conduite à Gand. Elle consistoit en 80 Officiers & 1564 Soldats.

Ce même jour les Alliés marcherent à Sombref, où ils mirent leur gauche. Leur droite fut appuyée à Villers-Peruis. Ce mouvement ne produisit d'autre effet que d'engager M. de Luxembourg à changer de quartier. Il vint loger au château du Bosquet.

Le 24 les ennemis allerent camper à Saint-Amand, où ils mirent leur gauche ; leur droite étoit entre le bois de Frasne & Liberchies. Ce mouvement, qui faisoit craindre que les ennemis ne passassent la Sambre, décida le Roi à détacher M. de Boufflers

Yy

1692.
JUIN.

pour aller avec un gros corps de cavalerie & de dragons fur la hauteur d'Auvelois. M. de Luxembourg fit en même temps jetter trois ponts fur la Sambre, entre l'Abbaye de Floreff & Jemeppe, pour communiquer avec lui. Il fit auffi avancer au-delà de cette riviere, & fur l'Orneau, la Maifon du Roi, la cavalerie de la droite de la feconde ligne, & la réferve. La Maifon du Roi paffa la Sambre à Ham, & campa fur la hauteur, la droite appuyée à la riviere, & la gauche au bois. La cavalerie de la droite de la feconde ligne campa en même temps près de l'Orneau, dans une petite plaine entre Froidmont & Mouftiers. Les Brigades de Champagne & de Bourbonnois furent placées le long de la Sambre, ayant le village de Mornimont devant elles, & un pont de bateaux devant leur centre. Il y avoit deux autres ponts au-deffus de Froidmont, un à Soye, & l'autre à Florifou, afin que toute l'armée fût en état de paffer la Sambre, & de prévenir par-tout le Prince d'Orange. M. de Luxembourg prit fon quartier à Mouftier : le centre & la gauche de l'armée refterent dans leur premiere pofition.

Le fort Guillaume étant pris, on donna un peu plus de relâche aux troupes, & la tranchée ne fut plus relevée que par quatre bataillons. Après que les ennemis eurent évacué le fort, on y fit plufieurs ouvertures dans les flancs & dans la courtine pour paffer de l'artillerie, & on y établit des batteries de canon & de mortiers.

Le 24 & le 25, on embraffa tout le front de la premiere enveloppe du château, appellé *Terra-Nova*, & on acheva la communication de la tranchée de la droite, qui étoit près de la Meufe, avec la gauche qui étoit du côté de la Sambre.

Le 26 & le 27, les fappes furent pouffées fort près de l'avant-chemin couvert du château, & on dreffa deux nouvelles batteries pour achever de ruiner les défenfes des affiégés pendant que les autres battoient en ruine les pointes & les deux faces des deux demi-baftions de *Terra-Nova*.

Le 28 on entreprit de chaffer les affiégés des deux chemins couverts du château. Neuf compagnies de Grenadiers, & un pareil nombre de Fufiliers fe joignirent aux troupes de la tranchée ; M. le Prince de Soubife, qui y commandoit, en fit les difpofitions.

Le Roi voulut encore être préfent à cette attaque, & fe mit dans le Fort Guillaume ; le fignal étant donné vers les 11 heures

& demie du matin par une salve de 12 pieces de canon, les Grenadiers & les détachemens sortirent tous ensemble des tranchées, & pousserent les ennemis du premier chemin couvert dans le second, & ensuite dans le fossé de l'ouvrage, où ils chercherent leur retraite par plusieurs poternes & caponnieres qu'ils avoient. On monta en même temps sur le haut de la contre-garde à la pointe du bastion de la gauche de l'attaque que les ennemis avoient abandonné. Il y avoit dessous un fourneau chargé, qui fut heureusement découvert par un prisonnier qu'on fit sur eux. On avoit commandé quelques Grenadiers du Régiment des Gardes pour reconnoître la bréche commencée au bastion de la gauche; ils y monterent malgré le feu des ennemis; & comme elle se trouva trop escarpée, on se contenta de se loger dans la contre-garde & sur les chemins couverts dont on s'étoit emparé.

1692.
JUIN.

La nuit du 28 au 29 on perfectionna tous les logemens, & les sappeurs travaillerent à la descente du fossé. On attacha aussi les mineurs en plusieurs endroits, & on se mit en état de faire sauter tout à la fois les deux demi-bastions & la courtine. Le canon ne cessoit de battre la pointe des bastions, & de les ruiner.

M. de Rubantel fit monter la nuit du 29 au 30 quinze Grenadiers sur le haut de la bréche. Les Grenadiers voyant peu de monde dans le bastion, y entrerent & s'en rendirent maîtres; ils furent suivis de plusieurs autres, & des travailleurs qui y firent un logement. Les ennemis, qui étoient en fort petit nombre, & très-peu sur leurs gardes, coulerent le long de la courtine, & se jetterent dans l'autre bastion, qui étoit à la droite de l'attaque; ils l'abandonnerent aussi après y avoir été fort peu de temps, & on n'y trouva que quatre hommes, dont un devoit en se retirant mettre le feu à un fourneau qui étoit sous le bastion qu'ils abandonnoient: on le surprit & on coupa le sauciffon. On travailla ensuite à s'étendre pour se loger dans l'ouvrage, & l'occuper entierement.

Dès qu'on s'en fut rendu maître, les assiégés se trouverent extrêmement resserrés; cependant il leur restoit encore deux autres ouvrages à défendre : mais craignant d'avoir beaucoup à souffrir des bombes, se trouvant accablés de fatigue, & se voyant sans espérance de secours, ils battirent la chamade le 30 à six heures du matin, & demanderent à capituler. Ils envoyerent aussi-tôt des ôtages qui furent conduits auprès du Roi; Sa Majesté en envoya un pareil nombre à M. le Prince de Barbançon, & les articles de la capitulation se réglerent avec M. de Barbezieux & M. de Chanlais.

La garnison du château céda sur les six heures du soir une des portes au Régiment des Gardes Françoises. Le lendemain premier Juillet, elle en sortit à trois heures après-midi, avec tous les honneurs de la guerre. Elle étoit réduite à 4500 hommes qui furent conduits à Louvain avec tous leurs équipages.

On fit mettre toute l'armée d'observation en bataille vers les six heures du soir, pour faire des réjouissances de la prise de Namur; la droite étoit devant le Mazy, le long du ruisseau de l'Orneau, & la gauche sur la hauteur de Ham sur Sambre. On mit devant la droite soixante pieces de canon près du ruisseau de l'Orneau, & vingt autres à la gauche de l'autre côté de la Sambre, où étoit M. de Boufflers, & on fit trois décharges de toute l'artillerie & de la mousqueterie. Ce même jour le Roi alla à l'Abbaye de Floreff, où M. de Luxembourg se rendit pour recevoir les ordres & les instructions que Sa Majesté vouloit lui laisser en lui confiant la conduite de son armée pendant le reste de la campagne.

La perte des assiégeans, tant à l'attaque de la ville que du château, fut d'environ 3000 hommes; mais la fatigue du siege dans une saison qui fut extrêmement pluvieuse, diminua considérablement l'armée du Roi, malgré l'attention continuelle de Sa Majesté pour procurer à ses troupes une subsistance facile & abondante.

Le 2 Juillet le Roi visita tous les ouvrages de la ville & du château de Namur, & donna ses ordres pour réparer cette place afin de la mettre promptement en état de défense. Le lendemain Sa Majesté partit avec toute sa Cour pour aller à Dinant, d'où elle se rendit à Versailles à petites journées.

M. de Guiscard, qui avoit eu le Gouvernement de la ville de Namur, eut aussi celui du château. Après la prise de la ville, on y avoit fait entrer dix bataillons pour en composer la garnison; on l'augmenta de quatre autres, d'un Régiment de cavalerie & d'un Régiment de dragons. On fit un détachement de quatre bataillons & de quarante-un escadrons, pour aller sur le Rhin, afin de mettre M. le Maréchal de Lorges en état de s'opposer aux ennemis qui devoient être incessamment renforcés par les troupes de Juliers & de Cologne. M. d'Harcourt avoit à ses ordres

DE FLANDRE.

ordres un petit corps d'armée sur la frontiere de Luxembourg, pour observer les démarches du Général Fleming & du Comte de Cerclas, qui étoient près de Huy. M. de Coigny, qui commandoit le détachement qui alloit en Allemagne, eut ordre dans sa marche de lui laisser deux Régimens de dragons ; & après le départ de ces troupes & de quelques Régimens qu'on envoya dans les places, l'armée de M. de Luxembourg resta forte de 81 bataillons & 214 escadrons, sans y comprendre 18 escadrons destinés pour la garde des lignes. Celle de M. de Boufflers fut composée de 19 bataillons & de 52 escadrons (*).

1692. JUILLET.

(*) Voyez la PLANCHE XIII.

 Le mauvais état où le siege de Namur avoit mis l'équipage des vivres, ne permettoit à M. de Luxembourg de s'éloigner que fort peu des places du Roi, & quoique son armée fût plus considérable qu'elle n'avoit été pendant les années précédentes, il n'étoit pas en état d'entreprendre un siege. Ses troupes avoient besoin de repos, & la cavalerie avoit beaucoup souffert par les mauvais temps & la rareté des fourrages : les ennemis n'étoient point inférieurs en nombre, & ils devoient être joints dans peu par huit mille Hannovriens, & par les troupes que le Prince d'Orange avoit laissées en Angleterre dans la crainte d'une descente.

 Comme la prise de Namur assuroit les places de la Meuse, l'intention du Roi étoit que M. de Luxembourg s'avançât avec son armée à Enghien, afin de pouvoir prévenir les Alliés du côté de la mer, & les fixer auprès de Bruxelles. Il étoit chargé uniquement de la conservation des places & du pays, & ne devoit avoir d'autres vues que celles de s'opposer aux entreprises des ennemis, & de faire subsister son armée à leurs dépens.

 La position des Alliés obligeoit M. de Luxembourg à passer d'abord la Sambre, & à la repasser ensuite entre Charleroy & Maubeuge, pour s'approcher de Mons, & s'avancer à Enghien. Il fit décamper son armée le 2 pour aller dans la plaine de Saint-Gerard.

 Elle y marcha sur six colonnes.

 L'aîle droite de cavalerie fit la colonne de la droite ; la premiere ligne de cette aîle qui étoit campée au-delà de la Sambre, au village de Ham, eut la tête de la marche, en commençant par les Gardes-du-Roi. La seconde ligne de cette aîle, passa la Sambre sur les deux ponts que l'on avoit fait auprès du village de Ham, & suivit la premiere ligne. Cette colonne laissant la trouée de Ham à gauche, & le village de

Marche de la Falise & de Moustier à Saint-Gerard. PLANCHE XIV.

Zz

1692.
JUILLET.

Surmont à droite, alla entre Fosse & Vitrivaux : elle traversa le bois du Roi par des ouvertures que l'on avoit faites, & elle prit le chemin de Metez, & ensuite celui de Bienne où fut son camp ; elle y fut suivie de ses bagages.

La seconde colonne fut pour l'artillerie. Elle descendit par le chemin de Spy au château de Froidmont, & passa la riviere à Ham sur le pont de la gauche, de-là elle suivit celui de la trouée du Chat, & laissant Touravisé à droite, & la cense de la Folie à gauche, elle alla à Fosse, & de-là à Bossir, où elle entra dans la plaine du camp.

La troisiéme colonne fut pour les brigades de Champagne, & de Bourbonnois qui étoient campées près de Mornimont. Elles furent suivies de leurs bagages, & de ceux de l'aîle gauche, lesquels descendirent par le chemin de Spy à Moustiez. Cette colonne passa la Sambre au pont qu'on avoit fait auprès de Mornimont, laissa le village à droite, traversa le bois, & à sa sortie rencontrant la colonne d'artillerie, la laissa à droite pour aller à la cense de la Folie, qu'elle laissa aussi à droite, de-là elle passa le ruisseau de Fosse sur un pont qu'on avoit fait pour elle, & marcha à la cense de Giguerrie, qu'elle laissa à gauche ; elle coula ensuite le long du bois qu'elle laissa ainsi que l'artillerie à sa droite, & se rendit auprès de Metez où fut son camp.

La quatriéme colonne fut pour le reste de l'infanterie, qui prit le chemin de Templou au château de Soye, & marchant par des ouvertures qu'elle trouva faites, elle laissa le château à deux cens pas sur sa gauche. Elle passa la Sambre sur le pont de la droite des trois que l'on avoit fait entre ce château & Fresnier, & traversa le bois pour entrer dans la plaine de Fosse ; laissant ensuite le Sart-Saint-Lambert à gauche, & le Sart-Saint-Laurens à droite, elle alla à Giguerrie, d'où laissant Libine, & la colonne de cavalerie à sa gauche, elle se rendit entre Gros & Metez, dans la plaine du camp.

La cinquiéme colonne fut pour l'aîle gauche de Cavalerie. Cette colonne laissant l'infanterie & le village de Souarlé à droite, alla descendre au château de Soye, qu'elle laissa à gauche ; elle passa la Sambre sur les ponts de la gauche, & laissant la Chapelle Saint-Pierre à gauche, elle monta dans la plaine par des ouvertures que l'on avoit faites ; elle alla ensuite à Sart-Saint-Lambert, laissa le bois à gauche & Giguerrie à droite, pour passer à Libine, d'où elle se rendit entre Saint-Gerard & Gros, où fut son camp.

La sixiéme & derniere colonne fut pour les bagages de l'infanterie, lesquels prirent le chemin de Souarlé à Florifou, & passerent la Sambre sur le pont qu'on y avoit fait pour aller à Floref, de-là ils prirent un chemin qui passe entre Froidebise & Sauvimont, & traverserent le bois pour aller à la cense d'Auvelois près de Libine, & de-là dans la plaine de Saint-Gerard, où fut le camp.

Le campement s'assembla à la tête des Gardes-du-Roi, au village de Ham. Il y eut six cens hommes de pied commandés pour la

DE FLANDRE. 183

colonne de l'artillerie, deux cens pour celle des bagages de l'infanterie, cent pour les bagages de l'aîle droite, & cent pour ceux de la gauche. On commanda mille hommes de pied avec cent Dragons, & quatre cens chevaux pour l'arriere-garde de l'armée ; ils furent chargés de faire lever les ponts, & de les conduire jusqu'à la Maison-Blanche près de Namur.

1692.
JUILLET.

L'armée campa dans la plaine de Saint-Gerard sur deux lignes, la droite faisant la gauche. La droite étoit entre Gros & Saint-Gerard, où étoit le quartier général, la gauche fut appuyée à Bienne. Metez & Boslier étoient devant le camp ; les troupes qui vinrent de Namur furent campées à Oré, sur la marche qu'on devoit faire pour aller entre Maubeuge & Charleroy.

M. de Luxembourg resta pendant quelques jours dans ce camp, tant pour donner du repos à son armée, que pour empêcher les ennemis de faire des détachemens qui pussent inquiéter la marche du Roi.

Le 4 l'artillerie s'avança derriere le camp, & parqua entre le village de Stave & le bois.

Le 6 l'armée partit de grand matin sur neuf colonnes, pour aller à Tully.

La reserve qui étoit campée à Fosse, fit la colonne de la droite. Elle alla à Vitrivaux, au Roux, à Presle, au Boufliou, & fit alte à la hauteur des fostiaux de Couillé ; elle envoya un détachement à la tête du village de Couillé, qui est sur le grand chemin de Charleroy à Gerpine, & lorsqu'elle jugea que la marche de l'armée pouvoit être faite, elle alla passer la riviere d'Heure à Gamignon, pour se rendre à Marbay, où fut son camp.

Marche de Saint-Gerard à Tully.
Planche XV.

La seconde colonne fut pour l'aîle droite de cavalerie, qui faisoit la gauche dans ce camp ; la Maison du Roi en eut la tête. Cette colonne passa par les Vaux dessous Bienne, & alla à travers champs près Gogny, de-là à la Figotterie, & à la forge d'Acos ; laissant ensuite Joncré & Nalenne à gauche, elle marcha droit à Ham sur Heure, où elle passa la riviere sur le pont du Bourg, & se trouva à la droite du camp.

La troisiéme colonne fut pour la premiere ligne d'infanterie ; Champagne en eut la tête, & fut suivi du reste de cette ligne ainsi qu'elle étoit campée. Cette colonne coula tout le long de la queue du camp de la seconde ligne de l'aîle gauche, pour aller passer au pont de la droite des deux qu'on avoit fait au-dessous de Bienne. Elle alla ensuite à travers champs à Villers-Potterie, & à Acos, laissa Joncré à droite, passa à Bertransfart & à Hamsoury, & prit un chemin auprès de la Justice pour aller au hameau de Ham ; elle y fit raccommoder le pont pour passer la riviere d'Heure, & entrer dans la plaine du camp.

1692.
JUILLET.

La quatriéme colonne fut pour la seconde ligne d'infanterie, en commençant par Bourbonnois qui fut suivi du reste de la ligne dans l'ordre où elle étoit campée. Cette colonne marchant derriere le camp de la seconde ligne de l'aîle gauche, & laissant l'autre colonne d'infanterie à sa droite, alla passer sur le pont de la gauche que l'on avoit fait au-dessous de Bienne, & par des ouvertures qu'elle trouva faites, elle continua sa marche par Fretier, par le Try de Marie-Lienaut, & descendit à la forge de Gerpine, où elle passa le ruisseau pour aller droit au-dessus de Tarsienne, qu'elle laissa à gauche. Elle alla ensuite à Gourdine, & de-là à Bierzée où elle traversa la riviere d'Heure sur le pont du village, & prit le chemin de Tully pour entrer dans la plaine du camp.

La cinquiéme colonne fut pour l'aîle gauche de cavalerie, qui faisoit la droite dans ce camp; Courtebonne en eut la tête, & fut suivi du reste de la seconde ligne dans l'ordre où elle étoit campée: ensuite de la Brigade du Mestre de Camp, & du reste de la premiere ligne. Cette colonne passa derriere le camp de l'infanterie, & de l'aîle gauche, pour aller traverser le ruisseau de Bienne au gué de Prie; de-là passant près de Fromié, & le laissant à droite, elle alla à Hemié, & côtoya les haies de Tarsienne pour aller à Sombezé, à Pry, à Miertenen, & à Aussogne où fut le camp.

La sixiéme colonne fut pour tous les menus bagages de l'armée, qui s'assemblerent derriere la Brigade de Greder. Ceux de l'aîle droite qui faisoit la gauche, marcherent les premiers, & furent suivis de ceux de l'infanterie, & de l'aîle gauche. Cette colonne laissa l'aîle gauche de cavalerie à sa droite, & alla à Oré, à Hensinelle, au château de Lenef, à Chestré, traversa la riviere d'Heure, partie à l'Abbaye du Jardinet, partie à Valcourt, & de-là passa à Fontenelle & à Castillon pour se rendre au camp.

La septiéme colonne fut pour les troupes qui campoient à Oré, lesquelles passerent à Moriammé, à la Fosse à l'eau, à Frere, à Feroul, à la Forge de Battefer, & à Castillon, d'où elles entrerent dans la plaine du camp.

La huitiéme colonne fut pour l'artillerie, qui étoit à Stave; elle alla à Florennes, le laissant à droite, de-là au moulin de Saint-Aubin, à Jamaigne, à Jamiole, à Slenrieu, à Boussu, & à Castillon qu'elle laissa à droite, pour entrer dans la plaine du camp.

La neuviéme & derniere colonne fut pour les gros bagages qui étoient à Philippeville, avec le Régiment du Marquis de Grandmont qui les escorta. Ils prirent le chemin de Philippeville à la forge du Prince; de-là ils allerent au moulin de Boussu & à Clermont, d'où ils entrerent dans la plaine du camp.

Le trésor, le quartier général & les Vivandiers de l'armée, s'assemblerent derriere la Brigade de Stoppa, où ils se mirent en marche pour prendre la queue de l'artillerie à Stave, & partirent pour cet effet à minuit. On commanda cinquante Maîtres & deux cens hommes de

pied

pied, qui se rendirent avant la générale au rendez-vous des menus bagages. On dispersa dans cette colonne les deux cens hommes de pied par pelotons, & les cinquante Maîtres en firent l'arriere-garde.

On donna trois cens hommes de pied pour escorter les équipages qui suivoient l'artillerie; ils y furent partagés par pelotons, & cent chevaux en firent l'arriere-garde.

On fit un détachement de quatre cens chevaux & de huit cens hommes de pied qui partirent à l'entrée de la nuit pour se rendre dans la plaine de Ham-sur-Heure, près des trois Tilleuls, & qui furent postés pour la sureté du fourrage qui se fit en arrivant.

On envoya dès le soir mille hommes de pied dans les bois qui étoient sur le chemin que l'armée devoit tenir; sçavoir cent dans les bois de la Fagotterie, sur le chemin de Chastelet; cent dans le bois de Lauprelle, sur le chemin de Couillé à Gerpine; & cent à la cense de Bierlaire, sur le chemin de Charleroy à Philippeville; cent dans le bois d'Hensinelle; cent dans le bois de la Fosse à l'eau, entre Moriammé & Frere; & cent dans le bois de Florennes, vers le grand & petit Marcoury: tous ces détachemens ne revinrent au camp qu'à la nuit.

L'armée campa sur deux lignes, la droite aux arbres de Ham-sur-Heure, & la gauche près de Strées, le laissant devant elle. Aussogne étoit derriere le camp, & Tully devant le front, où étoit le quartier général.

Le même jour M. de Boufflers, qui étoit à Aveloy, alla camper à Florennes, où il eut sa droite, & sa gauche près du ruisseau d'Emptine.

L'armée de M. de Luxembourg partit le lendemain sur huit colonnes pour aller à Merbe-Potterie.

La réserve, qui étoit campée auprès du village de Marbay, eut la colonne de la droite, & traversa la Sambre au pont de Thuin, d'où elle prit sa marche par le village de Bienne-le-Happart, le Cerisier du Sart & Merbelette; elle passa ensuite à la tête du bois de Saillermont, qu'elle laissa à droite pour aller au grand Reng, où fut son camp.

Marche de Tully à Merbe-Potterie.
PLANCHE XVI.

La deuxiéme colonne fut pour l'artillerie, laquelle alla à Ragny; delà elle passa la Sambre à l'Abbaye de Lobbe, & marcha à la cense de l'Escail; laissant ensuite le Sart à droite, elle entra dans la plaine du camp.

La troisiéme colonne fut pour l'aîle droite de cavalerie, laquelle passa sur le pont qui étoit au milieu du village de Tully, de-là elle alla à travers champs auprès de la Chapelle de Ragny, qu'elle laissa à droite, ainsi que la cense de Pomereuil; elle traversa ensuite la Sambre au pont de la Bussiere, d'où elle se rendit à la queue de son camp.

La quatriéme colonne fut pour l'aîle droite d'infanterie, en commençant par Champagne ; cette colonne laissant Tully à droite & Donstienne à gauche, alla à travers champs droit au Fostiau ; & laissant le bois & le château à deux cens pas sur la gauche, elle continua sa marche à travers champs, pour aller passer la Sambre au-dessus de la Bussiere, au pont de la droite des deux que l'on avoit fait vis-à-vis de Gouy, d'où elle entra dans la plaine du camp.

La cinquiéme colonne fut pour l'aîle gauche d'infanterie, en commençant par Navarre. Cette colonne passa par Donstienne, d'où prenant à travers champs, & laissant l'autre colonne d'infanterie à cent pas sur sa droite, & le Fostiau à sa gauche, elle traversa la Sambre sur le pont de bateaux de la gauche, que l'on avoit fait à Gouy, d'où elle se rendit dans la plaine du camp.

La sixiéme colonne fut pour tous les gros & menus bagages de l'aîle gauche, tant cavalerie qu'infanterie, qui s'assemblerent entre Strées & Donstienne. Cette colonne alla droit à Tapefesse, à Hantes, & à Solre-sur-Sambre, d'où elle entra dans le camp.

La septiéme colonne fut pour la premiere ligne de cavalerie de l'aîle gauche : elle prit le chemin de Strées à Beaumont, & laissant la ville à droite, elle passa sur un pont qui étoit au-dessus ; de-là elle alla à Lugny, à Consolre, & ensuite en côtoyant les bois, à Jeumont, où elle traversa la Sambre pour entrer dans son camp.

La huitiéme colonne fut pour la seconde ligne de l'aîle gauche de cavalerie ; elle laissa le grand chemin de Strées à Beaumont sur sa droite, & passa aux censes des Estoffettes, d'où laissant Lugny & la colonne de cavalerie à sa droite, elle alla à la Fonderie de Consolre, & de-là au pont de Marpent, d'où elle se rendit dans la plaine du camp.

Tous les menus bagages de l'aîle droite de cavalerie, de l'infanterie & de la réserve, suivirent leurs colonnes, & tous les gros bagages s'assemblerent à la tête du village de Tully, pour prendre la queue des troupes qui passerent au pont de la Bussiere, & aux deux ponts que l'on avoit faits à Gouy.

Le campement s'assembla à la générale à la tête du village de Tully. On laissa six cens hommes de pied dans le camp, avec les vieilles Gardes pour faire l'arriere-garde des équipages.

On appuya la droite de l'armée à Sart ; la gauche alloit vers le grand Reng, faisant un coude à l'arbre de Jeumont : le quartier général fut à Merbe-Potterie, & la Sambre derriere le camp.

M. de Boufflers campa ce même jour à Rosoy, près de Philippeville.

L'infanterie, qui avoit servi au siege de Namur, étoit si épuisée de fatigue, que dans les deux marches pour venir de Saint-Gerard à Merbe-Potterie, il y avoit eu un grand nombre de traîneurs qui n'avoient pu suivre l'armée ; dans la crainte qu'ils ne fussent enlevés, M. de Luxembourg envoya un gros parti de

DE FLANDRE. 187

cavalerie & de dragons devant Charleroy, & cinq cens Fuſiliers dans les bois.

1692.
JUILLET.

En arrivant dans ce camp, M. de Cheladet fut détaché avec quatre cens chevaux pour apprendre des nouvelles des ennemis, & M. de Vertillac, Gouverneur de Mons, eut ordre d'envoyer un parti de cavalerie du côté de Tubiſe, pour être informé s'ils y marchoient, & s'ils cherchoient à s'approcher de Bruxelles. On apprit que le Prince d'Orange ayant conſommé les fourrages des environs de Charleroy, n'avoit fait d'autre mouvement que d'avancer le 8 à Genappe.

M. de Luxembourg, qui vouloit prévenir les ennemis à Enghien, n'avoit deſſein de reſter à Merbe-Potterie, que le moins qu'il pourroit; il fut cependant obligé d'y ſéjourner, afin de tirer un convoi par eau de Maubeuge. Il détacha de ce camp M. de la Valette avec dix-huit eſcadrons, pour aller à Pomereuil, où il étoit à portée de marcher aux lignes, & de joindre l'armée.

Le 9 il fit décamper ſes troupes pour aller à Ville-ſur-Haine.

La marche ſe fit ſur huit colonnes.

Marche de Merbe-Potterie à Ville-ſur-Haine.
Pl. XVII.

Celle de la droite fut pour la Maiſon du Roi, & la Brigade de Montfort. Cette colonne paſſa au Ceriſier du Sart, & prit le grand chemin Royal de la Buſſiere à Binch; laiſſant cette ville à gauche, elle alla à Saint-Vaſt, à Sainte-Anne-à-Braquignies, & de-là au camp.

La ſeconde colonne fut pour les Brigades de Dalou, Philippeaux, Monmorency & Turenne. Cette colonne laiſſant Merbe-Sainte-Marie à gauche, prit le chemin de ce village à Bonne-Eſpérance; elle paſſa enſuite entre Bonne-Eſpérance & Binch, & alla à Brule, au gravier de Peronne, à Trivier, & à un gué entre Thieu & Braquignies, d'où elle entra dans la plaine du camp.

La troiſiéme colonne fut pour les bagages du quartier général, & ceux de l'aîle droite de cavalerie & de toute l'infanterie. Cette colonne prit le chemin de Merbe-Potterie à Bonne-Eſpérance; laiſſa Merbe-Sainte-Marie, & le chemin qui va de ce village à Bonne-Eſpérance à droite, pour aller au pont de Bray, & de-là à Maurage, & au gué de Thieu, d'où elle entra dans le camp.

La quatriéme colonne fut pour l'aîle droite d'infanterie; Champagne en eut la tête & fut ſuivi des Brigades du Roi, des Gardes, de Stoppa, Dauphin & Bourbonnois. Cette colonne alla droit à la Belle-Maiſon, prit le chemin de Bonne-Eſpérance, qu'elle laiſſa à droite pour aller aux hautes Eſtinnes, & de-là à Bouſſoit, d'où laiſſant Thieu à droite, elle paſſa ſur un pont qu'elle trouva près de ce village, & entra dans ſon camp.

1692.
JUILLET.

La cinquiéme colonne fut pour l'aîle gauche d'infanterie. La Brigade de Navarre en eut la tête, & fut suivie de celles de Royal, Porlier, Cruffol & Lyonnois; cette colonne alla droit à la tête du bois de Saillermont, laiffa Forue ou faux Roeux à droite, & Hauchain à deux cens pas fur fa gauche, pour aller à la Chapelle-à-Bray, à la cenfe du Foyaux, qu'elle laiffa à gauche, & à Ville-fur-Haine, où étoit le camp.

La fixiéme colonne fut pour la premiere ligne de l'aîle gauche, dont le Meftre de Camp eut la tête. Cette colonne paffa à la cenfe du Coulombier & à Hauchain, d'où laiffant Villers-le-Sec & Villers-Saint-Guilain à gauche, elle alla à la Chapelle de Bon-Vouloir, & traverfa la Haine près d'Havré, pour fe rendre au camp.

La feptiéme colonne fut pour la réferve & la feconde ligne de l'aîle gauche. Cette colonne paffa entre Croix & Rouvrois, laiffa Villers-le-Sec & Villers-Saint-Guilain à droite, pour aller à la cenfe du Sart & à Obourg, où elle traverfa la Haine; de-là cette colonne fe fépara : la réferve prit à gauche pour aller camper au-delà de Saint-Denis, & la cavalerie de l'aîle gauche prit fa marche par la bruyere d'Havré, pour fe rendre à fon camp. Les bagages de la réferve, & ceux de l'aîle gauche fuivirent cette colonne.

La huitiéme & derniere colonne fut pour l'artillerie qui, laiffant Rouvrois à droite, alla à Givrils, à Saint-Simphorien & à Nimy, fur la hauteur devant Mons, où elle demeura jufqu'à nouvel ordre.

Le campement s'affembla à la tête du Meftre de Camp. On commanda huit cens hommes de pied pour l'efcorte des menus bagages.

La droite de l'armée avoit le ruiffeau de Thieu derriere elle, la Haine étoit derriere l'infanterie, & l'Abbaye de Saint-Denis derriere l'aîle gauche.

M. de Boufflers, qui étoit refté entre Sambre & Meufe, afin de s'oppofer aux détachemens que les ennemis pouvoient faire pour pénétrer dans le Hainaut, marcha avec fon armée à la Buffiere, & y campa, laiffant la riviere devant lui.

M. de Luxembourg fit partir fes troupes le 10 pour aller à Soignies; mais dans le moment qu'il fe mettoit en marche, il tomba une fi grande quantité de pluie que l'armée ne put la continuer : il s'y rendit avec la premiere ligne des deux aîles feulement, & eut beaucoup de peine à y arriver. Il fe forma dans tous les chemins creux des torrens qui obligerent de remettre la marche au lendemain.

Marche de Ville-fur-Haine à Soignies.
Pl. XVIII.

Elle fe fit fur fept colonnes.

L'aîle droite de cavalerie fit celle de la droite. La Maifon du Roi en eut la tête, & fut fuivie du refte de la premiere ligne de cette aîle, ainfi qu'elle étoit campée; la feconde ligne marcha dans le même ordre

que

que la premiere. Cette colonne paſſa au Roeux, & de-là au moulin à vent, où elle prit le chemin de Naaſt; elle paſſa par la Buſe, & fit des ouvertures dans le chemin pour éviter quelques mauvais pas; elle laiſſa la haute Folie à droite, & quand elle fut dans la plaine, elle doubla en attendant l'ordre d'entrer dans le camp.

La ſeconde colonne fut pour l'aîle droite d'infanterie; Bourbonnois en eut la tête, & fut ſuivi des Brigades de Dauphin, de Stoppa, du Roi & de Champagne. Cette colonne marcha d'abord à travers champs le long de la tête du camp de la cavalerie de la droite, laiſſa le Roeux à droite & la Juſtice à gauche, pour aller à la cenſe d'Ubifoſſé, d'où elle prit à droite pour ſuivre le chemin de Naaſt, & en arrivant dans la plaine de Soignies, elle doubla pour attendre des ordres.

La troiſiéme colonne fut pour les gros & menus bagages de l'aîle droite de cavalerie & de l'aîle droite d'infanterie; ceux de la Maiſon du Roi, de la Gendarmerie, de la Brigade de Montfort & de Turenne, s'aſſemblerent à ſix cens pas en avant de la Gendarmerie, & marcherent les premiers; ceux des autres Brigades de cavalerie de cette aîle s'aſſemblerent à ſix cens pas en avant du camp de la Brigade de Champagne, & précéderent ceux de l'infanterie. Cette colonne alla droit à la Juſtice du Roeux, qu'elle laiſſa enſuite à droite; de-là laiſſant Thieuſies à gauche, ainſi que le chemin qui paſſe à la cenſe de Tidonſeau, & le chemin d'Ubifoſſé à ſa droite, elle arriva dans la plaine de Soignies, où elle doubla en attendant des ordres.

La quatriéme colonne fut pour les gros & menus bagages du quartier général, & de l'aîle gauche de cavalerie & d'infanterie, qui s'aſſemblerent tous devant le village de Gottigny, auprès des Dragons qui y étoient campés, laiſſant la ravine à leur droite; ceux du quartier général prirent la tête, & furent ſuivis de ceux de l'aîle gauche & de l'infanterie, qui marcherent dans l'ordre marqué pour leurs troupes. Cette colonne alla paſſer dans Thieuſies, laiſſa Saiſinne à gauche, & le chemin de Thieuſies à Soignies à droite, pour prendre celui de la cenſe de Tidonſeau, d'où elle entra dans la plaine de Soignies, & y doubla en attendant des ordres.

La cinquiéme colonne fut pour l'aîle gauche d'infanterie; Lyonnois en eut la tête, & fut ſuivi des Brigades de Cruſſol, Porlier, des Gardes, Royal & Navarre. Cette colonne laiſſant le bois de Saint-Denis, & le camp de l'aîle gauche de cavalerie à ſa gauche, & le village de Thieuſies à trois cens pas ſur ſa droite, alla à Saiſinne & à la Juſtice de Soignies, & en entrant dans la plaine elle ſe jetta ſur ſa gauche comme ſi elle eût voulu aller à l'arbre du long Queſne: lorſqu'elle ſe fut avancée d'environ mille pas, elle doubla & attendit des ordres.

La ſixiéme colonne fut pour la premiere ligne de l'aîle gauche. Le Meſtre de Camp en eut la tête, & fut ſuivi du reſte de la premiere ligne dans l'ordre où elle étoit campée. Cette colonne paſſa au Caſteau, traverſa la haye-le-Comte pour aller à cenſe d'Elcour, & à Cauchie-

Notre-Dame, où elle doubla & fit alte pour attendre des ordres.

La septiéme & derniere colonne fut pour la réserve & la seconde ligne de cavalerie de l'aîle gauche, en commençant par Courtebonne, laquelle passa à Saint-Denis, & suivit la réserve qui étoit campée au-delà de ce village : cette colonne alla prendre la chaussée auprès de Manuy-Saint-Jean, & là suivit jusqu'à la hauteur de Neuville, où elle doubla & fit alte pour attendre des ordres.

Les Dragons, qui étoient campés aux aîles, y marcherent, suivant l'ordre que l'Officier Général de jour leur donna. Trois Régimens de Dragons, qui étoient campés à Gottigny, marcherent à la tête de la colonne des équipages qui avoient leur rendez-vous à leur camp. L'Officier qui les commandoit eut soin de faire accommoder les chemins, & fut averti de prendre ses mesures pour ne pas tomber sur les colonnes qui étoient à sa droite & à sa gauche.

On commanda trois cens hommes de pied pour l'escorte de l'autre colonne des bagages ; ils y furent partagés par pelotons de distance en distance, & cent en firent l'arriere-garde ; ils se trouverent à la générale au rendez-vous. Il y eut à la tête de cette colonne, ainsi qu'à la tête de celle d'infanterie, cinquante Maîtres, & les vieilles Gardes en firent à l'ordinaire l'arriere-garde.

Les postes d'infanterie qui étoient le long des bois de la haye du Roeux, & de ceux du Casteau & de Saint-Denis, ne revinrent pas sans être relevés. On fit, pour la sureté du camp & du fourrage, un détachement de mille hommes de pied, qui partirent à onze heures du soir pour être postés ; sçavoir cent au bord des bois de Mons, du côté de Jurbise & du Manuy ; cent dans le bois de Thauricourt ; cent à Cauchie-Notre-Dame ; cent à Neuville ; cent cinquante à Horrues, qui envoyerent un détachement à la cense de Longpont ; cinquante dans le bois d'Horrues ; cent dans le bois de Soignies ; cinquante dans le bois de Rougelin ; cinquante dans le château de la Court-au-Bois ; cinquante à Megneau ; cent dans le bois de Naast, vers l'Hermitage ; & cinquante à l'autre pointe près de la Place au Bois.

L'armée campa sur deux lignes, la droite appuyée au bois de Naast, & la gauche à Cauchie-Notre-Dame, où on mit la Brigade de Navarre.

L'armée eut Soignies & son ruisseau devant elle ; le quartier général fut à Soignies, qui étoit couvert par la réserve ; la Brigade des Gardes campa à Horrues.

M. de la Valette s'avança le même jour à Leuse : les ennemis étoient encore à Genappe, & avoient envoyé leurs gros équipages à Waterloo, sur le chemin de Bruxelles à Namur.

M. de Luxembourg, qui trouvoit à Soignies beaucoup de facilité pour ses vivres, & une grande abondance de fourrages, desiroit que les Alliés restassent long-temps dans la position où ils étoient, afin de conserver la sienne.

DE FLANDRE.

1692.
JUILLET.

M. de Boufflers s'avança le 13 à Givry, & le 16 à Boussoit, pour consommer les fourrages qui étoient entre la Trouille & la Haine, & afin d'être à portée de joindre M. de Luxembourg quand il seroit nécessaire.

Aussi-tôt que l'armée du Roi se fut avancée à Soignies, le Prince d'Orange commença à faire de grands préparatifs à Liége; il y fit remonter par la Meuse beaucoup d'artillerie, & ne parla que de reprendre Namur.

M. de Guiscard recevoit des avis qui lui faisoient croire que les ennemis en vouloient à cette place, & ce projet étoit entierement conforme aux desirs des Hollandois qui auroient voulu que le Prince d'Orange eût tout risqué pour sauver cette place pendant que le Roi en faisoit le siege : mais comme on faisoit en même temps un embarquement sur la Tamise, & que dans l'armée des Alliés on parloit autant du siege de Dunkerque que de celui de Namur, on ignoroit de quel côté se porteroient leurs forces. Il se pouvoit faire que les démonstrations qu'ils faisoient contre Namur n'eussent d'autre objet que celui d'y attirer l'attention de M. de Luxembourg, & que leur véritable dessein fût de faire un effort du côté de la mer : c'étoit le vrai moyen d'appaiser les mécontentemens des Anglois, qui souffroient impatiemment les dépenses qu'ils faisoient pour les troupes de terre, & dont ni eux, ni leurs Alliés ne retiroient aucun fruit depuis plusieurs années.

Dans la crainte que les ennemis n'en voulussent à Dunkerque, le Roi ordonna à M. de Luxembourg de détacher le Régiment de Guiche pour y aller, & d'envoyer le Régiment de Bourbon à Calais, & en cas que l'armée des Alliés voulût en former le siege, l'intention du Roi étoit que M. de Luxembourg laissât M. de Boufflers pour garantir la frontiere contre les troupes qui resteroient du côté de Bruxelles, & qu'avec son armée il marchât pour la secourir.

Les grands préparatifs que l'on faisoit à Liége, & qui paroissoient menacer Namur, donnoient aussi de l'inquiétude pour cette place, & le Roi vouloit qu'on ne négligeât rien pour empêcher les Alliés de s'en rendre maîtres. Il étoit impossible à M. de Luxembourg d'y donner du secours du côté de l'Orneau & de la Mehaigne, parce que son équipage des vivres n'étoit pas en état de voiturer depuis Mons jusques-là le pain nécessaire pour ses troupes.

1692.
JUILLET.

L'armée du Roi ne pouvoit former aucune entreprise qui pût la dédommager de la perte de cette place ; ainsi si les ennemis en formoient le siege, M. de Luxembourg se proposoit de la secourir en se portant entre Huy & Dinant. M. de Boufflers assuroit qu'en marchant de ce côté-là, l'armée auroit toujours les hauteurs pour elle. Les ennemis ne pouvoient tirer que par la Meuse toutes les munitions de guerre & les subsistances dont ils avoient besoin pour entreprendre ce siege. Tous les fourrages des environs de Namur, principalement du côté de la Mehaigne & de l'Orneau, avoient été consommés par le long séjour que les armées y avoient fait, ce qui portoit M. de Luxembourg à croire qu'en prenant un poste sur la basse Meuse, il viendroit à bout de faire lever le siege sans combattre, à moins que les Alliés ne fussent en état d'assembler une assez grande quantité de bateaux à Liége pour faire venir en peu de jours tout ce qui leur seroit nécessaire.

Afin de ne rien négliger pour la sureté de cette place, M. de Boufflers eut ordre de détacher dix bataillons pour s'y rendre : il les escorta jusqu'à la Sambre, avec une grande partie de sa cavalerie, & M. de Ximenes, Gouverneur & Commandant à Maubeuge, assembla environ cinq cens chevaux pour marcher avec ces troupes depuis la Sambre jusqu'à Philippeville, où elles arriverent le premier d'Août, & où elles devoient attendre de nouveaux ordres.

Pendant que les Alliés menaçoient Namur & Dunkerque, le Roi desiroit que M. de Luxembourg s'avançât jusqu'à Halle, afin de donner au Prince d'Orange de la jalousie pour Bruxelles. Mais comme l'équipage des vivres ne pouvoit aller au-delà d'Enghien, ni voiturer du pain que pour quatre jours, il étoit impossible que l'armée pût séjourner long-temps à Halle. Cependant afin de pouvoir exécuter ce que le Roi désiroit, M. de Luxembourg avoit dessein de faire établir des fours à Cambron, où il tenoit un détachement de trois cens hommes d'infanterie, & cent chevaux ; & afin d'assurer ses convois, il comptoit placer M. de Boufflers à Steenkerke.

Au lieu d'attaquer Namur ou Dunkerque, les Alliés avoient un troisiéme parti à prendre, qui étoit de combattre l'armée du Roi, après l'avoir obligé de faire des détachemens de différens côtés. M. de Luxembourg soupçonnoit qu'ils pouvoient en avoir formé le projet, & en effet le Prince d'Orange en étoit uniquement occupé.   Afin

DE FLANDRE. 193

Afin de mieux couvrir son dessein, il ne fit point cesser les préparatifs qu'on avoit commencé à Liége : il détacha le Comte d'Horn le 13 avec dix bataillons & quatorze escadrons pour aller à Bruxelles, & fit courir le bruit que ce détachement devoit ensuite s'avancer sur l'Escaut, & être renforcé par des troupes tirées des garnisons de Gand & d'Oudenarde, pour attaquer les lignes ; ce détachement, qui n'étoit fait que dans la vue d'obliger l'armée du Roi à en faire un pareil, décida M. de Luxembourg à envoyer M. le Duc de Choiseuil à Chievres avec vingt escadrons de dragons, & seize de cavalerie, pour se rendre aux lignes par un pont qu'on avoit fait jetter à Espierre ; mais ayant appris que le Comte d'Horn étoit resté sur le Canal de Bruxelles, il fit aussi revenir M. de Choiseuil.

1692.
JUILLET.

Après tous ces mouvemens les ennemis se mirent en marche le 31 Juillet, pour aller camper la droite à Braine-Laleu, & la gauche à Bois-Seigneur-Isaac. Le lendemain ils passerent la Senne, & mirent cette riviere derriere leur camp, ayant leur gauche à Tubise.

AOUST.

Le même jour M. de Luxembourg fit marcher son armée à Hoves, près d'Enghien.

La marche se fit sur sept colonnes.

Marche de Soignies à Hoves. PLANCHE XIX.

Le campement de l'aîle gauche de cavalerie s'assembla à la générale à la tête du Mestre de Camp, & se mit en marche à la pointe du jour pour attendre les autres au moulin à vent d'Enghien. Celui de l'infanterie & de l'aîle droite, s'assembla à la générale au camp du Régiment du Roi.

La premiere ligne de l'aîle droite de cavalerie fit la colonne de la droite. La Brigade de Dalou en eut la tête, & marcha à colonne renversée ; elle prit le chemin de Naast à Saint-Hubert, & passa à Braine-le-Comte, pour aller à Steenkerke ; elle laissa le village à gauche, & traversa le ruisseau sur un pont que l'on avoit fait entre Steenkerke & le Stordoy, d'où elle entra dans son camp. La Brigade de Bourbonnois prit la queue de cette colonne.

La seconde colonne fut pour la seconde ligne de l'aîle droite de cavalerie. La Brigade de Montmorency en eut la tête, & marcha à colonne renversée ; elle vint passer au gué des Fours à chaux, entre Naast & Soignies, de-là elle prit le chemin de Soignies à Steenkerke, qu'elle suivit. Elle traversa le ruisseau sur le pont du village, & laissant l'Eglise à droite, elle entra dans son camp. Tous les menus bagages de cette aîle & de la Brigade de Bourbonnois, s'assemblerent derriere celle de Philippeaux, & prirent la queue de la Brigade de Montfort. Ceux de la

Ccc

premiere ligne en eurent la tête, & ceux de la Brigade de Bourbonnois marcherent les derniers.

La troisiéme colonne fut pour la premiere ligne d'infanterie, en commençant par les Gardes. Elles se servit des ponts qu'elle avoit auprès de son camp, & quand elle les eut passés, elle se jetta sur la droite pour prendre la tête de la colonne; elle fut suivie de la Brigade du Roi qui passa aux deux ponts qu'elle avoit devant son camp, ensuite de la Brigade de Royal, qui passa à un pont à la droite du Régiment du Roi. Champagne fit l'arriere-garde de cette colonne, laquelle prit l'ouverture que l'on avoit faite à la droite pour les deux lignes d'infanterie, qui allerent passer aux deux ponts que l'on avoit faits au-dessous de l'Esclatier, d'où elles continuerent leur marche par des ouvertures qui les conduisirent à Blanc-Fossé qu'elles laisserent à gauche; les Brigades de la gauche passerent le ruisseau d'Hoves au-dessous du village, le laissant à gauche, & Enghien à droite pour se rendre à leur camp.

La quatriéme colonne fut pour la seconde ligne d'infanterie; Lyonnois en eut la tête, ensuite Crussol, Paulier, Stoppa & Dauphin. Cette colonne passa sur le pont de la gauche que l'on avoit fait auprès du Régiment du Roi. Elle continua sa marche par l'ouverture que l'on avoit faite pour les deux lignes d'infanterie, & côtoyant la premiere ligne, elle se rendit à son camp.

La cinquiéme colonne fut pour tous les menus bagages du quartier général, & de toute l'infanterie. Ceux des brigades de la gauche des deux lignes marcherent les premiers, & s'assemblerent à Horrues où étoit campée la Brigade des Gardes. Ils traverserent ce village pour aller à l'Esclatier où ils passerent le ruisseau. De-là ils allerent à Blanc-Fossé, ensuite à Hoves où ils se trouverent dans la plaine du camp.

La sixiéme colonne fut pour tous les gros bagages de l'armée: ceux de l'aîle gauche s'assemblerent à la tête du Mestre de Camp, & eurent la tête de cette colonne; ceux du quartier général, de toute l'infanterie & de l'aîle droite de cavalerie, s'assemblerent à l'arbre du long Quesne sur le chemin de Soignies à Cauchie-Notre-Dame; de l'arbre du long Quesne ils allerent à la cense de Longpont, & laisserent Cauchie-Notre-Dame à gauche; de-là ils allerent prendre la chaussée qui les conduisit au moulin de Belle-Croix, & la suivirent jusqu'à Tierre où ils prirent un chemin à gauche pour se rendre à Hoves ou fut le camp. La Brigade de Navarre qui étoit campée à Cauchie-Notre-Dame, prit la tête de cette colonne; ses menus bagages & ceux de l'aîle gauche la suivirent.

La septiéme & derniere colonne fut pour l'aîle gauche de cavalerie, la Brigade du Mestre de Camp en eut la tête; cette colonne passant entre Cauchie-Notre-Dame & Louvigny, alla à travers champs au moulin du Graty où elle prit le chemin d'Enghien: laissant ensuite la Chapelle du Questrai à droite, & la Belle-eau à gauche, elle alla passer le ruisseau d'Enghien à un gué qui étoit aux hayes de Marcq, & laissant ce village à gauche, elle entra dans son camp.

DE FLANDRE.

1692.
AOUST.

La reserve prit le chemin de Soignies à Steenkerke, d'où elle alla au Château de Warelle pour se rendre à son camp. Les Régimens de Dragons destinés pour le quartier général, allerent prendre la tête des deux colonnes d'infanterie, laissant le ruisseau de Soignies à leur gauche.

Tous les menus bagages des troupes qui étoient campées au-delà du ruisseau de Soignies, prirent la tête de ceux de l'aîle droite, leurs gros bagages repasserent le ruisseau pour suivre ceux du quartier général.

Les dragons, qui étoient campés aux aîles, y marcherent. Ils se séparerent en autant de divisions que les aîles en formerent, & mirent un escadron avec des outils à la tête de chaque colonne de cavalerie.

L'infanterie avoit ses travailleurs à la tête de ses colonnes, & en fournissoit à celle des bagages.

Les vieilles Gardes firent à l'ordinaire l'arriere-garde des colonnes d'infanterie & des bagages, avec cinq cens hommes de pied, & il y eut cent hommes de pied pour l'escorte des menus bagages.

Les postes qui étoient dans les bois entre Soignies & Braine-le-Comte, ne revinrent au camp qu'à l'entrée de la nuit. Il en fut de même de ceux qui étoient à la gauche du camp que l'on quittoit.

Trois cens hommes de pied borderent les bois qui étoient sur la gauche de la marche, depuis Louvigny jusqu'au-delà du moulin du Graty.

On commanda trois cens chevaux, dont deux cens demeurerent sur la hauteur près de Braine-le-Comte, & cent allerent à la tête du bois del Houssiere, pour couvrir la marche de l'armée sur la droite.

On envoya encore cinquante Maîtres sur le chemin de Braine-le-Comte à Tubise, & deux partis de cinquante hommes chacun, l'un dans le bois del Houssiere, & l'autre dans ceux qui sont entre la cense de la Genette & Rebeeck.

On commanda 1050 hommes de pied pour les postes qui devoient assurer le camp; il y en eut aux postes de la droite 460, qui se rendirent à minuit au moulin à vent de Soignies.

On mit quatre-vingt hommes au moulin de Belle-Croix, qui garderent le château de l'Esclatier: cinquante sur le ruisseau entre l'Esclatier & Steenkerke; cinquante au gué & au pont de Steenkerke, qui envoyerent quinze hommes au pont de Stordoy, & empêcherent qu'aucuns fourrageurs ou marauders ne passassent au-delà; cinquante à l'Eglise de Rebeeck; cinquante à Kuenaaste; cinquante au château de Landa; & cent trente au petit Enghien & le long du bois.

Aux postes de la gauche il y eut 590 hommes qui se rendirent à la même heure que les autres à la tête du Mestre de Camp; on en mit cinquante à Haute-Croix; cinquante à Herfelinghen; trente au cabaret de la Couronne; trente au pont de la Chartreuse; cinquante à Tolbeeck; trente dans le château qui est entre Tolbeeck & Gammarache; cinquante à Bievre ou Bievene; cinquante aux quatre Chemins; cinquante à Saint-

1692.
AOUST.

Pierre; cinquante à Baffilly; cinquante au château de Grand-Champ, & cinquante aux bois qui font auprès de Saint-Marcou.

Il y eut deux cens hommes qui borderent le bois du Graty, autrement le bois d'Enghien, & M. de Luxembourg envoya des partis de cavalerie du côté de Halle, vers Sainte-Renelle.

L'artillerie de cette armée, qui avoit resté jusqu'à ce moment sous Mons, la rejoignit forte seulement de quarante pieces de canon. Elle marcha sur la gauche de toutes les troupes.

L'armée campa sur deux lignes, la droite appuyée à Steenkerke, faisoit un coude à cent pas de Hoves: la gauche alloit jusqu'à Herinnes: Enghien étoit devant le centre, le ruisseau & le village de Marcq derriere la gauche; la réserve laissa le ruisseau devant elle. Le quartier général fut à Hoves.

La Brigade de Bourbonnois, & quatre Régimens de dragons camperent sur une hauteur qui étoit devant l'aîle droite.

Pendant que l'armée du Roi étoit en marche, les ennemis faisoient marquer un camp à Bellinghen. L'arrivée de M. de Luxembourg à Enghien, les fit retourner sur leurs pas. Leur mouvement pour s'approcher de Bruxelles le délivroit de l'inquiétude qu'il avoit eu pour Namur, & il ne s'occupoit plus que de pourvoir à la sureté des Lignes & de Dunkerque; il voulut aussi par cette raison que M. de Boufflers contremandât l'infanterie qui avoit marché à Philippeville: il avoit des avis que les Alliés devoient s'avancer dans peu à Ninove, & en conséquence il envoya reconnoître plusieurs camps près de la Dendre, afin de les suivre & d'arriver en même temps qu'eux au-delà de cette riviere.

Le Prince d'Orange désiroit une bataille, comme le seul moyen qui pût soutenir la réputation qu'il avoit parmi les Alliés, & pour satisfaire en même temps les Anglois & les Hollandois qu'il falloit consoler par quelque succès des frais qu'ils faisoient pour soutenir cette guerre: il avoit réussi à tromper M. de Luxembourg par les démonstrations qu'il avoit faites contre Namur & Dunkerque: il avoit aussi découvert un Espion que M. de Luxembourg avoit auprès de l'Electeur de Baviere, & il s'en servit dans ce moment pour lui donner de faux avis, & pour l'empêcher de pénétrer les desseins & les mouvemens des Alliés.

La plus grande partie de l'artillerie de l'armée du Roi étoit restée à Mons: M. de Boufflers qui s'étoit avancé le 31 Juillet au Manuy-Saint-Jean, étoit assez éloigné pour n'en avoir rien à craindre, si la marche des Alliés pouvoit être secrette,

&

DE FLANDRE.

& leurs premiers efforts prompts & heureux ; le terrain que M. de Luxembourg occupoit, étoit si coupé, que l'infanterie devoit presque seule décider du succès de la bataille. Le Prince d'Orange croyant que ce moment & cette position étoient favorables pour combattre l'armée du Roi, fit arrêter secrétement le 2 d'Août l'Espion de M. de Luxembourg, & le força de lui écrire que les Alliés feroient le lendemain un grand fourrage devant la droite de l'armée du Roi, & que pour couvrir ce fourrage il marcheroit pendant la nuit un corps considérable d'infanterie avec du canon, afin d'occuper les défilés qui séparoient les deux armées. Le Prince d'Orange eut en même temps la précaution de faire garder exactement les environs de son camp, & la nuit du 2 au 3, il se mit en marche pour attaquer les troupes du Roi entre Steenkerke & Enghien. La lettre que M. de Luxembourg écrivit au Roi sur cette action, est un détail exact de ce qui s'y est passé ; elle fut alors rendue publique, & comme elle contient des éloges non suspects, soit des particuliers, soit des troupes qui s'y sont distinguées, on a cru devoir l'inférer ici pour tenir lieu de relation.

Lettre de M. le Maréchal-Duc de Luxembourg au Roi sur ce qui s'est passé au Combat de Steenkerke.

Je n'avois point voulu jusqu'à cette heure, SIRE, m'engager dans un combat d'infanterie, parce que j'eusse été bien aise que la cavalerie eût pu agir. Cependant il me fut impossible hier d'en éviter un, dans lequel, quoiqu'il y ait eu beaucoup d'Officiers tués ou blessés, j'espere que Votre Majesté ne laissera pas d'en être consolée par la grande perte que les ennemis y ont faite, par la honte qui leur reste d'avoir été battus, la maniere dont ils ont fait leur retraite, & la gloire que l'infanterie de Votre Majesté s'y est acquise.

La proximité qu'il y a de ce camp à celui des ennemis, me rendoit attentif à être informé des marches qu'ils pourroient faire, sans m'attendre toutefois qu'ils s'aviseroient de venir à nous. Je pensois au contraire qu'en décampant du lieu où ils étoient, ils marcheroient vers Ninove ; & pour en être averti, je tenois beaucoup de partis sur eux. Le sieur de Trassy, qui en commandoit un sur la hauteur de Tubise, en deçà de la riviere, m'écrivit à la pointe du jour que les ennemis, sans avoir sonné

1692. AOUST.

Combat de Steenkerke.

1692.
AOUST.

le boute-selle, ni battu la générale, commençoient à se mettre en marche. Quelque temps après il me manda qu'il voyoit une colonne s'avancer vers Sainte-Renelle; ce qui ne me déterminoit pas tant à croire que ce fut pour venir ici que pour reprendre sur la droite & suivre le chemin de Ninove. Un Capitaine de Carabiniers, qui étoit au Moulin de Haute-Croix, m'avertit qu'il voyoit encore une colonne de cavalerie, mais qu'il croyoit que ce n'étoit qu'une escorte de fourrageurs, parce qu'il en avoit vu huit ou dix s'échapper & faucher auprès de ces troupes qui se mettoient en bataille: ce qui fit prendre le parti à Monsieur le Prince de Conti, Messieurs de Vandôme, M. le Comte d'Auvergne, M. le Duc de Villeroy, M. le Marquis de Tilladet, M. le Duc d'Elbœuf, M. le Chevalier de Gassion, & à moi de nous avancer entre Rebeeck & Steenkerke, où M. le Duc, qui étoit de jour, quoiqu'un peu malade, arriva aussi-tôt que nous. J'y reçus un troisiéme billet du sieur de Traffy, par lequel il m'apprenoit qu'il voyoit marcher beaucoup de cavalerie & d'infanterie, qui laissant Sainte-Renelle à droite, reploit sur le ruisseau de Steenkerke; qu'il croyoit que c'étoit toute l'armée, qu'il y voyoit du canon, & qu'il alloit la côtoyer pour m'en rendre un meilleur compte. En lisant ce dernier billet, d'un endroit où nous étions avancés, nous vîmes beaucoup de troupes des ennemis, dont j'envoyai donner avis à M. de Boufflers, qui ne perdit pas un moment pour nous venir joindre, & fit pour cela une grande diligence.

Premier Plan du combat de Steenkerke.
PLANCHE XXI.

Cependant les ennemis faisoient alte dans une espece de plaine si petite, qu'elle ne pouvoit contenir que peu de troupes sur plusieurs lignes (A). Nous apperçûmes qu'à la gauche de ce corps qui faisoit alte, beaucoup d'infanterie s'avançoit dans les bois: ce qui m'obligea d'envoyer ordre à toute l'armée de prendre les armes (B), sans pouvoir juger par où ils nous attaqueroient, croyant, comme il y avoit des bois sur leur droite, qu'ils pouvoient y avancer de l'infanterie, comme ils le faisoient sur leur gauche; & on pensoit même qu'ils pourroient essayer de se rendre maîtres de la ville d'Enghien, ce qui m'obligea d'y envoyer une brigade, & de prier M. le Comte d'Auvergne de retourner à l'aîle gauche qu'il commandoit. Mais ils ne nous laisserent pas long-temps dans l'incertitude, & nous vîmes que laissant le ruisseau de Steenkerke sur leur gauche, toute leur infanterie s'en approchoit & commençoit à entrer dans le bois:

ce qui me fit juger & aux meilleurs connoisseurs que moi, avec qui j'étois, que ce seroit par-là qu'ils feroient leur véritable attaque, croyant tous tant que nous étions pénétrer dans leur raisonnement, qui étoit de penser qu'étant couverts du ruisseau de Steenkerke, qui est bon, ils ne seroient pas incommodés sur leur flanc par votre cavalerie, & que la leur demeurant derriere les bois, elle ne seroit pas exposée à combattre. Ils jetterent donc toute leur infanterie de ce côté-là, où la voyant embarquée, nous y fîmes venir la plus grande partie de celle de Votre Majesté (C), n'osant toutefois déposter celle de la gauche, ne pouvant pas juger par la situation du pays ce qu'ils faisoient à leur droite.

1692.
AOUST.

La Brigade de Bourbonnois, qui étoit campée devant la maison de Votre Majesté, à la tête du hameau de Beuf, aussi-bien que les dragons de la droite, occupa le terrain qui étoit devant elle; & M. de Vendôme posta les dragons à pied à la droite de cette Brigade. Celle de Champagne, qui étoit la plus proche, où je renvoyai M. le Duc d'Elbeuf, & à la tête de laquelle étoit M. de Montal, arriva la premiere, dont les trois bataillons de ce corps furent postés à la gauche de Bourbonnois, & le reste, qui étoient les Italiens, Royal-Comtois & Provence, derriere les dragons.

La Brigade de Stoppa fut mise en seconde ligne derriere cette premiere. Elle fut conduite par M. de Polastron, qui servit fort dignement dans tout ce qu'elle eut à faire, aussi-bien que la premiere, allant par-tout où le besoin le requeroit.

Votre Majesté jugera bien qu'on plaçoit les Brigades à mesure qu'elles arrivoient; & comme l'infanterie dont je viens de parler étoit de la droite de la premiere & de la seconde ligne, la Brigade des Gardes, qui étoit plus éloignée, & que M. d'Artaignan avoit même fait avancer vers Enghien, ne put arriver qu'après celles dont j'ai parlé ci-dessus, & fut postée par conséquent derriere celle de Porlier, étant soutenue en cinquiéme ligne par la Brigade de Zurlauben. Nous n'hésitâmes point à placer ce gros corps d'infanterie de cette maniere, les ennemis ne nous donnant pas d'inquiétude sur leur droite, où il n'y avoit que de la cavalerie fort reculée sur une hauteur. Mais comme toute leur infanterie étoit dans le bois, & que nous jugions que la premiere ligne qui leur seroit opposée, après avoir soutenu un grand feu, ne pourroit peut-être pas toujours y résister, on jugea qu'il falloit, pour éviter la confusion, tenir ces corps séparés les uns des autres, pour les faire combattre à propos, & les envoyer où il conviendroit pour le service de Votre Majesté.

La Brigade du Roi, parce qu'elle étoit plus éloignée, n'arriva qu'après celle-ci : & comme on s'apperçut que sur la droite du bois dans lequel étoient les ennemis, il s'avançoit encore de l'infanterie derriere les haies, on y opposa cette Brigade, aussi-bien que celle du Dauphin, à la réserve du Régiment de Toulouse, qui fut posté sur la gauche de Provence; & M. le Duc, qui étoit de jour, posta avec beaucoup de soin toutes les troupes dans la maniere expliquée ci-dessus.

Votre Maison, SIRE, à la tête de laquelle étoit M. le Duc de Choiseuil, soutenoit toute cette infanterie; & la Gendarmerie étoit sur sa gauche dans une petite plaine, n'ayant pourtant point d'ennemis devant elle (D) : & comme le terrain ne nous permettoit pas de nous étendre davantage, les Brigades de Phelyppeaux & de Dalou doublerent derriere votre Maison en seconde ligne, & la seconde ligne de l'aîle droite de cavalerie avança sur une petite hauteur (E) à portée de ces deux premieres lignes.

Votre Majesté remarquera, s'il lui plaît, que quand je dis une plaine; c'est parce que ce n'étoient point des bois. Car c'est un pays tout entrecoupé de haies à droite & à gauche, où l'on ordonna de faire des passages pour se communiquer par les flancs, ne pouvant pas faire la même chose en avant par les difficultés qui s'y rencontroient.

Notre disposition étant faite de cette sorte, & ne croyant pas que les ennemis fussent en état de nous attaquer si-tôt, nous allâmes dans le Cimetiere de Steenkerke, où M. le Duc de Choiseuil avoit envoyé les Grenadiers de votre Maison pour en garder le pont, voulant découvrir de-là si les ennemis n'en passeroient pas le ruisseau pour mettre du canon sur une hauteur qui étoit au-delà, d'où ils nous auroient pu battre par le flanc, & incommoder beaucoup notre infanterie. Nous reconnûmes qu'ils avoient eu la bonté de n'y point penser. Et pour voir s'ils ne feroient point des ponts sur le ruisseau, nous envoyâmes Ladournac avec vingt Grenadiers à cheval, qui vit qu'on ne travailloit pas; & comme nous retournions vers l'infanterie, nous entendîmes un commencement d'escarmouche, qui fut bientôt suivi du combat.

DE FLANDRE.

Il y avoit long-temps que les ennemis nous canonnoient avant que l'action commençât, sans que le canon de Votre Majesté pût répondre, parce qu'il n'étoit pas encore arrivé. Il vint bientôt après. Nous en séparâmes des Brigades : Vigny exécuta la premiere (*a*) tout aussi-bien qu'il se pouvoit, auprès de Bourbonnois : il y eut des Officiers tués, & il fut blessé d'un coup de mousquet au bras gauche, depuis le poignet jusqu'au coude, sans que cela l'empêchât d'agir durant tout le reste de la journée.

Roussel, Commissaire Provincial, avoit une Brigade à la gauche (*a*), qui fut servie par merveilles jusqu'à ce que les ennemis se retirassent, & on avoit envoyé une demi-Brigade (*a*) pour opposer à du canon qui tiroit sur les dragons, & le reste de la Brigade de Champagne qui les soutenoit. Etant dans cette situation, les ennemis (H) attaquerent tout de bon. Les dragons, qui étoient à la droite dans le penchant, firent à leur ordinaire des merveilles. Ils étoient commandés par le Comte de Mailly & le Marquis d'Alegre. Ce dernier est blessé au coude, & fit à son ordinaire tout autant qu'il se pouvoit. M. de Mailly a été plus heureux, s'étant tiré d'affaire sans avoir été blessé. Il étoit fort estimé dans l'armée, mais il l'est encore particulierement dans les dragons depuis la journée d'hier, où il fit autant bien qu'on pouvoit de valeur & de tête pendant tout le temps de l'action.

Le Régiment d'Orleans étoit à la gauche des dragons, qui soutint comme eux toujours son poste, sans en être jamais chassé. Chartres étoit à la gauche, tout à découvert, aussi-bien que le second bataillon de Bourbonnois. Ils firent tout ce qui se pouvoit, & le premier bataillon de Bourbonnois, où étoit le Marquis de Rochefort, soutint encore son poste sans y être ébranlé : c'est aussi un témoignage que je dois à la vérité, de dire que le Colonel est un fort joli & fort brave garçon. M. de la Vaisse, Brigadier de cette Brigade, y eut un cheval tué, & donna tous ses ordres fort à propos, & avec beaucoup de courage & de capacité.

Quoique la plus grande partie de cette premiere ligne n'eût pas perdu son terrein, & que Chartres seulement se fût rejoint à Orleans, & le second bataillon de Bourbonnois à l'autre, parce que ces deux bataillons étoient à découvert, sous un grand feu des ennemis postés dans le bois, M. le Prince de Conti crut qu'il la devoit faire soutenir par la Brigade de Stoppa, dont les

1692.
AOUST.

bataillons étoient un peu séparés, & où la blessure que reçut le Brigadier, qui lui fracassa le poignet, le mettant hors d'état de pouvoir donner ses ordres, parce qu'il fut contraint de se retirer, fit que les bataillons ne marcherent pas tout-à-fait aux endroits où il falloit. M. le Duc, qui étoit de jour, & M. le Prince de Conti, voulurent fortifier les bataillons de cette nation par la Brigade de Paulier, qui marcha de fort bonne grace; mais les ennemis étant avancés sur les postes que nous occupions encore, & le Régiment de Paulier ayant devant soi cette ouverture que Chartres & Bourbonnois avoient laissée en se resserrant à la droite & à la gauche, il essuya un si grand feu des ennemis, que nous trouvâmes tous que c'étoit toujours beaucoup à ce Régiment de se soutenir en plaine, quoiqu'il n'avançât pas autant que nous l'aurions désiré. Le pauvre Colonel agit à son ordinaire pour mener son Régiment comme il le vouloit, & tout le monde en fut fort content; mais malheureusement il fut tué, & malgré sa perte, Salseguaibre, son Lieutenant-Colonel tint si bien le Régiment en cette place, qu'on ne s'apperçut point de la perte qu'il avoit faite.

Second Plan du combat de Steenkerke.
PLANCHE XXI.

Les choses en cet état (K), les ennemis étant sortis des bois, & étant venus fort près de nous poser les chevaux de frise (L), derriere lesquels ils faisoient un feu très-considérable, tout le monde d'une commune voix proposa de mettre nos meilleures pieces en œuvre, & de faire avancer la Brigade des Gardes. L'ordre ne lui en fut pas si-tôt donné, qu'elle marcha avec une fierté qui n'étoit interrompue que par la gaieté des Officiers & des Soldats: eux-mêmes, aussi-bien que tous les Généraux, furent d'avis de n'aller que l'épée à la main, & c'est comme cela qu'ils marcherent. Les Gardes Suisses, imitateurs des François, marcherent avec la même gaieté & la même hardiesse. Reinold vint proposer de n'aller que l'épée à la main, & Vaguenair dit que c'étoit la meilleure maniere. Tout aussitôt il vola au centre de son bataillon, & le mena à la même hauteur que les Gardes, droit aux ennemis, qui ne purent tenir contre la contenance aussi hardie qu'avoit cette Brigade; je dis contenance, parce qu'elle ne tira pas un seul coup; mais la vigueur avec laquelle elle alla aux ennemis, les surprit assez pour qu'ils ne fissent qu'autant de résistance qu'il en falloit pour en être joints, & en même temps tués de coups d'épée & de pique. Tous les Gardes étant entrés dans les bataillons ennemis, d'Avejean mena cette Brigade avec toute la capacité & toute la valeur qu'on devoit attendre de lui. Il n'y eut pas un Commandant de bataillon qui ne suivit son exemple, & qui ne doive être loué, aussi-bien que tous les Capitaines, & généralement tous les autres Officiers ; & on peut dire que si ce Régiment avoit été comme un autre de l'armée, il auroit mérité de devenir le Régiment des Gardes de Votre Majesté, puisque hors celui des Gardes Angloises, cette Brigade a battu tous les autres Régimens des Gardes d'Angleterre. Les Gardes n'avoient besoin que de leur seule valeur pour les engager à bien faire ; mais la compagnie qui se trouva à leur tête n'auroit pas peu contribué à les animer, s'ils avoient eu besoin d'exemple, puisqu'ils avoient M. le Duc, M. le Prince de Conti, MM. de Vendôme, M. le Duc de Villeroy, M. le Marquis de Tilladet & le Chevalier de Gassion. M. de Tilladet, après avoir agi tout autant bien qu'il se puisse, reçut en ce lieu-là une grande blessure.

J'avois supplié M. le Duc de Chartres de se tenir à sa réserve, qui étoit derriere Enghien, lui donnant ma parole que je trouverois un temps pour le faire agir & satisfaire à l'extrême envie qu'il avoit de donner des marques de son courage. Il vint me trouver pour cela dès le commencement, lorsque nous observions les ennemis ; mais pour ne point trop l'exposer, je le conjurai de s'en retourner : ce qu'il fit avec sa douceur ordinaire, m'envoyant pourtant des gens de sa Maison pour me dire qu'il seroit bien aise de voir le commencement du combat. Comme je ne me laissai point vaincre à leurs instances, M. d'Arcy me vint dire de sa part, qu'il étoit si touché de s'en aller, & avoit tant d'envie de voir quelque chose, qu'il vouloit que je le laissasse un moment. Je ne pus résister à ses empressemens, non plus qu'aux prieres de M. d'Arcy. C'est ce qui fit qu'il demeura, & que dans le commencement du combat il reçut un coup dans son juste-au-corps, qui traversa d'une épaule à l'autre. La frayeur que j'eus du hazard qu'il avoit couru, m'obligea de lui dire qu'il s'en retournât à sa Brigade ; ce qu'il me promit.

Après que les Gardes eurent battus les ennemis, repris le canon que nous avions perdu, & pris quatre de leurs pieces, M. le Prince de Conti, dont la capacité égale le courage, & fait qu'il a l'œil à tout ce qui se passe, se jetta à son poste naturel, qui étoit sur la droite, après avoir eu un cheval tué sous lui au commencement de l'affaire, & un autre à la tête du bataillon de Paulier. Il trouva en y arrivant que le Chevalier de Gaffion, qui avoit remarqué que quelque cavalerie des ennemis s'étoit approchée de notre droite par leur gauche, s'y en étoit allé avec le Chevalier d'Angoulême, & avec le Régiment des Dragons-Dauphin, & avoit chaffé un bataillon qui étoit pofté devant eux, derriere des haies ; & comme il marchoit des troupes pour chaffer les Dragons-Dauphins, il les fit foutenir par le Régiment de Provence, qui chaffa les ennemis au-delà des haies jufqu'à la plaine, avec une vigueur dont le Chevalier de Gaffion paroît fort content. Le Régiment Royal-Italien, auffi-bien que Royal-Comtois, où le Marquis de Bellefons avoit été déja bleffé à mort, firent tous deux ce qu'on devoit attendre de deux braves Régimens. La cavalerie des ennemis (M) fit quelques efforts pour foutenir & faire ravancer leur infanterie ; mais le grand feu de celle de Votre Majefté, les éloigna toujours des haies où elle étoit poftée.

 M. le Duc, qui veut toujours être partout, joignit M. le Prince de Conti, qu'il trouva avec M. de Vendôme, dans le temps que les ennemis tenoient encore un petit bois fur la gauche de Provence ; mais la Brigade de Zurlauben, qui avoit pouffé jufques-là tout ce qui s'étoit oppofé devant elle, arrivant à propos, M. le Prince de Conti leur fit mettre l'épée à la main, & après un combat affez difputé, il acheva de chaffer les ennemis de tout le bois, & les fit pofter dans les haies jufqu'au bord de la plaine.

 Le Régiment d'Orleans & les dragons qui s'étoient ralliés enfemble, prirent la gauche de cette Brigade, & par ce moyen toute la ligne fut communiquée avec celle des Gardes. La cavalerie ennemie (T) étoit dans la plaine en bataille fur deux lignes en préfence de l'infanterie de Votre Majefté, ayant un bataillon à leur droite, un autre à leur gauche, & un dans le centre. Ils furent deux heures dans cette fituation, faifant mine quelquefois d'attaquer ; mais le feu qui fortoit de nos haies les arrêta toujours.

 La cavalerie de M. de Boufflers étant arrivée, on crut qu'il en pourroit faire paffer quelques efcadrons à droite de notre infanterie. Il y marcha avec fon Régiment & celui du Commiffaire Général (N). Mais les ennemis s'étoient retirés avant qu'il pût y arriver.

 Durant que les chofes fe paffoient ainfi à la droite, le Régiment de

DE FLANDRE.

de Champagne eut affaire aux Gardes Angloises, qui s'en sont très-mal trouvés. M. du Montal s'étant engagé à poursuivre les ennemis qui se retiroient devant lui, les pressa avec une vivacité extrême, & gagna beaucoup de terrein sur eux.

1692.
AOUST.

M. le Duc d'Elbeuf étoit à ce poste, d'où il ne bougea depuis le commencement jusqu'à la fin, & fit tout ce qu'on doit attendre d'un homme de sa naissance & de son courage. M. d'Albergoty y fit parfaitement bien son devoir; & M. de Blainville, en le faisant aussi à merveille, y fut fort blessé. Le bataillon de Nice se trouva avec eux, qui fit parfaitement bien, puisqu'il seconda Champagne; ce qui est une grande louange.

Les choses en cet état dans les endroits dont on a parlé ci-dessus, l'affaire n'étoit pas finie à la Brigade du Roi, non plus qu'à celle du Dauphin. Tous les ennemis étoient battus & chassés au lieu que l'on vient dire, depuis le ruisseau de Steenkerke jusqu'à la droite du bois.

Mais à la sortie de ce bois, c'étoit un pays fourré & coupé d'une infinité de haies, dont ces deux Brigades ne chassoient point les bataillons qui leur étoient opposés aux premieres, sans en retrouver de frais qui venoient pour soutenir les leurs, & d'autres qui occupoient les postes que ceux-là ne faisoient que quitter : & c'est ce qui fit qu'il y eut encore un combat fort chaud en ce lieu-là. Durant que nos autres troupes, par des postes qu'elles avoient pris, étoient paisibles, le feu y étoit fort grand. M. de Boufflers y alla quelque temps après qu'il fut arrivé, qui y donna des ordres très-à-propos, & trouva M. du Montal qui faisoit la même chose sur la droite.

Pendant qu'on y combattoit, les ennemis placerent des bataillons aux haies qui étoient sur leur droite, s'étendirent considérablement vers le bois de Triou, & prenoient quelqu'avantage sur le bataillon de notre gauche, qui étoit enveloppé par la tête & par le flanc : ce qui fit que M. de Busca prit un escadron de Lorge, commandé par Baliviere, pour pousser sur le bataillon qui s'avançoit, ce qui le fit reculer bien vîte.

Les Régimens de dragons de Fimarcon & d'Asfeld du corps de M. de Boufflers mirent pied à terre, & furent postés bien à propos par lui le long des haies (O). Cela ralentit l'ardeur des ennemis par leur grand feu; & Fimarcon y faisant fort bien, y reçut une très-grande blessure. Ce fut-là que MM. de Vendôme me vinrent dire le bon état de notre droite; leur bonne

F f f

volonté & leur grande envie de bien faire, les attirant partout où ils penſoient ſe devoir porter pour cela. Quoique l'on combattît ſur la droite, je ne ſçavois point ſi on n'en faiſoit pas de même ſur la gauche, les bois de Triou & du petit Enghien m'empêchant de voir ſi les ennemis ſe portoient de ce côté-là. Cela m'avoit obligé de prier M. du Maine, M. le Comte d'Auvergne & M. de Rozen, en cas qu'ils ne fuſſent point attaqués, d'eſſayer de s'approcher du petit Enghien, pour donner tout au moins de l'inquiétude aux ennemis, ou pour nous aider à les battre dans leur retraite, en cas qu'il y eût de l'apparence. M. du Maine m'envoya dire par Vatteville, que c'étoit un pays tellement fourré, qu'on n'y pouvoit mettre un eſcadron en bataille, qu'ils s'avançoient pourtant autant qu'il leur étoit poſſible, bien fâchés de n'avoir rien de meilleur à faire. Il reſtoit trois Brigades d'infanterie à la gauche, où n'étant plus néceſſaires, les ennemis ne s'étant point étendus ſur leur droite, on avoit cru les devoir faire revenir. M. de Soubiſe amena celle de Royal, qui occupa deux haies, l'une ſur l'autre (P), à la gauche du grand chemin où étoient les dragons du corps de M. de Boufflers. Cela impoſa beaucoup aux ennemis, dont le feu devint fort médiocre.

Tous ces poſtes étant bien établis par l'infanterie, & n'ayant plus lieu de prévoir que les ennemis fiſſent de nouvelles attaques, M. le Duc de Villeroi jugea qu'il ſeroit fort à propos de faire paſſer les Brigades de Phelippeaux & de Dalou, à la gauche de celle de Royal, & de les poſter en avant en un endroit un peu plus ouvert, où il paroiſſoit qu'on pouvoit les mettre en bataille pour ſe trouver à portée de ſuivre les ennemis dans leur retraite.

L'arrivée des premiers eſcadrons de cette cavalerie (Q) en cet endroit, fit prendre le parti aux ennemis d'éloigner la leur de leur infanterie, quoique celle que M. le Duc de Villeroi avoit poſtée, eût devant elle des foſſés impraticables, & des haies au travers deſquelles il auroit fallu néceſſairement défiler. Ce que je ne jugeai pas à propos de faire juſqu'à ce que la Brigade de Lyonnois & celle de Navarre, qui arrivoient (R), fuſſent poſtées à la pointe du bois de Triou, à notre gauche, comme une partie de l'infanterie l'étoit à la pointe du bois du Boſquet, où elle avoit combattu, voulant que la droite & la gauche de la cavalerie que l'on auroit pu faire paſſer, fuſſent couvertes par l'infanterie.

DE FLANDRE.

1692.
AOUST.

Le Régiment de Senectere, que M. le Duc de Villeroi avoit pris en passant auprès de la réserve, fut placé par son ordre à la gauche de la cavalerie, & il le fit avancer à des haies qui communiquoient au bois de Triou, jusqu'où il marcha avec la Brigade de Lyonnois; & la tête de Navarre arrivant, M. le Duc de la Rocheguyon occupa une haie auprès de la cavalerie. Les ennemis nous voyant dans cette situation sur les sept heures du soir, ne songerent plus qu'à la retraite (V) : les bataillons les plus avancés se retirerent à ceux qui étoient derriere, & insensiblement se trouverent dans le chemin qu'ils avoient fait le matin pour nous venir attaquer, qui passe entre Rebeeck & Sainte-Renelle : nous les suivîmes une grande demi-lieue sans trouver de jointure pour les charger ; dès que leur cavalerie (T) commença à démarcher de la hauteur où elle étoit, elle disparut si vîte, que quand nous y arrivâmes, nous ne vîmes plus d'escadrons.

Pour l'infanterie, qui avoit un pays fourré & plus favorable, elle se retira en bon ordre (V) : & la nuit étant venue, je crus qu'il valloit mieux faire rentrer l'armée de Votre Majesté dans son camp, que de nous attacher à une poursuite inutile.

M. le Duc de Barwick se trouva dès le commencement, lorsque nous allions reconnoître les ennemis, & agit durant tout le combat aussi bravement que j'ai rendu compte à Votre Majesté qu'il avoit fait la campagne passée. Le Comte de Livan étoit avec lui, en qui nous avons remarqué bien de la valeur & de l'intrépidité, dont il avoit donné des marques en Irlande. Je puis assurer Votre Majesté qu'il est un très-bon Officier & très-capable.

M. de Guldenleu s'est aussi trouvé depuis le commencement du combat jusqu'à la fin, avec le Comte de Bielke & le Colonel Tremble, ayant marqué beaucoup de valeur aussi-bien que ces Messieurs qui l'accompagnoient.

C'est avec une grande douleur que je ferai ici l'éloge de M. de Turenne : nous le trouvâmes aux Gardes ; il étoit de jour : mais sa bonne volonté le portoit autant que son devoir partout où il y avoit quelque chose à faire. Ayant trouvé qu'il n'avoit fait que trop, je le renvoyai à sa Brigade après la charge des Gardes ; mais malheureusement il la quitta, & vint dans le poste qu'occupoit Fimarcon, où il reçut la blessure qui fait perdre à Votre Majesté un homme qui l'auroit très-bien servie.

Je n'ai point voulu parler du Major Général, parce que sa

fonction l'engageant à être partout, on ne pourroit le placer en un lieu fixe ; mais je puis répondre à Votre Majesté, qu'il a rempli tous ses devoirs & au-delà, se trouvant dans tous les endroits nécessaires, & y faisant partout ce que Votre Majesté lui a vu faire.

Je ne m'étendrai pas davantage à louer tous ceux qui méritent de l'être ; il faudroit commencer par tous les Officiers Généraux, & finir par le dernier soldat, tout le monde ayant fait son devoir au-delà de tout ce que je pourrois vous en dire.

Le Milord Lucan parla hier au Gouverneur d'un jeune Seigneur d'Ecosse, qui venoit de Bruxelles chercher son corps sur le champ de bataille. Ce Gouverneur lui dit tout bas à l'oreille & en confidence, que des Anglois & des Ecossois il étoit resté trois mille hommes sur le champ de bataille, & que de ces deux nations ils avoient encore plus de trois mille blessés.

Les Danois sont presqu'entierement défaits, & en comptant l'échec qu'ont souffert les autres nations, la perte des ennemis est assurément très-considérable. Un Sommelier François, qui est à M. d'Ouverkerque, a dit à un de mes Gardes, qu'ils tenoient parmi eux qu'ils avoient perdu plus de dix mille hommes, & je pense qu'on peut compter au moins sur cela.

Nous croyons avoir huit ou neuf drapeaux. Il y en avoit un dans le Régiment de Champagne que les soldats déchirerent, & deux dans le Régiment du Roi, dont on n'en a retrouvé qu'un. On n'en porte que cinq à Votre Majesté.

Il y a eu dix pieces de canon prises, que j'ai envoyées à Mons. M. de Bagnoles a les états des prisonniers, qui se monte à treize cens & tant, dont la plûpart sont extrêmement blessés, sans compter les Officiers, dont on enverra incessamment la liste à Votre Majesté.

Du Camp de Hoves, le 4 Août 1692.

La perte que fit l'armée du Roi fut de six à sept mille hommes tués ou blessés ; celle des Alliés fut d'un tiers plus considérable, sans y comprendre les prisonniers.

On attribua l'avantage que les ennemis eurent au commencement de l'action, au grand nombre de fusils qu'ils avoient, & dont presque toutes les troupes étrangeres, & surtout les Anglois, étoient armés ; les troupes du Roi avoient conservé les
mousquets,

DE FLANDRE.

1692.
AOUST.

mousquets, & ce fut cette différence dans les armes qui rendit le feu des Alliés fort supérieur à celui de l'infanterie Françoise. Une telle épreuve devoit fixer à cette campagne l'époque de la suppression des mousquets; & en effet le Roi en forma le dessein, & sur le compte que M. de Luxembourg rendit à Sa Majesté de cette action, elle se proposa d'armer toute son infanterie de fusils & de piques; elle en écrivit aux Généraux de ses armées, & les chargea de prendre à ce sujet l'avis des plus habiles Officiers, afin de résoudre avec eux à leur retour ce qui seroit jugé le plus utile pour son service; mais la difficulté de fournir pendant le quartier d'hyver des fusils aux deux tiers de l'infanterie, & un ancien préjugé pour les mousquets, dont l'usage paroissoit meilleur lorsqu'il falloit faire un feu de durée, firent prendre le parti de n'armer de fusils qu'un tiers de chaque compagnie; le reste fut armé de mousquets & de piques.

L'avantage que les troupes du Roi venoient de remporter, ne les mettoit pas en état de former aucune entreprise; mais cet événement suffisoit pour dissiper l'inquiétude que le Roi & M. de Luxembourg avoient eu pour Namur.

Les effets que produisit le combat parmi les Alliés, furent d'occasionner beaucoup de désertion dans leur armée, d'intimider leurs troupes, & de diminuer la confiance qu'elles avoient dans le Prince d'Orange. Cette action servit à augmenter le crédit des armes du Roi, & à faire connoître à l'infanterie Françoise l'avantage qu'elle avoit sur l'infanterie étrangere, en prenant le parti de marcher à elle pour faire cesser son feu.

Deux jours après le combat, il se passa une petite action qui fit assez connoître le découragement qui s'étoit répandu dans les troupes des Alliés. M. de Rosen étant allé avec cinq cens chevaux & cent dragons reconnoître le chemin de Haute-Croix au camp des ennemis, rencontra la tête de leurs troupes qui alloient au fourrage; l'escorte étoit d'environ deux mille chevaux: M. de Rosen trouva dans une petite plaine trois troupes, qui faisoient leur avant-garde; il les fit charger, elles plierent & le reste de l'escorte se retira promptement au camp sans vouloir entrer en action.

Après le combat, les deux armées resterent tranquilles pendant quelque temps; M. de Boufflers retourna au Manui-Saint-Jean avec ses troupes, & il y fut joint le 8 par celles qu'il avoit détaché pour aller à Namur.

Ggg

HISTOIRE MILITAIRE

1692.
AOUST.

L'armée du Roi n'ayant d'autre objet que celui d'obferver les mouvemens des Alliés, attendoit qu'ils quittaffent les environs de Bruxelles, pour fe régler fur leurs démarches : il étoit vraifemblable que le Prince d'Orange chercheroit plutôt à agir du côté de la mer, que fur la Meufe ; fon infanterie n'étoit pas en état d'entreprendre un fiege tel que celui de Namur, & en s'approchant de la mer, il pouvoit être promptement renforcé par celle qui étoit en Angleterre.

M. de Luxembourg perfuadé que les Alliés prendroient dans peu le parti de s'avancer fur l'Efcaut & fur la Lys, voulut les prévenir au-delà de la Dendre, & afin de n'avoir pas une longue marche à faire le jour qu'il pafferoit cette riviere, il décampa le 11 pour aller à Bas-Silly.

Marche de Hoves à Bas-Silly.
PL. XXII.

La marche fe fit fur fix colonnes.

L'aîle droite de cavalerie fit la colonne de la gauche ; la Brigade de Montmorency en eut la tête, & fut fuivie de celles de Turenne, de Montfort, de Dalou, de Phelyppeaux, de la Gendarmerie & de la Maifon du Roi. Cette colonne partant de fon camp alla à Blanc-Foffé, & paffa par les ouvertures qu'on avoit faites, laiffant la Chapelle du Queftray à droite ; de-là elle continua fa marche entre le Moulin de Crenet, & la cenfe des Blancs-Moines ; elle alla enfuite à travers champs entre Bas-Silly & la Chapelle de Saint-Marcou, où fut le camp.

La feconde colonne fut pour le Tréfor, les équipages du quartier général, & ceux de l'aîle droite de cavalerie & d'infanterie, qui eurent leur rendez-vous derriere le Régiment de Paulier. Cette colonne prit le chemin de la cenfe Rouge, & laiffant la haie Alard à droite, elle entra dans la plaine du camp.

La troifiéme colonne fut pour la droite de l'infanterie, dont la Brigade de Stoppa eut la tête, & fut fuivie de celles de Dauphin, des Gardes, du Roi & de Champagne : cette colonne partant de fon camp alla paffer au pont que l'on avoit fait à la gauche, d'où laiffant la cenfe Rouge à gauche, elle continua fa marche par les ouvertures qu'on avoit faites, & laiffa la haie Alard à droite, pour entrer dans la plaine du camp.

La quatriéme colonne fut pour la gauche de l'infanterie, dont la Brigade de Paulier eut la tête, fuivie de celles de Cruffol, de Lyonnois & de Solre : cette colonne paffa au pont que l'on avoit fait à la droite, & côtoya la marche de l'autre colonne d'infanterie, la laiffant à gauche ; elle trouva toujours des ouvertures jufqu'à la plaine du camp.

La cinquiéme colonne fut pour l'artillerie & les équipages de l'aîle gauche de cavalerie & d'infanterie, dont le rendez-vous fut à la réferve, qui marcha à la tête de l'artillerie avec fes bagages : cette colonne fuivit le grand chemin d'Enghien à Leffinnes, paffa par le Moulin du

DE FLANDRE.

1692.
AOUST.

Quefne, où l'artillerie fit alte, & fe trouva dans fon camp. La réferve continua fa route par le bois de Leffinnes avec fes équipages, & fe rendit dans une petite plaine entre le fauxbourg de Leffinnes & ce bois, où fut fon camp.

La fixiéme colonne fut pour l'aîle gauche de cavalerie, dont la Brigade de Courtebonne eut la tête, & fut fuivie du refte de la feconde ligne de cette aîle, ainfi qu'elle étoit campée; enfuite de la Brigade de Rottembourg, & du refte de la premiere ligne. Cette colonne alla paffer au Moulin de Many, au-deffous de Marcq, prit la route de Bievre, pour fuivre le grand chemin qui va aux quatre Cheminées, & laiffant celui de Bievre à droite, elle entra dans fon camp.

La Brigade de Navarre envoya fes équipages avec la réferve: cette Brigade fuivit l'aîle gauche de cavalerie, & marcha après Saint-Simon.

La Brigade de Bourbonnois envoya fes équipages avec ceux de l'aîle droite. Cette Brigade marcha après les Gardes du Roi.

La Brigade de Champagne & celle de Bourbonnois camperent à la droite de l'armée, & celles de Zurlauben & du Roi, devant la gauche. On envoya les trois bataillons de Royal avec la réferve. On en détacha cent cinquante hommes pour aller au pont qui fépare la haute ville de Leffinnes d'avec la baffe; & pendant le jour ce détachement envoya des corps de garde à la haute ville, aux endroits les plus élevés pour découvrir dans la plaine, & empêcher qu'on n'entrât dans Leffinnes, ni que perfonne logeât dans la haute & baffe ville.

On fit partir la veille cent cinquante hommes pour être poftés en plufieurs endroits dans le bois d'Olligny, & ils fe retiroient la nuit dans le château.

On envoya auffi deux cens hommes en parti dans le bois d'Acre. Le Commandant eut foin de fe retirer pendant la nuit avec tout fon détachement dans le château de Bievre, & le jour de n'y en laiffer que cinquante, tout le refte étant féparé en plufieurs poftes dans ce bois.

La Brigade qui étoit à la gauche envoya quarante hommes à l'Hermitage de Leffinnes. On envoya quarante hommes au château de Grand-Champ, & autant à celui de Touricourt.

On commanda trois cens hommes pour la colonne du Tréfor; ils y furent placés par pelotons de diftance en diftance; on mit auffi des détachemens dans la colonne des équipages qui fuivit l'artillerie.

L'armée campa fur deux lignes, la droite appuyée au bois d'Enghien, & la gauche au bois de Leffinnes.

Le quartier général fut à Bas-Silly. La réferve eut fa gauche au fauxbourg de Leffinnes, où étoit le quartier de M. le Duc de Chartres.

Le 12 on établit quatre ponts fur la Dendre, fçavoir deux au-deffus, & deux au-deffous de Leffinnes, afin d'aller camper au-delà de cette petite ville, quand on le jugeroit à propos.

HISTOIRE MILITAIRE

1692.
AOUST.

M. de Luxembourg étoit informé que les ennemis devoient marcher dans peu à Ninove, & comme il trouvoit peu de fourrages aux environs de son camp, il fit partir son armée le 15 pour aller camper dans la plaine de Lessinnes.

Marche de Bas-Silly à Lessinnes.
Pl. XXIII.

On sonna le boute-selle, & on battit la générale à la pointe du jour.

Le campement se trouva une heure devant le jour proche Lessinnes. La réserve monta à cheval aussi-tôt que l'on battit la générale ; elle fut suivie de ses équipages, & passa sur les ponts que l'on avoit fait au-dessus de Lessinnes, d'où elle alla se mettre en bataille près de Wannebecq ; elle suivit le chemin pour ne pas gâter les fourrages. Les Brigades de Navarre & de Lyonnois marcherent à la générale, & furent suivies de leurs équipages ; elles passerent sur le pont de la gauche, qui étoit le plus près de Papegnies ; & attendirent dans la plaine de Lessinnes que leur camp fût marqué. Le reste de l'armée ne partit que quand tous les bagages eurent défilé.

La colonne de la droite fut pour l'artillerie ; elle fut suivie des gros équipages de la premiere ligne, qui marcherent comme ils étoient campés : cette colonne prit le chemin qui va du Moulin du Quesne au château du bois de Lessinnes, qu'elle laissa à gauche ; elle suivit ce chemin jusqu'à la derniere maison, où elle trouva une ouverture pour aller passer sur la digue d'un grand étang qui étoit au-dessus de l'Hermitage ; elle alla ensuite passer au pont de la droite des deux qu'on avoit fait au-dessous de Lessinnes, d'où elle entra dans la plaine du camp.

La seconde colonne fut formée de tous les menus bagages de la premiere ligne ; elle côtoya la colonne de l'artillerie, marcha par les ouvertures qu'elle trouva faites pour aller passer entre l'Eglise & le Château de Lessinnes, & de-là au pont qui étoit au-dessous, & le plus près de Lessinnes, par où elle entra dans le camp.

La troisiéme colonne fut pour les menus bagages de la seconde ligne : cette colonne côtoya celle des menus bagages, qui étoit à sa droite, passa entre l'Eglise & le Château de Lessinnes, & traversa la Dendre sur le pont qui étoit au-dessus & le plus près de cette ville.

La quatriéme colonne fut pour le Trésor & pour le quartier général, suivis des gros équipages de la seconde ligne : cette colonne laissa celle des menus bagages à sa droite, & par des ouvertures que l'on avoit faites, elle alla gagner un chemin qui passoit le long du bois, laissant l'Eglise du bois de Lessinnes à droite ; de-là elle suivit le grand chemin de Lessinnes, où les équipages du quartier général entrerent, & les autres allerent passer au pont de la gauche, qui étoit au-dessus de Lessinnes pour entrer dans le camp.

La premiere ligne des deux aîles de cavalerie, en commençant par la gauche, suivit la colonne des gros bagages de la premiere ligne, qui étoit celle de la droite.

La premiere ligne d'infanterie, en commençant par la gauche, suivit la seconde colonne, qui étoit de menus bagages, & qui passoit au-dessous de Lessinnes, & près de cette ville.

La seconde ligne d'infanterie, en commençant par la gauche, suivit la troisiéme colonne, qui passoit au-dessus de Lessinnes.

La seconde ligne des deux aîles de cavalerie, en commençant par la gauche, suivit la quatriéme colonne, qui étoit celle de la gauche.

Les dragons demeurerent en bataille dans leur camp jusqu'à ce qu'on leur eût donné ordre de marcher. Les vieilles Gardes firent à l'ordinaire l'arriere-garde.

On envoya pour la sureté de la marche deux cens hommes dans le bois d'Acre, & pareil nombre dans ceux qui sont entre Guillenghien & Ollignies. On envoya aussi deux cens chevaux & cinquante dragons entre Guillenghien & Mêlin-l'Evêque, pour observer le côté d'Ath.

L'armée campa sur deux lignes, la droite à Lessinnes, où étoit le quartier général, & la gauche au-delà du Moulin de la Hamaïde; le ruisseau d'Acre étoit devant le camp. La réserve campoit derriere l'aîle droite, ayant sa gauche à Wannebecq, où étoit le quartier de M. le Duc de Chartres.

M. de Boufflers s'avança le même jour à Chievres pour être à portée de joindre l'armée, ou de marcher aux lignes, selon le besoin.

Le lendemain M. de Luxembourg fit faire un grand fourrage entre le ruisseau d'Acre & Grandmont. Le 18 il en fit faire un autre entre cette place & Ninove, afin d'en priver les Alliés, qu'il sçavoit être dans le dessein de venir dans peu sur la Dendre.

Le parti que le Roi avoit pris au commencement de la campagne, de faire marcher en Flandre une partie des troupes qui étoient sur les autres frontieres du Royaume, avoit donné au Duc de Savoye la facilité de pénétrer en Dauphiné: les progrès que ce Prince y avoit fait, obligerent le Roi d'y envoyer des troupes. M. de Luxembourg reçut ordre de détacher de son armée cinq Régimens de dragons, qui partirent de Lessinnes pour s'y rendre. Le Roi y fit aussi marcher huit bataillons qui étoient en Normandie, & dont cinq étoient destinés à renforcer l'armée de Flandre, en cas que les troupes qui étoient en Angleterre joignissent le Prince d'Orange. Ces troupes avoient mis à la voile le 5 Août, sans qu'on sçût leur destination: & la flotte qui les portoit, après avoir tenu la mer pendant cinq à six jours, étoit rentrée dans les ports; de quelque côté qu'elles allassent, elles donnoient au Roi de l'inquiétude : elles pouvoient, au lieu de passer en Flandre, tenter une descente sur les côtes, & obliger M. de Luxembourg à y envoyer des troupes ; si elles prenoient le parti de passer en Flandre, elles donnoient au Prince d'Orange une supériorité dont il pouvoit profiter pour combattre l'armée du Roi.

Peu de jours après qu'elles furent rentrées dans les ports d'Angleterre, elles reçurent ordre de passer en Flandre ; le Prince d'Orange, qui croyoit s'en servir plus utilement du côté de Dunkerque, que contre les côtes, se mit aussi en marche pour s'approcher de la mer : il partit de Halle le 19, & alla camper à Saint-Martin-Lennicke ; le lendemain il passa la Dendre, & campa à Ninove, où il mit sa gauche.

M. de Boufflers s'avança en même temps à Frasne sur la Ronne, afin d'être à portée de joindre promptement l'armée.

Aussi-tôt que les ennemis eurent passé la Dendre, ils firent courir le bruit qu'ils donneroient une seconde bataille ; cependant la nuit du 25 au 26, ils décamperent pour aller à Gavre sur l'Escaut : sur la premiere nouvelle de leur marche, M. de Luxembourg avoit fait partir six brigades d'infanterie, & les avoit envoyé avec l'artillerie à Ellezelles ; il attendit avec le reste de ses troupes d'avoir des nouvelles plus certaines de leurs mouvemens, & quand il sçut que la tête de leur armée n'étoit qu'à une lieue & demie de Gavre, il fit marcher la sienne à Pottes.

Marche de Lessinnes à Pottes. Pl. XXIV.

La marche se fit sur six colonnes.

Le boute-selle & la générale une heure devant le jour.

La colonne de la droite fut pour l'aîle gauche de cavalerie. Aussi-tôt qu'elle fut à cheval, elle s'avança de front jusqu'auprès du village de Wodeq, pour ne pas couper les colonnes qui marchoient sur sa gauche ; & pour lors défilant par la gauche, elle passa sur le pont du village, & sur celui qu'on avoit fait au-dessus pour aller au moulin du Sablon, où elle fit alte jusqu'à ce que l'artillerie eût passé le village d'Ellezelles ; elle continua ensuite sa marche par le moulin d'Ellezelles, & traversa le bourg de Renay, d'où laissant le ruisseau & Amougies à sa gauche, elle alla passer au pont à Ronne, & de-là au Pont-à-Laye, où elle se trouva dans le camp.

La seconde colonne fut pour l'artillerie & les bagages de l'aîle gauche de cavalerie & d'infanterie : cette colonne laissa Wodeq à droite pour aller à l'Eglise d'Ellezelles, d'où elle suivit le chemin de la Chapelle de la Trinité, qu'elle laissa à gauche ; elle descendit ensuite à Renay,

DE FLANDRE.

le laissant à droite, & alla à Amougies & au Pont-à-Laye, qu'elle laissa aussi à droite pour aller passer à un pont qui étoit au-dessus, & d'où elle entra dans son camp. L'infanterie, qui étoit campée auprès de la Chapelle d'Elbriere, ou de la Trinité, eut la tête de cette colonne.

1692.
AOUST.

La troisiéme colonne fut pour les bagages du quartier général, de l'aîle droite de cavalerie & d'infanterie, qui suivirent le chemin de Lessinnes à la Hamaïde. Cette colonne marchant à la tête du camp, alla passer à Ronsart, qu'elle laissa à gauche, elle prit par des ouvertures que l'on avoit faites, laissant à gauche le château, & le moulin de Hubermont, & alla à la Chapelle de Croix-à-Pille, & de-là à Waudripont, & à Anssureulle, qu'elle laissa à gauche, ainsi que le moulin d'Escanaffe, pour passer sur un des trois ponts que l'on avoit fait près du Pont-à-Laye; elle prit celui du milieu, pour entrer dans son camp.

La quatriéme colonne fut pour la premiere ligne d'infanterie, en commençant par la gauche. Cette colonne laissa le moulin de la Hamaïde à droite, & le château à gauche, pour passer à Ronsart; de-là elle coula le long du bois, & alla à Hubermont, au moulin de Cayeux, à Saint-Sauveur, à Dereniau, au moulin d'Anssureulle, & à celui d'Escanaffe, qu'elle laissa à droite; elle passa ensuite sur un des trois ponts que l'on avoit fait auprès du Pont-à-Laye; elle prit celui de la gauche pour entrer dans le camp.

La cinquiéme colonne fut pour la seconde ligne d'infanterie, en commençant par la gauche: cette colonne laissa l'Eglise & le château de la Hamaïde à droite, pour traverser le bois par le chemin de Traine-Folio; de-là elle passa au château d'Anvain, à Arques, à Celles, & au moulin des Aulnes, où elle entra dans la plaine du camp.

La sixiéme colonne fut pour l'aîle droite de cavalerie, suivie de la réserve; la gauche de la seconde ligne eut la tête de la marche: cette colonne laissa Wannebecq à gauche, pour aller Oedeghien, à Buisenal, à Frasne, à Forest, & à Velaines, où la réserve campa; l'aîle droite continua sa marche jusqu'à Celles, où fut son camp. On envoya quatre cens hommes dans les bois de Cocambre, à la droite de l'armée, & autant dans ceux de la Hamaïde & de Buisenal. On mit huit cens hommes dans les deux colonnes des bagages.

L'armée campa dans la plaine de Pottes, la droite près de Molembais; la gauche se reploit en potence, & faisoit face à l'Escaut; elle étoit appuyée au ruisseau de Seble.

Le quartier général étoit au petit château du Quesnoi. M. de la Valette campoit avec sa cavalerie au pont d'Espierre, de l'autre côté de la riviere, & M. de Boufflers près d'Herines.

Le Prince d'Orange avoit fait passer l'Escaut à une partie de ses troupes le même jour qu'il étoit parti de Ninove, & il avoit poussé son avant-garde jusqu'à Nazareth. Le 27 il traversa la Lys à Deinse avec son armée, & il fit un gros détachement pour s'emparer de Courtrai, afin d'obliger celle du Roi à rentrer dans ses lignes; aussi-tôt que M. de Luxembourg fut averti de cette marche, il donna ses ordres pour faire passer l'Escaut à son armée, & pour la faire marcher à Harlebeck. Il prit en même temps les devans avec la Maison du Roi & six Brigades d'infanterie, afin d'empêcher les Alliés d'occuper cette place; les ennemis voyant la tête des troupes du Roi arrivée à Courtrai, retournerent sur leurs pas; ils mirent leur gauche au-dessous de Deinse, & leur droite à un ruisseau qui tombe dans la Mandelle à Dentergem.

Marche de Pottes à Harlebeck.
Pl. XXV.

La marche de l'armée du Roi pour aller à Harlebeck, se fit sur quatre colonnes.

L'aîle droite, en commençant par la Maison du Roi, eut la colonne de la droite, & passa sur le pont de la droite, près de Bossut; elle alla à Hestrud, à Otteghem, au cabaret de la Trompe, & au pont Marquette; d'où laissant Derlick à droite, elle entra dans la plaine du camp.

La seconde colonne fut pour l'aîle droite d'infanterie, en commençant par Champagne: cette colonne traversa l'Escaut, entre Pottes & Helchin, d'où elle alla droit à Monne; elle côtoya ensuite le chemin d'Espierre à Harlebeck jusqu'à Zuevelghem; & quand elle fut au-delà de ce village, elle marcha dans la plaine pour se rendre entre Courtrai & Harlebeck, & elle se trouva dans la plaine du camp.

La troisiéme colonne fut pour l'aîle gauche d'infanterie, dont Navarre eut la tête: cette colonne, après avoir passé l'Escaut entre Espierre & Helchin, suivit pendant quelque temps le chemin d'Espierre à Harlebeck; elle prit ensuite celui de Courtrai, entre Belleghem & Zuevelghem, & en approchant de Courtrai, elle laissa la ville à gauche pour entrer dans la plaine du camp.

La quatriéme colonne fut pour l'aîle gauche de cavalerie & la réserve: cette colonne traversa l'Escaut près d'Herines, laissa Espierre à droite, pour aller à Dottignies & à Belleghem, d'où elle se rendit à la droite du camp. Les bagages suivirent les colonnes de leurs troupes, & marcherent dans le même ordre.

On commanda quatre cens hommes de pied pour escorter les bagages des deux colonnes de la droite, & deux cens pour les deux de la gauche. On envoya trois cens chevaux & cent dragons au mont de Tieghem, pour couvrir la marche de l'armée du côté d'Oudenarde; l'artillerie prit le chemin de Dottignies, où elle parqua.

L'armée eut Courtrai derriere sa droite, qui faisoit un coude; sa gauche alloit vers Beveren; le quartier général fut à Harlebeck.

M. de Luxembourg avoit d'abord projetté d'appuyer sa gauche à Desselghem; mais il trouva que son armée auroit eu trop
de

DE FLANDRE.

de bois à son flanc & devant le front de la gauche, & il préféra de s'étendre sur la droite.

1692.
AOUST.

Dans la position où étoient les Alliés, ils pouvoient faire marcher des troupes du côté de Dixmude, & donner de l'inquiétude pour cette partie; afin de prévenir leurs desseins, on fit partir la nuit du 27 au 28 M. de la Valette, avec vingt-huit escadrons & quatre bataillons pour aller à Ypres. La cavalerie de M. de Boufflers resta à Dottignies pour assurer les lignes d'Espierre, & son infanterie marcha à Menin avec l'artillerie des deux armées.

Le 29 M. de Luxembourg fit passer la Lys à ses troupes, afin d'être plus à portée de s'opposer aux mouvemens des ennemis, qui ayant passés cette riviere près de Deinse, pouvoient faire avancer des troupes du côté de Furnes & des lignes.

La marche de l'armée du Roi se fit sur quatre colonnes.
Le boute-selle & la générale au jour.

Marche d'Harlebeck à Courtray.
PL. XXVI.

L'aîle droite de cavalerie, en commençant par la Maison du Roi, eut la colonne de la droite; elle passa sur le pont d'Harlebeck, alla à Curne, & le laissa à gauche pour traverser le ruisseau de Heulle sur le pont de Watermeulle, d'où elle entra dans son camp.

La seconde colonne fut pour l'aîle gauche d'infanterie, en commençant par Champagne : cette colonne passa la Lys sur le pont du moulin d'Harlebeck, alla à Curne, & y traversa le ruisseau pour entrer dans la plaine du camp.

La troisiéme colonne fut pour l'aîle droite d'infanterie, dont Navarre eut la tête; cette colonne passa la Lys au pont de la droite, que l'on avoit fait au-dessus du ruisseau de Heulle, & marcha entre Courtray & le ruisseau pour aller à son camp.

La quatriéme colonne fut pour l'aîle gauche de cavalerie, le Mestre de Camp en eut la tête : cette colonne passa au pont qui étoit le plus près de Courtray, laissa le fauxbourg à cent pas sur la gauche, pour aller à Moorseelle, où elle se trouva dans le camp.

Les bagages du quartier général passerent dans Courtray, & ceux des troupes les suivirent. On appuya la droite à Courtray, où fut le quartier général, & la gauche au village de Moorseelle, le ruisseau de Heulle devant l'armée.

La réserve fut postée à Wevelghem, où M. le Duc de Chartres prit son quartier.

On fit applanir tout le terrain qui étoit à la tête du camp jusqu'au ruisseau de Heulle, afin que la cavalerie pût agir en cas d'affaire.

Iii

1692.
AOUST.

En même temps que M. de Luxembourg paſſa la Lys, M. de Boufflers s'avança à Ypres avec onze bataillons de l'armée qu'il commandoit ; le reſte de ſon infanterie marcha à Roeſbrugge, ſous les ordres de M. de la Valette, avec un Régiment de cavalerie & un de dragons, afin d'avoir une tête au-delà de l'Yſer, & de prévenir les ennemis entre cette riviere & le canal d'Honſcote.

SEPTEMBRE.

Les troupes d'Angleterre, au nombre de quinze bataillons, étant débarquées à Oſtende le premier de Septembre, & la marche du Prince d'Orange faiſant connoître que tous les efforts des Alliés ſe feroient contre le pays & les places qui étoient du côté de la mer, le Roi & M. de Luxembourg s'occuperent des moyens de les rendre inutiles. Depuis la mort de M. de Louvois, arrivée pendant la campagne de 1691, le Roi ſe faiſoit rendre compte directement par ſes Généraux de leurs projets, & des mouvemens des armées que Sa Majeſté leur confioit ; elle entroit là-deſſus dans des détails très-circonſtanciés, & dirigeoit, de concert avec eux, les opérations ſur toutes les frontieres : cependant celles de Flandre l'occupoient plus particulierement, parce qu'elle connoiſſoit davantage le pays.

La poſition de l'armée du Roi à Courtray, couvroit les lignes depuis la Lys juſqu'à Ypres ; ainſi les ennemis ne pouvoient avoir d'autre objet que d'attaquer Bergues ou Dunkerque, ou de s'emparer de la Kenoque, & de forcer les lignes depuis Ypres juſqu'au canal d'Honſcote.

En cas que les ennemis marchaſſent à Bergues ou à Dunkerque, le Roi vouloit que M. de Luxembourg cherchât à les prévenir derriere la riviere d'Iſer : pour cet effet, & dans la ſuppoſition qu'il pourroit ſoutenir Furnes, le Roi lui avoit propoſé d'avancer une tête à Pollinchoven : mais M. de Luxembourg ne croyant pas que des troupes puſſent être en ſureté dans Furnes, ne jugea pas à propos de garder cette place, ni de mettre des troupes à Pollinchoven ; comme cependant il croyoit qu'il étoit important de ſe conſerver la communication avec Bergues, il avoit fait avancer M. de la Valette à Roeſbrugge, & M. de Boufflers à Ypres.

Le Roi voyoit que le grand nombre de cavalerie dont ſon armée étoit compoſée ne pourroit agir que difficilement du côté de la mer, à cauſe de la nature du pays, & qu'on pourroit en employer utilement une partie ſur la Meuſe, pour y faire une

DE FLANDRE.

1692.
SEPTEMBRE.

diversion : il étoit même vraisemblable que cette conduite obligeroit le Prince d'Orange de faire de gros détachemens pour garantir le pays des contributions que les troupes Françoises pourroient y établir. Dans cette vue M. de Boufflers eut ordre de se rendre à Namur avec soixante escadrons ; ils partirent le 3 de Courtray, & allerent le 4 à Leuse, le 5 à Ville-sur-Haine, le 7 à Trésignies sur le Piéton, le 8 au Mazi sur l'Orneau, & le 9 à Namur.

Les troupes qui avoient débarqué à Ostende, s'étoient avancées peu de jours après à Nieuport, & avoient occupé Furnes & Dixmude ; elles avoient été jointes par quelques autres que le Prince d'Orange avoit détaché de son armée, & on étoit incertain si elles attaqueroient la Kenoque & la Fintelle, ou si elles iroient du côté de Dunkerque. Dans la situation où étoient les troupes du Roi, on ne craignoit pas que les ennemis entreprissent d'assiéger cette place (1) ; mais ils pouvoient la bombarder, & le Roi désiroit qu'on prît des mesures pour s'y opposer. M. de Maulevrier n'avoit aucune inquiétude du côté de la mer, parce que les ouvrages suffisoient pour éloigner les vaisseaux ennemis ; mais leurs troupes pouvoient s'approcher de la place entre le canal de Furnes & la mer ; & pour s'opposer au bombardement, on proposa d'y faire un camp retranché (2), & de tenir des barques armées sur le canal de Furnes.

M. de Luxembourg voyant que le Prince d'Orange séparoit ses forces, jugea à propos de partager les troupes du Roi pour lui faire tête partout ; il détacha de l'infanterie & de la cavalerie à mesure que les Alliés augmenterent le corps qui étoit à Furnes, & dans peu de temps il y eut, soit aux lignes, soit dans les autres postes du côté de la mer, trente-six bataillons & quarante-huit escadrons des troupes du Roi. M. le Duc de Choiseul commandoit depuis le départ de M. de Boufflers les troupes qui étoient campées à Ypres ; M. de Luxembourg lui envoya, ainsi qu'à M. de la Valette, des ordres pour se conduire selon les mouvemens qu'il prévoyoit que les ennemis feroient ; il ordonna à M. de la Valette d'envoyer un petit détachement de dragons vers la Kenoque, pour y montrer seulement une

---

(1) Les ennemis ne pouvoient investir Dunkerque aussi-tôt que l'inondation auroit été formée, qu'en faisant débarquer des troupes entre cette place & Gravelines, & ces troupes n'eussent pu communiquer que par la mer avec celles qui eussent été du côté de Furnes.
(2) Ce projet fut approuvé : les retranchemens furent commencés, mais ils ne furent pas achevés.

tête en attendant ce qu'on y envoyeroit d'Ypres ; il lui fit fçavoir en même temps que fa principale attention devoit être
d'aller à Bergues pour conferver la communication de Bergues
à Dunkerque par la gauche du canal. Il lui recommanda que
dès qu'il feroit affuré qu'une groffe tête paroîtroit à Furnes, il
eût foin de marcher avec fes troupes à Bergues, de maniere
qu'il pût toujours fe conferver la communication de Bergues à
Roefbrugge , & être même en état de donner du fecours aux
retranchemens d'Honfcote, ordonnant à un bataillon, qui étoit
campé dans ce village, & à un autre bataillon, qui étoit campé
à la Verterue, de défendre les retranchemens jufqu'à la derniere
extrêmité, de concert avec les autres poftes qui y étoient. M. de
la Valette devoit auffi donner ordre à ces deux bataillons de
rompre les chemins qui venoient de Furnes & du canal de Loo
aboutir aux lignes, & furtout celui par lequel on pouvoit venir
à la redoute des trois Rois, qui étoit à la gauche des retranchemens.

Il fut ordonné à M. de Choifeuil d'envoyer M. de la Mothe
avec un Régiment de cavalerie & un de dragons à Poperinghe,
pour être plus à portée d'aller occuper le pofte de Roefbrugge
auffi-tôt que M. de la Valette le quitteroit. Si les ennemis marchoient à la Kenoque, M. le Duc de Choifeuil devoit s'avancer avec une tête pour les empêcher de paffer l'Yfer, & de
fe pofter entre cette riviere & le canal de Boefinge. Si les ennemis reftoient de l'autre côté de l'Yfer, & fe contentoient de
battre le fort avec leur canon, M. le Duc de Choifeuil devoit
tenir des troupes le long du canal le plus près qu'il pourroit de
la Kenoque, & demeurer entre la riviere d'Yfer & le canal de
Boefinge, fans fonger à paffer, ni l'un, ni l'autre, s'occupant
fimplement de rafraîchir ce fort. Si les ennemis attaquoient
celui de la Fintelle, il devoit faire des démonftrations pour le
foutenir, fans s'y engager entierement ; mais les troupes qui y
étoient devoient fe défendre jufqu'à la derniere extrêmité. S'il
arrivoit que M. de Choifeuil fut obligé de marcher vers Roefbrugge, il devoit toujours laiffer quatre bataillons à Ypres, &
en cas qu'il eût ordre de revenir fur la Lys, il devoit fe tenir
en état de marcher avec l'infanterie à Werwick, ou à Commines, laiffant à Ypres deux bataillons avec la cavalerie qui y
étoit campée.

Peu de jours après que ces difpofitions eurent été achevées,
les

les ennemis ayant fait entrer beaucoup de troupes dans Furnes, & s'étant avancés entre cette place & Dunkerque, M. de la Valette alla camper sous Bergues. Il eut ordre en même temps de se concerter avec M. de Maulevrier pour la sureté de Dunkerque. En cas que les ennemis s'approchassent plus près de cette place, M. de la Valette devoit envoyer M. de Marivaux avec son Régiment de cavalerie & trois bataillons, pour se poster entre Bergues & Dunkerque, laissant devant lui le canal, & recevant les ordres de M. de Maulevrier. M. de la Valette devoit tenir des partis depuis Bergues jusqu'à la redoute des trois Rois, pour être continuellement informé de ce qui se passeroit aux retranchemens. M. le Duc de Choiseuil eut ordre en même temps de s'avancer à Roesbrugge avec dix escadrons de cavalerie & douze de dragons ; il lui fut recommandé d'envoyer des partis de Roesbrugge à Honscote & à la Fintelle, pour être promptement instruit de ce qui pourroit y arriver ; il devoit aussi mettre un petit poste de dragons à Rexpoede, pour assurer sa communication avec Bergues. M. de la Mothe, qui étoit à Popperinghe, alla camper à Reninghe, avec quatre bataillons & un Régiment de dragons ; il eut ordre de tenir toujours des postes près de la Kenoque, & fut de plus chargé de la conservation du pont & du Sas de Boesinghe : le reste de son infanterie campa sous Ypres, entre Zellebeck & le Moulin brûlé, aux ordres de MM. de Boisseleau & de Caraman.

Toutes ces dispositions furent faites depuis le 3 jusqu'au 13 de Septembre.

Le 16 M. de Luxembourg détacha encore cinq bataillons pour aller à Bergues, afin d'y remplacer six bataillons qui avoient marché à Dunkerque, sur la nouvelle que les troupes ennemies devoient s'approcher de cette place.

En effet, elles firent quelques mouvemens, comme si elles avoient eu dessein d'entreprendre de la bombarder ; mais elles revinrent ensuite à Furnes & à Dixmude, & elles travaillerent à fortifier ces deux places : elles formerent un camp à Kasekinskerke, près de Dixmude, où elles étoient à portée de protéger leur travail.

Les mouvemens des troupes ennemies pour se rapprocher de Dixmude, déciderent M. de Luxembourg à faire une nouvelle disposition de celles du Roi. Il fit revenir M. de Choiseuil entre Ypres & Boesinghe, & M. de la Valette à Roesbrugge : M. de

1692.
SEPTEMBRE.

Bezons campa sous Bergues avec quelque cavalerie qui avoit marché à Dunkerque, & à laquelle M. de la Valette joignit un Régiment de dragons & un bataillon. M. de Bezons fut en même temps chargé de donner du secours aux lignes, depuis Honscote jusqu'à Beveren. M. de la Valette eut ordre de veiller, depuis Roesbrugge jusqu'à la Fintelle, & M. de Choiseuil, depuis Ypres jusqu'à la Kenoque; il fut aussi chargé de soutenir les postes de Noorschote, Reninghe & Oost-Uleteren, que M. de la Mothe gardoit, & dans lesquels on mit huit bataillons & un Régiment de dragons.

Pendant tous ces mouvemens le Prince d'Orange faisoit souvent des détachemens qui sortoient de son camp le matin, & qui y revenoient le soir; cette manœuvre pouvoit faire croire qu'il avoit dessein d'engager l'armée du Roi à en faire de pareils, pour ensuite l'attaquer; mais M. de Luxembourg étoit attentif à ses démarches, afin de rappeller les troupes dont il auroit besoin en même temps que le Prince d'Orange feroit revenir les siennes.

Il falloit, pour s'approcher de l'armée du Roi, que les ennemis marchassent sur Thielt, que de Thielt ils passassent les branches de la Mandel à Rousselaer, & au-dessus: il étoit nécessaire aussi que les troupes qui étoient à Kasekinskerke, au-delà du canal, marchassent en deçà, que de-là elles vinssent sur Hooglede, ce qui devoit faire environ deux journées; qu'ensuite ces troupes se joignissent à la grande armée, & passassent un peu en deçà de Rousselaer, ce qui employeroit encore un jour, & que de-là elles prissent leur marche par un pays rempli de défilés, derriere lesquels l'armée du Roi les attendoit dans un terrein dont elle avoit fait une plaine.

Le temps qu'il falloit au Prince d'Orange pour rassembler ses forces, pour s'approcher de M. de Luxembourg, & pour être en état de l'attaquer, lui donnoit la certitude de pouvoir être joint par les troupes qui étoient aux lignes, avant que celles des Alliés pussent le combattre.

Pendant que le Prince d'Orange avoit fait différens mouvemens du côté de la mer, il avoit détaché cinq bataillons & douze escadrons sous les ordres du Comte de Castille, pour observer la marche de M. de Boufflers, & pour assurer les environs de Louvain & de Bruxelles contre les partis que M. de Boufflers pourroit y envoyer.

DE FLANDRE.

M. de Boufflers étoit arrivé à Namur le 9 de Septembre, & y avoit passé la Meuse le lendemain, pour aller à Chiney dans le Condroz ; le même jour M. d'Harcourt, qui étoit campé à Ourteville, près de Roumont, entre Marche & Bastoigne, y combattit les ennemis. Il avoit choisi ce camp pour observer les démarches des troupes de Juliers & de Cologne, qui s'étoient avancées entre la Meuse & la Moselle, & qui paroissoient vouloir pénétrer dans le Luxembourg. Ces troupes étant parties de Malmedy & de Stablo, avoient continué leur marche à dessein d'attaquer les troupes du Roi. M. d'Harcourt, qui avoit été informé de leurs mouvemens, avoit détaché M. d'Auriac avec 300 chevaux pour les inquiéter & les observer ; ses Espions l'ayant assuré que les ennemis avoient passé la riviere d'Ourte à Honfalize, il ne douta pas qu'ils n'eussent des desseins sur son camp, & il se disposa au combat ; il fit occuper par des dragons à pied les passages d'un ruisseau qu'il avoit devant lui, & les ennemis en firent autant de leur côté, sans cependant faire aucune tentative pour le passer : ils avoient trente escadrons, & M. d'Harcourt vingt-quatre : les ennemis furent quelque temps en présence des troupes du Roi, sans les attaquer. M. d'Harcourt croyant que leur infanterie, qui les avoit d'abord suivi, n'avoit pu faire une si grande diligence, pensa qu'ils ne différoient le combat que pour donner à toutes leurs troupes le temps de les joindre ; dans cette idée il résolut de passer le ruisseau qu'il avoit devant lui, & de les attaquer : il donna la droite à mener à M. de Saint-Fremont, & la gauche à M. le Chevalier d'Asfeld ; à la faveur des dragons qui avoient mis pied à terre, la cavalerie du Roi traversa le ruisseau, & attaqua les ennemis avec tant de valeur, qu'elle les fit plier, sans que le succès de cette action fût un seul moment balancé ; ils furent poursuivis fort loin au-delà du champ de bataille, & ils perdirent, soit dans le combat, soit dans la retraite, environ six cens hommes, y compris deux cens prisonniers. La perte des troupes du Roi ne fut que d'environ cent hommes tués ou blessés : une partie de la cavalerie des ennemis alla joindre à Huy les troupes de Liége, l'autre se retira dans le pays de Juliers avec l'infanterie qui n'avoit eu aucune part au combat.

Cette action donnoit à M. de Boufflers plus de facilité pour pénétrer dans le pays ennemi : le projet de M. de Luxembourg étoit qu'il s'avançât de Namur jusqu'à Munster-Bilsen, afin de pouffer des détachemens au-delà du Demer, & d'y établir des contributions ; ce qui ne pouvoit manquer d'obliger les Alliés à y faire marcher des troupes pour défendre le pays, & c'étoit le seul moyen qu'il crut capable d'opérer une diversion.

M. de Boufflers ayant été joint par M. d'Harcourt, passa la Meuse le 20 avec quatre-vingt escadrons & dix bataillons, dont la plus grande partie fut tirée de Namur ; il s'avança à Montenaken, & détacha M. d'Harcourt à Saint-Tron avec quinze cens chevaux. M. d'Harcourt envoya des partis sur le Demer, & quelques-uns même au-delà ; mais M. de Boufflers ne jugea pas à propos de s'éloigner davantage de la Mehaigne ; il craignoit que les Généraux Fleming & Cerclas, qui campoient à Huy avec quatorze bataillons & trente-deux escadrons, ne fussent joints par le Comte de Castille, qui après avoir été renforcé par quelque cavalerie des Alliés, s'étoit avancé à Louvain, & avoit dessein de marcher à Vavre. Cette jonction eût rendu le retour de M. de Boufflers très-difficile ; & en effet, les ennemis projettoient ce qu'il avoit prévu. Les détachemens que fit M. d'Harcourt répandirent tellement l'allarme, que dans le pays on crut que M. de Boufflers l'avoit suivi, & dans cette idée les Généraux Fleming & Cerclas marcherent avec leur cavalerie sur la Mehaigne, & s'avancerent jusqu'à Breffe ou Braive, pour être à portée de joindre le Comte de Castille vers les sources des Gettes. M. de Boufflers, qui étoit attentif à leurs mouvemens, avoit détaché M. d'Auriac avec trois cens chevaux pour les observer : aussi-tôt qu'il donna avis de leur marche, M. de Boufflers prit toute sa cavalerie, & s'avança pour examiner s'ils lui donneroient occasion de les attaquer ; mais ils laisserent un grand ravin devant eux, & dès qu'ils s'apperçurent que les troupes du Roi étoient plus nombreuses, ils prirent le parti de se retirer. M. de Boufflers ne voulut pas les poursuivre, n'ayant point son infanterie, & croyant que celle des ennemis pouvoit les avoir suivi, ou les joindre promptement ; il campa le 28 à Bonef, & le lendemain il retourna à Namur, & y passa la Meuse ; il s'avança ensuite à Chiney, pour observer les démarches des ennemis & couvrir la frontiere.

Pendant que M. de Boufflers faisoit contribuer tout le pays qui est entre le Jaar, le Demer & la Geete, le Prince d'Orange menaçoit d'attaquer la Kenoque & la Fintelle, ces deux forts étoient

étoient en si mauvais état, que les ennemis pouvoient à coups de canon les réduire en poussiere; ils s'en approcherent pendant plusieurs jours de suite pour les reconnoître, & par-là ils donnerent lieu de croire qu'ils essayeroient de s'en rendre maîtres.

1692.
SEPTEMBRE.

La situation du pays dans lequel la prise de la Kenoque & de la Fintelle eût donné entrée aux ennemis, étoit telle qu'en conservant les postes de Noorschote, Reninghe & Oost-Uleteren, qui bordoient les prairies parallelement à l'Yser, on pouvoit aisément les empêcher d'y pénétrer; pour cet effet, on pouvoit tracer à un quart de lieue en arriere de cette riviere, un nouveau retranchement, depuis Elsendam jusqu'au canal de Boesinghe, lequel auroit mis à couvert ces villages & le pays qui étoit sous la domination du Roi.

Pour soutenir ces postes & les lignes contre les efforts qu'on pourroit faire pendant l'hyver pour les forcer, il étoit nécessaire de disposer les troupes du Roi de façon à pouvoir les rassembler promptement & en assez grand nombre pour faire tête aux ennemis; il falloit en même temps pourvoir à la subsistance des troupes, & consulter la commodité des peuples : M. de Chevilly, Commandant à Ypres, avoit dressé là-dessus un Mémoire qui avoit été approuvé par M. de Luxembourg, & agréé par le Roi; il étoit tel qu'il est détaillé ci-après.

MÉMOIRE DE M. DE CHEVILLY.

Les ennemis ne peuvent faire sortir, depuis Gand jusqu'à Furnes, que peu de Cavalerie, & 30 Bataillons, sçavoir :

	Bataillons.
DE GAND.	12
DE BRUGES.	8
D'OSTENDE.	2
DE NIEUPORT.	2
DE DIXMUDE.	3
DE FURNES.	3

Total 30 Bataillons.

Il faut à ces troupes le double de temps pour se rassembler qu'à celles du Roi.

L ll

HISTOIRE MILITAIRE

1692. SEPTEMBRE.

Pour rassembler 39 Bataillons & demi, & 24 Escadrons.

	Troupes à loger dans les Places & le plat pays.		Troupes à tirer.		Troupes qui doivent rester dans les Places & en certains postes.
	Bataillons.	Compagnies de Dragons.	Bataillons.	Compagnies de Dragons.	Bataillons.
Ces deux places peuvent être renforcées d'un Bataillon de Saint-Omer & d'un de Gravelines. DUNKERQUE.	9		6		3
Dragons.		12		12	
BERGUES.	6		4		2
Dragons.		10		10	
HONSCOTE.	4		3		1 à l'Eglise.
BEVEREN & le Château entouré de fossés.	1		1		
ROESBRUGGE.	1		1		
Dragons.		2		2	
STAVELE & CROMBEEKE.	1		1		
ABBAYE D'EVERSAM, fermée de fossés, poste de conséquence.	1		1 excepté		50 hommes.
OOST-ULETEREN.	demi				
RENINGHE.	demi				
NOORSCHOTE.	demi		3 & demi.		
ZUYTSCHOTE.	demi				
BOESINGHE.	demi				
ILVERDINGEN.	demi				
VLAMERDINGE.	demi				
POPERINGHE.	3		3		
Dragons.		2		2	
BAILLEUL.					
Dragons.		6		6	
WARNETON.	demi		demi.		
Dragons.		2		2	
YPRES.	10		6		4
Dragons.		12		12	
COMMINES.	2		1 & demi.		demi.
Dragons.		2		2	

DE FLANDRE.

1692.
SEPTEMBRE.

Troupes à loger dans les Places & le plat pays.		Troupes à tirer.		Troupes qui doivent rester dans les Places & en certains postes.
Bataillons.	Compagnies de Dragons.	Bataillons.	Compagnies de Dragons.	Bataillons.
La partie de WERWICK couverte de la Lys, & le Château de BOUSBEECK. 1		1		
MENIN. 6		3		3
Cavalerie.	13		13	
COURTRAY. 8		4		4
Cavalerie.	13		13	
Total des troupes à loger dans les Places & le plat pays. Bataillons. 57 Compagnies de Cavalerie & de Dragons. 78		Total des troupes à tirer des Places & du plat pays. Bataillons 39 & demi. Compagnies de Cavalerie & de Dragons. 78		Total des troupes qui doivent rester dans les places. Bataillons. 17 & demi.

Les ennemis continuant à fortifier Furnes & Dixmude pour y mettre des troupes pendant l'hyver, M. de Luxembourg fit aussi rétablir Courtray, & cette place fut bien-tôt en état de recevoir une garnison; on y fit entrer huit bataillons & un Régiment de dragons.

Le dessein du Prince d'Orange, en occupant Furnes & Dixmude, étoit de persuader aux Alliés qu'il bloquoit Dunkerque, & qu'il s'en rendroit maître au commencement de la campagne suivante; il espéroit par-là décider les Anglois à faire de plus grands efforts pour soutenir la guerre.

Malgré les renforts qui étoient venus d'Angleterre, M. de Luxembourg avoit fait échouer par son activité & sa prévoyance tous les projets que ce Prince avoit formé contre le pays & les places qui étoient sous la domination du Roi; l'avantage d'occuper Furnes & Dixmude, n'étoit pas capable de le dédommager des pertes qu'il avoit faites; mais les obstacles qu'il rencontroit de tous côtés l'ayant détourné de toute entreprise, il songea à faire entrer les troupes des Alliés de bonne heure en quartier d'hyver; comme il projettoit de faire de nouvelles levées en Hollande & dans l'Empire, & d'agir la campagne suivante avec des forces plus nombreuses, il étoit nécessaire qu'il prît long-temps d'avance ses mesures, & dans cette vue il partit le 26 de Septembre pour retourner en Hollande, afin d'y régler l'état de la guerre : il devoit enfuite repaffer en Angleterre, & travailler à obtenir les fubfides extraordinaires dont il avoit befoin.

Tout annonçoit de la part des ennemis que leur armée fe fépareroit dans peu. Les quinze bataillons qui étoient venus d'Angleterre devoient inceffamment repaffer la mer ; ils campoient à Kafekinskerke, où ils formoient avec les troupes que le Prince d'Orange y avoit envoyées, un corps de vingt-fept bataillons, & d'environ quatre mille chevaux. L'Electeur de Baviere avoit envoyé le 28 la plus grande partie de fon artillerie & de fes bagages à Gand. Le lendemain toute la cavalerie des Alliés avoit paffé l'Efcaut à Gavre, & avoit été cantonnée entre cette riviere & la Dendre ; leur infanterie avoit en même temps marché à Dronghen près de Gand, & n'attendoit que la féparation de l'armée du Roi pour prendre fes quartiers d'hyver.

En cas que les Alliés priffent le parti de fe féparer promptement, le Roi défiroit qu'on en profitât pour reprendre Furnes ; mais le camp qu'ils avoient à Kafekinskerke, & la facilité que toute leur armée avoit pour fe raffembler, & pour marcher au fecours de cette place, rendoient cette entreprife impoffible. Le Roi voulant cependant que la campagne fe terminât de façon à donner de la réputation à fes armes, réfolut de faire bombarder Charleroi, & de détruire la baffe ville, afin d'empêcher les ennemis d'y mettre des troupes.

Depuis l'échec que la flotte de France avoit reçu dans la Manche, les ennemis avoient menacé de bombarder Dunkerque, & d'infulter les côtes ; le Roi voulut leur faire connoître qu'il étoit en état d'ufer de repréfailles. La deftruction de la baffe ville de Charleroi devoit empêcher les ennemis de tenir une forte garnifon dans cette place, & affurer la tranquillité du Hainaut contre les courfes qu'ils auroient pu y faire ; ce fut l'objet qu'on fe propofa dans cette entreprife. Le Roi ayant prévu qu'à la fin de la campagne on pourroit l'exécuter, avoit donné ordre au mois de Juillet de pourvoir les places du Hainaut des munitions & des fubfiftances dont on pourroit avoir befoin pour cette expédition.

M. de Boufflers devoit en être chargé avec les mêmes troupes qui l'avoient fuivi au-delà de la Mehaigne. L'intention du Roi étoit que M. de Luxembourg y ajoutât encore dix bataillons, & qu'il fe poftât de maniere à pouvoir promptement donner

donner du secours aux lignes & à M. de Boufflers. Le Roi désiroit aussi que pour épargner sa frontiere, l'armée prît ses quartiers de fourrages entre Tournai & la Haine.

1692.
SEPTEMBRE.

Pour remplir ces différens objets, M. de Luxembourg comptoit laisser, depuis la Lys jusqu'à Bergues, aux ordres de M. de Maulevrier & de M. de la Valette la plus grande partie des troupes qu'il avoit détaché de son armée, afin d'observer celles qui étoient Kasekinskerke, & l'infanterie qui campoit sous Gand.

M. de Rosen devoit être chargé de veiller à la sureté des lignes qui s'étendoient depuis l'Escaut jusqu'à la Lys, avec quatorze bataillons & vingt-six escadrons. Ces troupes furent placées en différens endroits pour les faire subsister plus commodément ; on mit à Lauwe & Reckem six bataillons & dix-huit escadrons, à Espierre huit bataillons, & à Dottignies huit escadrons. On laissa de plus à Commines quatre bataillons, dont M. de Rosen & M. de Maulevrier pouvoient disposer ; & ils devoient se concerter & se secourir selon les mouvemens que feroient les ennemis.

M. de Luxembourg se proposoit de donner toute son attention à protéger le bombardement, faisant cantonner son armée depuis Anthoin jusqu'auprès de Mons, & mettant dans les villages de la Châtellenie d'Ath, autant de troupes qu'il pourroit, sans négliger la sureté de ses quartiers. Il avoit fait partir le 27 Septembre M. le Chevalier de Gassion, Maréchal de Camp, avec seize escadrons de cavalerie & quatre de dragons, pour aller au grand & au petit Quevy, où il étoit à portée de joindre promptement M. de Boufflers, & d'observer les mouvemens que le Comte de Castille voudroit faire.

Le 3 d'Octobre toute la premiere ligne de l'aîle droite de cavalerie, la réserve & les Brigades de Champagne & du Roi, se mirent en marche, & passerent l'Escaut sous les ordres de M. le Duc de Villeroy, pour aller camper à Pottes ; ces mêmes troupes marcherent le 4 à Thieulain, près de Leeuse, où elles séjournerent jusqu'à ce que l'armée pût entrer dans les quartiers de fourrage qu'elle devoit prendre. Le 5 l'aîle gauche de cavalerie alla camper à Escanaffe, aux ordres de M. le Duc du Maine : la marche de ces dernieres troupes avoit été précédée par celle d'une partie de l'infanterie, qui étoit allée la veille à Herines, sous les ordres de M. le Prince de Soubise, & qui ce jour-là devoit aller camper à Pipiers, pour être à portée de joindre M. le

OCTOBRE.

Mmm

Duc de Villeroy. Le 6 M. de Luxembourg partit de Courtray avec la deuxiéme ligne de l'aîle droite, & ce qui lui restoit d'infanterie; ces troupes passerent l'Escaut le même jour, & le 8 toute l'armée entra dans ses quartiers de cantonnement (*), & occupa les villages dont l'état est ci-après.

1692.
OCTOBRE.

(*) Voyez la Pl. XXVII.

Etat des Villages de la Châtellenie d'Ath, où les troupes de l'armée de Flandre prirent leurs quartiers de fourrages.

Quartiers qui étoient en premiere ligne.

Ils prenoient le pain qui venoit par eau de Condé à Douvrain. — A Baudour, quatre escadrons de dragons Dauphins, deux bataillons de la Couronne & celui de Maulevrier.

Idem. — A Douvrain, quatre escadrons de Barbeziers, le bataillon de Perry & celui d'Aunis.

Au Pont-à-Haine. — A Hautrage, quatre escadrons de dragons du Roi, trois bataillons de Piémont, & celui de Vermandois.

Idem. — A Ville & Pomereuil, six escadrons des Gardes du Roi, qui étoient deux de Noailles, deux de Duras & deux de Lorges, & deux bataillons de Champagne.

Idem. — A Harchies & Preaux, deux escadrons de Gendarmes, & deux de Chevaux-Légers de la Garde, & le troisiéme bataillon de Champagne.

Idem. — A Bernissart, deux escadrons des Gardes du Roi, qui étoient ceux de Luxembourg, & le bataillon de Royal Italien.

Ils prenoient le pain aux caissons à Basecles. — A Estambrugge, quatre escadrons du Roi cavalerie, & le bataillon de Royal-Comtois.

Ils prenoient le pain à Pont-à-Haine. — A Grandglise, quatre escadrons de Dauphin-Etranger, & le second de Toulouse.

Ils prenoient le pain à Basecles. — A Quevaucamp, quatre escadrons d'Imecourt, & le premier bataillon de Toulouse.

Ils prenoient le pain à Pont-à-Haine. — A Blaton, quatre escadrons de Bourgogne, & deux d'Orleans, avec le premier & le troisiéme bataillon du Roi.

Ils prenoient le pain à leurs quartiers. — A Basecles, deux escadrons de Villeroy & de Berry, avec le second & le quatriéme bataillon du Roi.

Ils prenoient le pain à Basecles. — A Wadelencour, deux escadrons de la Feuillade, & le troisiéme bataillon des Vaisseaux.

DE FLANDRE. 231

1692. OCTOBRE.

Idem. { A Ramilly, deux escadrons de Chartres, & le second bataillon des Vaisseaux.

Idem. { A Thumaïde, quatre escadrons de Maurevert, & le premier bataillon des Vaisseaux.

Idem. A Raucourt, quatre escadrons de Bezons.

Ils prenoient le pain à leurs quartiers. { A Ellignies-Sainte-Anne, deux escadrons de Gendarmerie, & trois bataillons des Gardes.

Ils prenoient le pain à Ellignies. { A Aubbechies, deux escadrons de Gendarmerie, & un bataillon des Gardes.

Idem. { A Bliquy, deux escadrons de Gendarmerie, & deux bataillons des Gardes.

Idem. { A Tourpe, deux escadrons de Gendarmerie, & un bataillon des Gardes.

Ils prenoient le pain à Basecles. { A Bury, deux escadrons de Royal-Piémont, & le premier bataillon de Provence.

Idem. { A Braffe, quatre escadrons de Saint-Simon, & le second bataillon de Provence.

Idem. { A Briffeul, deux escadrons de Villequier, & le bataillon de Périgord.

Ils prenoient le pain aux bateaux d'Anthoin. { A Baugnies, deux escadrons de Furstemberg, & le bataillon de Hainaut.

Idem. { A Gaurin & Ramecroix, deux escadrons de Rohan, deux de Praslin, trois de Rottembourg, & quatre du Mestre de Camp.

Quartiers qui étoient en seconde ligne.

Ils prenoient le pain qui venoit par eau de Condé à Hergnies. { A Macou, vieux Condé, Hergnies & Rengies, quatre escadrons de Royal-Roussillon, quatre de Clermont, & quatre de Rassent.

Ils prenoient le pain à Mortagne. { A Carnelle, Mortagne, en deçà de l'Escaut, & Braffemenil, quatre escadrons de Pracontal, quatre de la Valliere, & quatre de Bissy.

Idem. { A Pieronne & Maubray, quatre escadrons de Roquepine, & quatre de Nassau.

Ils prenoient le pain à Anthoin. { A Vezon, Vezoncelle, Wames, Bouchnies, Ligne & Ghusignies, deux escadrons de Bourbon, trois de Royal-Allemand, & quatre de Levy.

1692. OCTOBRE.	Idem.	A Wihiere, quatre escadrons de Bellegarde, quatre de Noailles-Duc, deux du Maine & quatre des Cravattes.
	Prenoient du pain à Basecles.	A Peruwelz, quartier général, un escadron des Grenadiers du Roi.

Ordre que les troupes devoient observer dans leurs quartiers, tant pour leur sureté que pour leur subsistance.

L'armée étant cantonnée dans la Châtellenie d'Ath, eut sa droite à Baudour, près de la Haine, & occupoit les villages de Douvrain, Hautrage, Ville & Pomereul, Estambrugge, Quevaucamp, Bliquy, Tourpe, Braffe, Baugnies, Gaurin, Ramecroix & Vaulx sur l'Escaut, où finissoit la gauche.

Les quartiers de Baudour, Douvrain, Hautrage, Pomereul, Harchies & Bernissart, lesquels avoient à leur tête une chaîne de bois, eurent soin de la garnir de postes d'infanterie, qui se communiquoient les uns aux autres, afin d'assurer les chemins d'un quartier à l'autre. Outre cela, le village de Hautrage garnissoit le chemin qui va à Grandglise, Harchies & Bernissart, les chemins qui vont à Blaton & à Peruwelz.

Estambrugge, Grandglise, Blaton & Quevaucamp, garnissoient les bois de leur côté, depuis Blaton, passant par Grandglise, jusqu'à Bellœil, & ceux de Basecles, Wadelencour, Ramilly & Thumaïde, mettoient des postes à Bellœil, & assuroient les bois de ce côté-là; ils envoyoient soixante hommes dans le Château de Moulbay, lesquels avoient ordre de faire rompre les ponts qui étoient sur le ruisseau jusqu'à Ligne.

Les Gardes Françoises & Suisses, qui étoient aux villages d'Ellignies, Tourpe, Bliquy & Aubechies envoyerent trois cens hommes pour la garde du quartier général, qui étoit à Peruwelz; ils mirent aussi une garde au pont de la Catoire, une autre à celui d'Andricourt, & une troisiéme au parc des caissons, qui étoit à Ellignies.

Les quartiers de Bury, Braffe, Briffeuil & Baugnies, mirent un poste à Villaupuis, & un autre à Bary, & garnirent le bois jusqu'à Gaurin & Ramecroix, pour fermer l'enceinte au ruisseau qui tombe dans l'Escaut à Tournay.

Outre ces postes d'infanterie, ceux qui commandoient dans les quartiers eurent ordre de mettre des gardes de cavalerie dans les endroits où ils les crurent nécessaires. Tous les postes d'infanterie & les gardes de cavalerie devoient empêcher les maraudeurs de passer; & la nuit les postes & les gardes qui n'étoient pas dans des lieux fermés, se retiroient à l'entrée de leurs quartiers, faisant aller des partis au quartier de leur droite & à celui de leur gauche.

Il y eut dans chacun un poste pour veiller à sa sureté, & l'on mit une sentinelle au haut du clocher, laquelle y demeura la nuit comme le jour,

jour, & en cas que quelque quartier fût attaqué, elle devoit faire un signal le jour au haut du clocher avec une fumée, & la nuit avec du feu, afin que les quartiers voisins se secourussent, & fussent sur leurs gardes, & chaque quartier appercevant le signal, devoit le répéter. Il y eut trois cens cinquante chevaux & cent cinquante dragons, commandés chaque jour pour se trouver à la tête du village de Bliquy, afin d'être postés dans les endroits nécessaires pour la sureté des quartiers.

En cas que l'armée eût été obligée de prendre un champ de bataille, toute l'aîle gauche de cavalerie devoit se rendre à hauteur du vieux Leeuse & de Tourpe, s'étendant jusqu'à Thumaïde; l'infanterie depuis Thumaïde jusqu'auprès de Quevaucamp, & l'aîle droite, depuis Quevaucamp jusqu'à Blaton & Grandglise.

Pour les postes de Hautrage, Douvrain, & Baudour, en cas d'allarme ils devoient se secourir entr'eux.

Il fut défendu de rompre & de découvrir les maisons, de prendre aucuns meubles ou bestiaux aux paysans, & de les troubler dans leur travail ordinaire, les considérant comme sujets du Roi.

Il fut défendu d'envoyer au fourrage, & si quelque quartier en manquoit, il devoit en avertir, afin qu'on lui indiquât les endroits que l'on voudroit lui donner.

Les quartiers qui formoient la premiere enceinte, furent cantonnés autour du gros du village, & avoient défense de se séparer dans les censes écartées.

Il fut défendu de loger dans les Châteaux, & tous les fourrages qui y étoient devoient être répartis aux quartiers auxquels ils appartenoient.

Il fut réglé que pour éviter toutes disputes dans les quartiers, les Majors feroient huit lots pour un bataillon & pour un escadron, & que des huit lots il en seroit donné cinq à l'escadron, & trois au bataillon.

M. de Rebé & M. de Genlis furent chargés de placer les postes, depuis Baudour jusqu'à Bernissart; M. de Polastron, depuis Blaton, tout le long des bois, passant par Bellœil & Ligne, jusqu'à Leeuse; M. le Duc du Maine & M. de Montrevel, depuis Villaupuis jusqu'à Vaux.

Aussi-tôt que l'armée entra dans ses quartiers, on envoya plusieurs détachemens à la guerre pour être informé des mouvemens de l'ennemi : M. le Chevalier de Nesle fut détaché avec trois cens chevaux pour aller vers Ninove, & M. de Cheladet avec quatre cens vers Enghien; ils devoient l'un & l'autre y rester plusieurs jours, & envoyer des petits partis de différens côtés pour apprendre des nouvelles des Alliés, & veiller à leurs démarches.

Les troupes que les ennemis avoient à Gavre & auprès de Gand, y étoient encore le 10; elles y resterent jusqu'au 14, qui fut le jour où leur infanterie partit de Dronghem pour aller vers Aloft. M. de Belveze, Lieutenant-Colonel, fut aussi-tôt détaché avec trois cens chevaux pour observer sa marche, & pour sçavoir si elle s'arrêteroit sur la Dendre.

Les Anglois ayant quitté le camp de Kasekinskerke, s'étoient embarqués le 12. Le Comte d'Horn avoit fait camper trois mille hommes sous Dixmude, & il y avoit toujours beaucoup d'infanterie à Bruges & dans les environs. Le Comte de Castille étoit pendant ce temps-là à Vavre sur la Dyle, & les Généraux Fleming & Cerclas auprès de Huy. M. de Boufflers campoit à Chiney pour s'opposer aux détachemens qu'ils auroient pu faire contre la frontiere; il étoit aussi dans cette position à portée d'envoyer du secours à M. d'Harcourt, qui s'étoit avancé près de Luxembourg pour observer les troupes qu'il avoit combattu, lesquelles avoient fait quelques mouvemens de ce côté-là. M. de Boufflers croyoit qu'il seroit obligé d'y faire marcher une partie de sa cavalerie; & comme il eût été dangereux de s'affoiblir pendant que les Généraux Fleming & Cerclas pouvoient l'attaquer, il fit venir à Beaumont les vingt escadrons que M. de Gassion commandoit, lesquels étoient destinés à le joindre.

Telle étoit la disposition des troupes Françoises & de celles des Alliés sur la frontiere, pendant qu'on faisoit les préparatifs du bombardement de Charleroy.

Le secret de cette entreprise avoit été divulgué avant que M. de Boufflers eût fait aucun mouvement pour s'approcher de cette place; cet inconvénient n'empêcha pas d'exécuter le projet qu'on avoit formé.

M. de Boufflers arriva le 15 d'Octobre devant la place, avec dix bataillons & quatre-vingt escadrons, & fut joint par onze bataillons que M. de Luxembourg lui envoya; toutes ces troupes furent postées depuis le village de Couillet jusqu'au Mont-sur-Marchienne: on avoit chargé à Namur & à Maubeuge l'artillerie & les munitions pour les transporter par eau: les ennemis auroient pu faire des détachemens pour interrompre la navigation depuis Namur jusqu'à Chastelet; mais ils ne chercherent point à la troubler.

La marche de M. de Boufflers pour s'approcher de Charleroy, faisoit craindre à l'Electeur de Baviere qu'on n'en formât le siege; ce qui le décida à faire marcher les troupes des Alliés à Bruxelles, & à dépêcher plusieurs Couriers au Prince d'Orange, pour l'engager à venir prendre le commandement de l'armée.

DE FLANDRE.

1692.
OCTOBRE.

Les Généraux Fleming & Cerclas s'étoient aussi avancés à Hennuye, & M. de Boufflers avoit avis qu'ils devoient être joints par le Comte de Castille, & marcher ensemble à Genappe.

Pour empêcher l'Electeur de Baviere de troubler le bombardement de Charleroy, le Roi avoit proposé à M. de Luxembourg de faire avancer un corps du côté de Fontaine-l'Evêque, afin de resserrer la place, & de faire avec ses troupes un mouvement vers Nivelle, le Roeux, ou Soignies ; il désiroit aussi qu'on pût battre le Comte de Castille & les Généraux Fleming & Cerclas, s'ils s'avançoient seuls au secours de Charleroy; mais s'ils joignoient l'Electeur de Baviere, le Roi s'en remettoit à la prudence de M. de Luxembourg, & vouloit qu'il se conduisît de façon à ne pas se commettre à un événement.

Les fourrages, depuis Soignies jusqu'à Nivelle, avoient été consommés pendant le séjour que les armées y avoient fait. Cet inconvénient mettoit M. de Luxembourg dans l'impossibilité d'y séjourner.

Si l'Electeur de Baviere s'avançoit sans attendre le Comte de Castille & les Généraux Fleming & Cerclas, M. de Luxembourg avoit dessein de se faire joindre par l'infanterie qui étoit à Espierre, & par toute la cavalerie qui étoit aux lignes, à l'exception de seize escadrons qui devoient y rester sous les ordres de M. de Vatteville, avec les six bataillons qui étoient à Lauve & à Reckem. Cette jonction auroit mis l'armée du Roi en état de faire tête à l'Electeur.

Si les autres Généraux des Alliés eussent entrepris d'agir séparément, M. de Luxembourg auroit cherché l'occasion de les combattre. S'ils eussent pris le parti de joindre l'Electeur de Baviere avant de s'avancer, il se fût appliqué à protéger la retraite de M. de Boufflers.

Pendant qu'on étoit incertain sur le parti que les ennemis prendroient, on commença l'attaque de la basse ville de Charleroy; l'ouverture de la tranchée se fit la nuit du 17 au 18, & on travailla à établir deux batteries de canon, l'une de douze pieces, & l'autre de huit : on fit en même temps deux batteries de mortiers, l'une de douze & l'autre de quatre ; elles tirerent le 19, & elles continuerent le 20 & le 21.

Avant d'arriver devant Charleroy, on avoit cru pouvoir se rendre maître de la basse ville, mais l'inondation empêcha de l'attaquer ; on se contenta d'y jetter deux mille cinq cens bombes, qui mirent le feu à beaucoup de maisons, & qui brûlerent plusieurs magasins de fourrages.

Le 22 l'artillerie & les bagages commencerent à défiler, & le 23 M. de Boufflers se retira ; il alla d'abord à Gerpines, & le 25 il marcha à Valcourt.

Sur la nouvelle que Charleroy étoit attaqué, le Prince d'Orange étoit revenu à Bruxelles le 18, & il étoit décidé à tout risquer pour sauver cette place, si on en formoit le siege ; mais il ne voulut faire aucune démarche pour en troubler le bombardement, & il partit le 20 pour retourner en Hollande.

On avoit donné des projets pour tenir Charleroy bloqué pendant l'hyver ; ils ne furent point approuvés, & ils eussent été dangereux à suivre, parce que les ennemis auroient eu la facilité de rassembler promptement des troupes qu'ils auroient tirées des grosses villes du Brabant, & qui auroient pu battre en détail les quartiers qui auroient formé le blocus.

Le Comte de Castille avoit marché à Bruxelles en même temps que les troupes Françoises s'étoient approchées de Charleroy ; mais les Généraux Fleming & Cerclas étoient restés à Hennuye ; cependant sur des avis que M. de Boufflers avoit eu qu'ils s'étoient avancés à Peruis, & qu'après avoir joint l'Electeur de Baviere auprès de Genappe, ils devoient marcher ensemble sur Charleroy, M. le Duc de Villeroy, qui devoit, avec les troupes qui étoient dans les quartiers de la droite, donner du secours à M. de Boufflers, & protéger sa retraite, avoit marché la nuit du 21 au 22 à la Bussiere, avec huit bataillons & quarante escadrons.

M. de Luxembourg avoit fait partir en même temps la Maison du Roi & trois Régimens de dragons, pour aller camper au grand Quevy ; & comme toutes ces troupes occupoient les quartiers de la droite, celles qui étoient dans les quartiers de la gauche, du côté de l'Escaut, s'étoient approchées de la Haine.

Ces mouvemens auxquels de faux avis avoient donné lieu, n'eurent aucune suite : les ennemis ne différoient à se séparer que pour faire passer un gros convoi à Charleroy ; ils assemblerent une grande quantité de charriots à Bruxelles, & le Comte d'Athlone le conduisit dans la place quelques jours après que M. de Boufflers se fût retiré : les Alliés se séparerent, après avoir pourvu Charleroy, & ils envoyerent beaucoup de troupes à Liége, à Maestricht, & dans les environs ; ils mirent

aussi

aussi de grosses garnisons à Louvain, à Malines & à Bruxelles.

Le Roi avoit donné ordre de séparer les troupes, & de les envoyer dans leurs garnisons, aussi-tôt que M. de Boufflers auroit exécuté le bombardement de Charleroy ; elles défilerent peu de jours après : celles qui devoient hyverner du côté de la mer, étoient restées aux lignes ; elles furent distribuées dans les places, selon l'état que M. de Chevilly avoit envoyé à la Cour, & auquel on ne fit de changement que pour soulager le pays qui auroit été surchargé par une aussi grande quantité de troupes.

Du côté de la Sambre, on occupa Thuin & le Château de la Bussiere ; on travailla à mettre Chastelet en état de recevoir une garnison, & on occupa Beaumont, Valcourt & les Châteaux circonvoisins, afin d'empêcher la garnison de Charleroy de faire des courses dans le Hainaut.

M. de Luxembourg étant retourné à la Cour, M. de Boufflers eut le commandement de toutes les troupes, depuis la Meuse jusqu'à la mer.

Le Roi avoit dessein de faire reprendre Furnes & Dixmude pendant l'hyver, afin d'assurer cette partie de la frontiere contre les entreprises des ennemis ; il avoit été impossible d'exécuter ce projet pendant que les armées étoient en campagne, & on crut devoir profiter de l'hyver pour s'emparer de ces deux places.

Afin de mieux couvrir ce dessein, M. de Guiscard eut ordre d'assembler à Namur un corps considérable de troupes, & de s'avancer du côté de Huy ; ce mouvement avoit pour objet d'attirer toute l'attention des ennemis sur la Meuse, & d'y retenir leurs troupes. M. de Guiscard partit de Namur le 26 Décembre, à l'entrée de la nuit, & le lendemain il arriva devant Huy ; il fit aussi-tôt investir la place, & après avoir fait pendant vingt-quatre heures tout ce qui étoit nécessaire pour persuader aux ennemis qu'il alloit en former le siege, il se retira.

M. de Boufflers ordonna en même temps à M. de Villars, qui commandoit à Tournay, d'y assembler seize bataillons & quarante escadrons, avec lesquels il devoit s'avancer à Courtray,

238 HISTOIRE MILITAIRE

1692.
DECEMBRE.

pendant qu'il feroit marcher quelque cavalerie fur la Dendre pour inquiéter les ennemis.

 L'objet de tous ces mouvemens étant d'empêcher les troupes que les Alliés avoient dans le Brabant & fur la Meufe, de marcher au fecours de Furnes, M. de la Valette inveftit cette place avec quarante-huit bataillons & cinquante efcadrons : ces troupes avoient leurs quartiers d'hyver, les unes dans la Flandre, depuis la Lys jufqu'à la mer, les autres dans l'Artois & dans le Boulonnois ; la plus grande partie arriva le 28 de Décembre devant Furnes : M. de Boufflers s'y rendit le même jour, & prit fon quartier à Oft-Dunkerque, entre cette place & Nieuport; le lendemain on s'empara d'une redoute appellée la redoute de Vulpen, & les jours fuivans furent employés à établir les communications des quartiers, à occuper les différens poftes par où l'Electeur de Baviere pouvoit fecourir la place, & à faire venir l'artillerie, les munitions, & les pionniers dont on avoit befoin.

1693.
JANVIER.

 L'Electeur de Baviere étoit arrivé le 2 de Janvier à Nieuport, & y avoit fait avancer des détachemens qu'il avoit tirés d'Aloft, de Dendermonde, de Gand, de Bruges & des autres villes voifines de la mer ; ces mouvemens avoient décidé M. de Boufflers à faire venir M. de Villars devant Furnes avec douze bataillons & trente-deux efcadrons, & à lui ordonner de laiffer M. de Vendeuil fur la Lys avec quatre bataillons & huit efcadrons pour affurer les lignes ; l'Electeur de Baviere trouvant de l'impoffibilité à fecourir la place, renvoya fes troupes dans leurs garnifons.

 Les pluies avoient rendu pendant quelques jours les chemins impraticables, & avoient empêché de commencer les attaques ; cependant le 5 de Janvier la tranchée ayant été ouverte du côté des Dunes, & près du canal qui va de Dunkerque à Furnes, le 6 au foir le Comte d'Horn, qui commandoit dans la place, demanda à capituler : la garnifon, forte d'environ deux mille cinq cens hommes, en fortit le lendemain avec tous les honneurs de la guerre, & fut conduite à Nieuport.

 Après la prife de Furnes, il étoit impoffible aux ennemis de

DE FLANDRE. 239

conferver Dixmude : M. de Boufflers apprit qu'ils l'avoient abandonné deux jours après que Furnes eut capitulé ; il y envoya un détachement le 10, & après avoir pourvu à la fureté de ces deux places, il fépara fon armée ; il en fit marcher une partie fous Dunkerque, & l'autre fur la Lys, & le 12 toutes les troupes retournerent dans leurs garnifons, où elles refterent tranquilles jufqu'à l'ouverture de la campagne fuivante.

1693.
JANVIER

Cette Médaille repréfente les Fleuves de la Sambre et de la Meufe, dont les eaux se mêlent au pied d'un Rocher qui porte un Cippe. Les Drapeaux des Confédérés font autour du Cippe, fur lequel il y a une Victoire. La Légende, NAMURCUM CAPTUM, fignifie, prife de Namur. L'Exergue, SUB OCULIS HISPANORUM, ANGLORUM, GERMANORUM, BATAVORUM CENTUM MILLIUM M.DC.XCII. à la vue de cent mille Hollandois, Anglois, Allemands ou Espagnols. 1692.

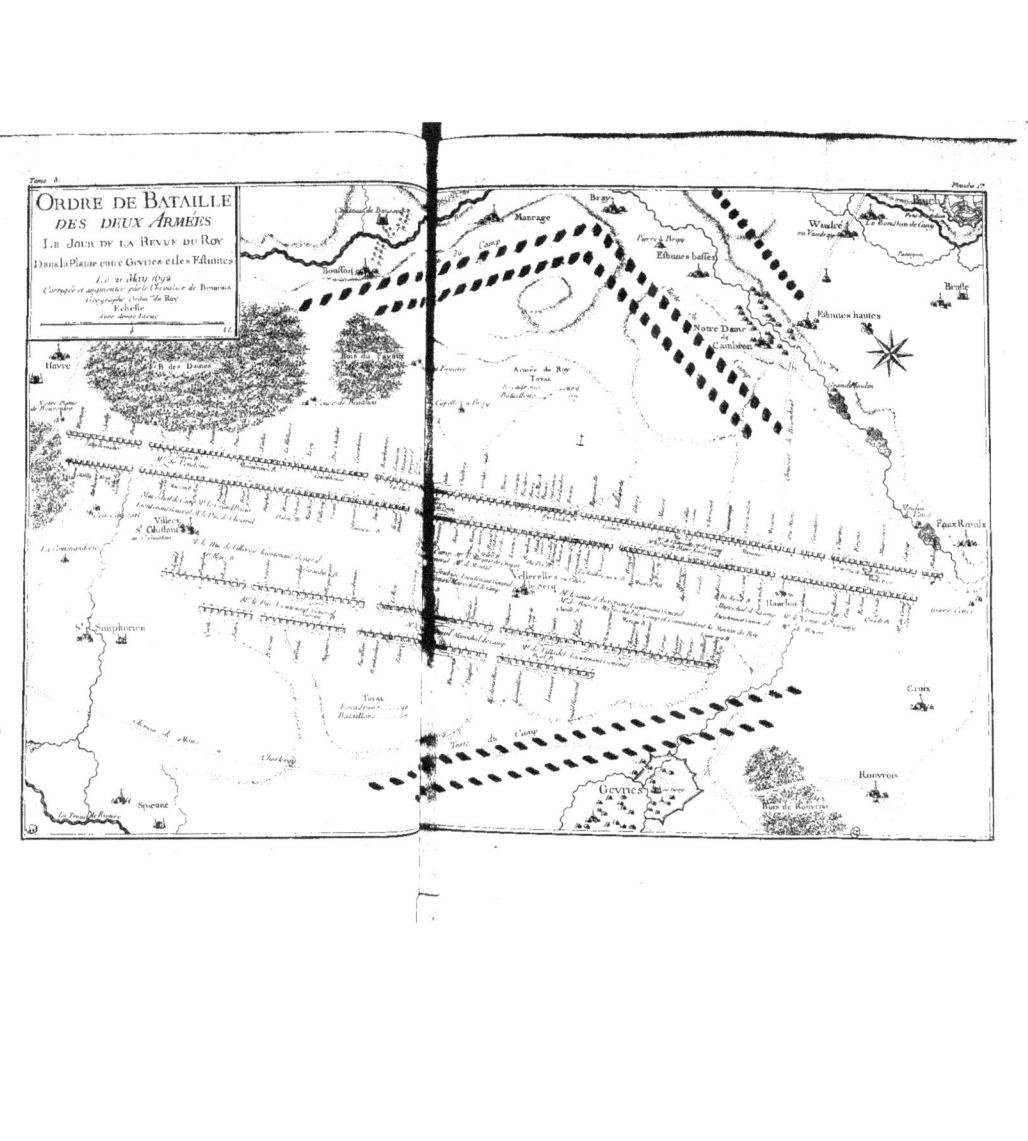

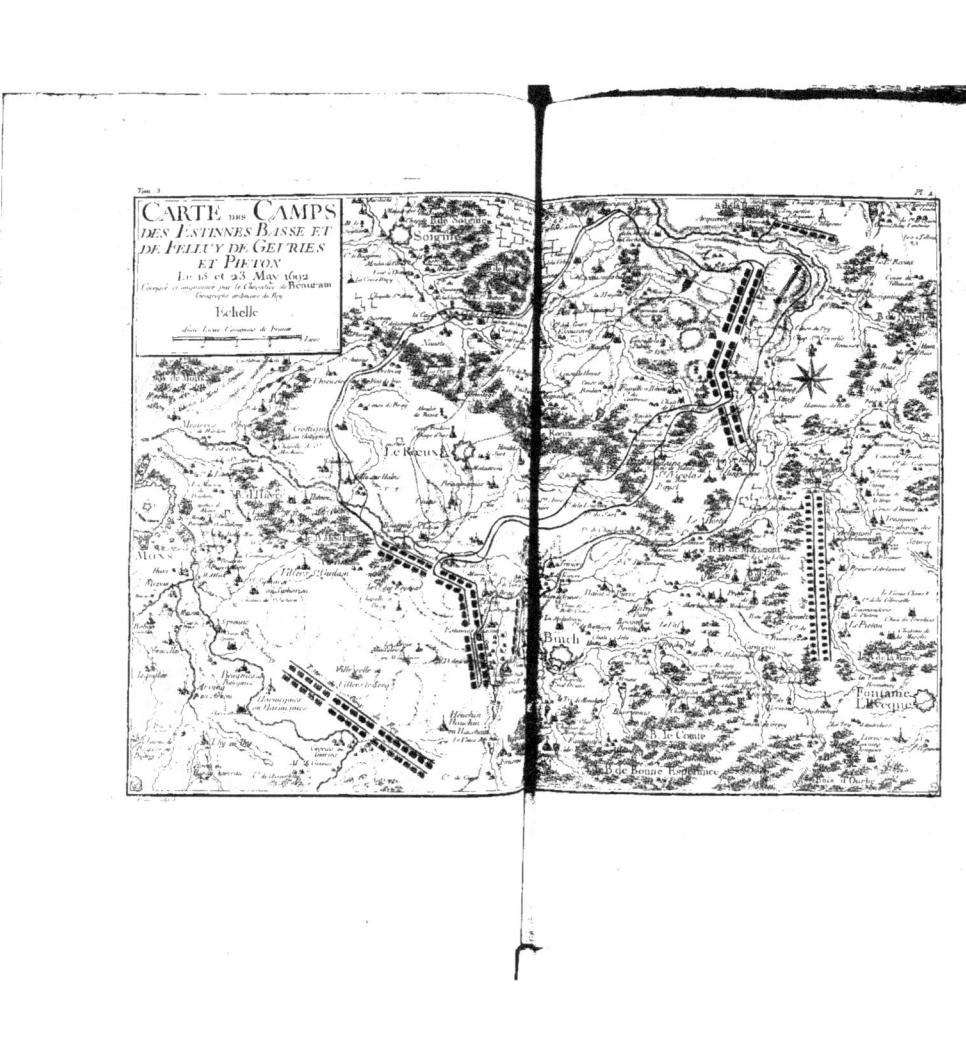

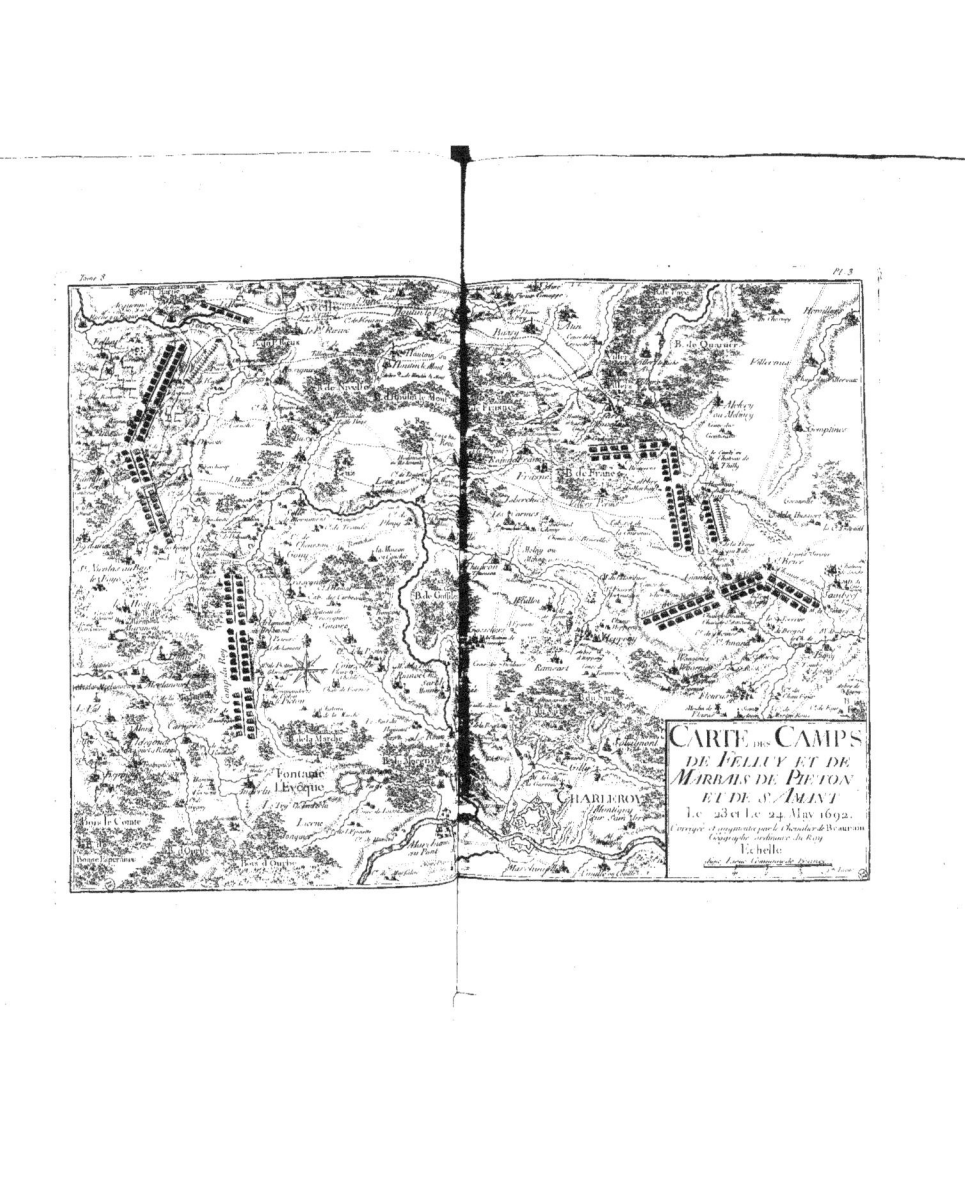

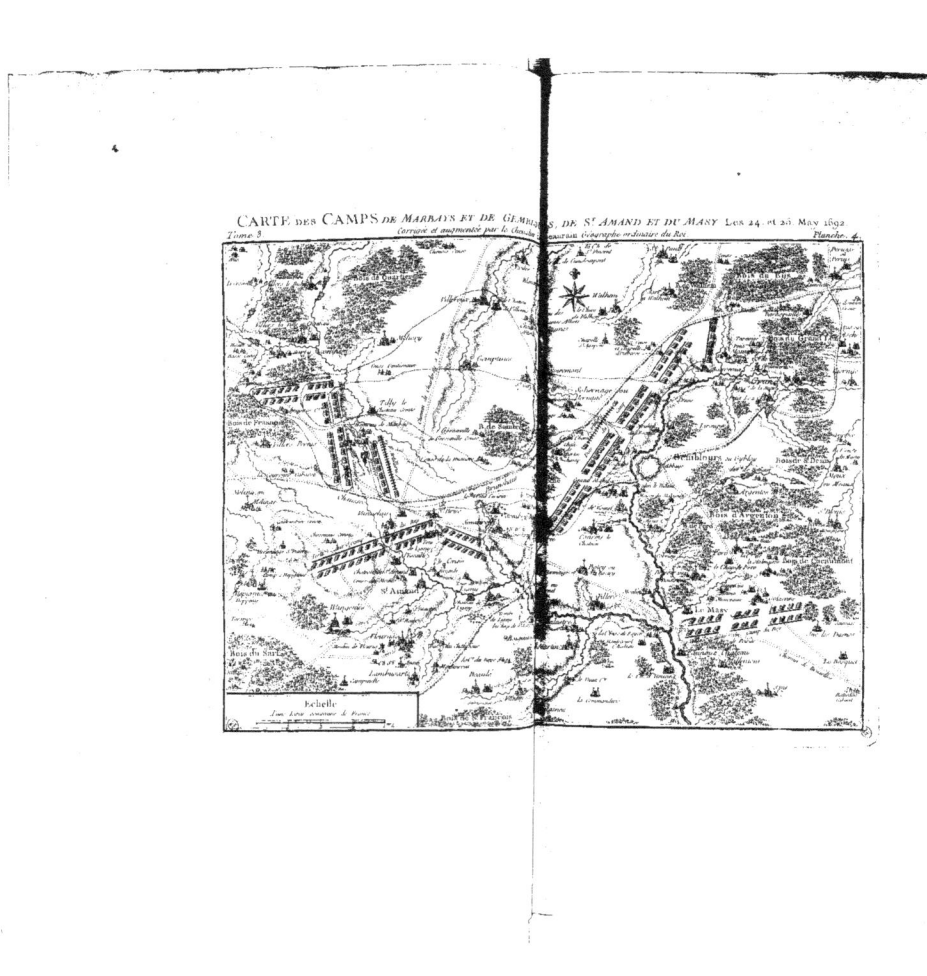

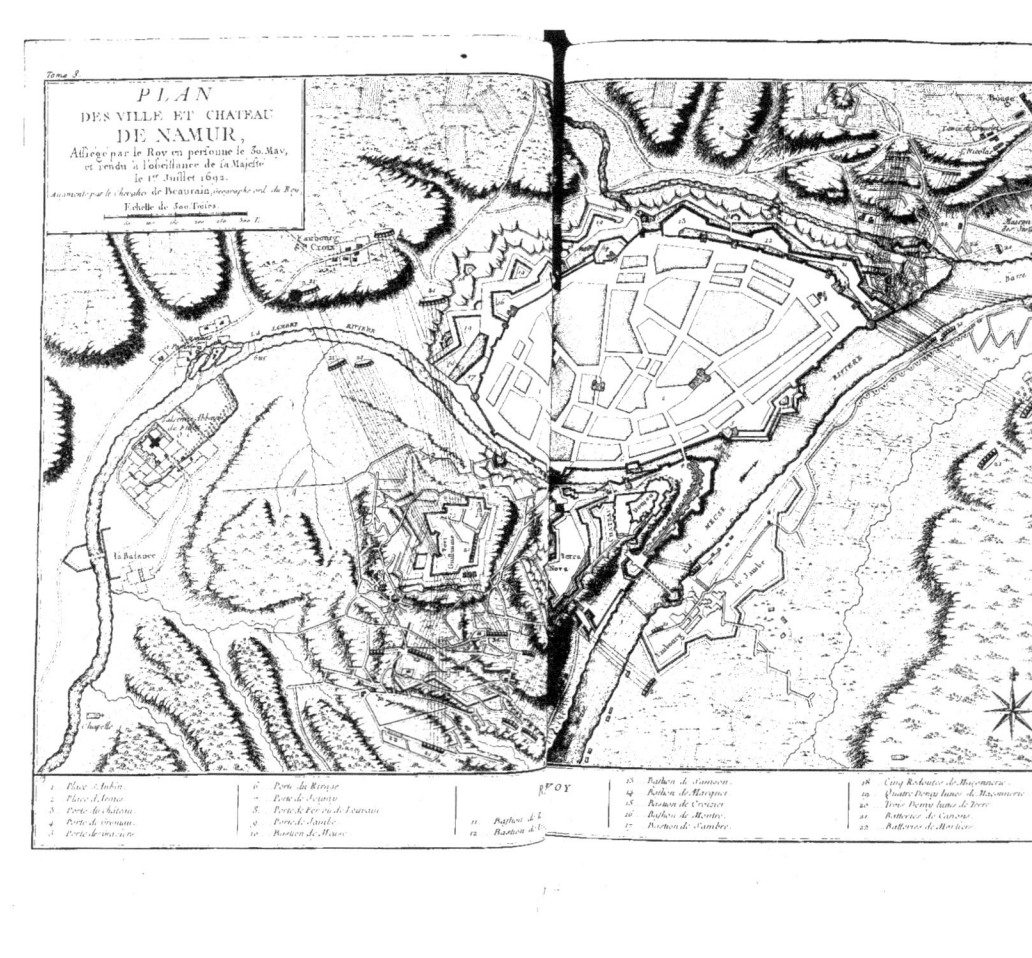

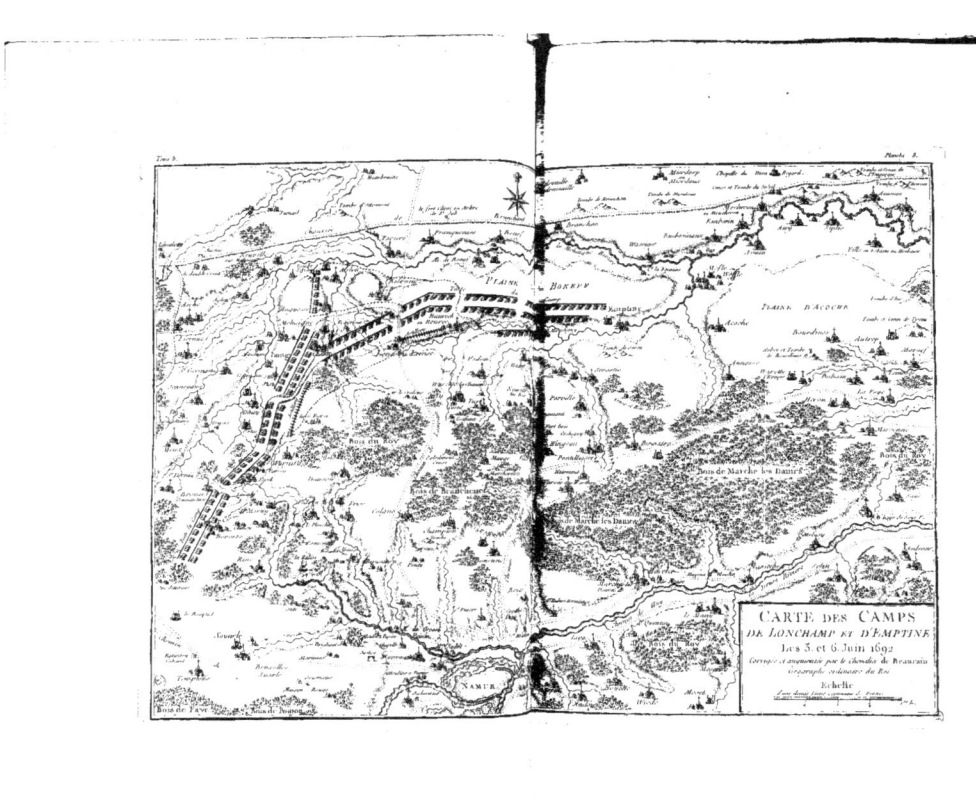

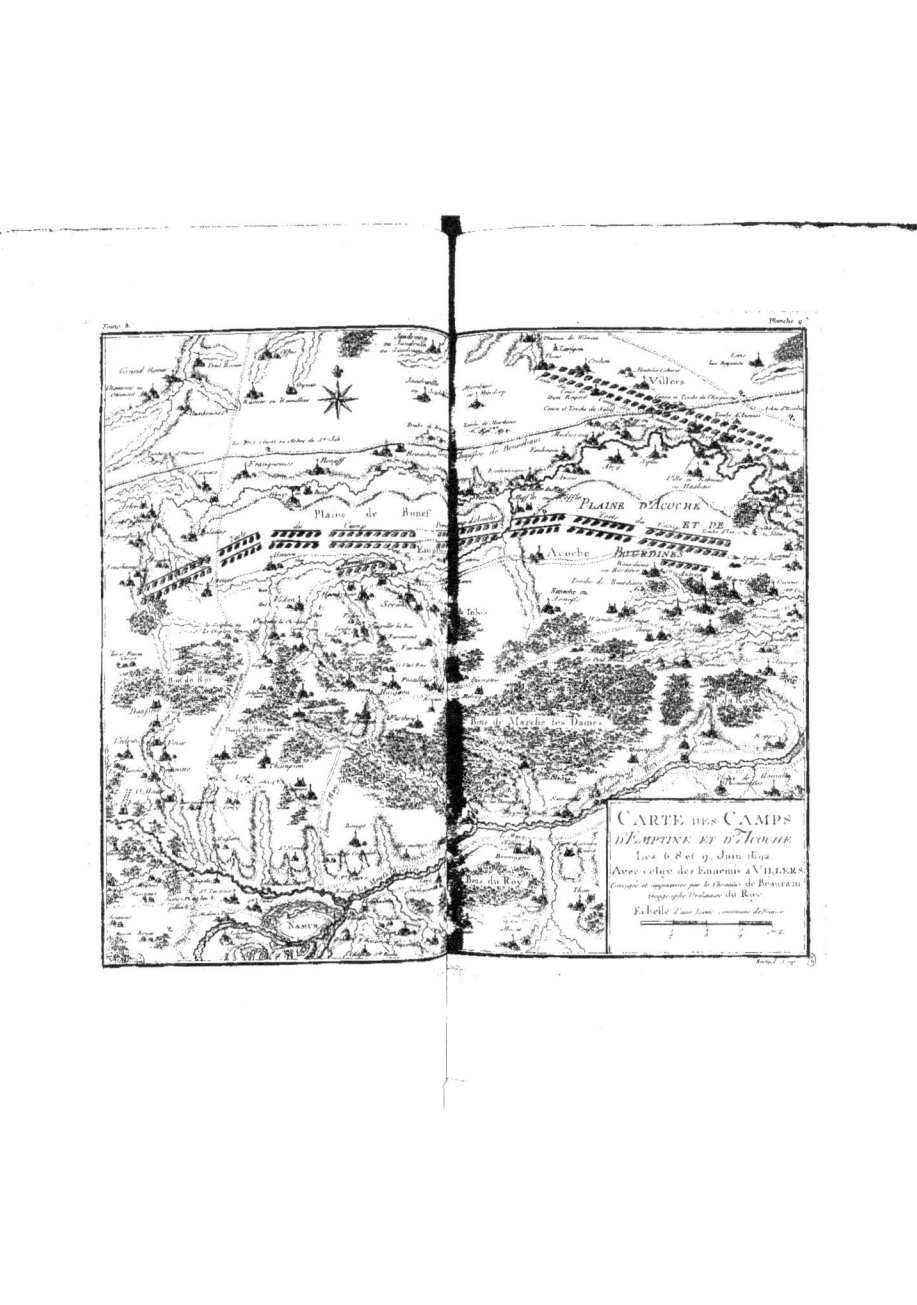

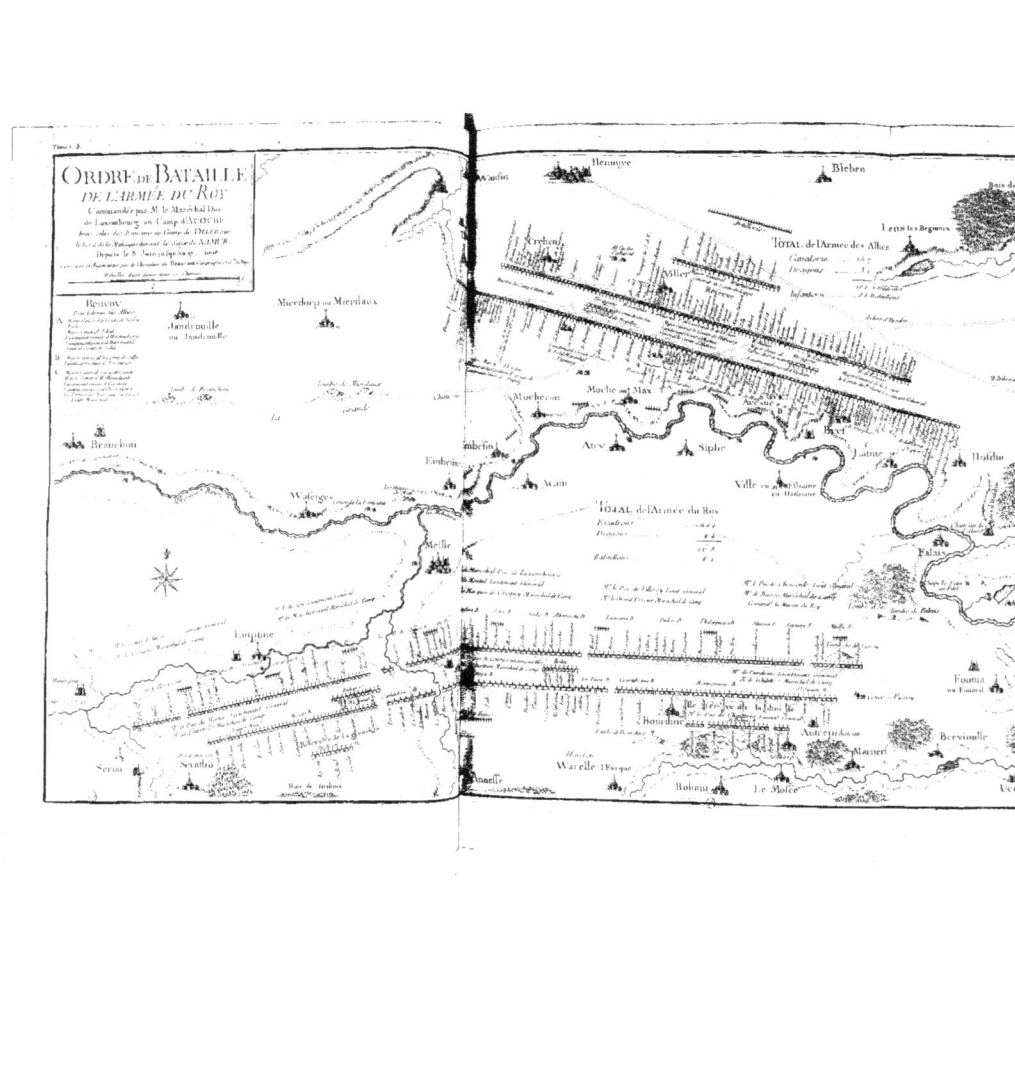

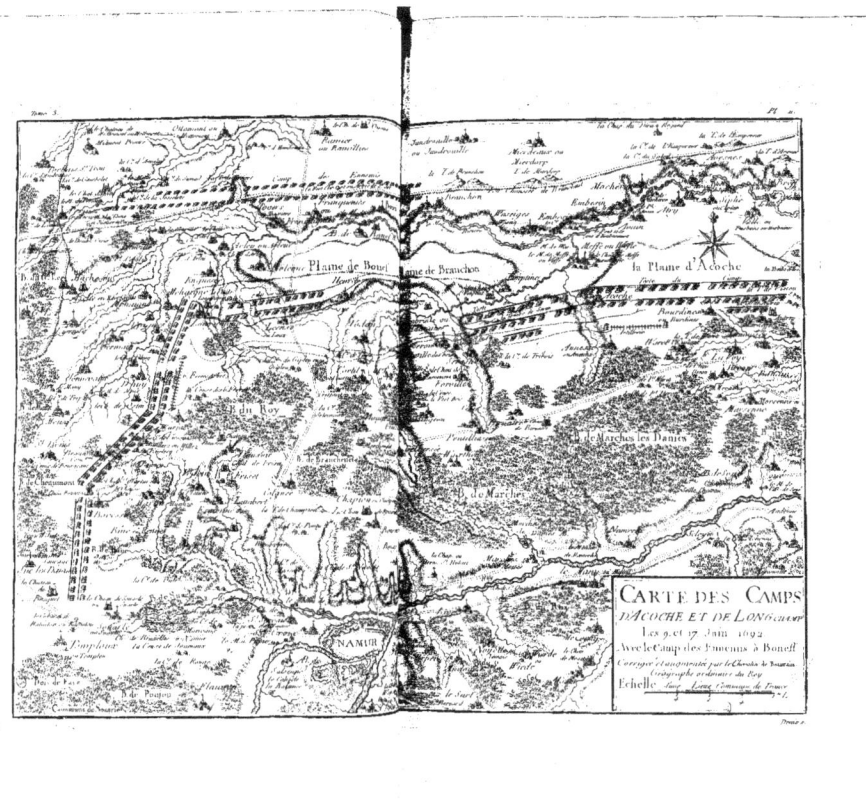

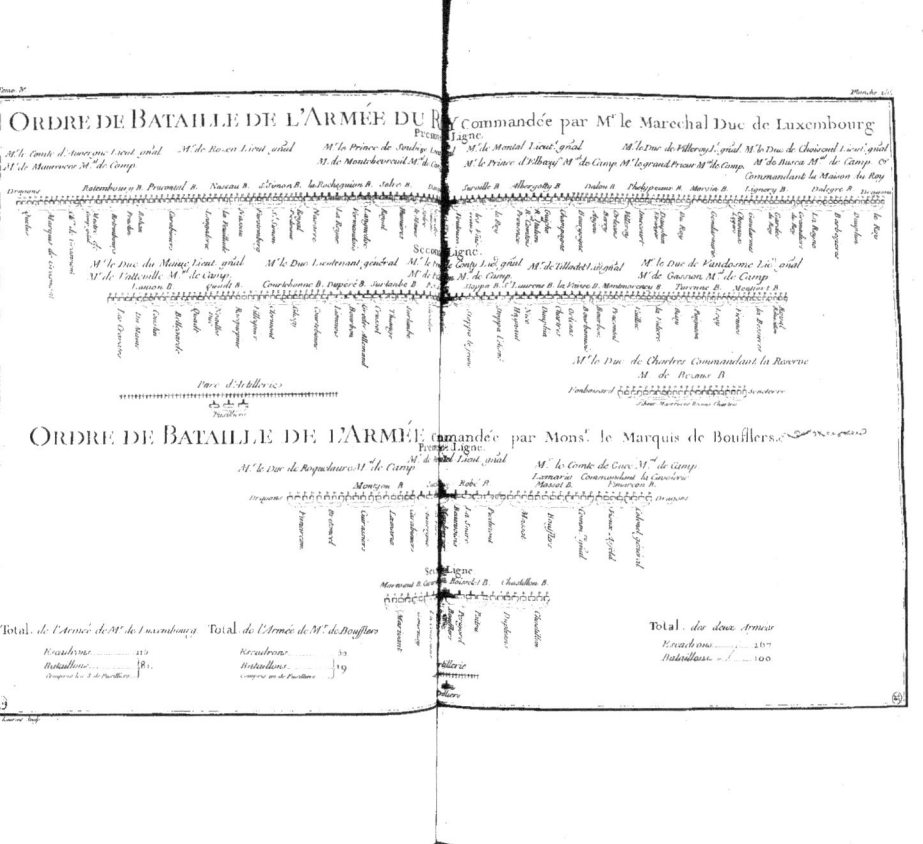

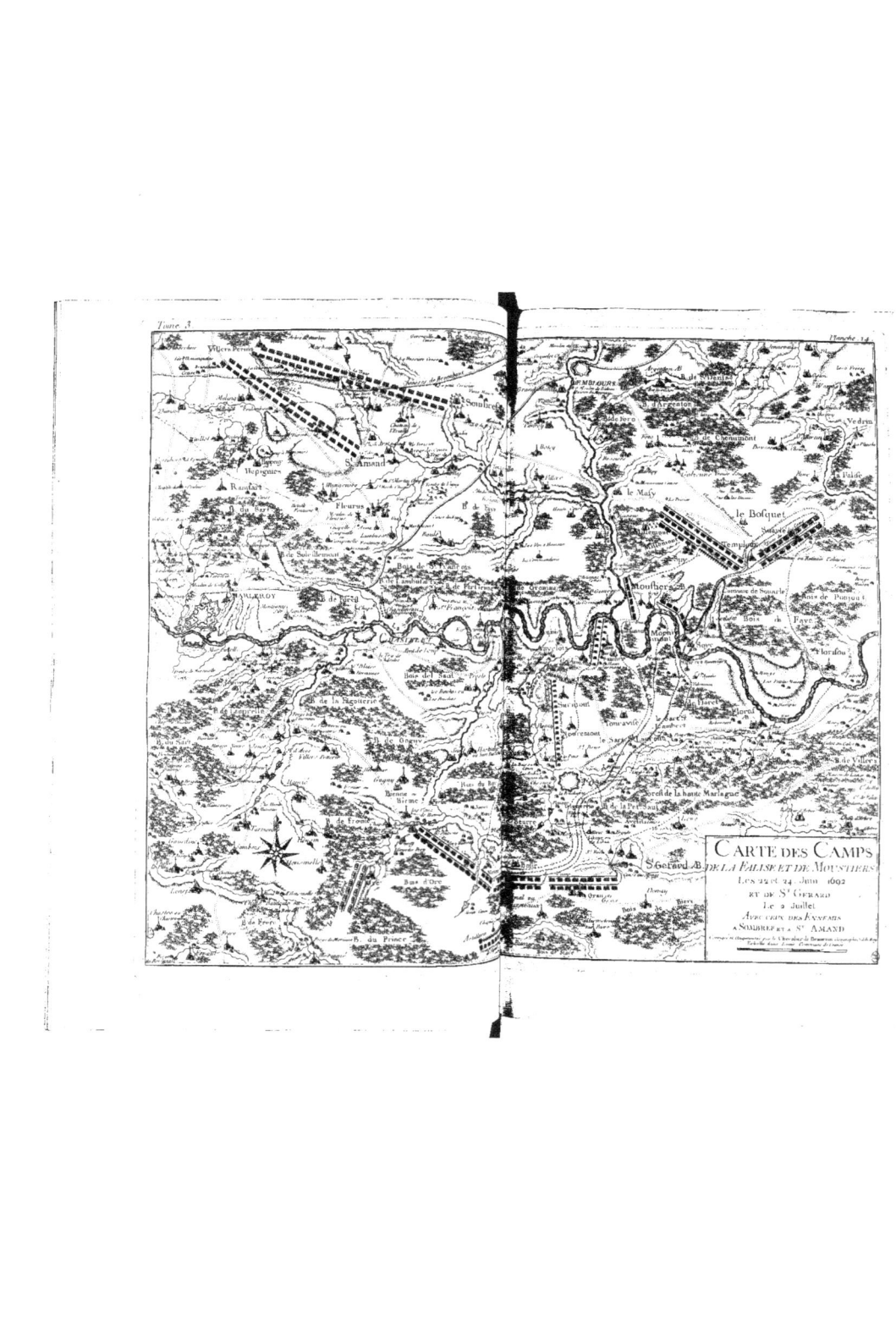

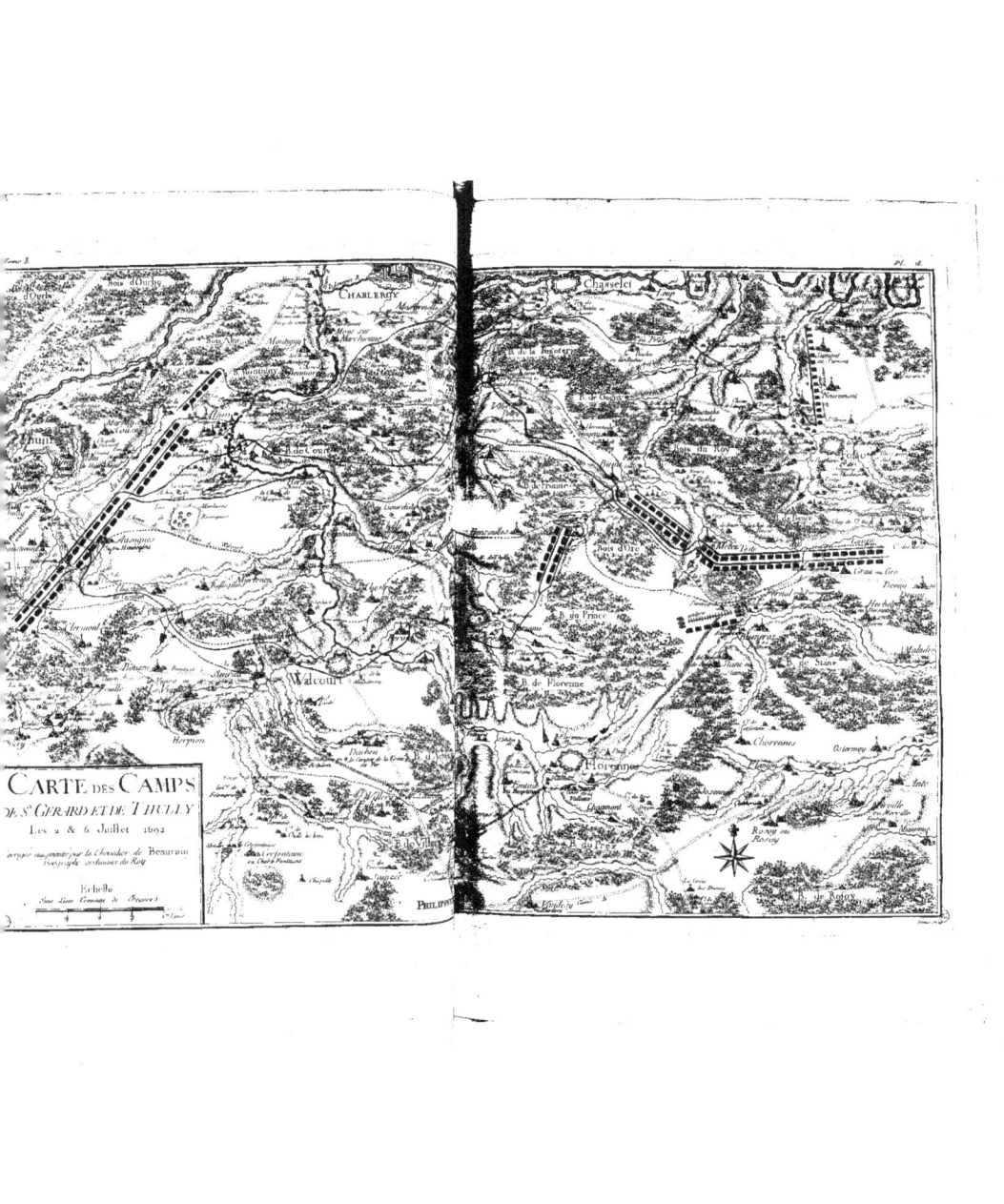

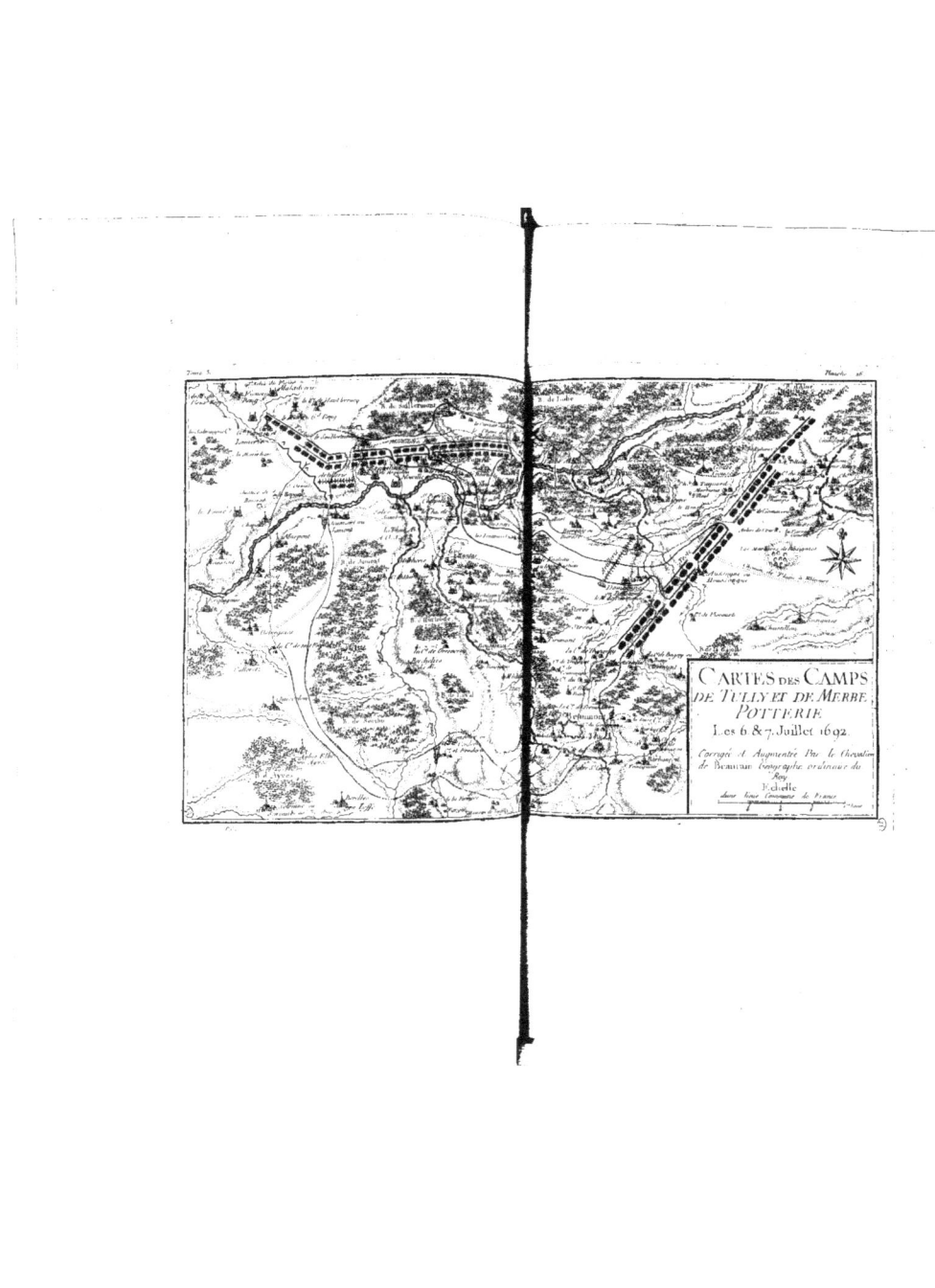

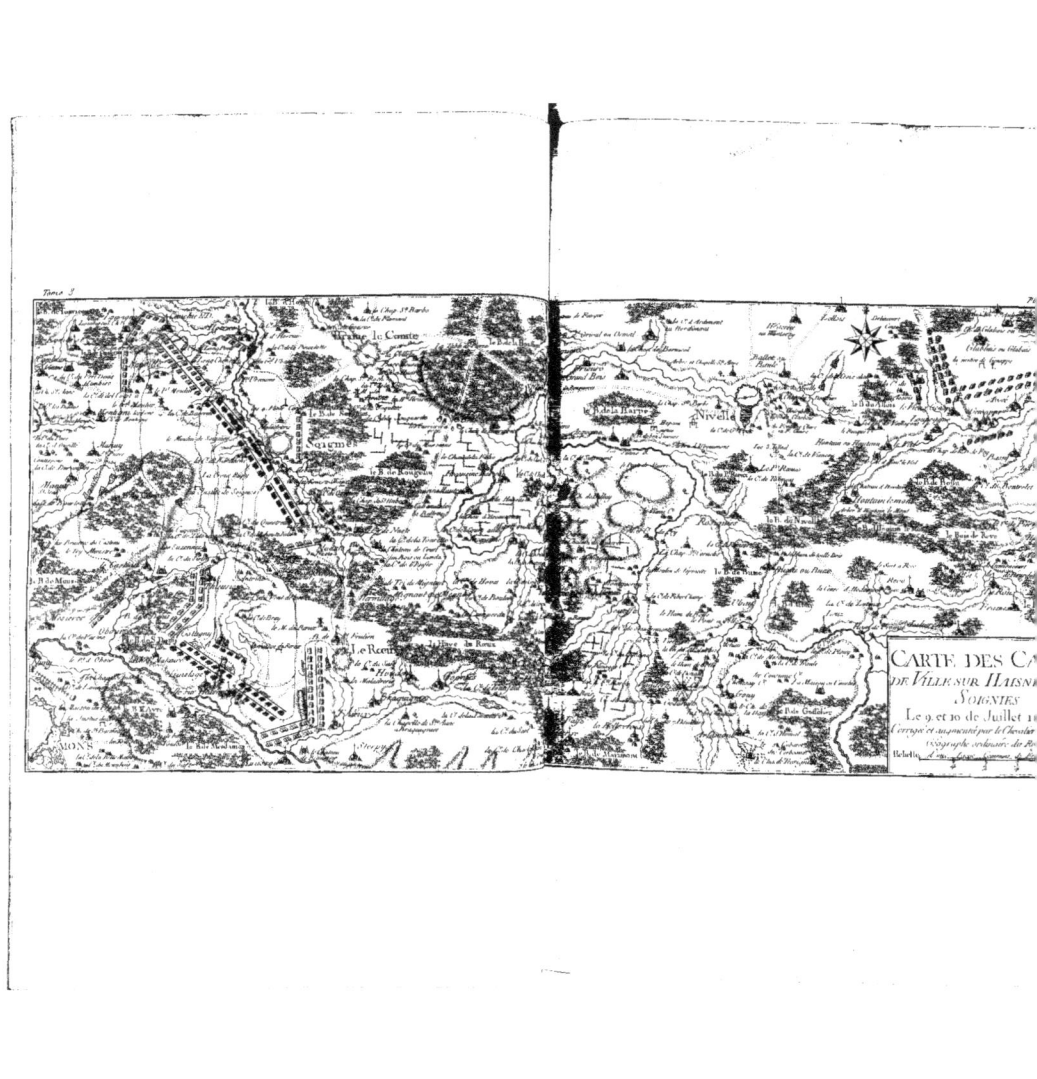

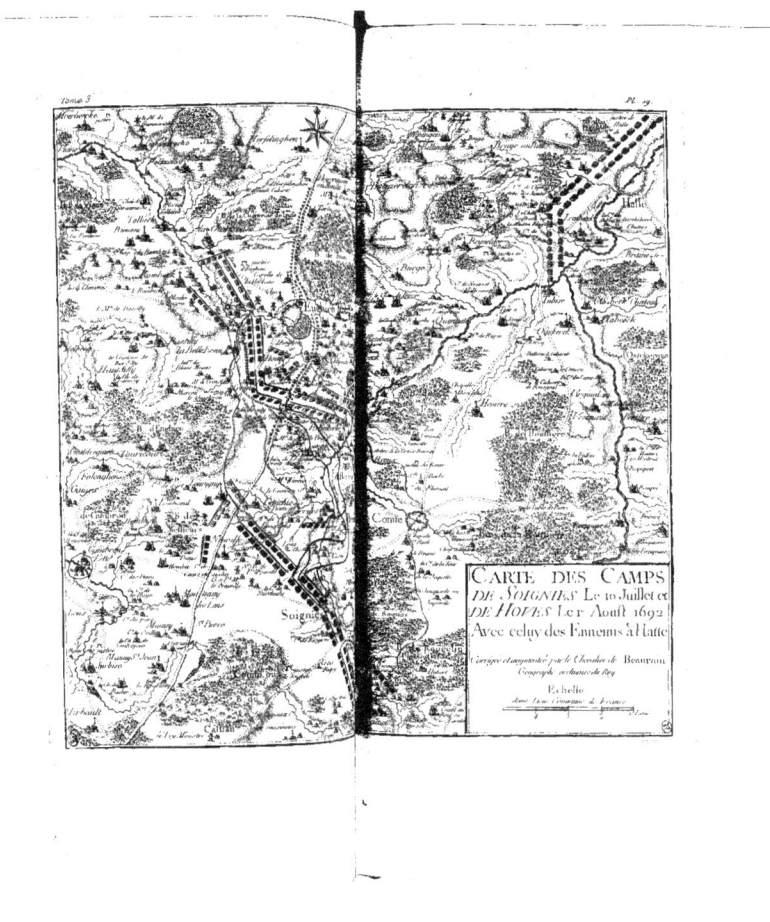

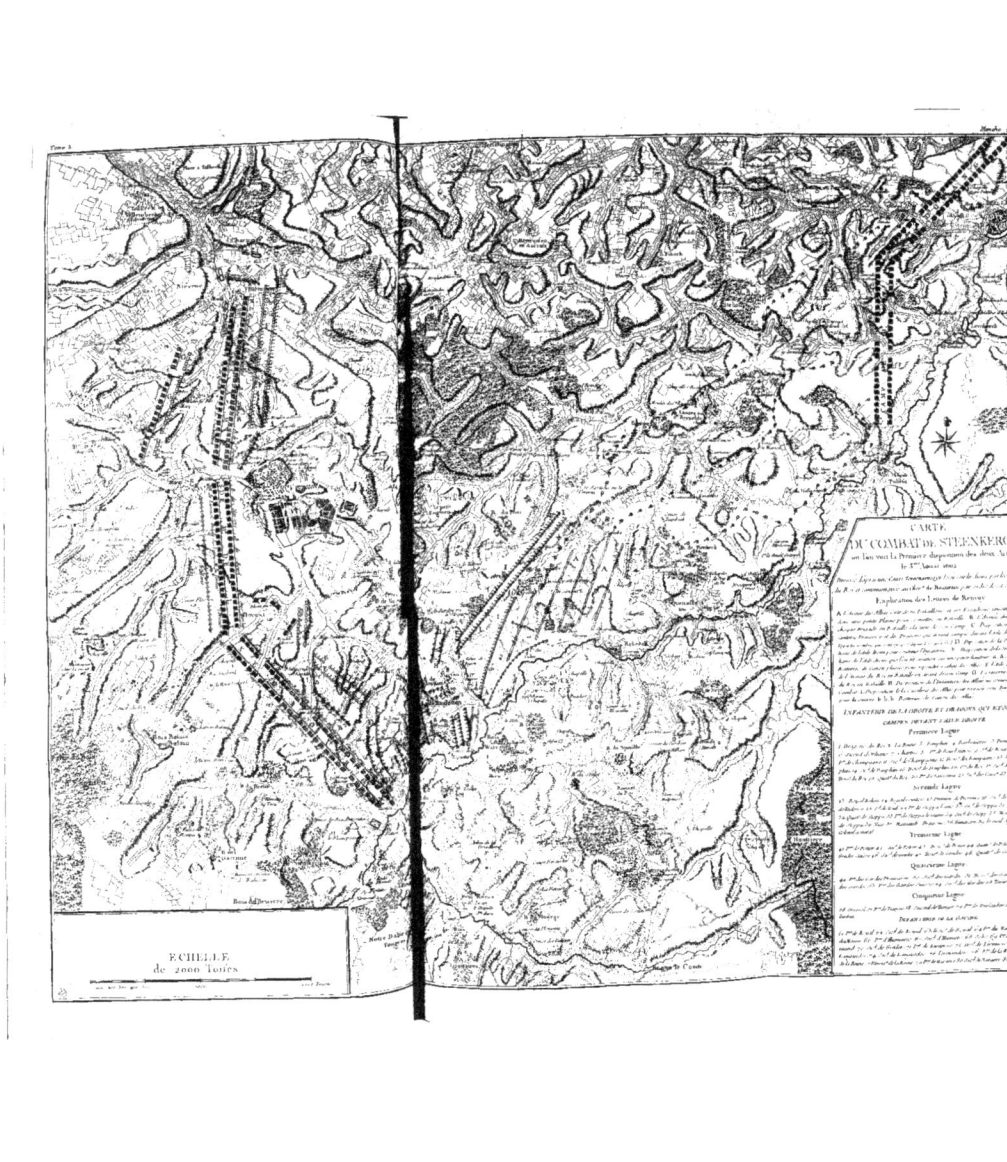

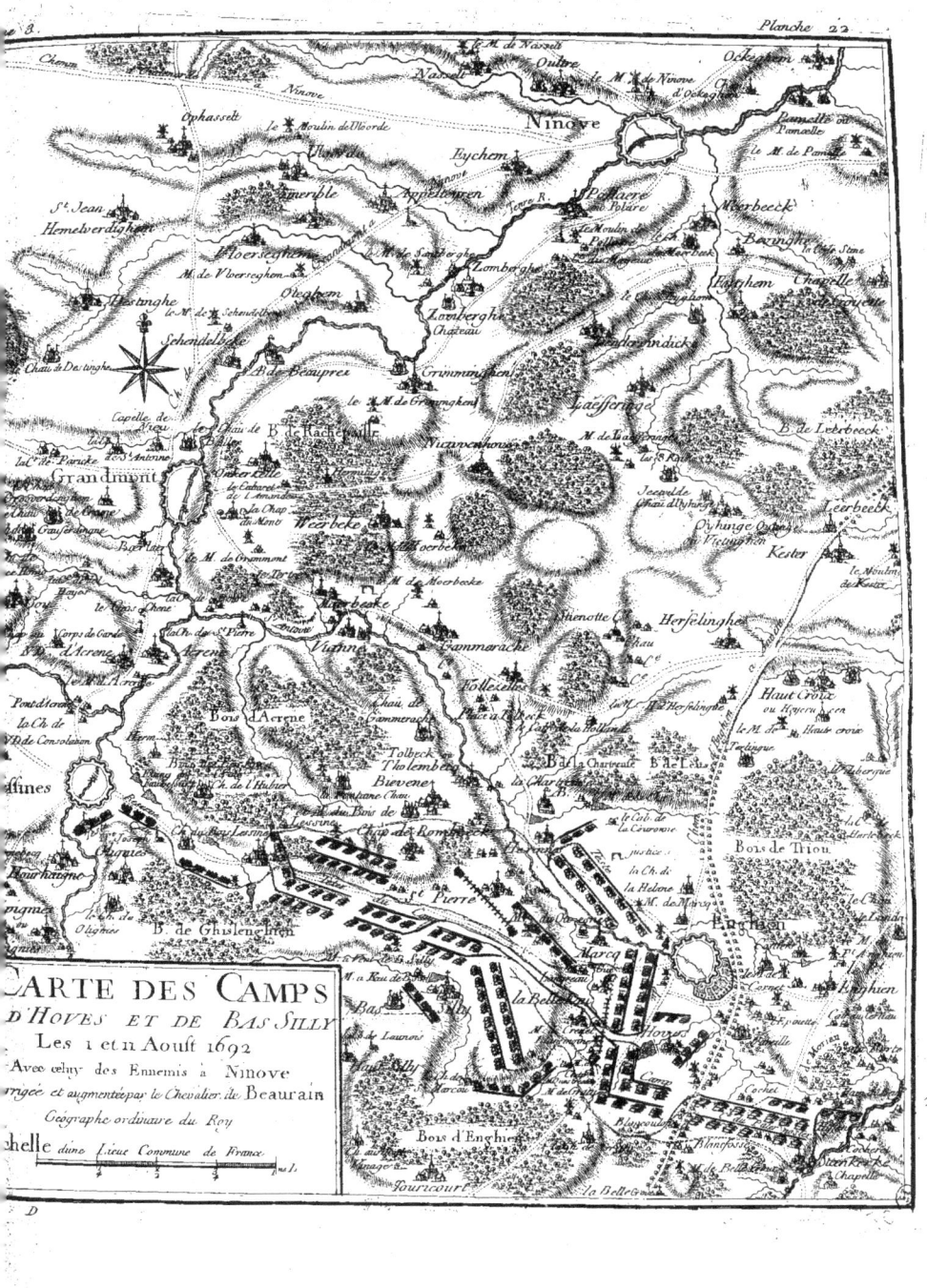

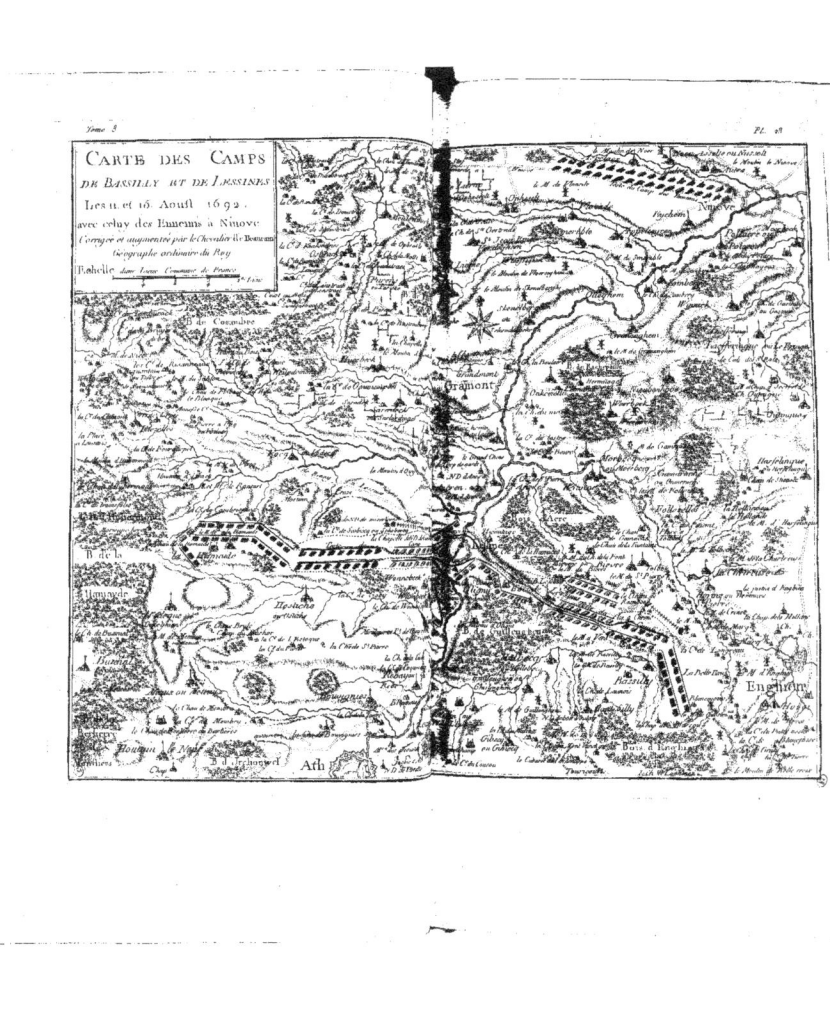

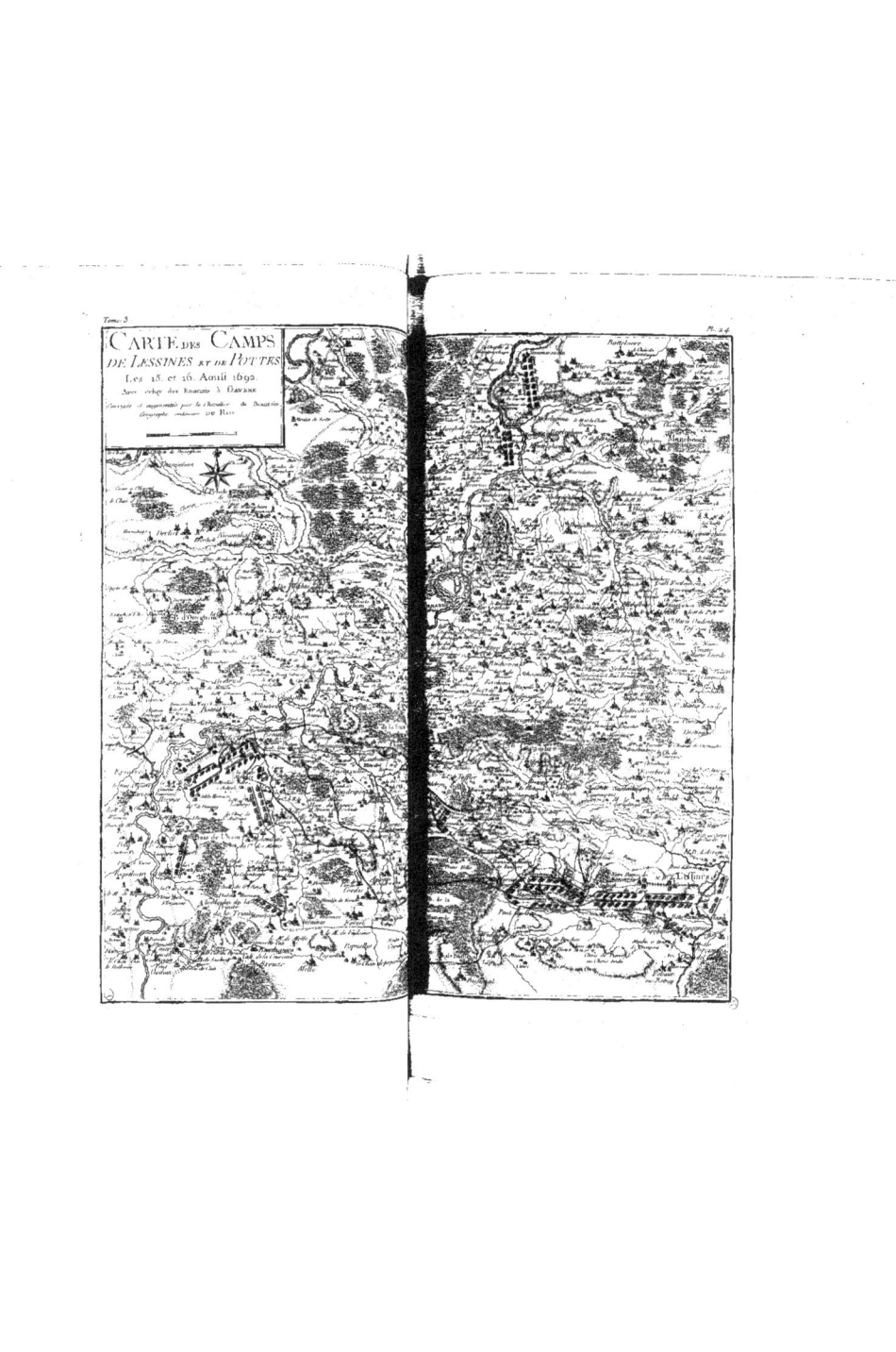

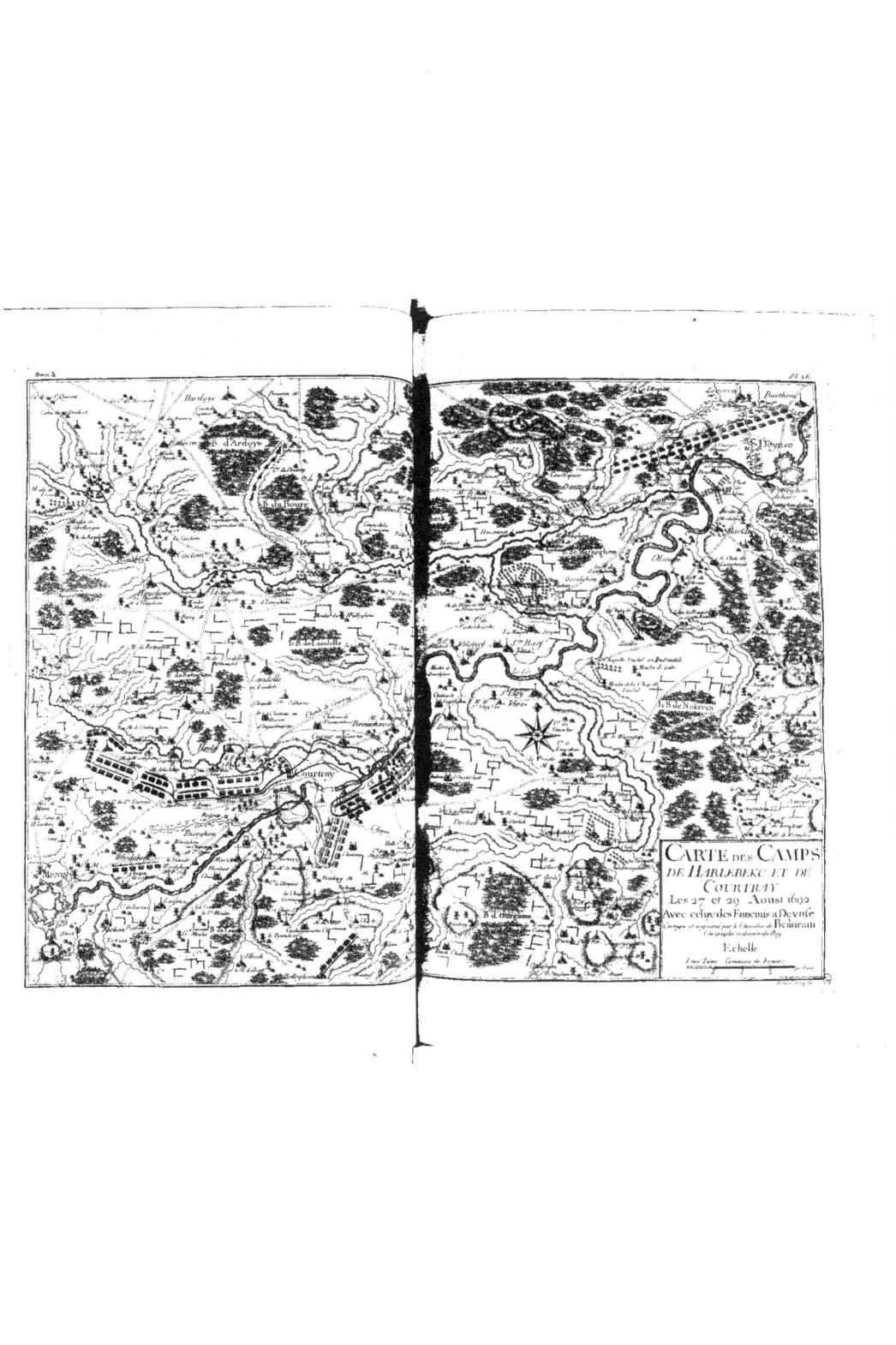

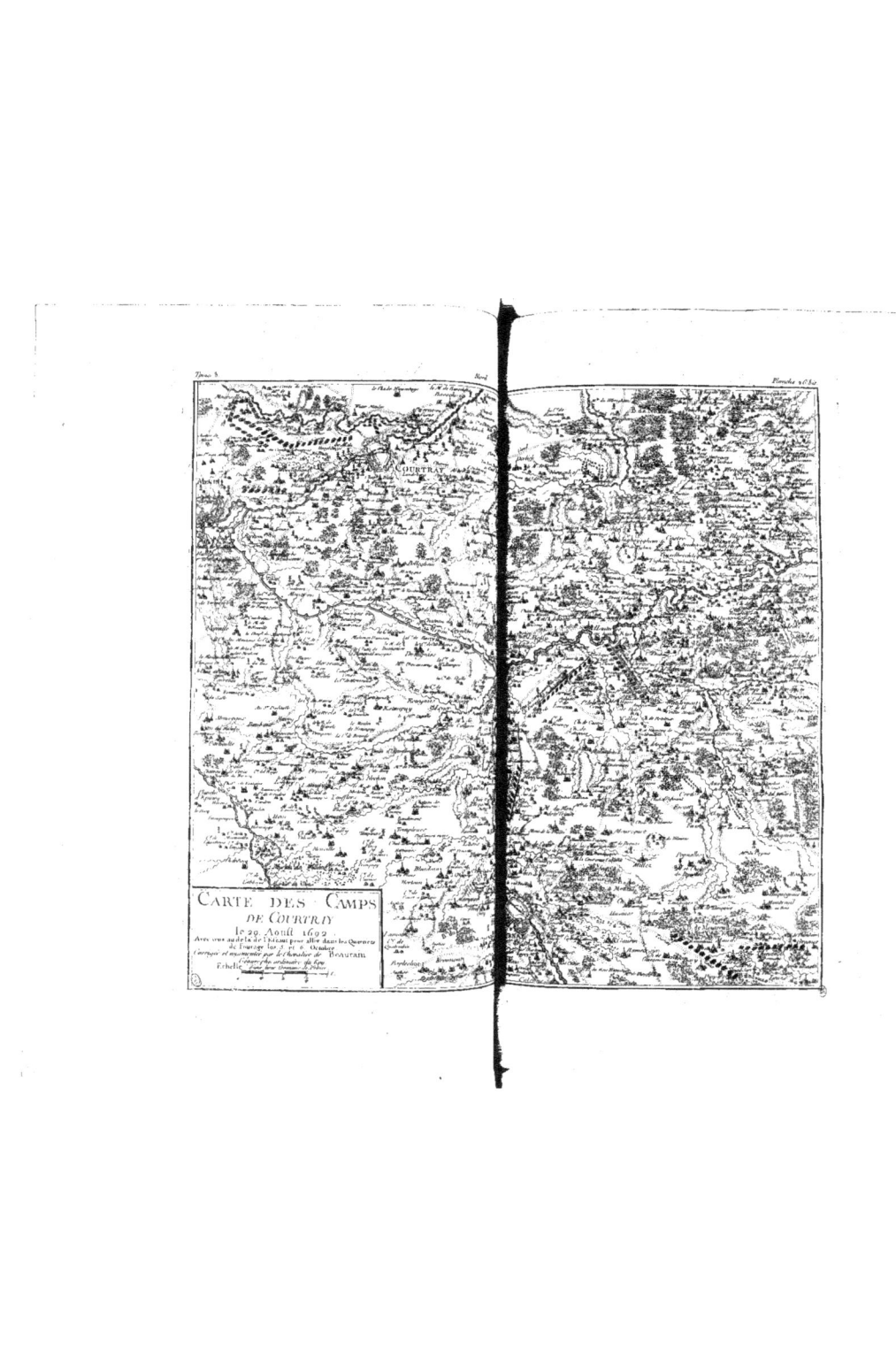

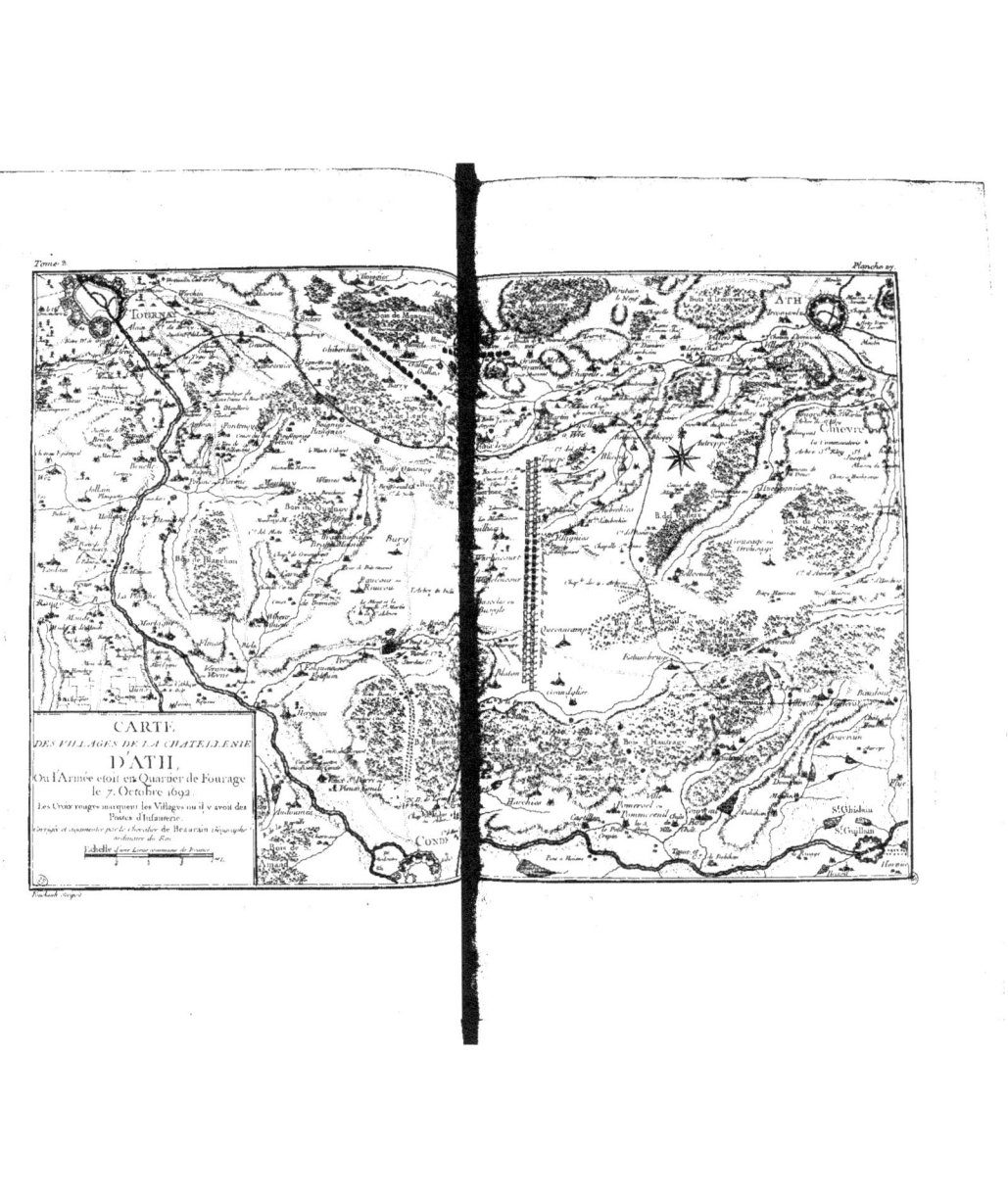

HISTOIRE MILITAIRE
DE FLANDRE,

Depuis l'année 1690. jufqu'en 1694.
inclufivement;

QUI COMPREND LE DETAIL DES MARCHES,
*Campemens, Batailles, Siéges & Mouvemens des Armées du
Roi & de celles des Alliés pendant ces cinq Campagnes.*

DÉDIÉE ET PRÉSENTÉE AU ROI,

Par le Chevalier DE BEAURAIN, Géographe ordinaire du ROI, & ci-devant
de l'éducation de Monfeigneur le DAUPHIN.

CAMPAGNE DE 1693.

A PARIS,

Chez { Le Chevalier DE BEAURAIN, Géographe ordinaire du Roi, rue Pavée,
la premiere porte à gauche, en entrant par le Quai des Auguftins.
CH. NIC. POIRION, Libraire, rue Saint Jacques, à l'Empereur.
CH. ANT. JOMBERT, Imprimeur-Libraire du Roi en fon Artillerie, rue
Dauphine, à l'Image Notre-Dame.

M. DCC. LV.
AVEC APPROBATION ET PRIVILEGE DU ROI.

HISTOIRE MILITAIRE
DE FLANDRE,
EN L'ANNÉE M. DC. XCIII.

LEs forces confidérables que les Alliés avoient raffemblées en Flandre pendant le fiege de Namur, avoient empêché Louis XIV de fuivre en 1692 l'exécution des projets qu'il avoit formés contre les Pays-Bas ; le Roi, qui n'avoit d'autres vues dans fes entreprifes contre la Flandre, que de défunir les Alliés & de les amener à la paix, fe propofa en 1693 d'y affembler une forte armée, & d'y étendre fes conquêtes.

1693.

Sa Majefté avoit ordonné à la fin de la campagne précédente la levée de douze nouveaux Régimens d'infanterie, chacun d'un bataillon : elle manda pendant l'hyver à M. de Vigny de faire remettre en état, tant fur l'Efcaut, que fur la Meufe, un équipage d'artillerie de cent cinquante pieces de canon, & de foixante mortiers ou pierriers, & elle donna ordre en même temps de faire de gros approvifionnemens de vivres, depuis Tournay jufqu'à Namur.

Le Roi avoit fait au mois de Mars 1693, une création de fept Maréchaux de France, qui étoient MM. de Choifeuil, de Villeroy, de Joyeufe, de Boufflers, de Tourville, de Noailles & de Catinat : Sa Majefté voulant auffi récompenfer le zéle, le courage, & l'ancienneté des fervices des Officiers dans les différens grades & emplois de la guerre, inftitua l'Ordre Militaire de Saint-Louis.

Ppp

Les projets que le Roi avoit formé contre les Pays-Bas n'avoient pour objet ni l'attaque des places que les ennemis avoient du côté de la mer, ni la conquête des principales villes du Brabant; soit qu'on n'espérât pas pouvoir s'emparer des places maritimes, soit qu'en les attaquant on craignît d'établir le théâtre de la guerre dans un pays coupé & couvert, où la cavalerie ne pourroit décider des événemens, le Roi résolut de faire agir ses troupes ailleurs que du côté de la mer.

Si au commencement de la campagne de 1692, on eût préféré au siege de Namur l'attaque des grosses villes du Brabant, on auroit pu s'en rendre maître, pourvu qu'on eût pris ses mesures pour faire subsister la cavalerie devant Bruxelles, depuis le 29 d'Avril jusqu'au temps où elle peut trouver des fourrages verds.

L'éloignement d'une partie des troupes ennemies, qui avoient leurs quartiers d'hyver en Hollande, sur le bas-Rhin, & même au-delà, donnoit alors la facilité d'investir cette place, de se poster avantageusement, pour empêcher les secours, & de faire venir de Mons à Bruxelles les munitions de guerre, & tout ce qui étoit nécessaire pour la subsistance des troupes pendant le siege. Mais la précaution que les Alliés avoient prise après la campagne de 1692, de mettre de fortes garnisons dans les principales villes du Brabant, & de distribuer leurs quartiers de façon à pouvoir les rassembler promptement, rendoit en 1693 cette entreprise fort difficile.

En renonçant à l'attaque de Bruxelles & des villes maritimes, il ne restoit d'autre parti à prendre que celui de s'avancer sur la Meuse. La perte des places situées sur cette riviere intéressoit particulierement les Hollandois & les Princes qui ont leurs Etats situés entre la Meuse & le Rhin. La crainte de voir leur pays devenir le théâtre de la guerre, pouvoit les déterminer à la paix; ce motif & le désir que le Roi avoit de faire la guerre dans un pays ouvert, où sa cavalerie auroit beaucoup de part aux événemens, le déciderent à faire agir ses troupes contre cette partie des Pays-Bas. Ce projet sembloit encore fondé sur l'état où étoit la frontiere, depuis la Meuse jusqu'au Rhin: Luxembourg & Mont-Royal étoient à la France, & donnoient de la facilité pour faire une diversion sur la Moselle; on pouvoit même, en augmentant le corps qui seroit sur cette riviere, mettre les troupes de l'Empire dans la nécessité de quitter la Flandre pour couvrir leur pays.

DE FLANDRE.

1693

Les mouvemens que les troupes Françoises feroient sur la Meuse devoient attirer le Prince d'Orange sur cette riviere; ce Prince s'étoit engagé auprès des Alliés à défendre Liége & à garantir cette ville contre les efforts que le Roi voudroit faire pour s'en emparer; ce fut une raison de plus pour s'attacher à cette conquête, parce que la prise de cette place, qui couvroit celles que les Hollandois avoient sur la Meuse, feroit perdre au Prince d'Orange la confiance que les Alliés avoient en lui, & que cet événement, qui pouvoit les désunir, feroit un acheminement à la paix.

Pendant que le Roi s'occupoit des moyens de faire de grands efforts en Flandre, Sa Majesté avoit à soutenir la guerre sur mer & sur les autres frontieres du Royaume, & elle étoit obligée de pourvoir à la défense des côtes: les finances étoient épuisées par les dépenses des années précédentes; les ressources d'argent & les recrues pour les troupes étoient devenues difficiles: cependant on forma une armée dans le Roussillon sous les ordres du Maréchal de Noailles, une autre en Piémont, qui fut commandée par le Maréchal de Catinat, & une troisiéme en Allemagne, qui fut confiée au Maréchal de Lorge: on travailla à à rétablir la flotte du Roi, afin d'être en état, ou de faire tête aux ennemis, s'ils cherchoient à faire une descente en France, ou de troubler leur navigation & leur commerce. Comme le Prince d'Orange paroissoit dans le dessein de faire quelque tentative contre les côtes, Monsieur alla y commander, ayant sous ses ordres les Maréchaux d'Humieres & de Bellefonds: il avoit en Normandie & en Bretagne, qui étoient les deux Provinces les plus menacées, onze bataillons de troupes réglées & quelques Régimens de dragons, & on y fit assembler le ban & l'arriere-ban.

Outre les dispositions générales qui regardoient les autres frontieres, le Roi en avoit fait de plus particulieres pour celle de Flandre: Sa Majesté ayant avec elle M. le Dauphin, devoit commander une armée dont la conduite seroit confiée, sous ses yeux, à M. le Maréchal de Boufflers; M. de Luxembourg devoit en avoir une autre à ses ordres pour se joindre à celle du Roi, ou pour agir séparément, selon les occasions. M. de la Valette, avec quatre bataillons & seize escadrons, étoit chargé de la défense des lignes, depuis l'Escaut jusqu'à la mer; & M. d'Harcourt, avec quatre Régimens de cavalerie ou de

1693.
MAI.
(*) Voyez la Planche I.

═════ dragons, devoit couvrir le Luxembourg, & partager de ce côté-là l'attention des ennemis.

L'armée du Roi, forte de cinquante-deux bataillons & de cent seize escadrons, s'assembla à Tournay le 21 Mai; celle de M. de Luxembourg campa à Givries le 27, elle étoit de soixante-dix-huit bataillons & cent soixante escadrons.

Les troupes Françoises & celles des Alliés n'avoient fait depuis la prise de Furnes aucun mouvement sur la frontiere; mais la fatigue que les premieres avoient essuyée dans cette entreprise, & la nécessité d'attendre que le pays pût fournir à la subsistance de la cavalerie, obligerent le Roi à différer l'assemblée de ses troupes jusqu'au mois de Mai. Sa Majesté partit de Versailles le 16 de ce mois pour se rendre sur la frontiere, & devoit arriver le 28 à la tête de son armée, qu'elle se proposoit de joindre à Lens, près de Cambron; on ignoroit encore quelle partie des Pays-Bas éprouveroit les efforts de ses armes. Tout étoit en suspens, & les Alliés étoient inquiets de l'orage qui alloit fondre sur eux, lorsque le Roi tomba malade au Quesnoy. L'indisposition de Sa Majesté retarda les mouvemens de ses troupes; cependant comme elle étoit décidée à les faire agir contre les places que les Alliés avoient sur la Meuse, elle envoya ordre au Maréchal de Boufflers de les faire avancer à Thieufies, près de Mons, où elles arriverent le 2 de Juin; le Roi s'y rendit le même jour, & en fit la revue le lendemain.

L'armée que commandoit M. de Luxembourg devant couvrir les mouvemens de celle de Sa Majesté, décampa de Givries le 3 de Juin pour aller à Felluy.

Marche de Givries à Felluy.
PLANCHE II.

Cette marche se fit sur sept colonnes; le boute-selle & la générale au petit jour, à cheval, & l'assemblée une heure après. L'aîle droite de cavalerie eut la colonne de la droite; la Gendarmerie en eut la tête, & fut suivie des Brigades de Dalou, de Saint-Simon, Massot, Rottembourg & Presle; cette colonne partant de son camp, prit la grande chaussée pour aller aux Hautes-Estinnes; de-là elle passa à la Maladrerie, & laissant Vaudré à gauche, & Binch à droite, elle suivit le chemin du Passe-jonc; elle alla ensuite à Merlanwelz, & laissa Montaigu à gauche, pour se rendre dans la plaine de Bellecour; d'où laissant la Chapelle des Sept Douleurs à droite, elle alla passer à la cense du Codaine, & aux gués qui sont sur le petit ruisseau qui prend sa source près de la cense de Bellecour, & entra dans son camp, qui fut entre les Wanages & Seneff.

La seconde colonne fut pour tous les gros & menus bagages du quartier

DE FLANDRE.

quartier général de l'aîle droite de cavalerie, & de toute l'infanterie; ils marcherent dans l'ordre marqué pour leurs troupes; ceux du quartier général & de l'aîle droite de cavalerie, s'assemblerent à la tête de la Brigade de Dalou, & ceux de l'infanterie à la tête de la Brigade de Navarre : cette colonne, en partant de son camp, en forma deux, dont les gros bagages firent celle de la droite, & les menus celle de la gauche ; ces colonnes se côtoyant, allerent à Villerelles-le-Secq, & aux Basses-Estinnes ; de-là elles allerent passer au gravier de Peronne, & laisserent ce village à gauche, pour prendre le chemin de Haine-Saint-Pierre : elles allerent ensuite à la hauteur de Hardimont, au Fayt & aux Wanages, où fut la droite du camp.

1693. JUIN.

La troisiéme colonne fut pour la droite de l'infanterie ; Navarre en en eut la tête, & fut suivie des Brigades de Bourbonnois, Lyonnois, Crussol, Guiche, Anjou, Nice & Artois; cette colonne laissant les bagages à sa droite, alla à travers champs à Villerelles-le-Secq, qu'elle laissa aussi à sa droite; elle passa ensuite au pont de Bray, & coulant le long du chemin de Peronne, elle alla au pont de Taperiau & à Saint-Vaast, d'où elle monta dans la plaine pour aller à la cense du Sart; elle y prit le chemin de Famille-à-Roeux, & laissant ce village & le moulin à gauche, elle alla à Seneff, & lorsqu'elle fut en deçà du village, elle se trouva dans son camp.

La quatriéme colonne fut pour l'aîle gauche d'infanterie ; Piedmont en eut la tête, & fut suivi des Brigades d'Orleans, Roussillon, la Couronne, la Chastre, Greder, Reinold & la Marche ; ces Brigades marcherent par leur gauche, & allerent à travers champs droit à la cense du Fayaux, qu'elles laisserent à gauche pour passer au pont de Maurage, & à Strepy ; elles continuerent ensuite leur marche à travers champs pour aller passer sur la digue de l'étang de la cense de la Louviere, où elles prirent le chemin de Famille-à-Roeux, & laissant l'autre colonne d'infanterie à droite, & Famille-à-Roeux à gauche, elles se rendirent entre Seneff & Felluy, où fut leur camp.

La cinquiéme colonne fut pour les caissons & les charriots de paysans ; ils allerent passer au pont de Boussoit, au gué de Thieu, & suivirent le chemin qui va de ce village au Roeux ; ils traverserent le Roeux pour prendre le chemin de Megneau ; de-là ils allerent à Marcq, où ils prirent celui de Seneff, qu'ils suivirent jusqu'au château de Buseray, où on leur marqua l'endroit où ils devoient parquer.

La sixiéme colonne fut pour l'artillerie & pour les gros & menus bagages de l'aîle gauche ; cette colonne passa aux deux ponts, près de Ville-sur-Haine, d'où elle prit le chemin qui va à la Justice du Roeux ; de-là elle alla au moulin à vent du Roeux, & le laissant à droite, ainsi que le chemin qui va à Megneau, elle suivit celui qui passe à l'Enfer, & elle alla à la cense Delcourt-aux-Escauffinnes, laissant à gauche le village des Escauffinnes hautes ; passant ensuite par la cense de l'Escaille, elle

Qqq

246 HISTOIRE MILITAIRE

1693.
JUIN.

prit le chemin de Felluy, & elle se rendit devant le camp de l'aîle gauche, où elle parqua dans un terrein qu'on lui avoit marqué.

La septiéme & derniere colonne fut pour l'aîle gauche de cavalerie; le Meftre de Camp en eut la tête, & fut suivi des Brigades de Montfort, Mongon, Montrevel, la Beffiere & Raffant; cette colonne partant de son camp alla passer la Haine à Havré; elle continua sa marche à travers champs pour aller à la cense d'Ubifoffé, laissant Gottigny à droite, & Thieufies à gauche; de-là elle suivit le chemin qui mene à Naaft, laissa ce village à gauche, & passa auprès du château de Court-au-Bois, & au cabaret de Belle-tête; laissant ensuite les Escauffinnes à droite, elle passa au gué & au pont de la Folie, où elle prit le chemin de Felluy; de-là laissant la cense de l'Escaille à sa droite, ainsi que le village de Felluy, elle traversa le ruisseau au-deffous pour se rendre entre ce village & Arquenne, où elle entra dans son camp.

Le Régiment de dragons du Colonel Général mit deux escadrons à la tête de la Gendarmerie, & les deux autres marcherent à la tête des colonnes de bagages, dont le rendez-vous fut à la tête des Brigades de Dalou & de Navarre: ce Régiment prit des outils pour accommoder les chemins, & campa au flanc de la droite, par où il arriva dans le camp.

Les Officiers qui commandoient les escadrons qui étoient à la tête des bagages, eurent soin de les faire marcher dans l'ordre qui leur étoit marqué.

Le Régiment de dragons d'Asfeldt marcha à la tête de l'aîle gauche, & celui de Bellegarde, cavalerie, suivit le campement de la gauche.

Le campement de l'aîle droite de cavalerie & d'infanterie, s'assembla à la générale à la tête de la Gendarmerie, & celui de la gauche à la tête de la Brigade de Piémont, d'où il prit le chemin du pont de Bray, pour aller au gravier de Peronne, où passa celui de la droite, & il lui fut recommandé, en cas qu'il y arrivât le premier, de l'attendre pour en prendre la queue.

Le Régiment Royal Artillerie mit deux bataillons à la tête de la colonne d'artillerie, & un à la tête des caiffons qui paffèrent à Bouffoit.

On mit trois cens hommes de pied dans la colonne des bagages, dont le rendez-vous étoit à la tête des Brigades de Dalou & de Navarre; on en mit un pareil nombre dans la colonne des caiffons qui paffoit à Bouffoit, & cent cinquante dans les bagages qui fuivirent l'artillerie.

Le Régiment Royal-Artillerie mit cent travailleurs à la tête de l'artillerie, & cinquante vers la queue; le bataillon qui marcha à la tête des caiffons, eut une charrette chargée d'outils de toute espece, & mit cinquante travailleurs à la tête, & cinquante au milieu des charriots de paysans.

Il fut ordonné que pour cette marche & pendant toute la campagne, les Brigades qui feroient à la tête des colonnes d'infanterie, fourniroient

DE FLANDRE. 247

1693.
JUIN.

cent travailleurs pour accommoder les chemins & pour les élargir ; que les dragons qui marcheroient à la tête des colonnes de cavalerie feroient chargés du même travail ; que les vieilles Gardes feroient l'arrieregarde des colonnes d'infanterie & des bagages, & que l'on mettroit toujours cinquante Maîtres à la tête de ces colonnes, à moins qu'il n'y eût un corps de cavalerie ou de dragons qui y marchât.

On fit partir à minuit trois cens chevaux pour couvrir la marche de l'armée sur la gauche ; ils allerent passer au pont de Ville-sur-Haine, & celui qui les commandoit eut ordre d'en envoyer cent à la tête du bois del Houssiere, cent au moulin à vent de Braine-le-Comte, & cent au moulin à vent de Naast.

On fit partir à la même heure & pour la même raison sept cens cinquante hommes d'infanterie, lesquels allerent à Ville-sur-Haine, d'où ils prirent le chemin de la Justice du Roeux ; on en mit cent cinquante en trois pelotons dans le chemin qui va du Roeux aux Escaussinnes, passant par l'Enfer, & pareil nombre dans celui qui va du Roeux à Megneau, lesquels ne rentrerent dans le camp qu'en prenant la queue des bagages qui passoient sur leur chemin ; on en mit encore cent dans le bois de Rougelin en deux pelotons, cinquante aux Escaussinnes, cinquante à la Folie, cinquante à Henripont, cent à Ronquieres, & cent à la tête du bois del Houssiere, & tous ces postes ne rentrerent dans le camp qu'à la nuit.

On fit pareillement partir à minuit cinq cens hommes de pied pour couvrir la marche de l'armée sur la droite, & pour les postes du camp. On en mit cent cinquante depuis la hauteur de Hardimont jusqu'au Fayt, cinquante dans le bois de Montaigu, les autres furent placés au bois d'Haine ; le reste fut partagé, sçavoir cinquante au pont de Seneff, cinquante à Rosignies, cinquante à Saint-Cornelis, cinquante au petit Roeux, cinquante au pont d'Ubeaumont, & cinquante au petit bois au-dessus d'Arquenne. On laissa cent chevaux à la hauteur de Binch, pour observer toute la plaine jusqu'à ce que tous les bagages eussent passé la Haine. On laissa aussi deux troupes de cinquante Maîtres chacune entre Capelle-à-Harleimont, le bois de Montaigu & la Chapelle des Sept Douleurs.

Le fourrage se fit entre le ruisseau des Escaussinnes & celui de Seneff ; les Gardes des ponts empêcherent qu'on ne passât le ruisseau de Seneff & celui d'Arquenne.

M. de Saint-Hilaire eut ordre de faire marcher à la tête de l'artillerie trois charrettes chargées d'outils, avec un Commissaire & un Capitaine d'artillerie.

Les Vaguemestres furent chargés de faire observer l'ordre à leurs bagages sur peine d'en répondre, & il fut défendu d'y envoyer aucun homme armé.

Le Prevôt marcha sur les aîles de l'armée pour arrêter ceux qui

1693.
JUIN.

s'écarteroient de leurs colonnes, tant cavaliers, soldats, dragons, que valets & équipages.

Les Officiers eurent ordre de camper régulierement à la queue de leurs Brigades, & il leur fut défendu de loger dans les villages, ni ailleurs, sous quelque prétexte que ce pût être.

Les Officiers Généraux logerent tous à leurs aîles, & eurent défense d'envoyer plus d'un valet pour garder leur logement.

On ne fit marcher au campement que trois Sergens par bataillon, lesquels furent conduits par un Officier de leur Brigade.

L'armée campa sur deux lignes, la droite aux Wanages, la gauche à Arquenne, la réserve fut placée au-delà du ruisseau qui y passe : le quartier général fut à Felluy.

Le 4 le Roi fit marcher son armée pour aller camper dans la plaine de Chapelle-Harleimont : la droite fut mise au-dessus du Piéton, & la gauche entre Rosignies & Vanderbecq, le ruisseau du Piéton devant le camp, le quartier de Sa Majesté fut au Prieuré d'Harleimont.

Le 5 le Roi envoya un détachement de cavalerie du côté de Charleroy, pour arrêter les partis qui sortiroient de cette place, & pour assurer la marche que son armée devoit faire le lendemain pour aller à Thimeon, où fut son quartier ; cette armée eut sa gauche au-dessus de ce village, & la droite entre Melinge & Villers-Peruis, le ruisseau de Thimeon derriere le camp : M. de Luxembourg fit marcher ses troupes le même jour pour aller camper à Basy.

Marche de Felluy à Basy.
PLANCHE III.

Cette marche se fit sur cinq colonnes ; le boute-selle & la générale à la pointe du jour, à cheval, & l'assemblée une heure après.

L'aîle droite de cavalerie fit la colonne de la droite ; la Brigade de Saint-Simon en eut la tête, & défila par sa gauche ; elle fut suivie du reste de la premiere ligne de cette aîle dans l'ordre où elle étoit campée, ensuite de la Brigade de Rottembourg, & du reste de la seconde ligne.

Le Régiment du Colonel Général mit cinquante travailleurs à la tête des Cravates, & M. de Saint-Simon fut chargé de les faire travailler pour ouvrir les chemins à la colonne : on en mit cinquante autres du même Régiment à la tête de la brigade de Massot, & M. de Massot fut chargé du même soin, & de faire raccommoder les chemins qui auroient pu se gâter. Cette colonne coula le long de Seneff, le laissant à droite, pour venir au pont de Saint-Cornelis ; de-là elle passa à Renisart, le laissant à droite, & l'artillerie à sa gauche ; & ouvrant quelques haies, elle laissa Houtain-le-Mont & Houtain-le-Val à gauche, & le bois de Bossu à droite, pour aller gagner la chaussée de Bruxelles à Namur ; elle la joignit à Bonterlet, où elle entra dans son camp.

La

DE FLANDRE.

La seconde colonne fut pour l'artillerie & les charriots de paysans, qui étoient au-delà du pont de pierre; cette colonne marcha par des ouvertures que l'on avoit faites, & se rendit au Chesne d'Ubeaumont; elle coula ensuite le long du bois du petit Roeux, & de celui de Nivelle, les laissant à sa droite, & l'infanterie à sa gauche; de-là elle continua sa marche, laissant les trois Tilleuls & Vallencour à sa gauche, & passa entre la cense de Tillemont & celle de Vieucourt, pour aller à Hautain-le-Mont & à Bontrelet, où elle parqua.

M. de Saint-Hilaire eut ordre de faire toujours marcher à la tête du bataillon des Fusiliers cinquante travailleurs, avec la compagnie des Grenadiers, & un guide qu'on leur donna pour aller huit à neuf cens pas à la tête de tout, afin d'accommoder les chemins, ensorte que l'artillerie ne fût pas obligée de s'arrêter; outre cela il y eut à la tête de chaque brigade de canon dix travailleurs que les Commissaires eurent soin d'employer à raccommoder le chemin que la tête de l'artillerie auroit gâté, & il fut recommandé de l'observer pendant que la campagne dureroit. Pour les charriots de paysans, qui devoient suivre l'artillerie, ils furent escortés par les trois cens hommes qui les avoient gardés pendant la nuit, & M. d'Artaignan, Major Général, eut ordre d'y envoyer cinquante travailleurs, dont il en seroit mis trente à la tête & vingt au milieu: on commanda cent Maîtres, avec un Lieutenant-Colonel, pour être chargés de la marche de cette colonne, & pour voir si on fournissoit les travailleurs qui étoient marqués, tant pour l'artillerie que pour les charriots de paysans; il eut soin de faire marcher cette colonne en bon ordre, il disposa l'escorte pour la sûreté, comme il le jugea à propos, & le soir il en rendit compte à M. le Maréchal, lorsque la colonne fut arrivée.

La troisiéme colonne fut pour la premiere ligne d'infanterie, en commençant par Piémont, & défilant par sa gauche comme elle étoit campée; cette colonne passa au pont de la droite des deux qu'on avoit établis entre le pont du château d'Arquenne & le pont de pierre, & par les ouvertures de la droite de celles que l'on avoit faites pour l'infanterie; elle monta dans la plaine de Nivelle, laissant l'artillerie, une petite tombe & un petit arbre à sa droite, & coulant tout le long de la plaine, le plus près de l'artillerie que faire se pouvoit, elle alla aux trois Tilleuls, ayant toujours à sa gauche l'autre colonne d'infanterie; elle laissa ensuite la Commanderie de Vallencour à sa gauche, & alla au hameau de Ronque & à Hautain-le-Val, d'où elle se rendit entre Bassy & la Chapelle de Triauchesne, où fut son camp.

La quatriéme colonne fut pour la seconde ligne d'infanterie, en commençant par la gauche, suivie du reste de cette ligne comme elle étoit campée; la brigade de la Chastre, qui étoit à la gauche d'Arquenne, alla gagner la tête de cette colonne auprès de la petite tombe qui étoit dans la plaine de Nivelle, laissant la petite tombe & l'autre colonne d'infanterie à sa droite; de-là côtoyant toujours cette colonne, elle alla

1693.
JUIN.

Rrr

aux trois Tilleuls, les laiffant à droite, & paffa à la Commanderie de Vallencour, d'où elle prit le chemin du hameau de la Croix Alliette; elle laiffa Promelle à fa gauche, pour aller à Loupoigne, & de-là entre Baffy & la Chapelle de Triauchefne, où fut fon camp.

L'Officier Général, qui marchoit à la tête de cette colonne, eut foin de faire marcher cinquante travailleurs des cent qu'il avoit avec un Officier Major de la brigade qui avoit l'avant-garde, & une compagnie de Grenadiers pour les efcorter; ces travailleurs furent employés à ouvrir les chemins, & ils eurent ordre de prendre toujours les devants autant que faire fe pourroit, afin que les colonnes ne fuffent pas obligées de s'arrêter dans leur marche.

La cinquiéme colonne fut pour l'aîle gauche de cavalerie, qui en forma deux; la premiere ligne, en commençant par le Meftre de Camp, eut celle de la droite; elle paffa au pont du château d'Arquenne, qui étoit à fa tête, & par des ouvertures qu'elle trouva faites, elle alla à la Chapelle de Notre-Dame de Bonconfeil, la laiffant à gauche; la feconde ligne de l'aîle gauche, en commençant par Montrevel, paffa fur le pont d'Arquenne, & laiffa le grand chemin à gauche, pour marcher par des ouvertures que l'on avoit faites, & joindre l'autre colonne de cavalerie dans la plaine, près de la Chapelle de Bonconfeil; elles marcherent alors enfemble, & laiffant les colonnes d'infanterie à leur droite, elles allerent paffer au Clerbois, d'où laiffant Thiene à droite & Balet à gauche, elles prirent le chemin de la cenfe de Lincourt, & le fuivirent jufqu'à la hauteur de Promelle; celle de la droite prit alors le chemin de Genappe, qu'elle traverfa pour aller à la Chapelle de Triauchefne, où fut fon camp; celle de la gauche alla paffer à Thil, & fe rendit à fon camp.

Le Régiment d'Asfeldt mit cinquante dragons avec des outils à la tête de Montrevel. Meffieurs Phelippeaux & de Montrevel furent chargés de donner les ordres pour faire travailler les dragons à élargir les paffages de leur colonne, & il fut réglé que fi les deux colonnes étoient obligées de n'en faire qu'une, faute de paffages, celle de Montrevel auroit la tête; le Régiment de Firmarcon devoit marcher après la brigade de Montrevel, & celui de vieil Asfeldt après la brigade de Phelippeaux.

Tous les menus bagages des deux lignes marcherent après les colonnes d'infanterie; ceux du Meftre de Camp en eurent la tête, & furent fuivis de ceux du refte de la premiere ligne, jufqu'à la Gendarmerie: les équipages de la feconde ligne fe mirent auffi en marche, en commençant par Montrevel, & remontant jufqu'à Maffot: il en fut de même pour les gros bagages; ceux de la premiere ligne pafferent au pont du château d'Arquenne, & ceux de la feconde au pont du village d'Arquenne; ils fuivirent la marche des deux colonnes de cavalerie de la gauche, jufqu'au chemin de Nivelle à Genappe, & continuerent leur marche en fe côtoyant jufqu'à ce qu'elles entraffent dans la plaine du camp.

DE FLANDRE.

1693.
JUIN.

On n'attella les gros bagages, & on ne chargea les menus qu'une heure après l'assemblée ; chaque brigade d'infanterie laissa cinquante hommes pour escorter ses bagages, & pour les contenir : de ces cinquante hommes il y en eut quinze qui marcherent avec les menus équipages, & le reste avec les gros ; ils ne les quitterent qu'en arrivant au camp : ceux de cavalerie y laisserent trente Maîtres par brigade ; il y eut à la tête de chaque colonne de bagages cinquante travailleurs, & cinquante autres qui furent mis au milieu de chaque colonne. Les cent travailleurs destinés pour les équipages de la premiere ligne, se rendirent à la générale à la tête du Mestre de Camp, & les cent destinés pour ceux de la seconde, à la tête de Montrevel. Un Lieutenant-Colonel, avec cent Maîtres, fut chargé de la sureté de la marche de ces colonnes, & le soir il en rendit compte à M. le Maréchal de Luxembourg.

Les vieilles Gardes qui étoient dans le camp, ne passerent le ruisseau d'Arquenne que quand tous les bagages furent au-delà ; la garde qui étoit au pont de Seneff, empêcha qu'aucune troupe ou bagage y passât ; celle qui étoit au pont de Saint-Cornelis, empêcha aussi les bagages d'y passer. Toutes ces gardes prirent la queue de tous les équipages avec les vieilles gardes de cavalerie ; il en fut de même des postes qui étoient à Famille-à-Roeux & aux bois de Felluy, de l'Escail & du Clerbois, lesquels se rendirent sur les six heures du matin à l'entrée de Felluy, du côté des Escauffinnes, & y prirent la queue de tous les équipages avec les vieilles gardes qui étoient de ce côté-là.

Le poste d'infanterie, qui étoit au bois de la Harpe, au-dessus d'Arquenne, demeura aussi à l'arriere-garde : on fit revenir les autres dès la veille au soir dans le camp ; les gardes de cavalerie, qui étoient au-dessus d'Arquenne, couvrirent la marche de l'armée sur la gauche, depuis Nivelle jusqu'à Arquenne.

On envoya pour la sureté de la marche cent Maîtres entre Bois-Seigneur-Isaac & la Chapelle Sainte-Anne, & cinq cens dragons auprès de la Maison du Roi, en deça du Mont Saint-Jean, sur le chemin de Charleroy à Bruxelles ; ils eurent leur rendez-vous à la tête du Mestre de Camp, à une heure après minuit ; on commanda à la même heure & au même rendez-vous, trois cens chevaux avec cent dragons, aux ordres du Maréchal de Camp de jour, & douze cens hommes de pied qui se rendirent à minuit à la tête de la brigade de Piémont ; ils passerent sur les ponts qu'on avoit faits pour l'infanterie, & allerent gagner le chemin qui va au Chesne d'Ubeaumont ; on en prit quatre cens commandés par un Colonel, pour couvrir la marche de l'armée sur la droite : on en mit cinquante en deux postes dans le bois du petit Roeux, cent le long du bois de Nivelle, lesquels le laissant à droite, & passant par Hautain-le-Mont, borderent le bois de Reve jusqu'au chemin de Charleroy à Bruxelles : les huit cens autres suivirent le chemin pour aller entre Promelle & Genappe, où ils devoient attendre les ordres du Maréchal de Camp de jour.

Le campement s'assembla à la gauche de la tête du Meſtre de Camp, auſſi-tôt après la générale.

1693. JUIN.

Les Caiſſons ſe mirent en marche dès la veille au ſoir ; pour aller paſſer au pont de Seneff, & parquerent au-delà, à l'endroit que leur marqua le Brigadier de la brigade qui y étoit, lequel leur devoit fournir une eſcorte : le Lieutenant Général & le Maréchal de Camp, qui ſortoient de jour, demeurerent dans le camp juſqu'à ce que tous les bagages en fuſſent ſortis.

M. le Duc de Berwick, Lieutenant Général de jour, eut ordre d'attendre, vers la gauche, que M. de Roquelaure fût revenu de la droite, & qu'il eût fait marcher devant lui tout ce qui pouvoit reſter d'équipages. On commanda deux cens chevaux à leurs ordres, outre ce qui étoit marqué ci-deſſus pour faire l'arriere-garde. On commanda auſſi deux cens hommes de pied pour conduire le même jour les caiſſons à l'armée du Roi ; leur rendez-vous fut à Seneff.

M. le Duc de Chartres y envoya la cavalerie néceſſaire pour leur eſcorte.

L'armée campa ſur deux lignes, la droite à Bontrelet, la gauche à Court-Saint-Etienne, la réſerve campa derriere la gauche, le quartier général fut à Baſſy, qui étoit derriere la droite.

Le 7 le Roi fit avancer ſon armée à Gemblours, Sa Majeſté marcha à la tête de la colonne de la droite, & M. le Dauphin, accompagné de M. le Maréchal de Boufflers, à la tête de celle de la gauche ; cette armée campa ſur deux lignes, la gauche fut appuyée au village de Conrois, & la droite à Sauvenel ou Sauvenier ; le quartier de Sa Majeſté fut à l'Abbaye de Gemblours, & le ruiſſeau de l'Orneau derriere le camp ; ce même jour M. de Luxembourg fit décamper ſon armée pour aller à Tourine-les-Ordons.

Marche de Baſſy à Tourine-les-Ordons. PLANCHE IV.

Cette marche ſe fit ſur cinq colonnes.

Le boute-ſelle & la générale au jour, à cheval, & l'aſſemblée une heure après.

L'artillerie eut la colonne de la droite, & fut couverte du côté de Charleroy, par l'armée du Roi, qui marchoit à ſa droite ; partant de Bontrelet, elle ſuivit le chemin de Bruxelles à Namur, juſqu'à la cenſe de Bruiere, où elle le quitta pour aller à Tilly & à Gemptines ; elle paſſa entre Noiremont & Chauſſe-les-Dames, laiſſa Walhem & Saint-Paul à gauche, pour aller en deça de Tourine, où fut ſon parc.

Les Fuſiliers marcherent à l'ordinaire avec l'artillerie ; on mit cinquante Maîtres à leur tête, & cinquante au milieu de la colonne, & une partie des vieilles gardes en fit l'arriere-garde.

La ſeconde colonne fut pour l'aîle droite de cavalerie, dont la Gendarmerie eut la tête : cette colonne côtoya l'artillerie juſqu'à la hauteur de

DE FLANDRE.

1693.
JUIN.

de la cenſe de Bruiere, qu'elle laiſſa à ſa droite; de-là laiſſant auſſi Tilly à droite, elle paſſa à un gué qui étoit au-deſſous, d'où laiſſant Meliory à gauche, elle alla à Villeroux & à Chauſſe-les-Dames, & laiſſa Walhem à gauche, pour ſe rendre entre le bois du Sart & Tourine, où fut ſon camp.

La troiſiéme colonne fut pour l'aîle droite d'infanterie, en commençant par Navarre: cette colonne partant de ſon camp prit le chemin de l'Abbaye de Villers, où elle paſſa; de-là elle alla à Eviller & à Nielle-Pirus, d'où elle ſuivit le chemin de Tourine pour ſe rendre dans la plaine du camp.

La quatriéme colonne fut pour la premiere ligne de la gauche, tant cavalerie qu'infanterie; le Meſtre de Camp en eut la tête: cette colonne paſſa à la cenſe d'Angliſſart, & laiſſa le hameau du Rocq à gauche; elle paſſa entre le bois du quartier & celui des Pauvres, pour aller à la cenſe de Cheſnois; de-là elle prit par Saint-Hubert, & traverſa le bois de Beclem par le chemin de la droite, pour entrer dans ſon camp.

La cinquiéme & derniere colonne fut pour la ſeconde ligne de la gauche, tant cavalerie qu'infanterie; cette colonne défila par ſa gauche, paſſa par le hameau du Rocq, laiſſa le Sart-Saint-Guillaume à droite, pour aller au hameau de Bearis, d'où laiſſant la cenſe de Lienaux à gauche, elle traverſa le bois de Beclem pour entrer dans la plaine du camp.

Tous les gros bagages avoient campé avec l'artillerie, & ils en prirent la queue: on commanda trois cens hommes de pied & cent chevaux pour les eſcorter.

Tous les menus bagages ſuivirent la colonne de leurs troupes. Il y eut cent cinquante hommes dans les colonnes du milieu, & trois cens dans celles de la gauche pour les eſcorter; les vieilles gardes firent l'arriere-garde de toutes les colonnes. On envoya deux cens cinquante Maîtres & trois cens hommes de pied, pour être poſtés ſur la gauche de la marche, afin de l'aſſurer.

L'armée campa ſur deux lignes, entre le bois de Beclem & le bois du Sart, ayant derriere elle Tourine-les-Ordons, où étoit le quartier général.

Auſſi-tôt que M. de Luxembourg & M. de Boufflers avoient commencé à faire camper les troupes du Roi, près de Mons & de Tournay, le Prince d'Orange avoit ſongé à raſſembler celles des Alliés ſous Bruxelles; quand il vit les armées Françoiſes s'approcher de la Mehaigne, il marcha à Louvain avec la ſienne, qui conſiſtoit en ſoixante-un bataillons & cent quarante-deux eſcadrons (*). Il fit auſſi avancer à Liége un gros corps de troupes, & fit travailler à mettre les retranchemens qui couvroient cette place en état de ſoutenir une attaque.

Le Roi apprit à Gemblours les diſpoſitions que le Prince

(*) Voyez l'ordre de bataille de l'armée des Alliés.
PLANCHE V.

d'Orange avoit faites pour s'oppofer à fes deffeins : Sa Majefté avoit reçu, pendant qu'elle étoit au Quefnoy, la nouvelle de la prife d'Heidelberg, qu'on regarda comme très-importante, & qui parut devoir faire changer le projet général de la guerre; il fe tint là-deffus un confeil à Gemblours, dans lequel M. de Chanlay, qui depuis la mort de M. de Louvois avoit acquis la confiance du Roi, perfuada que puifque Sa Majefté cherchoit les moyens de terminer la guerre, il feroit plus avantageux de porter fes forces en Allemagne ; que la prife d'Heidelberg avoit étonné l'Empire, qu'il falloit en profiter pour y pénétrer; & il ne douta point qu'en y marchant avec des forces fupérieures, on ne décidât la plûpart des Princes, & même l'Empereur à accepter la paix; que fi on en venoit à bout, le refte des Alliés fuivroit fon exemple; il repréfenta encore qu'avant de marcher à Liége, il étoit néceffaire de prendre Huy, & que cette place pouvoit fe foutenir affez de temps pour donner au Prince d'Orange celui de mettre Liége hors d'infulte. M. de Chanlay, guidé par l'amour de la vérité & du bien public, croyant que cet avis étoit le meilleur, n'oublia pas d'y joindre que les opérations de Flandre, qui feroient conduites fous les ordres de Sa Majefté, lui feroient à la vérité plus glorieufes, mais que fes fujets n'en retireroient pas la même utilité : le Roi, plus occupé du bonheur de fes peuples que de fa gloire & de celle de fes armes, fe rendit à cet avis ; & comme fa fanté ne permettoit pas à Sa Majefté de continuer la campagne, elle fe décida à envoyer M. le Dauphin en Allemagne, avec trente-quatre bataillons & foixante-quinze efcadrons, afin d'y étendre fes conquêtes auffi loin qu'il le pourroit. Les troupes qui reftoient à Gemblours, allerent en même temps camper à Chaumont & à Conrois, & le Roi partit pour retourner à Verfailles, laiffant à M. de Luxembourg la conduite de fon armée de Flandre, qui confiftoit, après le départ de M. le Dauphin, en quatre-vingt-feize bataillons & deux cens un efcadrons (*). Sa Majefté, en partant, donna ordre à M. de Luxembourg de chercher les moyens de retenir le Prince d'Orange fur la Dyle, afin de l'empêcher de fe porter du côté de la mer, de prendre fes mefures pour le prévenir fur l'Efcaut, s'il y marchoit avec toute fon armée, & de le combattre lorfqu'il en trouveroit une occafion favorable. Tous ces objets n'étoient, ni d'une défenfive, ni d'une offenfive décidée, & ce n'étoit que fur

(*) Voyez la PLANCHE VI.

DE FLANDRE.

1693.
JUIN.

l'avantage que les Généraux sçauroient se procurer, que le Roi paroissoit devoir se déterminer à faire attaquer quelque place.

M. de Luxembourg crut que le meilleur moyen de retenir le Prince d'Orange sur la Dyle, & de l'empêcher de se porter du côté de la mer, étoit de s'approcher de Louvain, afin de menacer cette place, & de persuader aux Alliés qu'il l'attaqueroit, s'ils s'en éloignoient; il envisageoit aussi qu'en s'approchant du Prince d'Orange, il trouveroit plus de fourrages à prendre aux dépens du pays ennemi: dans cette vue, il fit plusieurs détachemens pour reconnoître divers camps, tant sur la Geete & sur la Dyle, qu'entre ces deux rivieres; il détacha M. de Crequy, Maréchal de Camp, & M. de Puysegur, Maréchal Général des Logis de l'armée, qui allerent le 12 reconnoître un camp qu'on pouvoit prendre au-delà de la Geete, en mettant la droite à Tirlemont, & la gauche à Judoigne : ce camp étoit très-beau, quant à la situation, & très-abondant en fourrages; le défaut que M. de Luxembourg y trouvoit, consistoit en ce qu'il n'étoit pas assez près des Alliés, & qu'il éloignoit l'armée du Roi des chemins qu'elle devoit prendre pour les suivre du côté de la Dendre, en cas qu'ils fissent quelques marches qui l'y obligeassent.

On fit encore reconnoître un autre camp, dont la droite devoit être appuyée à Bouler-sur-Train, & la gauche auprès de Florival; mais ce terrain étoit si coupé de bois & de ravins, qu'il étoit presque impraticable; si l'armée du Roi avoit pu s'y placer, elle auroit plus embarrassé les ennemis de là que d'aucun autre poste, parce qu'en faisant plusieurs ponts sur la Dyle, elle en auroit été maîtresse aussi-bien qu'eux, & elle auroit eu la facilité de marcher entre la Lane & la Dyle, & d'aller en un jour camper au-delà du ruisseau de Genappe.

M. de Luxembourg voulut faire examiner avec soin le camp qu'il pouvoit prendre, en laissant devant le centre de son armée la trouée par laquelle les ennemis pouvoient déboucher dans la plaine de Meldert & de Sluys, ou l'Ecluse; ce poste étoit très-important, & exigeoit des précautions pour s'y avancer, à cause de la proximité des ennemis: M. le Prince de Conti alla le reconnoître le 13 avec M. de Puysegur, Maréchal Général des Logis, & M. d'Artaignan, Major Général. M. de Luxembourg avoit une entiere confiance dans la capacité & les lumieres de ces trois principaux Officiers. Il reconnoissoit en M. le Prince de Conti des talens supérieurs pour la guerre; il avoit formé M. de Puysegur, qui exerçoit la charge de Maréchal Général des Logis de façon à justifier le choix qu'il en avoit fait. Cependant il avoit préféré de donner son second fils le Comte de Luxe, pour Aide au Major Général, parce que les fonctions de sa charge le faisant entrer dans tous les détails de l'infanterie, & le mettant dans le cas d'aller reconnoître chaque camp, & de placer toutes les gardes & les détachemens plus ou moins considérables d'infanterie, il s'instruisoit en même temps des endroits & de la façon dont il falloit disposer les gardes & les détachemens de cavalerie. Sur le rapport qui fut fait à M. de Luxembourg, il préféra le camp de l'Ecluse à celui qui étoit entre les Geetes, parce qu'il y étoit plus à portée d'observer les mouvemens des Alliés, s'ils se portoient du côté de la mer. Le mauvais temps empêcha l'armée du Roi d'y marcher le 14, & ce ne fut que le 15 qu'elle put y aller camper.

Marche de Tourine-les-Ordons à l'Ecluse.
PLANCHE VII.

On sonna le boute-selle, & on battit la générale au petit jour, à cheval, & l'assemblée une demi-heure après.

L'aîle droite de cavalerie forma deux colonnes, la Maison du Roi prit la tête de la premiere ligne, qui dans la marche laissa la seconde ligne à sa droite: après la Maison du Roi marcherent les Brigades de Dalou & de Saint-Simon, & la cavalerie qui étoit campée à la gauche de la Maison du Roi, à la réserve des Brigades de Bolhen & du Commissaire Général, qui prirent la queue de la seconde ligne de cavalerie, & qui marcherent après le Régiment de Presle.

La seconde ligne de l'aîle droite de cavalerie fit la colonne de la droite; la Brigade de Massot en eut la tête, & fut suivie de celles de Rottembourg, de Presle, de Bolhen & du Commissaire Général: toute l'aîle qui étoit repliée en deça des tombes du quartier général, marcha en avant pour se mettre sur l'alignement de l'infanterie, & s'approcher des Gardes du Roi, observant les distances d'une ligne à l'autre.

Douze bataillons, qui étoient campés à Chaumont, suivirent la cavalerie de la premiere ligne de l'aîle droite; les Brigades de Navarre & de Bourbonnois marchoient ensuite; elles allerent gagner celle de Lyonnois aussi-tôt que l'on battit la générale, & furent suivies du reste de la ligne, comme elle étoit campée.

Les Brigades d'Anjou & de Nice joignirent le Régiment d'Artois, & prirent la queue de la cavalerie qui étoit à leur droite, laissant passer devant elles la Brigade de Bolhen & celle du Commissaire Général, elles furent suivies de la Brigade d'Artois & du reste de la seconde ligne, comme elle étoit campée: quatorze bataillons, qui étoient campés à Conrois, prirent la queue des deux lignes d'infanterie: la Brigade de
Surbeck

Surbeck prit la queue de la seconde ligne, & le Roi & Toulouse la queue de la premiere.

1693.
JUIN.

L'aîle droite & toute l'infanterie marcherent à Sorisbor, qu'elles laisserent à droite, & à Longueville, qu'elles laisserent à gauche; de-là elles s'avancerent entre Pietrebaix & la Couvertrie-à-Mellain, d'où elles entrerent dans la plaine du camp.

On laissa cinquante hommes par Brigade pour l'escorte des bagages d'infanterie, & trente Maîtres par Brigade de cavalerie. L'on ne chargea les bagages qu'après que toutes les troupes furent sorties du camp : ils défilerent tous par la droite, & suivirent la colonne de leurs troupes.

La réserve, composée des Régimens d'Asfeldt, du Roi, de Bellegarde & de Villequier, ne détendit que quand les troupes furent parties, & principalement le Régiment de Bellegarde, qui attendit que tout le quartier général fût en marche : ces Régimens s'assemblerent alors entre les villages de Conrois & de Chaumont, pour faire l'arriere-garde de toutes les colonnes, & le Régiment d'Asfeldt-Etranger, ne détendit que pour faire l'arriere-garde des menus bagages de l'aîle gauche de cavalerie, qui passerent auprès de son camp, & qui allerent à Grez. Les gros bagages de cette aîle suivirent ceux de l'infanterie : l'arriere-garde des bagages de l'aîle gauche fut faite par les vieilles gardes de la gauche.

L'aîle gauche de cavalerie forma deux colonnes; le Mestre de Camp eut la tête de celle de la droite, & fut suivi du reste de la premiere ligne de cette aîle, comme elle étoit campée : Montrevel eut la tête de la colonne de la gauche : le Régiment de Firmarcon, qui étoit campé à cette aîle, mit deux escadrons à la tête du Mestre de Camp, & un à la tête de Montrevel ; ces dragons détacherent des travailleurs pour accommoder les chemins que tenoient ces deux colonnes.

Le Régiment de Caylus dragons, qui étoit campé à Chaumont, marcha avec les Gardes du Roi, & détacha cent travailleurs pour marcher à leur tête. Le Régiment Colonel Général marcha à la tête de la Brigade de Massot, & détacha aussi cent travailleurs pour accommoder les chemins.

Lorsque l'aîle gauche de cavalerie fut auprès de Grez, elle fit faire des passages pour aller à Bossut, mais elle ne passa le ruisseau que quand M. de Luxembourg lui en eut envoyé l'ordre. Le Mestre de Camp, qui avoit la droite des deux colonnes de la gauche, laissa le village de Conrois à quatre cens pas à la droite, pour aller à la Chapelle de Notre-Dame ; cette colonne laissa ensuite le bois de Biergue à gauche, pour passer au château de Grez ; elle entra de-là dans la plaine, laissant Bossut beaucoup sur sa gauche, étendant sa droite du côté du bois d'Elchise, & le laissant derriere elle.

La seconde ligne de l'aîle gauche, en commençant par Montrevel, suivie du reste de cette ligne, comme elle étoit campée, laissa la premiere ligne à sa droite, pour aller au bois de Biergue, qu'elle laissa aussi à sa droite; de-là elle descendit à Grez, passa au-dessus de l'Eglise, alla à

Ttt

Boſſut, & ſe mit en bataille derriere la premiere ligne; elle ne traverſa le ruiſſeau de Grez qu'après l'avoir vu paſſer à ſa premiere ligne, & elle eut ſoin de ſe ſervir de l'eſcadron qui étoit à ſa tête pour faire tous ſes paſſages.

M. de Vigny envoya quatre Brigades d'artillerie aux Gardes du Roi, pour marcher à la tête des deux colonnes de la droite. Le reſte de l'artillerie, ſuivi des charriots de payſans, marcha à la queue de l'infanterie; elle forma une colonne entre les deux lignes de bagages, & eut des travailleurs à ſa tête pour diſpoſer les paſſages; elle marcha entre Soriſbor & Longueville, pour aller à Pietre-Baix, d'où elle entra dans la plaine du camp. Les bagages du quartier général prirent la tête de ceux de la premiere ligne.

Les poſtes d'infanterie qui entouroient le camp, n'y revinrent qu'après l'aſſemblée, & firent l'arriere-garde de tout avec la réſerve: comme on marchoit en pleine campagne, celui qui commandoit l'arriere-garde eut ſoin de former pluſieurs colonnes des gros bagages.

L'armée campa ſur deux lignes, la droite à Meldert, & la gauche près Boſſut; la cenſe & le bois d'Elchiſe furent derriere la gauche; Tourine & Bevecum devant le front; le quartier général à l'Ecluſe ou Sluys.

La droite de l'armée étoit ſur une hauteur, le centre étoit moins avancé, afin de conſerver l'avantage du terrain; deux Brigades d'infanterie & deux Régimens de dragons furent placés au-delà du village de Meldert, pour aſſurer la droite; on fit camper un pareil nombre de troupes au-delà du village de Boſſut, afin d'être maître d'une ravine qui étoit devant la gauche; depuis la droite juſqu'au centre, l'armée n'avoit aucun ruiſſeau devant elle qui l'empêchât d'agir librement, celui qui ſe forme auprès de Bevecum étant aſſez foible, & ne ſe groſſiſſant qu'au-deſſous de Tourine.

L'armée du Roi étoit ſéparée d'un côté de celle des ennemis, par ce ruiſſeau & un ravin impraticable, qui étoit vis-à-vis de la gauche; la Forêt de Meerdael étoit au-deſſus de ce ravin, & ne laiſſoit qu'une petite plaine fort étroite entr'elle & la Dyle; au-delà de cette forêt commençoient les bois de Velpe; la diſtance qu'il y avoit de Bevecum à ce bois & à la forêt de Meerdael, n'étoit pas conſidérable, & la trouée entre les deux étoit fort étroite, n'y ayant que l'eſpace pour paſſer un bataillon de front, lequel même auroit été obligé de ſe rompre en différens endroits qui ſe trouvoient plus reſſerrés.

M. de Luxembourg alla le 17 au matin examiner s'il y avoit moyen de paſſer au travers des bois de Velpe, & s'il pourroit, avec la droite de l'armée du Roi, trouver quelque passage entre ces bois & la tête de la Aglande, pour y former l'aîle droite de sa cavalerie; son dessein étoit de remplir ces bois d'infanterie, & de tomber sur le flanc des Alliés, pendant qu'une partie de sa gauche demeureroit opposée à la trouée de Bevecum, & au centre de leur armée.

1693.
JUIN.

M. de Luxembourg s'avança fort près de leur gauche, ayant laissé son escorte en deça des villages de Haut-Velpe & de Bas-Velpe, & jetté seulement quelques dragons dans les haies pour le soutenir & pour assurer sa retraite; il reconnut que dans ces bois il n'y avoit que deux ouvertures pour les traverser, & qu'elles aboutissoient l'une & l'autre à une petite plaine qui pouvoit contenir environ vingt escadrons sur deux lignes; qu'à la droite de cette plaine étoit la tête de la Aglande, forêt fort étendue, & qu'on ne pouvoit traverser; la gauche des Alliés n'y aboutissoit pas tout-à-fait; mais elle étoit sur une hauteur considérable, ayant devant elle un ruisseau qui passoit au pied, & dont les bords étoient escarpés & difficiles. On ne pouvoit aborder le camp des ennemis par le front de cette petite plaine, parce qu'il y avoit des bois & des haies du côté de la droite qui rétrecissoient le passage, & ne laissoient qu'une ouverture d'environ deux escadrons pour aller sur ce ruisseau; il y avoit de plus deux grandes haies paralelles à cette ouverture, qui en rendoient l'approche difficile; tous ces obstacles empêchoient de pouvoir gagner le flanc des ennemis, & d'entreprendre sur eux.

Il n'étoit pas plus facile de les attaquer dans leur retraite, s'ils entreprenoient de repasser la Dyle; derriere leur armée il y avoit une belle plaine, & leur droite ne pouvoit être inquiétée à cause de la forêt de Meerdael, qui empêchoit de s'en approcher: outre qu'ils avoient des ponts, depuis Hever jusqu'à Louvain, sur lesquels ils pouvoient brusquement faire passer leur aîle droite, ils avoient encore la facilité de pouvoir faire entrer toute leur infanterie dans Louvain, & de faire passer leur gauche sur des ponts qu'ils avoient au-dessous de cette ville.

Les deux armées ne pouvant en venir à une affaire générale dans la position où elles étoient, les Généraux songeoient à les faire subsister le plus long-temps qu'il leur seroit possible. M. de Luxembourg faisoit ses fourrages par aîle, à cause de la proximité des ennemis, & celle qui ne fourrageoit pas fervoit d'efcorte à l'autre. Comme les ennemis avoient fourragé une partie du pays que l'armée du Roi avoit derriere elle, il fallut pour refter au camp de l'Eclufe, qu'elle s'étendît fur la gauche au-delà de la Dyle, & fur la droite au-delà de la Geete. Le 29 Juin elle fit un fourrage entre le ruiffeau de Velpe & celui de Meldert, s'étendant jufqu'au-delà de Tirlemont : on prit toutes les précautions néceffaires pour l'affurer, & les ennemis ne fongerent point à l'inquiéter : l'aîle droite fut enfuite obligée d'aller au-delà de la Geete, parce que dans cette faifon où les fourrages étoient peu avancés, la confommation en étoit fort confidérable.

Peu de jours après que l'armée du Roi fut arrivée au camp de l'Eclufe, M. de Puyfegur avoit été envoyé pour reconnoître les endroits propres à faire des ponts fur la Dyle, & le terrein qui étoit au-delà, foit pour y camper, foit pour y fourrager. Il rapporta que pour fe mettre entre la Lane & l'Yfche, il feroit néceffaire de faire des ponts fur la Dyle & fur la Lane, qu'il ne feroit pas difficile d'en établir fur la Dyle, à Florival ; mais qu'au-deffous de cette Abbaye, il y avoit des marais qui embarrafferoient beaucoup. M. de Luxembourg y alla lui-même quelques jours après, & il remarqua auffi que la Lane tombe dans la Dyle fort près de la riviere d'Yfche, ce qui rend le terrein fort étroit dans l'endroit où la droite de l'armée auroit pu être campée. Les pluies avoient rendu la digue d'Achtenrode entiérement impraticable, & inondé la prairie ; mais depuis là jufqu'au-deffus de Florival, près du ruiffeau de Train, on accommoda fept chemins, & on rendit facile l'abord de la Dyle. On jetta plufieurs ponts fur cette riviere, & M. le Maréchal de Joyeufe eut foin de les faire garder par les troupes de la gauche : ces ponts obligerent les ennemis d'aller au fourrage de ces côtés-là avec précaution ; ils en firent un fort confidérable, entre la petite riviere qui defcend de Tervueren & l'Yfche, avec une efcorte de quarante efcadrons, dont ils avancerent quelques troupes jufques vis-à-vis de Florival ; ils y firent marcher de l'infanterie, qui rompit les gués & les ponts qui étoient fur la Lane, & qui fe retrancha en différens endroits : le Prince d'Orange, qui vouloit ménager le pays, & prolonger fon féjour dans la pofition où il étoit, fit enfuite délivrer à fa cavalerie des fourrages fecs & de l'avoine qu'il tiroit par eau de Malines & de Bruxelles. La

DE FLANDRE.

1693.
JUIN.

La position de l'armée du Roi l'éloignoit beaucoup de ses vivres, & mettoit M. de Luxembourg dans la nécessité de leur donner des escortes proportionnées à la force de la garnison de Charleroy, qui pouvoit attaquer d'un moment à l'autre les convois. Le Prince d'Orange ayant envoyé cinq cens chevaux dans cette place la veille qu'un convoi devoit sortir de Namur sous les ordres de M. de Saint-Simon, on détacha aussi-tôt trois cens chevaux pour fortifier l'escorte qui étoit de six cens chevaux, & de cent cinquante dragons; les trois cens chevaux qui lui furent envoyés, allerent se poster au dessus du château de Conrois, près de l'Orneau, ce qui fit la sureté du convoi qui venoit par le Masy.

Lorsqu'on s'étoit décidé à Gemblours à détacher une partie des troupes qui étoient en Flandre pour marcher en Allemagne, on avoit consideré que le fruit de toute la campagne en Flandre étoit perdu; & on s'étoit proposé, en cas qu'on fît rester l'armée Françoise aux environs de la Geete, de rapprocher M. d'Harcourt avec les troupes qu'on lui avoit destinées pour couvrir le Luxembourg.

Elles ne pouvoient empêcher les ennemis d'y lever des contributions; & M. d'Harcourt pouvoit être fort utile à Namur, parce qu'il eût fait la sureté & partagé la fatigue des convois qu'on tiroit de cette place, auxquels on étoit obligé de donner de grosses escortes. L'attention pour les convois devenoit tous les jours plus nécessaire, les ennemis ayant encore envoyé de nouvelles troupes à Charleroy. Outre les cinq cens chevaux dont on a parlé, ils en avoient détaché neuf cens pour y aller, & le 20 ils firent avancer en deça de Warem, vers les sources du Jaar, mille chevaux qui sortirent de Liége, & dont un parti vint jusqu'aux cinq Etoiles; ces deux détachemens obligeoient de se précautionner des deux côtés.

Afin de soulager les escortes des vivres, & d'assurer la communication avec Namur, M. de Ximenes fut détaché avec seize escadrons, pour camper à Jennevaux: mais comme toute la cavalerie, qui étoit à Liége au nombre d'environ trois mille chevaux, s'étoit avancée vers le premier de Juillet à Huy, avec deux bataillons, on fut obligé de renforcer le corps de M. de Ximenes, & de lui donner jusqu'à trente escadrons & six compagnies de Grenadiers, ce qui n'empêchoit pas d'envoyer de

Vuu

1693.
JUIN.

grosses escortes à Péruis, pour y recevoir les convois qui venoient de Namùr, & pour les y renvoyer.

L'éloignement depuis cette place jusqu'au camp, & la difficulté des chemins, qui avoient été gâtés par les orages, auroient ruiné en peu de temps l'équipage des vivres ; déja les charriots de la frontiere étoient pour la plûpart hors d'état de servir, & afin d'y subvenir, M. de Luxembourg s'étoit décidé à faire porter des cintres à Judoigne, afin d'y établir le travail des vivres ; mais comme les caissons & les charriots qui servoient à voîturer le pain, ne suffisoient pas pour y transporter les farines, il donna ses ordres pour faire venir de Mons à Namur, par des charriots du Hainaut, un convoi de farines que ces mêmes charriots, au nombre de six cens, devoient amener à Judoigne. M. de Vertillac, Gouverneur de Mons, devoit l'escorter jusqu'à Beaumont, & M. de Guiscard, depuis Beaumont jusqu'à Namur.

JUILLET.

M. de Vertillac, chargé de la défense des lignes de la Trouille, dans lesquelles des détachemens sortis de Charleroy avoient déja pénétré depuis le commencement de la campagne, crut que s'il s'en éloignoit, les ennemis pourroient y entrer une seconde fois, & y faire un plus grand désordre que la premiere ; ayant même avis que c'étoit leur intention, il convint avec M. de Guiscard qu'il iroit se poster à Jeumont, afin de pouvoir y porter du secours. M. de Guiscard ayant appris en arrivant à Beaumont avec ce convoi, qu'il étoit arrivé une augmentation de cavalerie à Charleroy, à dessein de l'attaquer dans sa marche de Beaumont à Philippeville, dépêcha un courier à M. de Vertillac, pour le prier de le rejoindre, ce qu'il fit, & il arriva environ à une heure après minuit avec près de quatre cens chevaux, ayant envoyé le peu d'infanterie qu'il avoit pour fortifier la garde de ses lignes. M. de Guiscard se mit en marche le 4 Juillet au matin, il donna l'avant-garde à M. de Bretoncelle avec six escadrons ; M. de Vieuxpont y étoit aussi avec deux cens Fusilliers, & M. de Meaux, Lieutenant-Colonel, les suivoit à quelque distance, avec quatre cens hommes de pied qu'il avoit ordre de poster dans les défilés que le convoi auroit à traverser, afin d'assurer sa marche. M. de Prade, Lieutenant-Colonel, étoit chargé de marcher avec quatre escadrons sur le flanc que les ennemis pouvoient attaquer ; il avoit ordre d'en faire huit troupes ; deux cens hommes de pied furent partagés de la même

DE FLANDRE.

1693.
JUILLET.

maniere, & on en laissa un pareil nombre pour faire l'arriere-garde, avec la cavalerie qui étoit aux ordres de MM. de Vertillac & de Lagny : cent chevaux ou dragons, partagés en plusieurs petites troupes, couvroient la marche des troupes & du convoi du côté de Charleroy, & celui qui les commandoit avoit ordre de se jetter beaucoup sur la gauche, afin de découvrir de plus loin les ennemis. Malgré les avis que M. de Guiscard avoit reçu le 3, & sur lesquels il avoit mandé M. de Vertillac, un Partisan qu'il avoit envoyé passer la nuit aux portes de Charleroy, lui avoit rapporté qu'il n'en étoit rien sorti, & qu'il n'y étoit même arrivé la veille aucun détachement de l'armée ennemie ; cette nouvelle lui étant confirmée par d'autres avis, faisoit croire que le convoi arriveroit à Philippeville sans aucune opposition ; M. de Guiscard le fit marcher (1) sur deux files, & lorsque la queue fut sortie du bois de la Gayolle, il s'avança avec M. de Rassent sur la hauteur de Slenrieu, où M. de Bretoncelle avoit fait alte : il envoya quelques détachemens de l'avant-garde pour fouiller le pays du côté de Walcourt, & après avoir fait occuper le défilé par le Marquis de Vieuxpont avec deux cens hommes, il fit défiler les charriots pour le traverser ; ayant encore reconnu par lui-même qu'on pouvoit passer à des Forges qui étoient un peu plus haut, il y mena une file, après en avoir fait assurer le passage & la sortie par M. de Meaux, avec l'infanterie qu'il commandoit : comme la tête & la queue du convoi pouvoient être également attaquées, M. de Bretoncelle, qui étoit à l'avant-garde, prit toutes les précautions nécessaires pour en assurer la tête ; il fit parquer les charriots au-delà du défilé, & il occupa toutes les avenues par lesquelles on pouvoit venir à lui ; M. de Guiscard ayant vu par lui-même ces dispositions, repassa du côté de M. de Vertillac, afin de faire défiler plus diligemment ce qui restoit encore de charriots : il ne comptoit pas en y allant qu'il dût rien avoir à craindre de ce côté-là ; mais M. de Lagny lui fit dire qu'il avoit reconnu que les ennemis étoient fort près de lui avec un corps considérable ; un des petits partis qui marchoient sur le flanc de l'escorte, avoit compté quatorze escadrons, sans avoir pu voir la fin de leur colonne : sur cette nouvelle, M. de Guiscard pria M. de Vertillac de mettre ce qu'il avoit de troupes

___
(1) Voyez pour le terrein la Planche XV, en l'année 1692.

en bataille; il envoya de nouveaux ordres de preſſer le paſſage du défilé, & manda à M. de Raſſent, qui avoit joint M. de Bretoncelle, de lui faire paſſer trois troupes & quelque infanterie, après avoir cependant bien aſſuré la tête du village de Slenrieu, parce qu'il étoit à craindre que l'ennemi n'y fît couler de l'infanterie à la faveur du vallon. M. de Guiſcard alla pendant ce temps-là viſiter la droite & la gauche du terrein dans lequel il devoit combattre, en attendant qu'un Partiſan qu'il avoit envoyé de nouveau pour reconnoître les ennemis, fût de retour; ce Partiſan l'aſſura bien-tôt après qu'ils marchoient avec beaucoup de cavalerie & d'infanterie, & qu'il en avoit vu une colonne fort conſidérable: M. de Guiſcard revint joindre ſes troupes, qu'il trouva mal poſtées, ayant la gauche environ à trente pas en arriere du village de Bouſſu; les ennemis commençoient déja à ſe former, ce qui rendoit dangereux tous les mouvemens en arriere qu'on feroit faire aux troupes; cependant comme il remarqua qu'auſſi-tôt que l'infanterie ennemie ſe ſeroit rendue maîtreſſe du village de Bouſſu, la gauche de la cavalerie Françoiſe ne pourroit plus ſe ſoutenir, il ne balança pas à choiſir un parti dangereux, plutôt que de demeurer dans une ſituation dans laquelle il étoit ſûr d'être battu; il fit faire demi-tour à droite à ſa premiere ligne, & la fit paſſer dans les intervalles de la ſeconde, qui ne conſiſtoit qu'en trois eſcadrons; il s'éloigna du village de Bouſſu, autant qu'il le crut néceſſaire; il ſe remit en bataille, & après avoir redreſſé ſa ligne, & partagé les quatre cens hommes d'infanterie qu'il avoit dans quelques intervalles; il ſe trouva en préſence de l'ennemi, & prêt à en être chargé, n'ayant que douze troupes d'environ ſoixante-dix Maîtres chacune, à cauſe des détachemens qui en avoient été faits. M. de Raſſent le joignit alors avec deux eſcadrons, qui étoient tout ce qu'il avoit pu faire repaſſer en deça du défilé: M. de Raſſent ſe plaça avec ces deux eſcadrons dans la premiere ligne; le reſte étoit compoſé des dragons de Bretoncelle & de Berteuil, & d'un eſcadron de Lagny.

M. de Guiſcard s'appercevant que non ſeulement l'infanterie des ennemis groſſiſſoit, mais même qu'ils en faiſoient paſſer ſur la hauteur de ſa droite, dont il alloit être accablé, ne voulut pas différer plus long-temps à les combattre; ſes troupes remarquoient avec inquiétude les mouvemens de l'infanterie ennemie; il leur dit qu'elles auroient battu ce qui étoit devant elles,

avant

avant que ceux qui paroiſſoient ſur leurs flancs, puſſent les attaquer : il parla à chaque eſcadron, & ordonna à ſes troupes de
charger l'épée à la main : il les fit ébranler en même tems, &
profita d'une pente qui tomboit à la gauche des ennemis dans
un petit vallon où ils ne s'étoient pas étendus, ne le croyant pas
praticable : il fit paſſer un petit marais à un eſcadron de Berteuil, commandé par M. de Prade, lequel déborda la ligne qui
lui étoit oppoſée ; une partie de l'eſcadron, à la tête duquel
M. de Raſſent chargea, prit auſſi en flanc la cavalerie des ennemis, qui avoit réſiſté juſques-là, & qui dans ce moment fut entiérement rompue : la premiere ligne ſe renverſa ſur la ſeconde,
& celle-ci ſur la troiſieme : M. de Raſſent les ſuivit près d'une
lieue, les ſerrant de près & les pouſſant devant lui ſans les
laiſſer ſe rallier.

1693.
JUILLET.

L'infanterie ennemie, qui occupoit le village de Bouſſu, &
les haies voiſines, fit un très-grand feu ſur les troupes du Roi,
auſſi-bien que celle qui étoit dans les intervalles de leurs eſcadrons, laquelle rejoignit l'autre. M. de Vertillac ayant été tué
au commencement du combat, M. de Guiſcard & M. de Lagny
rallierent tout ce qu'ils purent tenir en état de recevoir M. de
Raſſent qu'ils avoient perdu de vue, & du retour duquel ils
étoient fort en peine par le grand nombre d'ennemis qui pouvoient le ramener en déſordre.

Quelque diligence que put faire M. de Vieuxpont avec ſon
infanterie, pour joindre M. de Guiſcard, il ne put arriver avant
que celle des ennemis, qui conſiſtoit en deux mille hommes,
eût gagné la tête d'un vallon qui aſſuroit ſa retraite. M. de Raſſent parut dans ce tems-là revenant en bon ordre, & M. de Bretoncelle joignit M. de Guiſcard, après avoir eu la précaution
de faire défiler le convoi pour aller à Philippeville, & de donner les ordres néceſſaires pour la ſûreté de ſa marche : M. de
Bretoncelle traverſa un petit marais, & monta ſur la hauteur
de la droite avec deux eſcadrons de Dragons & ſix cens hommes de pied, à la tête deſquels étoient Meſſieurs de Vieuxpont
& Delfian. M. de Guiſcard ayant eſſayé de faire couper par-là
l'infanterie ennemie, alla lui-même avec le reſte des troupes
occuper une plaine où il croyoit qu'elle alloit paſſer : en y entrant il apperçut encore une partie de la cavalerie ennemie qui
revenoit du chemin de Beaumont, que la fuite précipitée l'avoit
obligé de tenir d'abord, & qui reprenoit celui de Charleroy :

1693.
JUILLET.

il détacha M. de Bretoncelle avec trois troupes de Dragons pour les suivre un peu vivement, & marcha, pour le soutenir, avec Messieurs de Raffent & de Lagny, & le reste de la cavalerie; il laissa son infanterie au premier défilé, afin de le recevoir s'il étoit poussé: malgré la diligence que fit M. de Bretoncelle, il ne put joindre leur gros: il fit seulement quelques prisonniers; & à l'approche de la nuit toutes les troupes reprirent le chemin de Philippeville: elles y arrivèrent à minuit, & rejoignirent le convoi qui y étoit avant huit heures du soir, sans avoir perdu un cheval ni un seul sac de farine.

Les ennemis perdirent dans cette action plus de deux cens hommes tués, sans compter un très-grand nombre de blessés & beaucoup de prisonniers: ils avoient dix-huit escadrons & deux mille hommes de pied, commandés par M. du Buy, Lieutenant Général de la Cavalerie Espagnole; une partie de ces troupes étoit arrivée la nuit précédente à Charleroy, & y avoit joint celles qui y étoient depuis près de quinze jours. La perte des troupes du Roi fut beaucoup moins considérable que celle des ennemis, malgré la supériorité qu'ils avoient: elles ne perdirent aucun Officier de marque que M. de Vertillac, (1) Gouverneur de Mons.

M. de Luxembourg avoit eu dessein de faire attaquer par M. de Ximenès la cavalerie qui étoit sous Huy & sous Charleroy; mais sur le compte qu'on lui rendit de la position de celle qui campoit sous Huy, il jugea l'attaque impossible. Pour entreprendre sur celle qui étoit campée sur les glacis de Charleroy, il avoit dessein de faire passer un convoi par le Masy; l'escorte se seroit avancée à l'entrée de la nuit, & le détachement destiné à attaquer les ennemis eût porté des Grenadiers en croupe, & eût été composé de beaucoup de Dragons & de la Cavalerie nécessaire pour combattre celle des ennemis: mais comme ils avoient pris des précautions pour n'être pas insultés sous cette place, M. de Luxembourg ne s'occupa plus de ce projet après le combat qui s'étoit donné auprès de Slenrieu.

Autant les pluies & les mauvais chemins avoient mis en mauvais état l'équipage des vivres, autant la cavalerie qui leur servoit d'escorte avoit souffert: elle étoit si affoiblie par les mau-

---

(1) Son gouvernement fut donné à M. de Laubanie, qui fut pareillement chargé de la défense de la Haisne & des lignes de la Trouille.

vaises eaux du camp de l'Ecluse, qu'on craignoit que la plus grande partie des chevaux ne fût pas en état de soutenir la fatigue du reste de la campagne : ce camp convenoit cependant plus qu'aucun autre aux vues que le Roi & M. de Luxembourg avoient eu d'abord, qui étoient de suivre le Prince d'Orange, s'il passoit la Dyle, & de faire en même tems tout ce qui seroit possible pour le retenir dans la position où il étoit.

Dans le cas où le Prince d'Orange repasseroit la Dyle pour aller sur le canal de Bruxelles, le Roi désiroit que si M. de Luxembourg ne pouvoit entreprendre sur les Alliés avant qu'ils eussent repassé cette riviere, il essayât de combattre leur arriere-garde entre Louvain & Bruxelles : Sa Majesté vouloit aussi qu'il pût les prévenir sur la Senne, afin de les empêcher de se porter avant lui du côté des lignes & de la mer. Pour combattre les Alliés entre Louvain & Bruxelles, il étoit nécessaire que l'armée du Roi traversât la Dyle, la Lane, l'Ysche & le ruisseau de Tervueren ; ce qui ne pouvoit se faire dans un jour. Les Alliés, après avoir passé la Dyle, avoient une belle plaine pour marcher, & le lendemain ils pouvoient avoir passé le canal de Bruxelles avant qu'on pût les joindre. Quant au parti de se porter vers Enghien, M. de Luxembourg le croyoit plus facile & plus sûr : pour cet effet, il pensoit qu'il étoit préférable de laisser la Lane devant lui, après avoir passé la Dyle, & de s'étendre le premier jour sur la gauche aussi loin qu'il seroit possible, afin de pouvoir le lendemain aller camper la droite à Braine-Laleu, & la gauche vers la Senne ; il projettoit de faire avancer un corps sur cette riviere le même jour qu'il arriveroit à Braine-Laleu, afin d'établir ses ponts pour le lendemain, & de pouvoir se poster aux environs de Halle, de maniere à obliger les Alliés de rester dans le camp d'Anderlecht ; cette position les auroit mis dans la nécessité de manger leur pays, & devoit fournir quelque subsistance à leurs dépens aux troupes du Roi.

Les ennemis paroissoient avoir dessein de faire passer des troupes d'Angleterre à Ostende ; & pour leur faire tête, M. de Luxembourg proposoit au Roi de faire venir, aux ordres de M. de la Valette, celles qui étoient sur les côtes, parce qu'après le débarquement des troupes Angloises, il n'y auroit plus rien à craindre en France pour une descente. Pourvu qu'on mît M. de la Valette en état de se soutenir par lui-même, M. de

1693.
JUILLET.

Luxembourg pensoit qu'au lieu de se porter sur la Senne, ou de chercher inutilement à combattre les ennemis entre Louvain & Bruxelles, il seroit préférable de marcher sur la Geete, ou sur le Jaar: on étoit presque assuré d'empêcher le Prince d'Orange d'aller du côté de la Flandre, car il avoit fort à cœur de persuader aux Alliés que, par son opiniâtreté à rester sous Louvain, il sauvoit tout le pays; ainsi il y avoit apparence qu'il ne voudroit pas s'en éloigner, & qu'il marcheroit vers Leaw quand l'armée du Roi iroit sur le Jaar: il se mettoit par-là à portée de partager les fourrages avec les troupes du Roi, & de s'opposer aux courses qu'elles voudroient faire au-delà du Demer: cette démarche ne pouvoit que lui être très-avantageuse auprès des Hollandois, à qui il auroit persuadé qu'il sauvoit les places de la Meuse & la Campine.

Les fourrages étant devenus fort rares pour l'armée du Roi, qui étoit obligée de les prendre d'un côté au-delà de Tirlemont & jusqu'à l'Abbaye d'Heylissem, de l'autre au-delà de la Dyle, parce qu'elle avoit consommé fort au loin ceux qui étoient derriere elle, on étoit obligé de chercher une autre position pour la faire subsister: dans celle qu'elle occupoit, le Prince d'Orange ne pouvoit encore pénétrer quelles seroient ses démarches, mais elles ne devoient plus être incertaines aussi-tôt qu'elle feroit quelque mouvement: ainsi il falloit se décider à marcher vers la Flandre, en laissant aux ennemis la liberté de tirer de Liege toutes les troupes qui étoient dans cette place & dans le Luxembourg, ou prendre le parti de donner de la jalousie aux Alliés pour les places de la Meuse, en les laissant en même tems les maîtres de marcher en Flandre & d'attaquer les lignes.

Si l'armée du Roi cherchoit à former quelqu'entreprise, il étoit bien difficile d'empêcher les ennemis de prendre la supériorité de la campagne; si d'un autre côté on entreprenoit un siege, ce ne pouvoit être que celui de Leaw ou de Huy; & il étoit à craindre que pendant que les troupes du Roi y seroient occupées, le Prince d'Orange ne cherchât à les attaquer.

Si M. de Luxembourg s'attachoit à Leaw, il étoit obligé de partager son attention & ses forces: d'un côté, le Prince d'Orange, qui étoit à Louvain, & de l'autre les troupes qui étoient à Liege, lesquelles faisoient une petite armée, devoient l'inquiéter, ses quartiers étant séparés par une riviere: le manque de charriots pour le transport des munitions auroit

fait

fait tirer le fiege en longueur, ou bien on eût été obligé de différer à inveftir la place ; ce qui auroit donné aux Alliés le tems de faire telle démarche qu'ils auroient jugé à propos pour l'empêcher, ou pour le troubler. Une autre raifon qui devoit encore détourner de ce fiege, quand même le tranfport des vivres & des munitions fe fût fait de Namur à Leaw fans aucun obftacle, étoit la difficulté de conferver cette place, étant auffi avancée qu'elle l'étoit dans le pays ennemi.

<small>1693. JUILLET.</small>

Le fiege de Huy ne pouvoit fe faire que par un corps de troupes confidérable ; la féparation des quartiers & le voifinage de Liege ne permettoit pas de l'attaquer fans être en forces : fi l'armée du Roi fe partageoit, elle étoit trop foible pour réfifter au Prince d'Orange ; & fi elle marchoit toute entiere à Huy, les troupes qui étoient à Liege pouvoient fe joindre à ce Prince & le rendre fupérieur en nombre.

M. de Luxembourg ne manqua pas, avant de recevoir les ordres du Roi fur ce qu'il auroit à faire, de prévenir Sa Majefté fur les avantages & les inconvéniens qui pouvoient réfulter des différens partis qu'il prendroit : le Roi préféra que fon armée marchât fur la Geete ou fur le Jaar. Afin d'obliger en même tems le Prince d'Orange à fe régler fur les mouvemens de M. de Luxembourg, & l'empêcher de fe porter vers la Flandre, Sa Majefté voulut qu'il attaquât Huy auffi-tôt que les Alliés repafferoient la Dyle, & marcheroient vers Bruxelles, & que, fi le Prince d'Orange revenoit fur fes pas, & donnoit quelque occafion de le combattre, il n'héfitât pas à l'attaquer. Pour remplir ces vues, M. de Luxembourg fit marcher fon armée le 8 Juillet, pour aller camper à Heyliffem : il envoya M. de Puyfegur reconnoître les gués & les endroits où il falloit faire des ponts fur la Geete pour la traverfer ; & comme les ennemis n'étoient campés qu'à trois quarts de lieue, & que le Prince d'Orange pouvoit tomber fur l'arriere-garde, M. de Luxembourg fit obferver l'ordre fuivant pour la marche des troupes & des équipages.

Le 7, à l'entrée de la nuit, l'on fit charger tous les gros bagages, qui fe mirent en marche à minuit par les chemins qui leur furent marqués : tous les menus bagages chargerent à une heure de jour, & marcherent par les chemins que les gros avoient tenus.

<small>Marche de l'Eclufe à Heyliffem. Pl. VIII. & IX.</small>

On ne fonna le boutte-felle, & on ne battit la générale que fur un ordre particulier de M. de Luxembourg. L'on fit la même chofe pour sonner à cheval & pour battre l'assemblée ; comme il y avoit un brouillard assez épais, l'ordre n'en fut donné qu'à neuf heures.

Lorsque l'on eut sonné à cheval, l'aîle droite & l'aîle gauche de cavalerie marcherent à colonnes renversées à la tête de l'infanterie de leur ligne ; & quand elles se furent jointes, elles firent face à l'ennemi : l'armée qui étoit campée sur deux lignes, se trouva alors sur quatre.

L'infanterie qui étoit dans le village de Meldert, alla aussitôt qu'on eut battu la générale, se mettre le long du bois de Mellain, en commençant au village de Wanhein, jusqu'à l'endroit où étoit l'artillerie.

L'infanterie qui étoit à Bossut, fit la même chose, & partit à la même heure pour se poster auprès de la cense d'Elchise.

Les dragons de la droite & de la gauche se mirent au flanc des lignes.

L'armée étant sur quatre lignes, doubla pour se mettre en bataille sur huit lignes, chacune se partagea par moitié ; toutes les gauches doublerent derriere les droites ; les quatre brigades qui étoient à la gauche de la seconde ligne d'infanterie, doublerent derriere les trois de la droite ; Nice derriere Anjou, Greder derriere, Zurlauben, Arbouville & Orléans derriere Surbeck. La seconde ligne de l'aîle gauche de cavalerie derriere la seconde ligne droite, Montrevel derriere Saint Simon, Labessiere derriere Presle, & Massot derriere Rottembourg. On fit la même chose pour la premiere ligne.

La seconde ligne d'infanterie en ayant formé deux, marcha de front à travers les petits bois taillis, pour se mettre en bataille, ayant la gauche aux Censes de Hayette, & la droite derriere la Couvertrie de Mellain.

Les deux lignes de cavalerie qui suivoient, se mirent en bataille auprès de Pietre-baix, se tenant à distances raisonnables des lignes qui étoient devant & derriere elles ; ce que firent aussi toutes les autres.

L'armée étant dans cette disposition, reçut l'ordre de M. de Luxembourg de continuer sa marche, & pour lors au lieu de marcher en bataille, elle se mit en colonne, & passa par les ouvertures que l'on avoit faites depuis la Couvertrie de Mellain jusqu'aux Censes de Hayette.

L'infanterie forma quatre colonnes, & en eut trois de cavalerie à sa droite, & trois à sa gauche : celles qui étoient à sa droite furent formées par la seconde ligne de l'aîle gauche de cavalerie, & celles de la gauche par la seconde ligne de l'aîle droite ; elles furent suivies chacunes de la premiere ligne de leur aîle dans le même ordre.

L'infanterie qui composoit la premiere ligne, suivit les mouvemens des brigades de la seconde qui étoit derriere elle. Lorsque la tête de toutes ces colonnes fut arrivée à l'entrée de la plaine, elles tournerent à droite pour passer à la tête de la ravine de Lathuy, & elles entrerent dans la plaine, entre la Geete & la ravine.

DE FLANDRE. 271

Les trois colonnes de la droite, qui étoient pour l'aîle gauche, allerent passer la Geete sur trois ponts qui étoient entre Judoigne-Souveraine & Judoigne le marché; ensuite elles passerent le ruisseau auprès de Molanbaix, sur trois ponts que l'on avoit faits au dessous du village, d'où elles entrerent à la gauche du camp qui étoit leur poste.

1693.
JUILLET.

Les quatre colonnes d'infanterie traverserent la Geete auprès de Judoigne, d'où elles se rendirent à leur camp : les trois colonnes de la gauche continuerent leur marche jusqu'aux trois ponts que l'on avoit faits près de Sainte Marie-Geest, où elles passerent la riviere; delà elles se rendirent entre Esemael & Goussoncourt où fut leur camp.

Les gros bagages qui étoient au quartier de Meldert s'assemblerent à la droite des troupes; on mit cinquante chevaux pour marcher à leur tête. Ils allerent passer au moulin de l'Écluse, delà au pont de Lumai, & étant dans la plaine au delà de la Geete; ils doublerent afin de débarrasser les ponts; l'Officier de cavalerie qui marchoit à leur tête, eut soin de les contenir. Les équipages de la maison du Roi suivirent cette colonne; ceux des brigades de Bolhen, de Saint Simon & de Presle s'assemblerent à la tête de Saint Simon pour venir auprès du quartier général; delà ils prirent le chemin de Geest-Saint Remy, & passerent au pont que l'on avoit fait au dessous de Sainte Marie-Geest.

Les bagages de M. le Duc de Chartres, & ceux des brigades de Rottembourg & de Dalou allerent passer au pont de Wanhein, d'où ils prirent le chemin de Mellain, qu'ils laisserent à droite pour aller à Gaptenche, à Husonpont, & delà au pont fait au dessus, & le plus près de Sainte Marie-Geest.

Tous les gros bagages de l'infanterie s'assemblerent à l'artillerie, & tous ceux de l'aîle gauche de cavalerie auprès de la Cense d'Elchise. Il en fut de même pour le rendez-vous des menus bagages qui eurent cinquante maîtres à leur tête; les bagages d'infanterie suivirent la route marquée pour leurs troupes, & ceux de l'aîle gauche en firent autant.

On mit deux cens hommes pour l'escorte des bagages de l'aîle gauche, deux cens dans ceux de l'infanterie, cent dans la colonne qui passa au pont de Wanhein, deux cens dans celle du quartier général, & deux cens dans celle qui passa au moulin de l'Écluse.

Aussitôt que l'ordre fut donné, on commanda douze cens hommes de pied, dont six cens eurent leur rendez-vous à la tête des Gardes du Roi, & les six cens autres à la tête de la brigade de Maulevrier: les six cens de la droite allerent passer au village de Lumai; d'où ils détacherent deux cens hommes pour aller garder les ponts qui sont sur la Geete dans Tirlemont, & pour observer ce qui pouvoit venir du côté du camp des ennemis: les quatre cens autres attendirent au delà du pont les ordres de M. de Pracontal, Maréchal de camp de jour.

On envoya un parti de cavalerie de cinquante maîtres du côté de Bauterfem, pour donner avis de ce qui paroîtroit de ce côté-là ; & ils firent avertir l'Officier qui commandoit les deux cens hommes au pont de Tirlemont, afin d'assurer leur retraite.

Des six cens hommes de la gauche on en mit cinquante à Rauxmirois, & cinquante sur la hauteur du petit bois qui est auprès d'Incourt, & ils y demeurerent jusqu'à ce que toute l'armée fût passée ; les cinq cens autres allerent passer les ponts au dessus de Judoigne, où ils attendirent les ordres de M. de Pracontal.

On commanda mille chevaux avec les nouvelles gardes qui se trouverent à minuit aux caissons sous les ordres de M. de Pracontal.

On ne demanda le campement que lorsque l'on en eut besoin. M. de Pracontal envoya un parti du côté d'Huy sur la chauffée, & un autre du côté de Leaw, & veilla avec le reste de ses troupes à la sûreté des bagages lorsqu'ils furent arrivés dans le camp.

Les gardes de cavalerie reprirent leurs postes de jour, & se retirerent à mesure que l'armée s'éloignoit. Les postes d'infanterie qui étoient dans Tourine & dans Bevecum, n'en partirent que lorsque la garde de cavalerie qui étoit au dessus, eut ordre de se retirer. L'on ne se servit pas des chemins les plus courts pour aller au camp, parce que les colonnes se seroient trouvées séparées par des ruisseaux & des ravines, ensorte que les ennemis auroient pu tomber sur quelqu'une, au lieu que rassemblant toutes les troupes au dessus de Pietre-baix, l'ennemi ne pouvoit attaquer un bataillon ou un escadron sans avoir à combattre toute l'armée.

Toutes les troupes défilerent en très-bon ordre par la trouée qui est entre le bois & la Cense d'Elchise, & le village de Wanhein.

L'armée fut campée entre les Geetes sur deux lignes, la droite tirant vers Leaw, & la gauche vers Judoigne, l'Abbaye d'Heylissem pour quartier général.

Les précautions qu'il fallut prendre pour repasser la Geete, obligerent M. de Luxembourg de rester à l'arriere-garde ; les ennemis s'avancerent à la sortie de la trouée qui étoit devant leur camp : ils garnirent les bois d'infanterie & de canon, & firent avancer environ soixante escadrons dans la plaine : ils s'étendirent vis-à-vis du terrain où étoit campée la droite de l'armée du Roi ; mais la marche étoit si bien disposée que cette cavalerie ne l'empêcha pas de la continuer.

En arrivant au camp d'Heylissem, M. de Luxembourg avoit envoyé des partis à la guerre de différens côté : la veille de son départ de Meldert, il avoit aussi détaché le Chevalier Dupré avec cinquante Maîtres & vingt Dragons, pour aller du côté d'Hannut, afin de donner avis à M. de Pracontal, Officier Général

DE FLANDRE.

Général de jour, & qui devoit établir le camp, de ce qui viendroit de ce côté-là : le Chevalier Dupré rencontra un parti de vingt Maîtres des ennemis qui ne tint pas devant lui, & duquel il prit quatre Cavaliers ; il en pouſſa un autre de trente Dragons, qui s'en alla comme le premier dans un village où étoient embuſqués cinquante Maîtres des troupes qui étoient à Huy : les deux premiers détachemens s'étant joints au troiſieme dans le village, le Chevalier Dupré les attaqua ; ils eſſuyerent de fort près le feu les uns des autres : le détachement François mit auſſi-tôt l'épée à la main, & rompit les ennemis, ſur leſquels il fit vingt-un priſonniers ; ils perdirent de plus vingt Cavaliers morts ſur la place, & trente-ſix chevaux qu'on ramena au camp ; le Chevalier Dupré ne perdit que ſept chevaux & quelques Cavaliers en petit nombre.

Preſque tous les partis de l'armée Françoiſe qui alloient à la guerre n'en revenoient point ſans faire des priſonniers, ou ſans remporter quelqu'avantage ſur ceux des Alliés : ces petits ſuccès avoient jetté une telle épouvante dans leurs troupes, que s'étant avancés le 10 pour fourrager à Oplinter & Neerlinter, & M. de Luxembourg étant allé avec un petit détachement ſe promener vers Leaw, il découvrit un parti auquel ils avoient fait paſſer la Geete, & il donna tellement l'allarme à toute l'eſcorte du fourrage, que les Alliés s'en retournerent fort bruſquement & ſans fourrager.

M. de Luxembourg eut avis que M. du Buy étoit retourné à Bruxelles avec toute la cavalerie qu'il avoit à Charleroy ; ce mouvement le raſſuroit pour les lignes de la Trouille, & faiſoit que M. de la Valette pouvoit en tirer dans le beſoin une partie des troupes qui y étoient : les ennemis avoient pénétré dans ces lignes toutes les fois qu'ils l'avoient entrepris, & M. de Luxembourg penſoit qu'il eût été plus avantageux de les abandonner & de s'en tenir à la défenſe de l'Hoſneau ; on y eût employé moins de troupes, & jamais les détachemens des ennemis n'euſſent oſé laiſſer Mons derriere eux pour aller les forcer.

En même tems que l'armée du Roi étoit aller camper entre les deux Geetes, une partie des troupes que les Alliés avoient ſur la Meuſe, s'étoit miſe en marche pour joindre le Prince d'Orange : ces troupes ſe rendirent à Louvain, en ſe couvrant du Demer : elles conſiſtoient en vingt-deux bataillons, ſçavoir dix que ce Prince tiroit de Liege, & ſix de Maeſtricht, trois autres bataillons qui lui étoient arrivés depuis peu de Hollande, & trois qu'il avoit encore fait venir de Charleroy, que M. de Luxembourg avoit deſſein de faire attaquer dans leur marche: mais l'avis qu'il en devoit recevoir, fut envoyé à M. de Guiſcard, qui n'étoit pas de retour du convoi, & l'eſpion qui devoit lui apporter cette nouvelle, ne voulut s'en ouvrir qu'à lui. Après cette jonction, l'infanterie des Alliés ſe trouvoit ſupérieure à celle de M. de Luxembourg, parce que dans l'armée du Roi il y avoit beaucoup de bataillons qu'on ne pouvoit conſidérer que comme de gros pelotons.

Le Général Fleming qui s'étoit avancé à quelques journées de la Meuſe pour obſerver la marche de M. le Dauphin, étoit revenu ſur cette riviere, & avoit joint enſuite l'armée des Alliés avec quelque cavalerie.

Outre les vingt-deux bataillons & la cavalerie du Général Fleming, le Prince d'Orange devoit encore être joint par celle que le Comte de Tilly commandoit ſur la Meuſe: elle formoit un corps d'environ trois mille chevaux, lequel s'étoit avancé à Huy; delà il étoit revenu à Liege, & le 13 au ſoir, il avoit marché ſous Tongres, où il campoit près du Château de Hamal au delà du Jaar.

M. de Luxembourg en reçut la nouvelle le 14, pendant qu'il étoit à un fourrage que faiſoit l'aîle gauche : il envoya ſur le champ deux hommes dont il étoit ſûr, d'un côté, & un parti de l'autre, pour en ſçavoir des nouvelles certaines, & lui en apprendre dans la marche qu'il comptoit faire pour les attaquer : il manda en même tems qu'on fît repaître quarante-quatre eſcadrons de ſon aîle droite, y compris la Maiſon du Roi, & qu'ils fuſſent prêts à marcher au premier ordre.

Les nouvelles qu'il avoit reçues de ce corps de cavalerie lui ayant été confirmées trois heures après, pendant qu'il étoit encore au fourrage, il réſolut de le combattre : pour cet effet, il envoya M. le Maréchal de Villeroy chercher les troupes auxquelles il avoit envoyé ſes ordres avec les Officiers Généraux de l'aîle droite : ce détachement partit du camp à ſix heures du ſoir, & alla joindre M. de Luxembourg auprès du village de Montenaken où il étoit reſté : il avoit auſſi mandé ſeize compagnies de Grenadiers qui s'y rendirent, & auxquels on fit prendre les devants, ainſi qu'à dix troupes de celles qui étoient au fourrage, avec leſquelles M. de Marſin joignit les Grenadiers, pour

former l'avant-garde. Les troupes que M. de Villeroy étoit
chargé d'amener, n'arriverent à la Tombe d'Avernas, où étoit
M. de Luxembourg, qu'à huit heures : il leur fit continuer leur
marche (*) fur deux colonnes, laiffant Warem à droite ; elles
allerent, en fe côtoyant, paffer le Jaar, fçavoir celle de M. de
Luxembourg à Horelle, & celle de M. de Villeroy à Grenville ;
M. de Marfin traverfa auffi le Jaar à Horelle ; il fut joint dans fa
marche par Meffieurs de Janet & du Rofel, qui revenoient de
la guerre chacun avec cent cinquante Maîtres. Le détachement
de M. du Rofel, où M. le Duc de Montfort étoit en fecond, pré-
céda celui de M. de Marfin, & M. de Sanguinette, Exempt des
Gardes du Corps, qui en commandoit une troupe, eut la tête
de la marche.

1693.
JUILLET.

(*) Voyez la
Planche X.

Tous ces détachemens n'acheverent de paffer le Jaar qu'à
trois heures du matin ; la tête de la colonne, que menoit M. de
Luxembourg, traverfa auffi-tôt après cette riviere ; & comme
il n'y avoit plus qu'une lieue jufqu'au camp des ennemis, les
deux colonnes marcherent avec diligence, tandis que M. de
Luxembourg s'avançoit avec les détachemens qui faifoient
l'avant-garde, afin de voir leur difpofition par lui-même, & de
prendre fon parti avec plus de certitude.

Le Comte de Tilly avoit été averti à minuit, par un Prêtre, de la
marche des troupes du Roi ; & comme il ne croyoit pas qu'elles
puffent le joindre auffi promptement, il n'avoit fait monter les
fiennes à cheval, que vers trois heures. M. de Luxembourg arrivant vers quatre heures, à la vue du terrein où les ennemis
avoient campé, remarqua qu'une partie de leurs troupes étoit
en marche pour aller du côté de Maeftricht : les autres, au nombre d'environ fept ou huit efcadrons, étoient en bataille à la
tête de leur camp, & attendoient que leurs bagages euffent défilé pour fe retirer entiérement. M. de Luxembourg fit ferrer
ces derniers efcadrons de près par M. de Marfin & par les deux
autres détachemens, afin de les amufer & de donner le tems
aux deux colonnes des troupes du Roi d'arriver.

Combat de Ha-
mal, près de
Tongres.

Auffi-tôt que les ennemis les virent paroître, ils abandonnerent le foin de leurs bagages, pour fonger à une prompte retraite : ils pafferent en défordre un grand ravin qu'ils avoient
derriere eux, & fe rallierent fur la hauteur. La troupe de M. de
Sanguinette & celle de M. du Rofel fe tinrent dans la pente du
ravin du côté des ennemis ; & elle étoit fi efcarpée, que M. de

Sanguinette, qui étoit le plus avancé, étoit à couvert. M. de Luxembourg voyant que l'arriere-garde des ennemis vouloit tenir fur la hauteur, pour donner le tems au refte de leur cavalerie de s'éloigner, ordonna à M. de Marfin de commencer le combat ; ce qu'il fit avec autant de valeur que de capacité : car voyant qu'ils faifoient tête à la troupe de M. de Sanguinette, il paffa le ravin au deffus du terrein qu'ils occupoient, afin de les prendre en flanc. M. de Sanguinette n'ayant pas voulu attendre, pour charger, le moment où M. de Marfin pouvoit les combattre, attaqua avec une feule troupe une colonne de fix efcadrons par la tête : ils firent fur lui un fort grand feu dont il fut tué ; & M. de Montfort, qui s'étoit joint à lui, fut bleffé de plufieurs coups, dont un à la tête, qui étoit fort dangereux. M. de Thiange, qui s'y trouva volontaire, fut auffi bleffé.

Les ennemis voyant M. de Marfin avec fon détachement fur leur flanc, tournerent le dos & fe mirent tout-à-fait en déroute. M. de Luxembourg fit débander après eux toutes fes troupes détachées ; il fit venir fes colonnes avec beaucoup de diligence, mais elles ne purent les joindre : les détachemens les fuivirent, leur tuerent environ cent vingt hommes, & firent à peu près autant de prifonniers, parmi lefquels il y avoit quelques Colonels & beaucoup d'autres Officiers.

On leur prit trois Etendards & deux paires de Tymbales : tous leurs équipages furent pillés & les charriots brûlés fur le champ : le détachement que commandoit M. de Sanguinette fut le feul des troupes du Roi qui fit quelque perte. On fuivit les ennemis jufqu'à une petite lieue de Maeftricht, & après avoir donné un peu de repos aux troupes du Roi, on les ramena au camp.

Auffi-tôt que le Prince d'Orange eut été joint par les différens détachemens qui lui étoient venus de la Meufe, de Hollande & de Charleroy, il voulut inquiéter l'armée du Roi par une diverfion, & l'obliger de s'affoiblir : pour cet effet, il fit un détachement de treize bataillons & de dix Régimens de cavalerie, qui pouvoient faire environ vingt-cinq efcadrons, pour aller attaquer les lignes d'Efpierre : ces troupes fe mirent en marche le 11 de Juillet, & furent renforcées par cinq ou fix bataillons tirés de Gand & des places voifines de la mer. M. de Luxembourg, fur de faux avis que les Alliés devoient envoyer des troupes fur l'Efcaut, avoit détaché un Régiment de cavalerie

&

DE FLANDRE.

& un de Dragons pour se rendre sous Maubeuge, d'où ils étoient en état de joindre M. de la Valette, où de revenir vers Namur, selon qu'il seroit nécessaire. Aussi-tôt qu'il eut avis de la marche du détachement des ennemis pour aller sur l'Escaut, il envoya ordre à ces deux Régimens d'aller joindre M. de la Valette.

1693.
JUILLET.

Il avoit été décidé à Gemblours, que si les Alliés envoyoient aux lignes un gros corps, on n'affoibliroit pas pour cela la grande armée, pendant qu'elle seroit à portée du Prince d'Orange & aux environs de la Geete, parce que le détachement qu'on y enverroit, ne pourroit y arriver aussi-tôt que celui des ennemis : mais comme c'étoit le moment le plus favorable pour assiéger Huy, & que le Roi étoit décidé à faire attaquer cette place, M. de Luxembourg se mit en marche pour s'en approcher, dès qu'il fut assuré que le détachement des ennemis avoit passé la Dendre : il fit décamper son armée le 18, & elle alla le premier jour à Walef.

Cette marche se fit sur huit colonnes.

Le boutte-selle & la générale au jour, à cheval & l'assemblée quand on en donna l'ordre.

Marche de Heylissem à Walef.
PLANCHE XI.

L'aîle gauche de cavalerie forma les deux colonnes de la droite ; le Mestre de Camp suivi de la premiere ligne, eut la droite des deux, & Massot suivi de la seconde ligne, eut celle de la gauche ; celle dont le Mestre de Camp avoit la tête, alla passer à la Cense de Franche-Comté, à Jauche, laissa Jandrin & Mierdaux à droite, & Thine à gauche, ainsi que la colonne de cavalerie qui devoit marcher à sa gauche ; elle continua sa marche laissant la Cense & la Tombe du Soleil à sa droite pour aller à la hauteur de Bref où fut son camp ; celle dont Massot avoit la tête, laissa Pietram & Herbaix à gauche, pour aller entre Ayninez & Marilles, & passa au moulin de Jausse, laissant Jandrin à droite, ainsi que l'autre colonne de cavalerie qu'elle côtoya jusqu'à l'entrée du camp.

La troisieme colonne fut pour les bagages de cette aîle, lesquels observerent l'ordre de la marche de leurs troupes, & furent suivis de ceux de l'infanterie qui étoit campée au-delà du bois de Chapiavaux ; cette colonne passa à Pietram, laissa Herbaix & Ayninez à droite, & Marilles à gauche, pour aller à Orp-le-petit, au pont de Terbeck, à la Cense de Jausse, à Thine ; de-là elle côtoya la colonne de cavalerie qui étoit à sa droite, pour entrer dans la plaine du camp.

La quatrieme colonne fut pour les brigades d'infanterie qui étoient campées au delà du bois de Chapiavaux ; la brigade d'Orléans en eut la tête, & fut suivie de celle de Reynold, de Piedmont, du Roi, de la Saarre & de Royal-Roussillon : celle de Maulevrier qui étoit au flanc

Aaaa

HISTOIRE MILITAIRE

1693.
JUILLET.

de l'armée, suivit la cavalerie de la gauche : cette colonne laissa Pietram à droite pour aller à Noduwé, à Orp-le grand, à Haler-le petit, coula le long du chemin d'Hannut, le laissant à gauche & la Cense de Dieu-regard à droite, pour entrer dans la plaine du camp.

La cinquieme colonne fut pour l'artillerie, laquelle passa dans le quartier général, & laissa l'abbaye de Heylissem à sa gauche, pour aller à Linsmeau qu'elle laissa à droite ; delà elle prit le chemin d'Hannut, laissant la tombe d'Avernas beaucoup sur sa gauche, & quand elle fut au delà de Hannut, elle se rendit dans la plaine du camp.

Les équipages du quartier général prirent la même route, & furent suivis de ceux de Greder Suisse, de Reynold & de la brigade des Gardes.

La sixieme colonne fut pour les brigades de Greder Suisse, Nice, Surbeck, les Gardes, Guiche, & le reste de l'infanterie ; cette colonne passa au pont fait près de l'Abbaye de Heylissem, & la laissa à droite pour aller à travers champ, droit à la tombe d'Avernas, qu'elle laissa à gauche & la colonne d'artillerie à droite : elle alla ensuite à Hannut, qu'elle laissa aussi à droite ; delà elle passa à Blehen, & entra dans la plaine du camp. Les bagages de ces troupes passerent au même pont, & suivirent la même route.

La septieme colonne fut pour la seconde ligne de cavalerie de l'aîle droite, la brigade de Rottembourg en eut la tête ; cette colonne passa au pont du Roi qui étoit derriere le régiment de Villiers, laissa Racou à droite, & les villages de Wamont, de Houten & de Montenaken à gauche, ainsi que la premiere ligne de cavalerie, pour aller entre Gros-Avernas & Avernas-Baudouin ; delà elle continua sa marche entre Binseray & Trogny, & marcha à Hologne, où elle traversa le Jaar pour entrer dans la plaine du camp. Les bagages de cette colonne passerent le même pont, & suivirent la même route.

La huitieme & derniere colonne fut pour la premiere ligne de cavalerie de l'aîle droite, en commençant par la Maison du Roi : cette colonne passa au pont d'Heylissem près de la maison de M. de Rosen, laissa Racou & l'autre colonne de cavalerie à sa droite, & les villages de Sainte-Gertrude, de Houten & de Montenaken à sa gauche, & côtoya l'autre colonne, laissant Cortis à sa gauche ; laissant Cortis à sa gauche, à Vertes, où elle passa la Meulle, delà elle traversa le Jaar à grand Hache & petit Hache, pour se rendre à la droite du camp. L'infanterie, qui campoit au flanc droit, passa la Jausse ou petite Geete avant la cavalerie, & mit deux cens hommes de pied dans la colonne de bagages de l'aîle droite : on mit cinquante hommes au village de Houten, & trente au petit bois qui est entre Houten & Montenaken, pour couvrir la gauche de la marche.

On mit cent chevaux entre le ruisseau de Landen & la Jausse : on en mit deux cens autres entre Montenaken & Houten, sur la hauteur : le Régiment du Colonel Général Dragons mit deux escadrons à la tête

DE FLANDRE.

des Gardes du Roi, & deux à la tête de la brigade de Rottembourg. Les deux autres Régimens de Dragons demeurerent au flanc droit du camp, pour faire l'arriere-garde, avec les vieilles gardes. Le Régiment d'Asfeld mit un escadron à la tête de chaque colonne de cavalerie de la gauche, & les deux autres firent l'arriere-garde de la gauche avec les vieilles gardes.

1693.
JUILLET.

On envoya à chaque pont avant la générale un escadron, & cent hommes de pied pour marcher à la tête des colonnes de bagages, qui se mirent en marche à l'assemblée.

Les postes qui étoient dans les derrieres du camp, n'en partirent que pour joindre l'arriere-garde des colonnes : ceux qui étoient à la tête rentrerent dans le camp à la générale.

Les escadrons de Dragons qui faisoient l'arriere-garde, envoyerent cent Dragons à la générale à Tirlemont, lesquels y demeurerent jusqu'à ce que les deux escadrons se missent en marche pour aller au camp. Les deux escadrons de la gauche firent la même chose au pont de Judoigne, outre cela ils envoyerent rompre celui de Lumay.

Le campement s'assembla à la générale ; celui de la gauche à la tête du Mestre de Camp, lequel prit le chemin de Hannut, où il attendit ses ordres : celui de la droite s'assembla à la tête de la brigade de Bourbonnois, au-delà du quartier général.

Six cens hommes furent commandés pour le campement, dont trois cens se trouverent à la tête de Bourbonnois, & les trois cens autres à la tête du Mestre de Camp.

Tous les bagages passerent devant les troupes, & marcherent à l'assemblée.

L'armée eut sa droite à Selle, & sa gauche à Avesnes ; le quartier général fut à Walef-Saint-Georges, derriere la droite.

Le 19, l'armée marcha à Vignamont.

La marche se fit sur dix colonnes.

Le boute-selle & la générale à la pointe du jour, à cheval & l'assemblée une heure après.

Marche de Walef à Vignamont.
PLANCHE XII.

L'aîle gauche de cavalerie forma les deux colonnes de la droite ; elle défila par sa gauche, la premiere ligne eut celle de la droite : elles marcherent toujours en se côtoyant, & laisserent Bref à droite, & l'arbre de Hosdin & celui de Tourine à gauche ; delà elles passerent à vieux Walef, & continuant leur marche entre Vaux & la Tombe, qu'elles laisserent à deux cens pas sur leur gauche, elles allerent sur la bruyere de Warmont, d'où laissant la Tombe de la Bourlotte à gauche, elles passerent aux Tombes de Warmont, & delà elles entrerent dans la plaine du camp.

La troisieme colonne fut pour les menus bagages de l'aîle gauche de cavalerie & d'infanterie, lesquels coulerent le long de la cavalerie pour aller à l'arbre de Tourine & à la Tombe de Vaux ; delà laissant Borsée

& la Tombe de la Bourlotte à gauche, ils entrerent dans la plaine du camp.

Les quatrieme & cinquieme colonnes furent pour l'aîle gauche d'infanterie, qui défila par la gauche : la premiere ligne eut la colonne de la droite ; ces deux colonnes se côtoyant dans leur marché, passerent auprès de Tourine, qu'elles laisserent à gauche, pour venir à Borsée, qu'elles laisserent à droite ; elles marcherent fort près des haies de ce village, & allerent à la Tombe de la Bourlotte, & delà à Warmont, où fut leur camp.

Les sixieme & septieme colonnes furent pour l'aîle droite d'infanterie, laquelle défila par sa droite : la premiere ligne eut la colonne de la gauche ; ces deux colonnes prirent leur marche entre Tourine & Walef-Saint-Pierre, passerent à Enef, qu'elles laisserent à gauche, coulerent le long des haies, laisserent les autres colonnes d'infanterie à leur droite pour aller à Chaponseré, qu'elles laisserent aussi à gauche ; delà elles marcherent à Vignamont, où fut leur camp.

La huitieme colonne fut pour les menus bagages de l'aîle droite de cavalerie & d'infanterie : cette colonne rasa les haies des deux Walef, laissa Henef & Chaponseré à droite, coula le long des haies de ce village, pour aller entre Vignamont & Viler, où elle se trouva dans le camp.

Les neuvieme & dixieme colonnes furent pour l'aîle droite de cavalerie, qui défila par sa droite : la premiere ligne eut la colonne de la gauche ; ces deux colonnes se côtoyant, passerent entre Walef & Selle, pour aller entre Henef & Serré-le-Château, qu'elles laisserent à gauche, ainsi que la cense de Quivietry, d'où elles se rendirent à Viler, où fut leur camp.

L'artillerie, qui s'étoit avancée à Borsée, se mit en marche dès la petite pointe du jour, & marcha toujours en plaine, pour aller parquer en deçà de Vignamont.

Les vieilles gardes firent à l'ordinaire l'arriere-garde des colonnes.

L'armée eut sa droite à Fisse-Fontaine, la gauche s'étendoit vers la Mehaigne, ayant Famelet derriere elle ; le quartier général fut à Vignamont.

Avant de faire partir l'armée du Roi de Heylissem, M. d'Artaignan avoit été envoyé à Namur pour se concerter avec M. de Guiscard sur les préparatifs qu'il étoit nécessaire de faire pour attaquer Huy : ils avoient ordre de faire descendre des bateaux de Namur, & d'établir des ponts sur la haute Meuse dans les endroits qu'ils croiroient les plus commodes, afin que les détachemens, à mesure qu'ils arriveroient sur cette riviere, pussent la passer & former l'investissement de la place.

Le Roi avoit aussi ordonné à M. d'Harcourt de joindre l'armée devant Huy : il occupa avec ses troupes la plaine entre la
basse

baſſe Meuſe & l'Oyoul ; il gardoit d'un côté les ponts qu'on avoit faits ſur la Meuſe, au deſſous de la ville ; M. de Bezons, avec la réſerve & quelques bataillons, campoit de l'autre pour les aſſurer : M. de Guiſcard, avec des troupes qui lui avoient été envoyées de l'armée, paſſa l'Oyoul, & ſe poſta dans les plaines du Sart, entre cette petite riviere & le corps que commandoit M. d'Harcourt : M. le Maréchal de Villeroy, en partant du camp de Walef, étoit allé avec un gros détachement paſſer la Meuſe ſur un pont qu'il avoit trouvé fait un peu au deſſus d'Ahin, & occupoit le terrein entre la haute Meuſe & l'Oyoul. On employa toute la journée du 20 Juillet à faire les communications, à reconnoître la place, à débarquer l'artillerie qui étoit venue par la Meuſe, & à diſpoſer tout ce qui étoit néceſſaire pour ſe rendre maître de la place : on travailla ce même jour à établir des batteries contre le château. (*) Le 21 les troupes du Roi s'emparerent de la ville, & le ſoir on ouvrit la tranchée du côté de la haute Meuſe, pour attaquer en même tems le fort Picard & le château: le premier ſe rendit le 22; celui qui y commandoit ayant demandé à capituler, on voulut l'obliger d'entrer dans le château ; mais comme on refuſa de l'y recevoir, il ſe rendit à diſcrétion : il y avoit dans ce fort environ trois cens hommes, qui furent conduits à Namur ; l'artillerie commença à tirer le même jour contre le château, qui ſe rendit le 23, par la crainte que les ſouterreins qui étoient en aſſez mauvais, état ne fuſſent détruits par les bombes, & n'enſeveliſſent la garniſon ſous leurs ruines. On accorda les honneurs de la guerre aux troupes qui le défendoient, & le 24 elles furent conduites à Liege par eau.

1693.
JUILLET.

(*) Voyez la PLANCHE XIII.

Dès que le Prince d'Orange avoit vû l'armée du Roi marcher à Huy, il avoit paſſé la Geete, afin d'obſerver de plus près ſes démarches, & de renforcer, ſelon les beſoins, les troupes qui étoient dans Liege : il étoit venu camper le long du ruiſſeau qui prend ſa ſource à Cortis & à Niel, ayant Saint-Tron à la tête, & ſa droite s'étendant un peu au-delà du village de Wellem. Comme la priſe de Huy avoit jetté la conſternation dans Liege, & que le 24 au matin, il y avoit eu une émotion conſidérable dans cette ville, où tout le monde déſiroit la neutralité, M. de Luxembourg réſolut de s'en approcher : il crut qu'il étoit important de ſe mettre entre cette place & l'armée des Alliés ; & afin d'exécuter ce deſſein ſans trop s'éloigner

Bbbb

1693.
JUILLET.

Marche de Vignamont à Lesky.
PLANCHE XIV.

de Huy, il se mit en marche le 25, pour aller camper à Lesky ou Hellich.

La marche se fit sur huit colonnes.

Le boute-selle & la générale au petit jour, à cheval & l'assemblée une heure après.

L'aîle droite de cavalerie forma deux colonnes; chaque ligne défila par la droite, & fut suivie de ses bagages.

La seconde ligne eut la colonne de la droite, & la premiere celle de la gauche; ces deux colonnes se côtoyant & laissant Fils-Fontaine à droite, passerent auprès de Boignie, qu'elles laisserent à droite, & Bersut à gauche, pour aller au moulin de Warfusée; delà elles laisserent Dammartin à droite pour aller à Horion, qu'elles laisserent aussi à droite, & elles arriverent au château de Lesky, où fut leur camp.

La troisieme colonne fut pour l'artillerie & les bagages de l'aîle droite d'infanterie, lesquels laisserent la cavalerie à leur droite, & marcherent entre Bersut & Velesne pour arriver à l'arbre d'Horion, où ils se trouverent dans le camp.

La quatrieme & la cinquieme colonne furent pour les deux lignes d'infanterie, lesquelles défilerent par leur droite: la seconde ligne eut celle de la droite; ces deux colonnes se côtoyant, allerent à travers champs proche la cense de Quivietry, d'où celle de la droite passa à la cense d'Ostange, & celle de la gauche à la cense d'Odoumont; elles marcherent ensuite à travers champs pour se rendre à la hauteur de Genef, où fut leur camp.

La sixieme colonne fut pour les bagages de l'aîle gauche d'infanterie & de cavalerie; cette colonne marcha entre Chaponseré & la cense de Quivietry, pour aller à Enef; delà elle continua sa marche à travers champs entre Genef & Remicourt, où fut son camp.

La septieme & la huitieme colonne furent pour l'aîle gauche de cavalerie: chaque ligne marcha à colonne renversée; la seconde ligne fit celle de la droite: ces deux colonnes se côtoyant, passerent auprès de la Tombe de la Bourlotte, delà entre Enef & Chaponseré; laissant ensuite Voumer ou Vreme à gauche, & l'infanterie à droite, elles allerent passer la ravine; sçavoir la colonne de la droite à Donsel, & celle de la gauche à Lumon, d'où elles se rendirent à travers champs à la hauteur d'Atroville, où étoit leur camp.

On mit deux cens hommes de pied dans chaque colonne de bagages; les vieilles gardes firent à l'ordinaire l'arriere-garde des colonnes de bagages & d'infanterie.

Le campement s'assembla à la générale, à la tête des Gardes du Roi.

On fit partir à minuit deux cens chevaux pour aller sur le chemin d'Horion à Liege, afin d'être averti de ce qui sortiroit de cette place.

On détacha à la même heure un parti de cinquante Maîtres, qu'on envoya du côté de la Tombe d'Avernas, & un de cent Maîtres, qui alla au moulin de Covarem, pour veiller sur ce qui viendroit du côté de l'armée des Alliés.

DE FLANDRE. 283

L'armée Françoise eut sa gauche à Lamin, & sa droite au-delà de Fontaine, la ligne faisant un coude près de Genef, le quartier général fut à Lesky.

1693.
JUILLET.

En même tems que l'armée du Roi marchoit à Lesky, le Prince d'Orange se disposoit à faire avancer la sienne à Tongres, & il y avoit apparence que son dessein étoit d'y camper, puisqu'il y avoit envoyé les détachemens nécessaires pour le campement. Sur la nouvelle de la marche de l'armée du Roi, il les fit revenir à moitié chemin de son camp, d'où il les renvoya encore à Tongres : l'Electeur de Baviere s'étant avancé pendant tous ces mouvemens sur une hauteur, d'où il découvroit la tête de l'armée Françoise, celles des Alliés eut ordre de retourner sur ses pas, & au lieu de marcher vers Tongres, elle alla camper entre une des Geetes & le ruisseau de Landen. L'Electeur de Baviere prit son quartier à Wange, & le Prince d'Orange à Neer-Espen.

Le 26 de grand matin, M. de Luxembourg alla reconnoître le camp retranché de Liege; & après l'avoir bien examiné, il pensoit qu'on pouvoit le forcer, mais non pas sans qu'il en coutât beaucoup de monde, & sans hazarder de perdre, peut-être fort inutilement, la meilleure infanterie de son armée : le terrein qui étoit en avant des retranchemens, étoit coupé de grosses haies très-difficiles, & dans lesquelles il auroit fallu faire des passages sous le feu des ennemis : on n'étoit pas assuré, en se rendant maître de ces retranchemens, de causer autant de perte aux ennemis qu'on en souffriroit : ils pouvoient, aussi-tôt qu'ils verroient les retranchemens forcés en quelque endroit, se retirer fort promptement dans la ville : ce camp retranché étoit partagé par un ravin qui le coupoit en deux, de façon qu'étant maître d'une partie, on ne pouvoit presque en aucune maniere nuire aux troupes qui défendoient l'autre : il étoit à craindre encore qu'après avoir perdu la meilleure infanterie à l'attaque de ces retranchemens, le Prince d'Orange ne cherchât à combattre l'armée du Roi dans un terrein où la cavalerie n'eût pu toute seule décider du sort d'une bataille : toutes ces raisons portoient M. de Luxembourg à croire qu'on ne pourroit, en attaquant ces retranchemens, remplir les vues que l'on devoit avoir, qui étoient de remporter sur les ennemis un avantage, où ils souffrissent plus que les troupes du Roi, & de les obliger par ce moyen de rappeller celles qu'ils avoient envoyées pour forcer les lignes d'Espierre.

Retranchemens de Liege.
PLANCHE XV.

1693.
JUILLET.
Plan de lignes d'Efpierre.
PLANCHE XVI.

Le détachement des ennemis, qui y avoit marché fous les ordres du Prince de Wirtemberg, ayant été joint par des troupes tirées des garnifons d'Oudenarde & de Gand, les avoit attaquées le 18 après-midi : comme il étoit fort fupérieur en nombre, il avoit formé plufieurs attaques ; & M. de la Valette, pour s'oppofer aux efforts que les ennemis faifoient en différens endroits, avoit partagé fes troupes en plufieurs corps : les ennemis, malgré le feu de leur artillerie, qui protégeoit leur attaque, éprouverent beaucoup de réfiftance, jufqu'à ce que leur infanterie formée en dedans des lignes, y donna entrée à leur cavalerie. Dès qu'elle y eut pénétré, les troupes de M. de la Valette furent obligées de les abandonner : le pofte de Moucron, qui étoit défendu par dix-huit cens hommes d'infanterie, & par huit efcadrons, fut forcé ; & M. de la Valette voyant que fes efforts pour conferver les lignes étoient inutiles, fit marcher une partie de fes troupes à Comines pour empêcher les partis ennemis de paffer la Lys : il fe retira avec le refte à Hautbourdin fur la Deule, après avoir repaffé la Marque en bon ordre ; & il s'attacha dans ce pofte à empêcher les ennemis d'étendre les contributions qu'ils cherchoient à établir fur les fujets du Roi.

M. de Luxembourg inftruit de ce qui fe paffoit aux lignes, étoit occupé à chercher des moyens pour obliger le Prince de Wirtemberg à revenir joindre l'armée des Alliés, & c'étoit dans cette vue qu'il s'étoit approché de Liege : l'intention du Roi étoit que M. le Maréchal de Joyeufe marchât au fecours de M. de la Valette avec un détachement proportionné à celui des ennemis, mais feulement après avoir remporté un avantage fur les Alliés, afin de les empêcher de prendre la fupériorité de la campagne. Pour remplir ces différens objets, il n'y avoit que deux partis à prendre, celui d'attaquer Liege ou de combattre le Prince d'Orange : on ne pouvoit pas retirer un grand fruit de l'attaque des retranchemens de Liege, & l'infanterie Françoife pouvoit y être fort maltraitée : le Prince d'Orange y avoit renvoyé le 26 les dix bataillons qu'il en avoit tiré, & deux efcadrons qu'il y avoit joint : les Alliés avoient établi des poftes dans la ville pour empêcher le peuple de s'affembler, & on ne pouvoit plus compter fur une révolution : fi M. de Luxembourg reftoit dans la pofition où il fe trouvoit, & détachoit M. le Maréchal de Joyeufe avec un corps de troupes proportionné à celui que les ennemis avoient envoyé contre les lignes d'Efpierre, le

Prince

Prince d'Orange pouvoit rappeller le Prince de Wirtemberg aussi-tôt que M. le Maréchal de Joyeuse arriveroit sur l'Escaut; & après que l'armée des Alliés eût été jointe par ce corps de troupes, qui auroit eu moins de chemin à faire, elle eût été fort supérieure à celle du Roi. Si M. de Luxembourg, en détachant M. le Maréchal de Joyeuse, prenoit le parti de se rapprocher de Huy, le Prince d'Orange eût pu se faire joindre par vingt-cinq bataillons des troupes qui étoient à Liege, & trouvant l'armée du Roi diminuée par le détachement qui auroit marché sur l'Escaut, il pouvoit la combattre avec beaucoup d'avantage.

M. de Luxembourg voyoit que le Prince d'Orange étoit affoibli par le détachement qu'il avoit fait entrer dans Liege, & il étoit informé que ce Prince étoit campé dans un terrein où son aîle gauche lui seroit entiérement inutile; il crut qu'en marchant pour l'attaquer, il ne l'attendroit pas dans la position où il étoit, & que les mouvemens qu'il seroit obligé de faire pour repasser la Geete, lui donneroient occasion d'entreprendre sur lui, & de lui faire souffrir un échec: dans cette vue il projettoit de marcher la nuit du 27 au 28, & de s'approcher du Prince d'Orange avec toute sa Cavalerie & ses Dragons, par la source du ruisseau qu'il avoit devant son camp, pour tenter quelque chose contre lui s'il se retiroit; M. de Luxembourg comptoit aussi faire suivre son infanterie, afin de s'en servir en cas que les Alliés l'attendissent dans le poste où ils étoient; & comme le meilleur moyen de retenir le Prince d'Orange en deçà de la Geete, étoit de lui donner de l'inquiétude pour Liege, l'armée du Roi eut ordre de faire trois cens fascines par bataillon.

Deux partis que M. de Luxembourg avoit sur les ennemis, lui assurerent que le 27 après-midi ils s'étoient mis en marche pour aller à Tirlemont, ce qui faisoit échouer tous les desseins qu'il formoit contre leur armée: cet avis & la pluie continuelle qui tomba le 27 pendant toute la journée & la nuit précédente, empêcherent M. de Luxembourg de se mettre en marche le 27 à l'entrée de la nuit: mais comme il apprit ensuite par un autre de ses partisans que les deux autres s'étoient mépris, & qu'en voyant une grosse escorte de fourrage, ils avoient cru découvrir la marche de l'armée des Alliés, il résolut de marcher à eux le lendemain matin.

Il fit partir le 27 à minuit M. le Maréchal de Joyeuse avec

quatorze bataillons & dix-sept escadrons, pour aller camper à la Tombe d'Aveines, & fit courir le bruit que ce corps marchoit au secours de M. de la Valette : l'armée décampa le 28 à la pointe du jour pour passer le Jaar & s'avancer sur les ennemis.

Marche de Lesky à Landen.
Pl. XVII.

Cette marche se fit sur sept colonnes.

Le boute-selle & la générale au petit jour : l'aîle gauche de cavalerie fit les deux colonnes de la droite ; chaque ligne eut sa colonne & défila par sa gauche.

La première ligne passa au pont de Lamin & au gué d'Atroville : la seconde au pont de Remicourt. Le ruisseau passé, ces colonnes se côtoyerent ; celle qui étoit formée par la premiere ligne alla à Warem, & l'autre à Longchamp & à Cosvarem, laissant toujours l'infanterie à gauche : lorsque ces deux colonnes furent dans la plaine, elles doublerent en attendant des ordres. Les bagages de cette aîle suivirent la colonne de leurs troupes dans l'ordre de leur marche.

L'infanterie marcha sur deux colonnes ; chaque ligne forma la sienne & défila par sa gauche : Piedmont eut la tête de celle de la droite, & Orléans la tête de celle de la gauche. Les brigades de Navarre, Bourbonnois & Crussol prirent la queue de la seconde ligne, & marcherent après Anjou.

Ces deux colonnes passerent le ruisseau ; sçavoir la premiere ligne à Lumon & à Stry, & la seconde à Donsel & à Enef : lorsque ces ponts furent passés, les deux colonnes se côtoyerent, & laisserent Walef à gauche, pour aller passer le Jaar, sçavoir celle de la droite au grand & au petit Hache, & celle de la gauche à Holonne & à Jart, & étant dans la plaine, elles reçurent l'ordre de ce qu'elles devoient faire. On eut soin de mettre des travailleurs à la tête de ces colonnes ; on fit marcher cinquante Maîtres à la tête de chaque ligne d'infanterie. Les bagages de chaque ligne suivirent la colonne de leurs troupes, & marcherent dans le même ordre : chaque brigade y laissa cinquante hommes pour les escorter.

La cinquieme colonne fut pour l'artillerie, qui partant de son parc, alla passer à la cense d'Odoumont, laissa Seré-le-Château à droite, pour aller à la cense de Quivietry, ensuite à Tourine : elle continua sa marche entre Lens-les-Beguines & Blehen, pour gagner la tête du Jaar, où elle doubla jusqu'à nouvel ordre ; cinquante Maîtres furent commandés pour marcher à sa tête.

L'aîle droite de cavalerie fit la sixieme & septieme colonne, & marcha à colonne renversée : la première ligne eut celle de la droite ; ces deux colonnes marcherent toujours ensemble, & à même hauteur. La premiere ligne laissa le quartier général à gauche, & toutes deux laisserent Horion à leur gauche, pour aller au moulin à vent de Warfusée. Elles laisserent ensuite Bersut, Seré-le-Château, la cense de Quivietry,

DE FLANDRE.

& l'artillerie à leur droite, & le village de Boignie à leur gauche, pour passer entre Chaponseré & Borset; delà elles allerent à la Tombe de Vaux & à celle d'Aveines, d'où laissant l'artillerie à leur droite, elles allerent dans la plaine en deça de Blehen, & y reçurent les ordres de ce qu'elles devoient faire.

1693. JUILLET.

Les bagages de la premiere ligne de cette aîle s'assemblerent à la tête de la brigade de Dalou, & ceux de la seconde ligne derriere la brigade de Rottembourg, pour suivre la marche de leurs troupes. Outre les vieilles gardes, les troupes de M. d'Harcourt firent l'arriere-garde de l'armée.

Toutes les troupes ayant reçu ordre de s'avancer dans la plaine de Landenfermé, les deux colonnes de la droite continuerent leur marche, se côtoyant l'une & l'autre : elles allerent du moulin de Coswarem à Cortis & Montenaken, coulerent le long de Houten, le laissant à droite & la Tombe de Step à gauche, & s'avancerent à hauteur de Wamont, où elles reçurent de nouveaux ordres.

Les deux colonnes d'infanterie continuerent leur marche, se côtoyant l'une & l'autre; elles laisserent Cortis à droite, & le moulin de Troigny à gauche, pour passer auprès d'Avernas, qu'elles laisserent aussi à gauche, & la Tombe de Step à droite; elles allerent à la hauteur de Wamont, où elles doublerent & reçurent de nouveaux ordres.

L'artillerie continuant sa marche alla droit à Avernas, passa auprès de la Tombe, la laissant à gauche pour aller à la hauteur de Wamont, où elle reçut l'ordre de ce qu'elle devoit faire.

Les sixieme & septieme colonnes continuerent leur marche à côté l'une de l'autre, & passerent auprès de Blehen, le laissant à droite pour aller à la Tombe d'Avernas, d'où elles prirent à travers champs entre Linsmeau & Wamont, où elles reçurent de nouveaux ordres.

M. de Luxembourg qui avoit compté s'avancer avec sa Cavalerie & ses Dragons seulement, & faire camper son infanterie sur le bord du Jaar, ayant été informé pendant la marche que les Alliés ne songeoient point à se retirer, résolut de se faire suivre par toutes ses troupes, & manda à M. le Maréchal de Joyeuse de venir le joindre avec celles qu'il commandoit : il avoit pris les devans avec la Cavalerie & les Dragons, & il arriva vers les quatre heures après-midi dans la plaine de Landenfermé : il fit occuper ce village & celui de Sainte-Gertrude par des Dragons, afin d'être maître du terrein qu'il avoit devant lui : la marche de son infanterie fut plus lente, à cause du mauvais tems qui dura une grande partie de la journée; elle fut encore retardée par la disposition des troupes dans la marche : quelques-uns des plus anciens Régimens ayant la queue des colonnes, & sçachant qu'ils marchoient aux ennemis, voulurent, après le passage du Jaar, en avoir la tête : les Officiers Généraux qui menoient les colonnes, cédant à la volonté & à l'empressement que marquoient les troupes, leur firent prendre leur ordre de marche suivant l'ancienneté des Brigades, ce qui causa un retard considérable.

Lorsque l'armée du Roi eut passé le Jaar, les partis ennemis en donnerent avis au Prince d'Orange & à l'Electeur de Baviere, qui monterent à cheval pour la reconnoître : le Prince d'Orange fit marcher une partie de la cavalerie de son aîle droite pour soutenir une grand-garde qu'il avoit sur la hauteur, entre les villages de Neerwinde & de Rumsdorp, où il s'avança : il y fut joint par le Prince d'Hannovre & par les Députés des Etats Généraux ; & après avoir reconnu que c'étoit toute l'armée du Roi, il envoya ordre à la sienne de prendre les armes.

Aux approches des troupes du Roi, les Généraux de l'armée ennemie se partagerent en différens avis : les Députés des Etats Généraux insisterent beaucoup auprès du Prince d'Orange & de l'Electeur de Baviere pour se retirer au-delà de la Geete, & vouloient qu'on profitât de la nuit pour la repasser : mais le Prince d'Orange, qui croyoit que dans la position où étoit son armée, elle pouvoit recevoir la bataille avec beaucoup d'avantage, leur représenta qu'il n'y avoit que sept ponts sur cette riviere, & que la retraite des Alliés ne pouvoit se faire aussi près des troupes du Roi sans risquer une grande partie de son armée, ou du moins une forte arriere-garde à être taillée en pieces : il ajouta que pour faire passer la Geete à l'artillerie & aux bagages, il falloit les mettre en marche avant la nuit ; ce qui étoit difficile, parce que tous les chevaux étoient à la pâture, & dispersés dans les prairies : il les assura en même tems qu'il viendroit à bout de retrancher tellement son armée, que la Cavalerie Françoise n'auroit aucune part au combat, ce qu'il leur fit envisager comme décisif pour le succès d'un événement : il ordonna d'établir plusieurs ponts sur la Geete, sur lesquels on fit défiler tous les équipages sous l'escorte de quelques escadrons, pour aller joindre les gros bagages qui étoient à Diest, & il résolut de choisir un champ de bataille entre la Geete & le ruisseau de Landen.

Premier plan de la bataille de Neerwinde. Pl. XVIII.

L'Electeur de Baviere occupa avec l'aîle droite (A) le terrain depuis la Geete, aux environs du village d'Elixem, jusqu'auprès des

des haies de Neerwinde; l'infanterie d'Hannovre & de Brandebourg, foutenue de trois bataillons Anglois, prit pofte dans les haies du village de Laër, qui étoit devant cette aîle: le gros de l'infanterie des Alliés (B) s'étendit depuis Neerwinde qu'elle occupa, jufqu'au ruiffeau de Landen; la gauche laiffa devant elle le village de Rumfdorp, & on plaça quelques bataillons (C) & des détachemens d'infanterie dans les haies de ce village & dans celles de Neerlanden; la cavalerie de l'aîle gauche (D) des Alliés fut poftée en partie derriere le corps de bataille, & le refte forma une potence vers le village de Dormael, faifant tête au ruiffeau de Landen: le Prince d'Orange fit couper la plaine, depuis Neerwinde jufqu'à Neerlanden, par un retranchement qu'il fit élever pendant la nuit: il profita, autant qu'il étoit poffible, de l'avantage du terrein, & laiffa devant la gauche de fon infanterie un chemin creux, derriere lequel on fit un parapet pour tirer à couvert.

1693.
JUILLET.

M. de Luxembourg ayant vu, en arrivant fur les ennemis, qu'ils prenoient le parti de recevoir la bataille, fe décida à les attaquer. Le 29 à la pointe du jour, il fe porta à leur droite & à leur gauche, pour examiner leur difpofition, & il reconnut qu'au lieu d'une plaine rafe, où la cavalerie auroit pu agir la veille entre le village de Neerwinde & celui de Rumfdorp, il falloit forcer un retranchement, foutenu par l'infanterie ennemie, & garni de beaucoup d'artillerie (E). Il remarqua qu'avant d'attaquer ce retranchement & l'aîle droite des Alliés, il étoit néceffaire de s'emparer de Neerwinde, qui étoit défendu par une infanterie nombreufe, & qui leur donnoit des flancs contre les troupes qui auroient effayé de forcer leurs retranchemens: il falloit auffi, avant d'attaquer l'aîle droite des ennemis, s'emparer du village de Laër, où ils avoient placé de l'infanterie: il fongea à faire fes difpofitions en conféquence.

Les troupes du Roi avoient paffé la nuit entre le ruiffeau de Landen & la Geete, ayant devant elles les villages de Landenfermé & de Sainte-Gertrude, qui avoient été d'abord occupés par des Dragons, & enfuite par les premiers bataillons qui étoient arrivés la veille: elles étoient dans un terrain fort refferré (F), où on les avoit rangées fur onze lignes, & d'où elles marcherent aux endroits où elles étoient deftinées à faire les attaques.

A la droite, les Brigades de Navarre, Bourbonnois, Lionnois, Anjou, Artois, & les Régimens de Maulevrier, Santerre &

Dddd

Beugey, faisant vingt-cinq bataillons, sous les ordres de M. le Prince de Conty, Lieutenant Général, & de M. de Crequy, Maréchal de Camp, furent placés sur plusieurs lignes (G), pour prendre poste au village de Rumsdorp, occuper la gauche de l'infanterie ennemie, & protéger l'attaque des retranchemens. Les Dragons de Caylus, de Fimarcon, & les deux Régimens d'Asfeld (H), faisant seize escadrons, eurent ordre de mettre pied à terre, & furent portés au-delà du ruisseau, pour prendre poste au village de Neerlanden, & pour tenir en échec l'aîle gauche des Alliés.

A la gauche, les Brigades de Reynold, Greder Suisse, Piedmont, le Roi, Orléans, & les Régimens de Thiange, Greder Allemand, & Crussol, faisant vingt-neuf bataillons (I), sous les ordres de Messieurs de Rubantel, de Montchevreuil, & de Berwick, Lieutenans Généraux, & de M. de Bressey & de Milord Lucan, Maréchaux de Camp, prirent poste au village de Hautewinde, & furent placés sur une seule ligne devant les villages de Laër & de Neerwinde, pour les attaquer & pour s'emparer des haies que les ennemis occupoient entre ces deux postes. Les Régimens d'Arbouville, de Soissonnois & de Grandpré, furent placés en deuxieme ligne (K), derriere ces troupes, pour porter du secours où il seroit nécessaire: les Dragons du Colonel Général avoient mis pied à terre, & soutenoient la gauche de l'attaque: les Brigades de Cavalerie de Montrevel, de Massot & de la Bessiere, & la réserve étoient en bataille sur deux lignes (L), derriere cette infanterie, & devoient attaquer l'aîle droite des Alliés, aussi-tôt qu'elles pourroient se former au-delà des haies que les ennemis occupoient: cette cavalerie étoit sous les ordres de M. le Maréchal de Joyeuse, de M. de Ximenes, Lieutenant Général, & de Messieurs de Pracontal & de Bezons, Maréchaux de Camp.

Au centre, le reste de l'armée du Roi étoit en bataille sur huit lignes (M), & devoit se mettre à portée de pénétrer dans les retranchemens, dès qu'on verroit prospérer l'attaque des villages. La premiere & la troisieme ligne étoient composées de Cavalerie, la Maison du Roi étoit à la droite de ces deux lignes, & la Brigade de Phélippeaux à la gauche: cette Cavalerie étoit commandée par M. le Maréchal de Villeroy, ayant sous lui Messieurs de Rosen & de Feuquiere: M. le Duc de Chartres étoit à la tête de la Maison du Roi. La seconde & la quatrieme

DE FLANDRE.

1693.
JUILLET.

ligne étoient composées d'infanterie; sçavoir la seconde, de la Brigade des Gardes & de celle de Guiche, qui faisoient onze bataillons : la quatrieme ligne, du reste de l'infanterie, au nombre de vingt-un bataillons. Les quatre autres lignes étoient composées de cavalerie : ces troupes devoient attaquer les retranchemens qui étoient entre les villages de Neerwinde & de Rumsdorp, & se former dans la plaine aussi-tôt que l'infanterie qui devoit agir contre les villages de Laër & de Neerwinde s'en seroit emparée : l'artillerie (N) étoit partagée devant la premiere ligne, tant dans la plaine que contre les villages de la droite & de la gauche.

Il étoit environ huit heures du matin lorsque toutes ces dispositions furent achevées. Les ennemis avoient placé avantageusement quatre-vingt-dix pieces de canon ou obuces, qui avoient commencé à tirer sur les troupes du Roi aussi-tôt qu'elles s'en étoient mises à portée : l'artillerie Françoise, qui n'étoit que de soixante-dix pieces de canon, y répondit, & après quelques décharges faites contre les villages de Laër & de Neerwinde, l'infanterie de l'armée du Roi s'ébranla pour les attaquer: elle essuya le feu des ennemis, & entra dans Neerwinde par la tête de ce village : celui de Laër fut emporté, & l'infanterie des Alliés en fut entiérement chassée. Il n'en étoit pas de même à l'attaque de Neerwinde; les ennemis avoient fait en différens endroits de ce village des coupures & des retranchemens les uns derriere les autres, pour arrêter les troupes du Roi ; & comme le village tenoit à la ligne des ennemis, le Prince d'Orange y portoit sans cesse du secours, ralioit les bataillons qui avoient été repoussés, & les y ramenoit. Les Brigades qui avoient commencé l'attaque de Neerwinde, y trouvant beaucoup de résistance, on y fit marcher les Régimens d'Arbouville, de Soissonnois & de Grandpré, pour les renforcer.

Ces Brigades, à mesure qu'elles avoient trouvé de la résistance, avoient resserré leur front, de façon que quand elles arriverent aux derniers retranchemens que les ennemis y avoient faits, elles n'occupoient le village que par des têtes de troupes (A) qui n'avoient point de communication entre elles : les ennemis au contraire en occupoient tout le travers, & ayant joint aux troupes qui avoient combattu, plusieurs bataillons qu'ils déplacerent du retranchement entre Neerwinde & Rumsdorp, ils chasserent entiérement l'infanterie Françoise de Neerwinde,

Second plan de la bataille de Neerwinde.
Pl. XIX.

1693.
JUILLET.

& s'y rétablirent. Les troupes d'Hannovre & de Brandebourg s'étant aussi ralliées, & ayant été soutenues par les bataillons qui étoient postés derriere le village de Laër, & par quelques autres tirés des retranchemens de la plaine, les Alliés se trouverent entiérement maîtres de ces deux villages, comme au commencement de l'action.

Aussi-tôt que l'infanterie Françoise se fut emparée du village de Laër, M. de Bezons eut ordre de passer avec sa réserve (C) sur la gauche de ce village : il forma quelques escadrons dans la plaine, & poussa une partie de la premiere ligne de Cavalerie de l'aîle droite des Alliés ; mais l'infanterie Françoise ayant été chassée du village de Laër, il fut attaqué de front & en flanc, & obligé de se retirer en désordre (D) sur la Cavalerie qui devoit le suivre.

M. de Luxembourg, qui sentoit la nécessité de se rendre maître des villages de Neerwinde & de Laër, voyant le mauvais succès de ses troupes (E), détacha la Brigade de Guiche & celle de Stoppa (F), qui faisoient ensemble douze bataillons, pour les attaquer de nouveau, sous les ordres de M. le Duc : il les joignit aux troupes qui avoient été repoussées, & qu'il rallia.

Cette seconde attaque commença avec un succès aussi heureux que la premiere contre les deux villages : on chassa entiérement les ennemis de celui de Laër, & on pénétra successivement jusqu'aux derniers retranchemens du village de Neerwinde : le Prince d'Orange, qui connoissoit l'importance de ce poste, déplaça encore une partie de l'infanterie qu'il avoit aux retranchemens pour la porter au village & le reprendre : il en avoit conservé quelques haies, à la faveur desquelles ses troupes s'approcherent fort près de celles du Roi : la résistance que celles-ci avoient éprouvée à mesure qu'elles s'étoient avancées dans le village, les ayant arrêté, il s'y établit à coup de feu un combat aussi vif & aussi opiniâtre que meurtrier : l'infanterie des Alliés mieux armée pour ce genre de combat, avoit un autre avantage sur celle du Roi, qui consistoit en ce que celle-ci n'avoit point occupé le travers entier du village : elle n'avoit point songé à abattre les haies & les petits murs qui l'empêchoient de se communiquer, & de former un front ; & comme dans cette disposition elle n'agissoit point ensemble, celle des Alliés vint à bout de la repousser une seconde fois en détail & par partie, du village de Neerwinde, & de reprendre poste au

village

DE FLANDRE.

1693.
JUILLET.

village de Laër : cependant, quoique les troupes du Roi en fuſſent repouſſées, elles n'abandonnerent pas entiérement ces villages : elles en conſerverent une partie, & ſe maintinrent dans les dernieres haies.

Le centre de l'armée du Roi étoit reſté pendant ce tems-là dans l'inaction, & ſoumis au feu de l'artillerie ennemie : la Cavalerie Françoiſe en ſouffrit beaucoup, n'ayant fait d'autre mouvement que de s'approcher de plus près des retranchemens.

L'attention que M. de Luxembourg apportoit à faire ſuccéder les attaques qu'il avoit formées contre les villages de Laër & de Neerwinde, fut partagée par les événemens qui ſe paſſerent à la droite.

Lorſque l'infanterie Françoiſe étoit repouſſée pour la premiere fois du village de Neerwinde, les Dragons, qui étoient à l'extrêmité de la droite au-delà du ruiſſeau de Landen, voulurent chaſſer les ennemis du village de Neerlanden (G), & ils y réuſſirent. On fit avancer quelques bataillons dans les haies de Rumſdorp, pour protéger leur attaque ; mais les uns & les autres ayant pouſſé trop loin, les Brigades entieres marcherent pour ſoutenir ces bataillons, qui allerent donner dans le retranchement que les ennemis avoient fait derriere ce village : leur infanterie avoit devant elle, outre le retranchement, un ravin conſidérable qu'on n'avoit pas deſſein de paſſer : l'infanterie Françoiſe ne put s'en approcher ſans ſouffrir beaucoup ; la perte qu'elle y eſſuya y mit du déſordre (H), & les ennemis en profiterent pour occuper de nouveau les haies qui leur étoient avantageuſes.

Second Plan.

M. de Luxembourg, qui dans ce moment venoit d'ordonner une ſeconde attaque contre le village de Neerwinde, ayant été informé de ce qui ſe paſſoit à ſa droite, y accourut pour y rétablir l'ordre : il rallia les troupes (E) qui avoient combattu, & après leur avoir preſcrit ce qu'elles avoient à faire, il retourna à la gauche, où ſon infanterie (C) étoit pour la ſeconde fois preſque entiérement chaſſée de Neerwinde. Deux attaques ſans ſuccès n'étoient pas capables de le rebuter, pendant qu'il avoit encore des reſſources : l'importance de ce poſte, dont il étoit néceſſaire de s'emparer, pour faire agir ſa cavalerie, & pour eſpérer quelque ſuccès de cette journée, le décida à faire un nouvel effort pour s'en rendre maître : il fit marcher le reſte de la quatrieme ligne (F), qui conſiſtoit en treize bataillons, pour chaſſer les ennemis des villages de Neerwinde & de Laër : il

Troiſieme Plan de la bataille de Neerwinde.
PLANCHE XX.

Eeee

prit en même tems la Brigade des Gardes (F), pour attaquer les retranchemens de la plaine & la partie du village de Neerwinde, qui y tenoit : les Gardes Suiſſes avoient ordre d'attaquer le retranchement, & les Gardes Françoiſes de s'attacher au village : il plaça auſſi la Maiſon du Roi (G), à la tête de laquelle étoit M. le Duc de Chartres, & la Brigade de Phélippeaux (G), ſous les ordres de M. le Maréchal de Villeroy & de M. de Roſen, à portée d'entrer dans les retranchemens, près du village de Neerwinde, auſſi-tôt que l'infanterie s'en ſeroit emparée : il donna ordre à M. de Feuquieres de marcher aux retranchemens de la plaine, avec une partie de l'infanterie de la droite, & d'eſſayer d'y former les Brigades de cavalerie (H), qui reſtoient à ſes ordres : il étoit environ midi lorſqu'il fit ces diſpoſitions ; il rallia & remit en ordre une partie de l'infanterie qui avoit été repouſſée aux deux premieres attaques : il ordonna à la réſerve & à la cavalerie de la gauche (I), de ſuivre de près l'infanterie, & de pénétrer par les chemins creux & par tous les paſſages qu'elle pourroit ſe faire pour attaquer l'aîle droite des ennemis : les troupes de M. d'Harcourt (K), qui venoient d'arriver, eurent ordre de ſe joindre à cette cavalerie.

Le Prince d'Orange, qui avoit vu la Maiſon du Roi, la Brigade de Phélippeaux & l'infanterie Françoiſe, qui étoit entre le village de Rumſdorp & celui d'Hautewinde, marcher contre ſa droite (D) & contre les villages, avoit cru devoir y porter du ſecours : il retira pour cet effet l'infanterie (E) qui défendoit les retranchemens de la plaine ; il ordonna auſſi à la cavalerie de ſon aîle gauche de venir ſe mettre en bataille derriere ſon aîle droite, faiſant un coude (F) dont la droite alloit au village de Wange, & la gauche vers le milieu du retranchement.

M. de Feuquieres, qui remarquoit le mouvement de l'infanterie & de la cavalerie de la gauche des ennemis, laiſſa ces troupes s'éloigner, & quand il les crut hors de portée, il ordonna à M. de Crequy de marcher, avec pluſieurs bataillons tirés des Brigades de la droite, pour pénétrer dans un endroit (G), qui n'étoit fermé que par des charriots mis en travers : M. de Feuquieres le ſuivit, fit plier quelques eſcadrons qu'on lui oppoſa, & forma ſa cavalerie (H) dans la plaine, au-delà du retranchement : il en mit une partie en bataille, faiſant tête au village de Neerwinde, pour prendre en flanc & par derriere, les troupes que le Prince d'Orange vouloit mener au village : il donna auſſi-

DE FLANDRE. 295

tôt avis à M. de Luxembourg de l'état où étoit fa droite, afin
qu'il fît faire un effort à fa gauche & au centre.   1693.

Les Brigades d'infanterie Françoife, qui devoient agir contre JUILLET.
les villages, s'ébranlerent pour les attaquer auffi-tôt que l'ordre
leur en fut donné : elles y entrerent avec moins de difficulté, à
la faveur des haies qu'elles avoient confervées : elles vinrent à
bout d'en chaffer entiérement l'infanterie ennemie, & elles formerent un front (B) dans les dernieres haies, devant la cavalerie
des Alliés.

Les Gardes Suiffes forcerent en même tems les retranchemens qui tenoient à Neerwinde, & dès qu'ils s'en furent rendu
maîtres, la Maifon du Roi s'empreffa d'entrer dans la plaine : les
premiers efcadrons fe trouvant fous le feu de cinq bataillons
ennemis, & fans efpace pour fe former, ne purent fe foutenir audelà du retranchement, & en fortirent pour fe rallier : le Prince
d'Orange voulut en profiter pour attaquer les Gardes Suiffes en
tête & flanc ; mais M. de Luxembourg qui le remarqua, fit marcher les Gardes Françoifes à la droite des Gardes Suiffes, ce
qui arrêta les ennemis : ces deux Régimens (C) fçurent fe maintenir devant l'infanterie & la cavalerie des Alliés, & après les
avoir repouffés, ils abattirent une partie des retranchemens
pour faire des paffages à la cavalerie ; la Maifon du Roi y rentra
auffi-tôt, & commença à fe former dans la plaine.

A la faveur de l'infanterie qui s'étoit emparée des villages
de Laër & de Neerwinde, la Cavalerie Françoife (I) pénétra à la droite, à la gauche & entre ces deux villages : elle
fe forma devant l'aîle droite des ennemis, qui ne firent aucun
mouvement pour s'y oppofer, & qui négligerent de la charger
pendant le tems dont elle avoit befoin pour fe former : la Cavalerie Hanovrienne, qui étoit à la premiere ligne de l'aîle droite
de l'ennemi, fit même alors un mouvement en arriere, auquel
les Alliés attribuerent les derniers défaftres de cette journée : la
Cavalerie Françoife faifit ce moment pour l'attaquer, & fit plier
tout ce qui fe préfenta devant elle.

Le Prince d'Orange & l'Electeur de Baviere firent charger
autant de troupes qu'ils en purent mettre en ordre ; mais voyant
l'avantage décidé que celles du Roi avoient fur celles des Alliés,
& le défordre & la confufion où étoit leur droite & leur centre, ils ne fongerent plus qu'à la retraite : la cavalerie qu'ils

avoient tirée de leur aîle gauche, commençoit à se former en ligne derriere la droite : elle servit à faciliter la retraite de ces deux Princes, & celle de l'infanterie, qui défendoit la gauche des retranchemens : cette infanterie (L), qui consistoit en neuf bataillons, ne s'étonnant point de se voir suivie de fort près, & presque enveloppée par la Cavalerie Françoise, qui étoit sous les ordres de M. de Feuquieres, fit plusieurs décharges sur les escadrons qui vouloient la presser trop vivement, & soutenue de douze à quinze escadrons, elle vint à bout de faire sa retraite, & de gagner les ponts sur la Geete, qui étoient les plus près de Leaw : les Brigades d'infanterie Françoise qui étoient à la droite (M), ayant été arrêtées par les détachemens des ennemis, placés dans les haies du village de Rumsdorp, & par les obstacles du terrain, ne purent approcher d'assez près cette infanterie pour l'attaquer dans la plaine, & elle se retira sans être entamée.

Toute la droite des ennemis ayant été renversée, il s'en noya une grande quantité dans la Geete, le reste se sauva en traversant cette riviere du côté de Neer-Espen (N) : une partie de leur armée se retira par Dormael (O), en laissant Leaw à gauche, & s'en alla sur le Demer, au-delà duquel elle se rassembla près de Diest : le Prince d'Orange & l'Electeur de Baviere rejoignirent, après avoir passé la Geete, quelques troupes qu'ils avoient placées au-delà de cette riviere : ils gagnerent Tirlemont avec les débris de leur aîle droite, & une partie de leur aîle gauche : ils s'arrêterent ensuite entre Tirlemont & Bautersem, pour ramener vers Louvain tout ce qui avoit passé la grosse Geete, & ils envoyerent des ordres de différens côtés, pour rassembler leurs troupes : ils marcherent le lendemain à Louvain, qu'ils traverserent pour aller camper à Betlehem.

On estima que les ennemis perdirent, tant dans le combat qu'en repassant la Geete, & dans leur déroute, environ dix-huit mille hommes, y compris plus de quinze cens prisonniers, parmi lesquels se trouverent le Duc d'Ormont, Lieutenant Général & Capitaine des Gardes du Prince d'Orange ; M. de Zuilestein, Major Général ; M. de Sgravenmoer, Officier Général ; M. le Comte de Lippe, & plusieurs autres Officiers : on leur prit aussi soixante-seize pieces de canon, huit mortiers ou obuces, & neuf pontons.

La

DE FLANDRE.

La perte des troupes du Roi fut d'environ sept à huit mille hommes tués ou blessés. M. le Duc de Barwick (1) fut blessé & pris à l'attaque du village de Neerwinde : les principaux Officiers tués dans l'armée du Roi, furent M. de Montchevreuil, Lieutenant Général, le Prince Paul de Lorraine, fils du Prince de Lislebonne, le Comte de Gassion, le Duc d'Usez, Messieurs de Montrevel, de Quadt, de Bohlen : les Officiers de marque qui y furent blessés, furent le Maréchal de Joyeuse, le Duc de la Rocheguyon, le Duc de Montmorency, & le Comte de Luxe, fils du Maréchal de Luxembourg, Milord Lucan, Messieurs de Salis, de Surville, de Villequier, de Rochefort, de Saillant, de Tracy, & le Chevalier de Sillery.

Cette bataille fut donnée pour conserver aux troupes du Roi l'égalité des armes que l'entreprise du Prince de Wirtemberg contre les lignes d'Espierre avec des forces supérieures, venoit de leur faire perdre : le succès de cette journée fut si décidé, que l'armée Françoise empêcha les ennemis de tenir la campagne devant elle ; & qu'elle les obligea de se retirer sous leurs places, & de faire promptement revenir le Prince de Wirtemberg sous Bruxelles.

L'armée des Alliés étant forcée d'abandonner la campagne, il se présentoit plusieurs conquêtes à entreprendre ; celles de Liege, de Leaw, de Louvain, de Charleroy & d'Ath : celles de Leaw & de Louvain parurent impossibles par la difficulté d'y mener du gros canon, des mortiers & des bombes, ce que le manque de chevaux ne permettoit pas de faire promptement : l'armée Françoise ne pouvoit s'avancer à Louvain, ni séjourner aux environs de cette place, à cause de la disette totale des fourrages, qui avoient été consommées par les armées pendant leur séjour aux camps de Meldert & du Parck, & les caissons n'étoient pas en état d'y transporter le pain : la perte que l'infanterie du Roi avoit faite à la bataille de Neerwinde, empêchoit de songer à attaquer les retranchemens de Liege ; & même avec l'assurance d'y réussir, c'eût été vouloir la détruire entiérement, parce qu'il y avoit dans ces lignes trente-un bataillons & cinq Régimens de Cavalerie ou de Dragons : de plus, c'étoit une question de sçavoir, s'il étoit plus avantageux de s'emparer de cette place pendant que les armées du Roi n'étoient

1693.
JUILLET.

_____

(1) Il fut échangé trois semaines après la bataille, contre le Duc d'Ormond.

Ffff

point assez en force pour assiéger Maestricht, que de la laisser aux ennemis, qui ayant fort à cœur de la conserver, étoient obligés par cette raison d'y tenir une petite armée ; ce qui opéroit toujours une diversion utile & favorable pour les troupes du Roi. La victoire que l'armée Françoise venoit de remporter, avoit décidé ceux qui dans Liege étoient attachés au parti du Prince d'Orange, à demander une assemblée, après laquelle plusieurs membres du Chapitre, qui penchoit, ainsi que tout le peuple, pour demander au Roi la neutralité, avoient été arrêtés & conduits à Maestricht. Ainsi comme il n'y avoit plus lieu d'espérer une révolution dans cette ville, dans laquelle il y avoit aussi trop de troupes pour l'attaquer, on ne pouvoit avoir de vue que sur Charleroy ou sur Ath.

La prise de chacune de ces deux places devoit produire différens avantages. Pour faire la guerre aux environs de Louvain & de Liege, celle de Charleroy étoit plus utile : le pays d'entre Sambre & Meuse devenoit entiérement libre, & les convois auroient pu y passer sans escorte : les troupes qu'il falloit employer en toute saison pour les assurer & pour empêcher les courses de la garnison de Charleroy, eussent été tranquilles dans leurs quartiers, & on auroit pu occuper plusieurs postes dans le Haynault, sans s'y retrancher : on y pouvoit faire venir de Namur & de Maubeuge par la Sambre, ce qui étoit nécessaire pour former le siege : la difficulté que M. de Luxembourg trouvoit à l'entreprendre, étoit qu'une armée ne pouvoit être bien postée dans l'anse du Piéton : en effet, l'ennemi venant camper au dessus vers Viville, Timeon & Reves, l'armée du siege eût été comme investie par celle du secours, fort resserrée pour les fourrages, & très-embarrassée pour déboucher du Piéton, soit que les ennemis prissent le chemin de Fleurus, ou qu'ils allassent du côté de Marchienne. L'armée du Roi n'étoit pas assez forte pour faire le siege avec une partie des troupes, & pour avoir une armée d'observation au dessus du Piéton, parce que les ennemis se plaçant à Genappe, l'eussent obligée de se réunir, & le siege eût traîné en longueur.

La prise d'Ath avoit aussi ses avantages ; la communication de Mons à Tournay eût été libre, & eût donné le moyen aux armées du Roi d'aller subsister jusqu'à Alost, & au-delà de la Dendre, & de s'approcher facilement de Bruxelles : il étoit plus difficile aux ennemis de troubler ce siege, que celui de Charleroy,

DE FLANDRE.

parce que l'armée d'observation, sans s'éloigner de la place, auroit occupée des positions plus avantageuses.

1693.

Le Prince d'Orange pouvoit rassembler le même nombre de JUILLET. troupes pour marcher au secours de l'une & de l'autre de ces deux places : il n'étoit pas en état de rien tenter avec l'armée qui avoit combattu à Neerwinde; mais il pouvoit être joint par les troupes qui étoient à Liege, & par celles que le Prince de Wirtemberg avoit mené contre les lignes; & ces deux corps, qui faisoient environ cinquante bataillons, suffisoient pour lui former une infanterie aussi nombreuse que celle de l'armée Françoise.

M. de Luxembourg avoit envoyé M. d'Artaignan porter au AOUST. Roi la nouvelle de la victoire remportée à Neerwinde, & l'avoit chargé d'exposer à Sa Majesté tous ces avantages & ces inconvéniens, afin qu'il plût au Roi de décider quelle place son armée attaqueroit : en attendant la réponse de Sa Majesté, on songea à établir de tous côtés des contributions sur le pays ennemi : pour cet effet, on envoya le 4 Août M. de Rosen avec quarante escadrons de Cavalerie & huit cens Dragons au-delà du Demer, pour s'avancer à Brey & à Peer, d'où il devoit faire des détachemens de différens côtés.

M. de Luxembourg campa à Landenfermé pendant quelques jours : après la bataille (*) il fit transporter à Huy & à Namur les blessés, & décampa le 2 Août pour aller à Covarem, où les fourrages étoient moins rares qu'aux environs de la Geete.

(*) Voyez la Pl. XXII.

La marche se fit sur sept colonnes.

Le boute-selle & la générale à la pointe du jour, à cheval & l'assemblée une heure après.

Marche de Landenfermé à Covarem. Pl. XXIII.

L'aîle gauche défila par la gauche, & chaque ligne forma sa colonne : elles allerent toutes deux se côtoyant droit à la Tombe d'Avernas, qu'elles laisserent à droite; delà au moulin de Trogny & à Cortis, où fut leur camp : chaque colonne fut suivie de ses bagages.

La troisieme colonne fut pour l'aîle gauche d'infanterie : elle passa auprès de la Tombe de Step, qu'elle laissa à gauche; elle alla ensuite entre Trogny & Cortis, d'où elle entra dans la plaine du camp.

La quatrieme colonne fut pour l'artillerie & les vivres : cette colonne passa à la Tombe de la Bourlotte, laissa la hauteur de Step à droite, pour aller à Cortis, & coula le long des haies, laissant le village à droite pour entrer dans la plaine du camp.

La cinquieme colonne fut pour les équipages du quartier général & de l'aîle droite de cavalerie : cette colonne partant de son camp passa à Houten, laissa Montenaken à gauche, & Cortis à droite, pour aller à la Tombe de Russon, où elle se trouva dans le camp.

La sixieme colonne fut pour l'aîle droite d'infanterie, laquelle, en partant de son camp, laissa Landenfermé à gauche, pour passer le ruisseau à Joncourt; delà laissant Houten & Montenaken à droite, elle traversa le ruisseau de Cortis à Frenia, d'où elle entra dans la plaine du camp.

La septieme colonne fut pour l'aîle droite de cavalerie, laquelle passa à Rumsdorp : elle laissa ensuite Attenhouen à gauche, pour aller à Gingelem, & delà au moulin à vent de Covarem, où fut son camp.

Le campement s'assembla à la tête de la Brigade des Gardes.

L'armée eut sa droite à Oleye sur le Jaar, & sa gauche à Cortis, proche les trois Tombes : le quartier général fut à Covarem.

Le manque de chevaux empêcha que l'artillerie prise sur les ennemis pût être menée avant le 6 Août à Namur, & M. de Luxembourg fut obligé de réduire celle de son armée à cinquante pieces, dont les plus grosses n'étoient que de douze, ne pouvant mener celles de vingt-quatre : il avoit été obligé par la même raison de renvoyer ses pontons. L'équipage des vivres n'étoit pas en meilleur état, & avec le secours des charriots tirés de la frontiere, lesquels étoient presque tous ruinés, on ne pouvoit voiturer du pain que pour quatre jours seulement ; cependant ceux d'entre les Courtisans qui étoient jaloux de la gloire de M. de Luxembourg, ne manquerent pas de blâmer sa conduite, & d'insinuer dans leurs discours qu'il eût été à désirer qu'après la bataille on eût avancé sur le pays ennemi : il ne lui fut pas difficile de se justifier dans l'esprit du Roi sur un pareil reproche ; mais ceux qui blâmoient sa conduite n'étant instruits ni de l'impossibilité où il étoit d'avoir des vivres en s'avançant sur le pays ennnemi, ni de la difficulté de faire conduire son artillerie, ni de la disette des fourrages, ne devoient pas en juger avec la même équité.

Le Prince d'Orange & l'Electeur de Baviere, qui s'étoient d'abord placés entre Vilvorde & Bruxelles, ne tarderent pas à être joints par le Prince de Wirtemberg, & par les troupes qui s'étoient retirées au-delà du Demer : le Prince de Wirtemberg arriva le 3 d'Août à Bruxelles avec ses troupes, & après cette jonction l'armée des Alliés se rassembla entre Dieghem & Malines, & elle y campa pour observer les mouvemens des troupes Françoises.

Le Roi s'étant décidé à faire assiéger Charleroy, M. de Luxembourg s'occupa des moyens de faire réussir cette entreprise, & concerta avec M. de Vauban & M. de Vigny, tout ce qui
étoit

étoit nécessaire pour le succès de cette opération : il songea à n'arriver devant cette place que dans le moment où tout seroit prêt pour l'attaquer, parce que les fourrages étoient si rares aux environs & dans les endroits où il falloit que l'armée se postât pour empêcher les ennemis de la secourir, qu'on n'étoit pas assuré d'y en trouver une assez grande quantité pour achever le siege. Le Roi qui voyoit aussi combien l'infanterie de cette armée étoit affoiblie, & que les Alliés pouvoient en rassembler un corps nombreux, fit marcher en Flandre celle qui étoit en Normandie au nombre de onze bataillons : ces troupes n'y étoient plus nécessaires, parce que la flotte du Roi avoit remporté, entre Lagos & Cadix, un avantage sur les ennemis ; ce qui rassuroit pour les côtes.

1693. AOUST.

Le Prince d'Orange faisoit courir le bruit qu'il feroit passer en Flandre les troupes qui étoient en Angleterre, lesquelles avoient paru d'abord être destinées pour faire une descente sur les côtes de France ; mais depuis la bataille de Neerwinde, il ne jugea pas devoir tirer des troupes de ce Royaume, où il y avoit beaucoup de fermentation dans les esprits.

Aussi-tôt que M. de Luxembourg se fut débarrassé de l'artillerie prise sur les ennemis & des prisonniers, & qu'il eut fait transporter les blessés de part & d'autre en sûreté, il songea à se placer de façon qu'il pût toujours masquer Charleroy. Afin de se mettre entre l'armée des ennemis & cette place, il voulut s'avancer du côté de Genappe & de Nivelle, & il alla de Covarem camper le 15 Août à Bonef sur la Mehaigne.

Cette marche se fit sur sept colonnes.

Marche de Covarem à Bonef.
Pl. XXIV.

Le boute-selle & la générale à la pointe du jour, à cheval & l'assemblée une heure après.

Aussi-tôt que l'on eut sonné à cheval, & que l'assemblée fut battue, l'aîle gauche & toute l'infanterie marcherent devant elles de front, & la premiere ligne s'avança à trois cens pas en avant de la tête de son camp. La seconde ligne marchant aussi de front, traversa le camp de la premiere pour se mettre à deux cens pas derriere elle : ce mouvement étant achevé, l'armée se mit en marche par sa gauche ; chaque ligne forma une colonne ; la premiere, qui avoit la colonne de la droite, laissa Cortis & Trogny à gauche, & Gros-Avernas à droite, pour passer entre Crehen & Hannut ; laissant ensuite Thine à droite, elle alla à Mierdaux, delà à Bonef, qui fut derriere la gauche de l'armée.

La seconde ligne forma la seconde colonne : elle rasa les haies de Cortis, les laissant à droite pour aller au moulin à vent de Trogny ; elle

Gggg

côtoya toujours la colonne qui étoit à fa droite, pour aller à Viler, qu'elle laiffa à gauche, ainfi que la cenfe de Dieu-regard : elle continua fa marche pour aller à Mierdaux, & laiffant la grande chauffée à gauche, elle marcha droit à Bonef, où fut le camp.

La troifieme colonne fut pour l'artillerie, laquelle coula le long de la tête du camp de la premiere ligne, laiffant à droite les troupes des deux lignes qui s'étoient avancées de front : elle paffa au moulin de Trogny, qu'elle laiffa à gauche, delà à Viler, à Dieu-regard & aux Tombes de Mierdaux, où fut le camp.

La quatrieme colonne fut pour les bagages de la premiere ligne, lefquels marchant par la gauche dans l'ordre où leurs troupes étoient campées, vinrent paffer à Boulein, delà à la Tombe de Blehen, & à celle de l'Empereur, qu'ils laifferent à gauche, pour aller gagner la grande chauffée aux Tombes de Mocheron, où ils fe trouverent dans le camp.

La cinquieme colonne fut pour les bagages de la feconde ligne, qui marcherent dans le même ordre que ceux de la premiere, & vinrent paffer la Meulle à Frefin, d'où laiffant Lens-les-Beguines à gauche, & la Tombe de Blehen à droite, ils allerent à la Tombe de l'Empereur ; ils traverferent la grande chauffée, laifferent la Tombe du Soleil à la droite, & Mocheron & Wafeiges à gauche, pour aller à Branchon & à Bonef, où fut le camp.

La fixieme & la feptieme colonne furent pour l'aîle droite de cavalerie : la feconde ligne eut celle de la droite, & vint paffer le Jaar dans Warem, & la premiere ligne à Oftange ; elles allerent par la plaine en fe côtoyant, gagner la grande chauffée aux cinq Tombes d'Houmal ; delà elles continuerent par la Tombe d'Avefne, & laiffant la grande chauffée à leur droite, elles vinrent gagner la droite du camp à hauteur de la Tombe du Soleil. On mit quatre cens hommes de pied dans chaque colonne de bagages, dont deux cens en firent l'arriere-garde.

Outre les vieilles gardes, on laiffa encore deux cens chevaux & cent Dragons à l'arriere-garde.

Le campement s'affembla à la générale, à la tête du Meftre de Camp.

L'armée campa fur deux lignes, la droite à la Tombe du Soleil, la gauche à Franquenies ; Bonef où fut le quartier général, & la Mehaigne étoient derriere le camp.

Le 16 l'armée du Roi alla camper à Sombref.

La marche fe fit fur fix colonnes.

Le boute-felle & la générale au jour, à cheval & l'affemblée une heure après.

La colonne de la droite fut pour l'aîle droite de cavalerie ; la premiere ligne en eut la tête, & marcha à colonne renverfée : cette colonne laiffa l'artillerie à fa gauche, & Ramier ou Ramillies à fa droite, pour aller aux cenfe & Tombe d'Ottomont, qu'elle laiffa à gauche ; elle tira ensuite droit à Peruis, & delà marcha à Torbais-Saint-Tron, qu'elle laiffa à droite, & le bois du Bus à gauche ; venant enfuite gagner la chauffée auprès de la cenfe d'Outboffé, elle rencontra une colonne d'infanterie, qu'elle côtoya pour entrer dans la plaine du camp.

1693.
AOUST

La feconde colonne fut pour la premiere ligne d'infanterie, en commençant par la gauche ; elle laiffa l'artillerie & la grande chauffée à fa gauche : elle paffa aux cinq Etoiles, & côtoya toujours la grande chauffée jufqu'à la cenfe d'Outboffé, où elle la traverfa ; la laiffant enfuite à fa droite, elle alla à travers champs entre Gemblours & Bertinchamp, où elle entra dans fon camp.

La troifieme colonne fut pour l'artillerie & les gros bagages de l'armée, lefquels fuivirent la grande chauffée jufqu'à la hauteur de Sauvenel, d'où ils fe rendirent au camp.

La quatrieme colonne fut pour les menus équipages de l'armée, en défilant par leur gauche dans l'ordre où les troupes étoient campées ; ils fuivirent la grande chauffée pendant quelque tems, & la laiffant enfuite à droite, ils traverferent le bois du Grand-Lez pour aller paffer au petit-Manil ; delà laiffant Sauvenel à gauche, ils allerent entre Gemblours & Bertinchamp, où fut le camp.

La cinquieme colonne fut pour la feconde ligne d'infanterie, laquelle paffa à la tête du camp de la premiere ligne de l'aîle gauche de cavalerie pour aller à Taviers ; elle côtoya la Mehaigne, la laiffant à gauche, & alla à Afche & à Liernue, qu'elle laiffa auffi à gauche, pour prendre le chemin du petit Lez ; delà elle marcha à Liroup, à la Pofterie, & entra dans la plaine du camp.

La fixieme colonne fut pour l'aîle gauche de cavalerie, laquelle défila par fa gauche : cette colonne partant de fon camp, en forma deux ; la premiere ligne eut celle de la droite, & vint paffer à Taviers, & l'autre à Franquenies ; delà elles traverferent la plaine pour venir à Fraucou, à Longchamp, à Saint-Germain & à l'Abbaye d'Argenton ; elles laifferent enfuite Gemblours à droite pour aller à Grand-Manil, & laiffant Conroy à gauche, & le bois d'Elpech à droite, elles fe rendirent à Sombref, où fut leur camp.

Le campement s'affembla à la générale, à la tête du Meftre de Camp : on mit deux cens hommes de pied dans chaque colonne de bagages ; on commanda trois cens hommes de pied, qui marcherent dès la veille au foir, pour être poftés dans le bois de l'Abbaye de la Ramée, & dans ceux du Bus & du Grand-Lez : on en envoya deux cens autres pour garnir les bois d'Argenton & de Sombref.

On commanda à l'ordinaire l'infanterie pour le campement, & les vieilles gardes firent l'arriere-garde des colonnes d'infanterie & de bagages : l'armée eut fa droite à Gemblours, & fa gauche près du château de Saint-Amand ; le quartier général fut à Sombref.

Le deffein de M. de Luxembourg étoit d'aller camper de Sombref à Genappe ; mais il ne put exécuter ce projet, parce que le pays étoit presque désert & sans aucun fourrage: les ennemis ayant aussi marché le 17 à Anderlecht, d'où on prétendoit qu'ils devoient s'avancer à Halle & à Braine-Laleu, il crut devoir s'en approcher, & dans cette vue il fit marcher son armée à Nivelle.

Marche de Sombref à Nivelle.
Pl. XXVI.

La marche se fit sur six colonnes.

Le boute-selle & la générale au jour, à cheval & l'assemblée une heure après.

L'aîle droite de cavalerie eut la colonne de la droite, la Maison du Roi en eut la tête, & fut suivie des Brigades de Bohlen & de Dalou, & de celles qui composoient la seconde ligne, dans le même ordre que de celles de la premiere: cette colonne partant de son camp, prit la grande chaussée, passa à Bertinchamp, delà elle alla au château de Tilly, à Sart-à-Mavelinne, laissa le grand chemin de Namur à gauche, pour aller à la cense de la Croisette, & passa la riviere au pont de Thil; elle alla ensuite à la cense de Promelle, qu'elle laissa à gauche, ainsi que la Croix-Alliete, pour se rendre à la Commanderie de Vaillencour, où fut son camp.

La seconde colonne fut pour l'aîle droite d'infanterie, Navarre en eut la tête: cette colonne laissa Bertinchamp à droite, pour aller gagner la grande chaussée qu'elle traversa; laissant ensuite à gauche la cense de la Truie qui file, ainsi que la chaussée de Namur à Bruxelles, & la colonne de cavalerie à sa droite, elle passa au hameau de Marbais & à Basy; elle traversa la riviere à Hutte, & alla au château de Promelle, & delà à hauteur de Vaillencour, où fut son camp.

La troisieme colonne fut pour les bagages du quartier général de l'aîle droite de cavalerie & de l'aîle droite d'infanterie, lesquels observerent pour leur marche l'ordre que leurs troupes tenoient: cette colonne partant de son rendez-vous, marcha à travers champs, & traversa la grande chaussée à hauteur des trois Burettes; elle les laissa à gauche, & prit le chemin qui va de Namur à Bruxelles, qu'elle suivit jusqu'au-delà de Genappe, où pliant à gauche, elle passa au hameau de Ronque, & entra dans la plaine de Nivelle, où fut le camp.

La quatrieme colonne fut pour l'artillerie & les équipages de la gauche, tant de cavalerie que d'infanterie: cette colonne alla gagner la grande chaussée aux trois Burettes, qu'elle laissa à droite, & suivit la chaussée jusqu'au cabaret de la Couronne; delà elle alla à Frasne, à Bantrelet, & laissant le chemin de Namur à droite, elle passa à Loupoigne, & delà à Ronque, d'où laissant l'autre colonne à sa droite, elle entra dans la plaine du camp.

La cinquieme colonne fut pour l'aîle gauche d'infanterie, Piedmont en eut la tête: cette colonne partant de son camp, laissa le parc d'artillerie à sa droite, passa auprès du château de Wanelay, qu'elle laissa à gauche, delà elle alla auprès du cabaret de la Couronne, qu'elle laissa à

DE FLANDRE.

à droite, pour passer à Frasne; elle traversa les bois de Houtain, continua sa marche par Houtain-le-Mont & les censes de Vieucourt, d'où elle entra dans la plaine du camp.

1693. AOUST.

La sixieme colonne fut pour l'aîle gauche de cavalerie, dont le Mestre de Camp eut la tête: cette colonne alla passer au château de l'Escaille, à la cense de Chesseaux, & à celle du Grandchamp, rasa le bois de Liberchies, pour aller à Reve, delà à Sart-à-Reve, traversa le bois de Nivelle pour aller aux censes de Tillemont, d'où elle entra dans la plaine de Nivelle.

On commanda six cens hommes de pied pour l'escorte des deux colonnes de bagages; on en commanda huit cens autres pour aller au campement, lequel s'assembla à la tête du Mestre de Camp.

L'armée eut sa droite à Vaillencour & sa gauche à Arquenne, au-delà duquel la réserve campa.

Il y eut dans ce camp quelques émeutes assez considérables parmi les soldats, lesquelles furent occasionnées par le défaut de paiement : les finances étoient épuisées, & les ressources difficiles; & faute de satisfaire les troupes, on étoit obligé de fermer les yeux sur les désordres qui arrivoient chaque jour: plusieurs Régimens s'attrouperent pendant quelques nuits pour demander ce qui leur étoit dû. On punit les plus séditieux, on appaisa les autres, en faisant distribuer quelque argent aux troupes, & le Roi prit des mesures pour les faire payer exactement jusqu'à la fin de la campagne.

M. de Luxembourg avoit eu dessein de camper au-delà de Nivelle, afin d'enlever les fourrages aussi près de Bruxelles qu'il seroit possible; mais voyant qu'il ne pouvoit, sans risque, faire passer la Senne aux environs de Halle à des détachemens, pendant que les Alliés seroient vers Anderlecht, & que s'il avoit été au-delà de Nivelle, il eût perdu une journée à repasser les défilés pour retourner en deçà, ou pour marcher à Braine-le-Comte, il jugea à propos de mettre la droite à Vaillencour & la gauche à Arquenne, le centre de l'armée étant vis-à-vis & près de Nivelle; comme c'étoit un des chemins que les ennemis pouvoient tenir pour marcher au secours de Charleroy, il étoit bien aise de consommer les fourrages qui se trouveroient aux environs : il comptoit par la même raison marcher à Soignies, ou à Braine-le-Comte, avant d'aller à Charleroy, & il avoit dessein de préférer le premier de ces deux camps, parce que l'autre étoit coupé par quelques ravins; il y fit marcher son

Hhhh

armée le 19 Août, & M. d'Harcourt, qui campoit à Genappe, s'y rendit avec ses troupes.

1693.
AOUST.

Marche de Nivelle à Soignies.
Pl. XXVII.

La marche de Nivelle à Soignies se fit sur cinq colonnes.

On sonna le boute-selle & la générale au jour, à cheval & l'assemblée quand on en donna l'ordre.

La colonne de la droite fut pour l'aîle gauche de cavalerie, les Dragons qui y étoient campés en eurent la tête, & furent suivis de la Brigade du Mestre de Camp, & du reste de la premiere ligne, ainsi qu'elle étoit campée, & de la seconde dans le même ordre que la premiere: cette colonne passa sur le pont du village d'Arquenne, laissa Felluy à gauche pour aller le long du bois de l'Escaille, qu'elle laissa aussi à gauche; delà elle passa au pont du château de la Folie, prit le chemin qui va au moulin de Braine-le-Comte, traversa le bois de Soignies, & se rendit à Ubomé, où elle passa le ruisseau pour entrer dans la plaine du camp.

La seconde colonne fut pour l'aîle gauche de l'infanterie, dont Piedmont eut la tête: cette colonne passa au pont du château d'Arquenne, traversa Felluy, alla à la cense de l'Escaille, qu'elle laissa à droite, delà aux Escaussinnes basses: elle continua ensuite sa marche par le cabaret de Belletête, suivit le chemin qui mene à Soignies, laissant Saint-Hubert à gauche, & passa sur le pont du fauxbourg de Soignies, pour entrer dans la plaine du camp.

La troisieme colonne fut pour l'aîle droite d'infanterie; les Gardes en eurent la tête: cette colonne partant de son camp, passa sur le pont de la droite, des deux qu'on avoit faits au dessus de celui du château d'Arquenne, d'où elle alla à la maison de M. Gaudry, laissa celle de M. Lallemand à droite, & gagna le chemin qui va de Felluy à Marcq, qu'elle suivit jusqu'à la hauteur du bois de Felluy, laissant la croisée du chemin des Escaussinnes à Seneff, à gauche, pour passer aux Escaussinnes hautes; delà elle alla entre le moulin à vent de Naast & Saint-Hubert, & traversa le ruisseau de Soignies au four à chaux, pour entrer dans la plaine du camp.

La quatrieme colonne fut pour les menus équipages de l'armée, lesquels partant de leur rendez-vous, allerent passer au pont de la gauche, des deux qu'on avoit faits au dessus du château d'Arquenne, d'où ils prirent le chemin du château de Buseray; delà ils suivirent celui qui va à la cense d'Elcourt-aux-Escaussinnes; ensuite ils allerent à travers champs passer le ruisseau entre Naast & le moulin, pour entrer dans la plaine du camp.

La cinquieme colonne fut pour l'aîle droite de cavalerie, en commençant par la Brigade de Dalou: cette colonne vint passer au pont de pierre, laissant la cense d'Ubaumont à sa gauche; delà elle alla à travers champs à la hauteur de Seneff, qu'elle laissa à gauche, & prit le chemin pour aller à Famille-à-Rœux, à la cense de Boulan, à Megneau,

DE FLANDRE. 307

à Court-aux-bois & à Naaft, d'où elle entra dans la plaine du camp.
Le campement s'affembla à la générale, au-delà du village d'Ar- 1693.
quenne. AOUST.

On commanda un Brigadier avec cinq cens chevaux, pour aller du côté de Braine-le-Comte, pour couvrir la marche de l'armée.

Elle campa fur deux lignes, la droite à Naaft, la gauche au ruiffeau de Cauchie-Notre-Dame. Soignies, où étoit le quartier général, fut couvert par M. d'Harcourt.

Cette marche donna au Prince d'Orange de l'inquiétude pour Ath; il jetta deux mille hommes dans cette place, & alla enfuite camper à Saint-Martin-Lennicke.

M. de Luxembourg prévoyoit qu'il feroit embarraffé pour la fubfiftance de fa Cavalerie pendant le fiege de Charleroy, & afin de ménager les fourrages des environs de cette place, il n'ofoit s'en approcher avant le tems où il pouvoit l'attaquer: pendant ce tems-là, le Gouverneur de Charleroy, perfuadé que cette place feroit bien-tôt affiégée, faifoit des détachemens de fa garnifon pour les brûler: l'armée du Roi avoit quelques reffources dans les fourrages fecs qu'il y avoit à Philippeville, lefquels pouvoient fe monter à deux cens mille rations; il y avoit auffi à Mons, à Namur, Dinant & Givet dix-fept mille quatre cens fetiers d'avoine, dont on comptoit fe fervir dans le befoin, & on projettoit d'en faire tranfporter au château de Tréfignies trois mille fetiers, afin d'en délivrer à la Cavalerie, fi à l'approche des ennemis les deux armées reftoient en préfence pendant quelque tems.

L'armée du Roi parut refter dans l'inaction pendant que les troupes qui étoient en Normandie, & dont on avoit befoin pour entreprendre le fiege de Charleroy, s'avançoient fur la frontiere: auffi-tôt qu'elles furent à portée d'arriver devant cette place, M. de Luxembourg fongea à s'en approcher: il fit marcher fon armée le 9 Septembre, pour aller camper à Haifne- SEPTEMBRE.
Saint-Pierre & à Haifne-Saint-Paul.

La marche fe fit fur fix colonnes.

Le boute-felle & la générale au petit jour, à cheval & l'affemblée une Marche de
demi-heure après. Soignies à Haif-
ne-Saint-Pierre.

L'aîle gauche de cavalerie eut la colonne de la droite, le Meftre de Pl. XXVIII.
Camp en eut la tête: cette colonne fuivit la chauffée qui va de Bruxelles à Mons, jufqu'à ce qu'elle rencontrât le chemin qui va d'Ath à Binch; prenant alors à gauche, elle paffa fur la bruyere du Cafteau; delà elle

alla à Saint-Denis, à Ville-sur-Haisne, & au gué de Thieu, d'où elle entra dans son camp.

La seconde colonne fut pour l'aîle gauche d'infanterie, dont Orléans eut la tête : cette colonne partant de son camp, alla droit à la Justice de Soignies ; delà à Saisinne & à Thieusies, qu'elle laissa à droite pour passer à Gottigny & aux ponts faits au dessus de Thieu, d'où elle entra dans la plaine du camp.

La troisieme colonne fut pour les équipages du quartier général, & pour ceux de l'aîle gauche de cavalerie & d'infanterie : cette colonne partant de son camp, alla à travers champs droit à la cense de Tidonceau, par des ouvertures qu'on avoit faites ; delà elle prit par Sirieu, & marcha à travers champs à la Justice du Rœux, d'où elle alla passer entre Thieu & Bracquignies, pour se rendre dans la plaine du camp.

La quatrieme colonne fut pour l'artillerie & pour les équipages de l'aîle droite, tant cavalerie qu'infanterie : cette colonne suivit le chemin de Soignies à Thieusies jusqu'à l'entrée de la plaine, qu'elle prit celui qui va à Ubifossé ; elle laissa ce hameau à gauche, & la Justice du Rœux à droite, pour aller à la Maladrerie, où elle prit le chemin de Bracquignies, évitant d'entrer dans le chemin creux ; delà cette colonne alla à la Chapelle Sainte-Anne, & se rendit à travers champs à la hauteur de Haisne-Saint-Pierre, où fut le camp.

La cinquieme colonne fut pour l'aîle droite d'infanterie, dont Anjou eut la tête : cette colonne partant de son camp, prit le chemin de Soignies au Rœux, passa par la Buze, laissa le Rœux à droite, pour aller à Houde & à Goignies ; delà elle traversa le ruisseau auprès de la cense de la Louviere, pour entrer dans la plaine du camp.

La sixieme & derniere colonne fut pour l'aîle droite de cavalerie, dont la Maison du Roi eut la tête : cette colonne alla passer à Court-au-bois, à Megneau, à la cense de Boulan, à Bois-de-Haisne, au Fayt & au Terme de Hardimont, où elle se trouva à la droite du camp.

On mit trois cens hommes de pied dans chaque colonne de bagages.

On envoya trois partis d'infanterie dans la vallée du Rœux, de cinquante hommes chacun.

On commanda six cens hommes de pied pour le campement, dont le rendez-vous fut à la tête du Régiment du Roi.

L'armée campa sur deux lignes, la droite au Terme de Hardimont, la gauche au ruisseau qui descend d'Houden à Thieu : le quartier général fut à Haisne-Saint-Pierre, & la riviere d'Haisne derriere le camp.

Le 10, l'armée Françoise marcha à Vanderbecq, où fut le quartier général.

Cette marche se fit sur six colonnes.

L'aîle gauche de cavalerie forma la colonne de la droite, le Mestre de Camp en eut la tête : cette colonne passa la Haisne au pont de Triviere, alla à travers champs droit à la Hutte, à Ressay, au Val, & laissa le

DE FLANDRE. 309

le Mont de Sainte-Aldegonde à gauche, pour passer au moulin de Carnieres, d'où elle alla à la hauteur du Piéton, où fut son camp.

1693.
SEPTEMBRE.

La seconde colonne fut pour les équipages de l'aîle gauche de cavalerie & d'infanterie, lesquels passerent au pont de Saint-Vast, & traverserent la grande chaussée pour aller au Mont de Sainte-Aldegonde; delà ils passerent à Carnieres, à la cense de Beauregard, & continuerent leur marche jusqu'à la hauteur de Capelle à Harlaimont, où fut le camp.

La troisieme colonne fut pour la gauche de l'infanterie, dont Greder Suisse eut la tête : cette colonne passa à Haisne-Saint-Pierre, & alla à Merlanwelz; delà elle suivit la chaussée jusqu'à Capelle à Harlaimont, où fut le camp.

L'artillerie, qui étoit à Merlanwelz, prit la tête de cette colonne.

La quatrieme colonne fut pour les équipages du quartier général, de l'aîle droite de cavalerie & d'infanterie : cette colonne partant de son camp, entra dans le parc de Marimont par la porte de Vragny; delà elle alla auprès du château, qu'elle laissa à gauche, pour suivre l'allée qui va à Montaigu; elle prit ensuite le chemin qui va à Capelle à Harlaimont pour se rendre au camp.

La cinquieme colonne fut pour l'aîle droite d'infanterie, dont Bourbonnois eut la tête : cette colonne passa au coin du parc de Marimont, qu'elle laissa à droite, & qu'elle côtoya jusqu'à la hauteur de l'Abbaye de l'Olive; delà elle alla au bois de Belle-court, & laissant la cense del Bouvrie à droite, elle entra dans la plaine, entre Vanderbecq & Capelle à Harlaimont, où fut le camp.

La sixieme & derniere colonne fut pour l'aîle droite de cavalerie, dont la Maison du Roi eut la tête : cette colonne partant de son camp, alla à la hauteur de Hardimont, & delà à Jolimont, qu'elle laissa à gauche; elle prit ensuite le chemin qui mene au village de Hestre, qu'elle laissa à droite, ainsi que Belle-court, pour aller droit dans les prairies de Notre-Dame des sept Douleurs, où elle entra dans le camp.

On commanda trois cens hommes de pied pour chaque colonne de bagages, & six cens pour le campement, dont le rendez-vous fut audelà du pont de Haisne-Saint-Pierre.

L'armée campa sur deux lignes, la droite à Ubay, la gauche au Prieuré d'Harlaimont, le ruisseau de Piéton derriere le camp, & Vanderbecq pour quartier général.

Les troupes destinées pour former la circonvallation de Charleroy, continuerent leur marche dans l'ordre qui suit.

Celles qui étoient des colonnes de la droite, passerent à Capelle à Harlaimont, & au Piéton, laisserent Trasegnies & Courcelles à gauche, pour aller passer à deux ponts qui étoient à Sart-le-Moine; delà elles marcherent à Jumée, & lorsqu'elles furent dans la plaine, elles firent halte, & attendirent l'ordre de ce qu'elles devoient faire.

Les troupes qui étoient des colonnes de la gauche, passerent sur la

Iiii

1693.
SEPTEMBRE.

bruyere de Vanderbecq, pour aller au pont de Gouy, & laissant le village à droite, elles allerent à la Posterie de Courcelles, au moulin de la Ferté, & à Gosseliers; lorsqu'elles furent arrivées dans la plaine, elles doublerent en attendant l'ordre de ce qu'elles devoient faire.

Investissement de Charleroy.
Pl. XXIX.

Charleroy fut investi le même jour par trente bataillons & trente-deux escadrons, tant des troupes arrivées depuis peu sur la frontiere, que de celles qui furent détachées de l'armée, & par quelques bataillons qu'on fit sortir de Namur. M. de Ximenes investit la place du côté de Marchienne, & M. de Guiscard du côté de Coville. On fit aussi-tôt arriver les pionniers pour travailler aux lignes de circonvallation, & l'artillerie vint par eau de Maubeuge & de Namur: on en tira aussi de Mons par terre; elle consistoit en cent quarante-neuf pieces de canon, & soixante-un mortiers ou pierriers.

ETAT de l'artillerie & des munitions de guerre qui ont été apportées & consommées au Siege de Charleroy.

PIECES.

Munitions consommées.

De 33.	4.
De 24.	53.
De 12. dont 6 de nouvelle invention. .	12.
De 8. dont 4 *idem*.	34.
De 4. dont 18 *idem*.	36.
	139.

AFFUTS.

De 33.	6.
De 24.	55.
De 12.	27.
De 8.	41.
De 4.	42.
	171.

Avant-trains.	203.
Charriots à canon.	35.

BOULETS.

De 33.	5692.	3885

DE FLANDRE.

Munitions apportées au Siege de Charleroy.

	Munitions consommées.	1693. SEPTEMBRE.
De 24.	56469.	45189
De 12.	14260.	8440
De 8.	14500.	8300
De 4.	6000.	1000
	96921.	66814

ARMES DES PIÈCES.

De 33.	9.	1
De 24.	74.	3
De 12.	35.	2
De 8.	51.	11
De 4.	62.	11

MORTIERS.

De 18. pouces.	3.
De 12.	30.
De 8.	24.
	57.

Pierriers. . . . . 4.

AFFUTS A MORTIERS.

De 18 pouces.	3.
De 12.	37.
De 8.	26.
	66.

Affûts à pierriers. . . . . . . 5.

BOMBES.

De 18.	797.	589
De 12.	9000.	8000
De 8.	7122.	2800
	16919.	11389
Grenades.	19800.	6000
Fusées à bombes.	21064.	14314
Fusées à grenades.	19800.	6000
Poudre.	900000.	600000

HISTOIRE MILITAIRE

Munitions apportées au Siege de Charleroy.

	Munitions apportées	Munitions consommées
1693. SEPTEMBRE. Plomb.	160000.	80000
Meche.	70000.	60000
Hallebardes.	100.	9
Armes à l'épreuve.	10.	

OUTILS A PIONNIERS.

Pics à hoyaux.	19000.	5000
Hoyaux.	505.	100
Béches.	20546.	7000
Pelles de bois ferrées.	1054.	587
	41105.	12687
Haches.	3500.	1000
Serpes.	9500.	2600
Outils à mineurs.	318.	
Outils à ouvriers.		
Madriers.	157.	30
Leviers.	550.	30
Coins de mire.	262.	
Couffinets ou gros coins de mire.	30.	
Hampes.		
Chevres.	10.	
Criqueballes.	5.	
Crics.	5.	
Sacs à terre.	84000.	49500
Pierres à fusil.	50000.	
Soufre.	856.	373
Salpêtre.	890.	243
Térébenthine.	24.	14
Vieux-oing.	510.	10
Cire blanche.	10.	10
Chandelle.	270.	270
Flambeaux.	106.	26
Peaux de mouton.	78.	72
Aunes de toile à fauciffons.	20.	20
Lanternes pour éclairer.	32.	26
Tamis.	5.	
Mefures à poudre.	40.	
Chaudieres de fer à artifices.	2.	
		Entonnoirs.

DE FLANDRE.

Munitions apportées au Siege de Charleroy.

	Munitions	Munitions consommées.
		1693. SEPTEMBRE.
Entonnoirs.	2.	
Baguettes pour charger les fufées à bombes.	61.	
Gamelles de bois.	9.	
Aiguilles à coudre de toutes fortes.	100.	100
Fil.	1.	1
Ficelle.	6.	6
Paffe-boulets.	3.	

CORDAGES.

Cinquenelles.	11.	6
Alonges.	47.	36
Cables de chevres.	6.	1
Prolonges & travers.	435.	293
Commandes.	529.	529
Paires de traits.	726.	396
Bateaux de cuivre.	66.	
Hacquets.	22.	
Ancres.	20.	
Cabeftans.	8.	
Crocs.	38.	36
Fourches de fer.	42.	33
Cuivre jaune.	40.	23
Clous de cuivre.	15.	5
Forges complettes.	6.	
Fer en barres.	4150.	4150
Vieux fer.	250.	50
Acier.	21.	21
Limes.	5.	
Clous de fer.	899.	669
Charriots couverts.	6.	
Caiffons.	6.	
Charrettes.	173.	

Les nouvelles qu'on avoit de Bruxelles & de l'armée du Prince d'Orange, donnoient lieu de croire que les Alliés chercheroient à fecourir Charleroy : l'Electeur de Baviere avoit écrit dans différentes Cours de l'Europe, qu'à la vérité les François avoient eu l'avantage de la bataille de Neerwinde, mais qu'elle leur avoit coûté tant de monde, & qu'il avoit depuis

Kkkk

peu fortifié son armée par tant de troupes tirées de toutes les garnisons, qu'il espéroit ne point sortir de campagne sans donner une seconde bataille, si l'armée du Roi formoit quelqu'entreprise.

Les Alliés pouvoient, au lieu de marcher au secours de Charleroy, chercher à faire une diversion; le Roi craignoit qu'ils n'entreprissent le siege de Furnes, & Sa Majesté ne vouloit pas, pendant que son armée feroit une autre conquête, laisser perdre cette place. Pour la mettre en sûreté, on travailla à y faire un camp retranché, dans lequel il devoit y avoir six bataillons & seize escadrons : il étoit facile au Prince d'Orange de prévenir l'armée du Roi devant cette place ; mais malgré cet avantage, M. de Luxembourg doutoit que les Alliés y marchassent : la prise de Furnes n'étoit pas capable de les dédommager de la perte de Charleroy ; & dans la position où étoit l'armée du Roi, elle devoit leur donner de l'inquiétude pour Louvain, parce qu'ayant le tems nécessaire pour rassembler les chevaux & les charriots de la frontiere, elle pouvoit en faire venir une assez grande quantité pour y voiturer l'artillerie, & pour y transporter des vivres & de l'avoine pour la cavalerie.

Comme on avoit craint que, pendant qu'on seroit attaché au siege de Charleroy, les ennemis ne voulussent attaquer Huy, M. de Vauban avoit été d'avis de le raser ; M. de Mesgrigny avoit été d'un avis contraire, & vouloit qu'on travaillât à en augmenter les ouvrages : on ne suivit aucun de ces deux projets, & on prit le parti de laisser cette place dans l'état où elle se trouvoit. On la regardoit comme un poste qui donnoit de l'inquiétude à Liege & à tout le pays ennemi, sur lequel on établissoit facilement des contributions : elle servoit de retraite aux partis qui s'y avançoient ; elle n'étoit pas susceptible de pouvoir faire une longue résistance, à moins d'y faire des dépenses très-considérables ; & cette perte ne pouvoit être importante, parce qu'on n'avoit besoin de conserver que le château, lequel ne pouvoit contenir un grand nombre de troupes.

Les ennemis pouvoient encore, au lieu d'attaquer Huy ou Furnes, marcher aux lignes, & chercher à les forcer, afin d'étendre les contributions aussi loin qu'ils le pourroient sur le pays qu'elles couvroient : dans cette supposition, le Roi désiroit que M. le Maréchal de Villeroy continuât le siege avec quarante bataillons & soixante-dix escadrons, & que M. de Luxembourg s'avançât avec le reste de son armée pour s'opposer aux entreprises des Alliés.

Il étoit difficile, par quelque côté que les ennemis voulussent s'approcher de Charleroy, qu'ils pussent faire subsister leur cavalerie; s'ils vouloient venir par Braine-le-Comte, Soignies, le Rœux, Binch jusqu'au Piéton, tous les fourrages étoient consommés: il n'y en avoit pas davantage en passant par le coin du bois del Houssiere, par Henripont, la Folie, les Escauffinnes, Famille-à-Rœux, Seneff & le Fayt: il y avoit une autre route à prendre, qui étoit de passer la Senne à Halle, pour venir à Braine-Laleu; il y avoit quelques fourrages aux environs, mais à Nivelle, à Genappe, Wavre, Limal, Limalette, l'Abbaye de Villers, & dans tout le pays situé entre ces villages & la grande chaussée, ils n'auroient trouvé aucuns fourrages.

Comme il pouvoit arriver qu'au lieu de faire une diversion, les Alliés cherchassent à secourir Charleroy, on s'étoit appliqué à prévoir de quelle façon on pourroit s'opposer à leurs desseins: ils pouvoient marcher sur la haute Sambre, & même la traverser, pour essayer de secourir la place du côté de la riviere d'Heure; mais outre le défaut des fourrages, ils auroient trouvé de ce côté-là plusieurs obstacles: il falloit passer les défilés que formoient les bois de Thuin, de l'Angely, & de Fontaine-l'Evêque; & ensuite traverser la riviere d'Heure, dans laquelle il n'y avoit que trois gués assez difficiles, & que l'armée du Roi n'eût pas eu de peine à défendre, ayant pour elle de fort belles hauteurs, & de la plaine depuis les hauteurs jusqu'à la Sambre.

Si les ennemis entreprenoient de s'avancer sur la basse Sambre, M. de Luxembourg comptoit, quand il les verroit décidés à marcher de ce côté-là, changer de poste pour s'opposer à eux: l'armée Françoise étant campée le long du Piéton, qu'elle avoit derriere elle, & s'étendant la droite à Ubay, la gauche jusqu'à Capelle à Harlaimont, pouvoit s'avancer du côté de Thimeon, mettant la gauche à la hauteur de Gosseliers, tirant la ligne à Heppeny, & d'Heppeny jusqu'à Saint-Amand, où la droite devoit être appuyée: pour s'avancer dans cette position, M. de Luxembourg avoit fait faire dix ponts derriere son armée sur la premiere branche du Piéton: il y avoit de plus un beau gué au pont à Selle; l'aîle droite & l'infanterie pouvoient se servir aisément de tous ces passages, & la gauche entrer dans l'anse du Piéton au dessus de sa source. Pour en sortir, & repasser l'autre

1693.
SEPTEMBRE.

branche du Piéton, il y avoit encore dix paſſages depuis le Blanc-cheval juſqu'au Roux, & on avoit accommodé les chemins pour déboucher ſur le terrein que l'armée comptoit occuper : la gauche auroit eu devant elle le ruiſſeau de Thimeon ; vis-à-vis d'Heppeny il y avoit quelques marécages, qui ſe ſeroient trouvés devant le centre, & depuis Heppeny juſqu'à Saint-Amand, la droite eût été dans la plaine. Pour attaquer l'armée du Roi dans ce poſte, il eût fallu que les ennemis euſſent débouché dans la plaine de Marbay, par des chemins aſſez difficiles, pendant que l'armée du Roi auroit eu toute la plaine pour aller à eux : d'ailleurs partout où la Cavalerie Françoiſe pouvoit combattre celle des Alliés, M. de Luxembourg ſe croyoit aſſuré de fixer la victoire de ſon côté.

Le bruit du pays étoit que les ennemis vouloient prendre leur route par Wavre, & gagner Sombref; & pour s'y oppoſer, M. de Luxembourg comptoit s'étendre juſqu'à Velaines. S'ils cherchoient à gagner la baſſe Sambre, en laiſſant l'Orneau ſur leur droite, ce qui ne les approchoit guere de Charleroy, ils devoient éprouver de ce côté-là, ainſi qu'en marchant ſur la haute Sambre, beaucoup de difficultés pour leurs vivres : par toutes ces raiſons M. de Luxembourg croyoit qu'ils ne prendroient point d'autre parti que de l'attaquer dans le poſte qu'il comptoit prendre, & par le défaut de fourrages les deux armées ne pouvoient reſter long-tems en préſence.

Le Roi comptoit faire revenir des troupes d'Allemagne ſur la Meuſe, ſous les ordres de M. le Maréchal de Boufflers, ce qui devoit donner aux ennemis de l'inquiétude pour cette partie, les empêcher de dégarnir Liege, aſſurer Huy, & être une reſſource pour M. de Luxembourg, parce que ce corps ſeroit à portée de le joindre, en cas que le Prince d'Orange voulût troubler le ſiege : ce mouvement devoit auſſi empêcher les ennemis de ſe porter du côté de la mer ; & pour mieux aſſurer Furnes, on propoſa d'y faire marcher les Milices du Boulonnois.

Pl. XXX. Ces différens partis étant prévus, on ouvrit le 15 Septembre la tranchée devant Charleroy : on commença par chaſſer les ennemis des hauteurs de la Garenne ; ils y tenoient deux poſtes défendus chacun par ſoixante hommes, & ſoutenus par cent cinquante : leur réſiſtance ne fut pas longue, quoiqu'ils y fuſſent retranchés ; ils perdirent deux Officiers & environ vingt ſoldats tués : on fit ſur eux vingt-cinq priſonniers, parmi leſquels il y avoit

avoit aussi deux Officiers: les Gardes Françoises, qui faisoient cette attaque, n'y perdirent qu'un Enseigne & un soldat tués; un Capitaine de ce Régiment, un Ingénieur & quelques soldats y furent blessés.

1693.
SEPTEMBRE.

Après ce petit succès, on ouvrit tranquillement la tranchée sur la Garenne, du côté de Darmay. Par cette disposition on fit deux attaques, qui devoient se réunir contre la partie de la place devant laquelle étoit l'étang: on préféra ce front où le terrein étoit moins rempli de mines: il y eut tous les jours huit bataillons des Gardes à la tranchée, sçavoir cinq à l'attaque de la Garenne, qui étoit la gauche, & trois à celle de Darmay, qui étoit la droite.

M. de Vigny fut blessé le 16 au matin, d'un éclat de canon, & ce même jour les ennemis firent une sortie sur l'attaque de Darmay: M. de Vauban n'avoit pas jugé à propos que les bataillons fussent dans la parallele, parce qu'il n'y avoit point de place pour eux & pour les travailleurs qui la perfectionnoient: ils étoient postés en arriere dans un endroit où ils étoient à couvert: il n'y avoit à la tête du travail que cinquante Carabiniers, & trois compagnies de Grenadiers, qui prirent l'épouvante. M. de Crequy, qui étoit de tranchée, sortit avec les Carabiniers pour aller au devant des ennemis. M. de Sainte-Hermine rassembla quelques troupes, & se présenta de très-bonne grace: M. de Vauban étoit de l'autre côté de la Sambre, d'où il ne pouvoit se faire entendre, & il fit bien des signes pour faire avancer les bataillons; enfin les ennemis, après s'être avancés sur la tranchée, se retirerent sans y avoir presque rien dérangé: le Marqui de Broglio, qui étoit allé voir le Marquis de Crequy, fut tué à cette sortie.

Le 17, une batterie de quatre pieces de canon, placée à la droite de l'attaque de la Garenne, commença à tirer contre la place: depuis ce jour jusqu'au 24, on établit quarante-huit pieces de canon & quarante-sept mortiers en différentes batteries, & on avança les travaux de la tranchée aussi près des ouvrages de la place qu'il étoit possible. Le 22, à deux heures du matin, on s'empara d'un petit poste que les ennemis avoient sur la digue de Marcinelle; & après avoir arraché une grande partie des palissades, & l'avoir en partie rasé, on l'abandonna: les ennemis y rentrerent aussi-tôt, & le conserverent encore pendant quelques jours.

Llll

1693.
SEPTEMBRE.

Le 24, on se trouva en état d'attaquer la redoute de l'étang, dont la garde avoit beaucoup souffert, n'ayant point été relevée depuis l'ouverture de la tranchée: on l'attaqua avec des bateaux couplés, sur lesquels on fit des plates-formes capables de porter vingt hommes chacunes; trois de ces machines avoient été composées de la sorte, au moyen de six petits bateaux ramassés sur la Sambre, & amenés sur des charriots à la queue de l'étang: ils furent mis à l'eau & équipés par les soins de M. de Pointis, Capitaine des Vaisseaux du Roi, qui se trouvoit volontaire à ce siege: on embarqua soixante hommes sur cette petite escadre, qui étoit conduite par le sieur Martin & par un autre Capitaine de Galiotes, & soutenue par le feu de deux cens fusiliers postés des deux côtés de l'étang, à soixante toises de la redoute; l'attaque étoit encore protégée par quatre mortiers & quatre pieces de canon bien préparées.

Le sieur Martin se mit hardiment au large, à la rame & au croc, mettant adroitement la redoute entre lui & le feu de la place, qui fut grand, mais sans effet: quant à ceux qui défendoient la redoute, voyant leur perte assurée, non seulement ils ne tirerent pas, mais ils éleverent sur le champ un pavillon blanc, après avoir obtenu une cessation de feu: la garnison, qui de cinquante hommes qu'elle étoit au commencement du siege, se trouvoit réduite à dix-sept, se présenta sans armes sur le haut de son rempart pour aider aux troupes du sieur Martin à y monter: il y entra avec son détachement, & on attendit la nuit pour les relever & en retirer les prisonniers: il tomba pendant cette attaque une grande partie de la face d'un bastion qui y fit une bréche d'environ seize toises de large.

Pendant que l'armée du Roi étoit occupée au siege de Charleroy, l'Electeur de Baviere fit quelques mouvemens pour s'approcher de l'Escaut, & il paroissoit vouloir aller du côté de la mer: les troupes qui étoient dans le camp retranché de Liege, en étoient sorties, à la réserve de deux bataillons: elles avoient marché à Saint-Tron, & on les croyoit destinées à venir camper sous Bruxelles, où les ennemis avoient renvoyé leurs gros bagages: il étoit arrivé aussi des troupes à Ostende, & tous ces mouvemens faisoient croire que les ennemis en vouloient à Furnes ou aux lignes.

L'Electeur de Baviere avoit quitté le Prince d'Orange, & avoit passé la Dendre sur un pont fait au dessous de Likerque,

DE FLANDRE. 319

pour aller camper entre Ninove & Aloft : on difoit qu'il marchoit avec quatorze bataillons & trente efcadrons, & qu'il en vouloit à Menin, où on affuroit qu'il avoit quelque intelligence. M. de Luxembourg, incertain fi c'étoit contre cette place ou contre Furnes, qu'il avoit des deffeins, fit partir le 18 de fon camp huit efcadrons de Dragons, pour aller joindre M. d'Harcourt, qui campoit aux Eftinnes, afin d'affurer les convois qui venoient de Mons à Charleroy. M. d'Harcourt marcha le lendemain avec les Régimens de Dragons du Colonel Général, Caylus, Languedoc, Artois & Bretoncelles, & les Régimens de Cavalerie de Raffent, du Roi & de la Reine d'Angleterre : il fut fuivi des Gardes Angloifes & du Régiment d'infanterie de Teffé, & il alla camper le 19 à Villers-Peruis, & le lendemain à Tournay.

1693.
SEPTEMBRE.

Le Prince d'Orange faifoit pendant ce tems-là mettre du foin en corde à Bruxelles : il prétendoit par ce moyen porter avec lui du fourrage pour quatre jours, & il avoit commandé fix mille charriots qui devoient voiturer du foin & de l'avoine pour cinq autres jours, & du pain pour neuf.

Les troupes qu'il tiroit de Liege, jointes à plufieurs bataillons qu'il avoit fait fortir de Maeftricht, faifoient un gros corps d'infanterie, & avec ce renfort il fe trouvoit en état de fe préfenter devant l'armée du Roi, parce que les troupes qui avoient marché fous les ordres de l'Electeur de Baviere, obligeoient M. de Luxembourg de partager auffi les fiennes, afin de lui faire tête du côté des lignes.

Le Prince d'Orange s'étant avancé à Ninove, il paroiffoit que les forces des Alliés alloient fe tourner du côté de Furnes : fur la premiere nouvelle que M. de Luxembourg reçut de leur marche, il laiffa fon armée au camp de Vanderbecq, fous les ordres de M. de Rofen, & la conduite du fiege fut confiée à M. le Maréchal de Villeroy, qui refta avec quarante-deux bataillons & quarante-cinq efcadrons. M. de Luxembourg fe rendit le 21 Septembre à Mons, pour apprendre des nouvelles plus certaines des ennemis ; il fit avancer la Maifon du Roi & la Brigade du Meftre de Camp à Saint-Simphorien : il fit en même tems marcher dix-fept bataillons aux Eftinnes, fous les ordres de M. le Duc de Berwick : cette tête de troupes le mettoit en état d'arriver diligemment à Tournay, en cas que cela fût néceffaire, & il efpéroit s'y rendre dans un jour avec la cavalerie, dont il comptoit laisser seulement quatre escadrons à M. d'Artaignan, pour les faire marcher jusqu'à Tournay avec l'infanterie de M. le Duc de Berwick.

Il dépêcha un Courier à M. de la Valette, pour lui faire sçavoir que sa principale attention devoit être de donner du secours à Furnes, & pour lui ordonner de s'en approcher, de camper entre cette place & Ypres, & de mettre promptement dans la premiere deux bataillons : il lui manda aussi de se tenir à portée d'y faire entrer les deux autres qui étoient à ses ordres, avec deux Régimens de Dragons, & de voir par lui-même s'il devoit y aller avec le reste de ses troupes, ou rebrousser sur Ypres. M. de Luxembourg ordonna en même tems de donner à Furnes toute l'eau douce qu'on pourroit, réservant l'eau salée pour le besoin : il manda à M. d'Harcourt d'envoyer le 22 le bataillon de Tessé dans Menin, d'y faire entrer le 23 celui d'Alsace, & d'y jetter deux Régimens de Dragons, s'il se voyoit pressé par la marche des ennemis avant que le Régiment d'Alsace y pût entrer. M. de la Valette demeura avec sa cavalerie à portée d'Ypres, & les ennemis ne pouvoient songer à cette place sans y avoir quelque intelligence.

M. de Luxembourg voyant que cette place & Menin étoient en sûreté, ne songeoit qu'à la conservation de Furnes : mais comme il voyoit le peu de diligence que faisoit l'Electeur de Baviere, il craignit que les Alliés n'eussent fait des démarches du côté de la mer, que pour l'obliger à les suivre, & il crut qu'ils pourroient bien vouloir retourner à Charleroy : ce soupçon étoit fondé sur ce qu'ils continuoient à faire filer du foin à Bruxelles; ainsi il songea à marcher à la même hauteur qu'eux, & de façon à pouvoir les prévenir toujours devant Charleroy. Ayant eu nouvelle que le Prince d'Orange s'étoit arrêté sur la Dendre & le Duc de Baviere sur l'Escaut, & qu'ils n'avoient d'autre dessein que d'y faire cantonner leurs troupes, il ordonna à M. d'Harcourt de rester sous Tournay, parce que dans ce poste il avoit l'avance sur les Alliés, en cas qu'ils voulussent aller du côté d'Ypres, & qu'il pouvoit revenir joindre l'armée devant Charleroy, avant que le Prince d'Orange fût en état de la combattre. La Maison du Roi campa à Quarrgnon, avec la Brigade du Mestre de Camp : l'infanterie, qui étoit aux Estinnes, alla camper à Boussu, & M. le Duc en prit le commandement. On y établit des ponts sur la Haisne, pour être en état de s'avancer vers

Tournay,

DE FLANDRE.

1693.
SEPTEMBRE.

Tournay, en cas que cela fût néceffaire, & afin que M. d'Harcourt les trouvât prêts s'il revenoit fur fes pas.

La connoiffance de ce que les Alliés pouvoient entreprendre contre Furnes & contre les lignes, & la néceffité de pourvoir à leur défenfe, avoit donné lieu à ces différens mouvemens : cependant le Prince d'Orange & l'Electeur de Baviere n'avoient d'autre deffein que de faire cantonner leurs troupes, & de leur donner plus de facilité pour fubfifter : le Prince d'Orange, qui n'avoit point d'autre vue, partit le 24 pour aller en Hollande, afin de régler de bonne heure l'état de la guerre pour la campagne fuivante.

Dès que M. de Luxembourg eut pénétré les deffeins des ennemis, il retourna au fiege ; il partagea les troupes qui étoient reftées à Trafegnies en trois corps, afin qu'elles puffent trouver plus aifément des fourrages : l'aîle droite refta à Trafegnies ; l'aîle gauche campa à Fontaine-l'Evêque, & l'infanterie à Goffeliers.

On s'étoit trouvé en état le 26 de Septembre de s'emparer de la redoute de Darmay : cette attaque fut faite à dix heures du foir, par huit compagnies de Grenadiers ; fçavoir une de Piedmont, une de Navarre, & deux de Royal Rouffillon, qui tenoient la droite : fur la gauche étoient celles de Vexin, de Surbeke & de Greder : au centre on avoit pofté celle de Foix, & cinquante fufiliers de ce Régiment pour foutenir le tout en cas de befoin.

Tout étant ainfi difpofé, on donna le fignal, qui étoit de cinq falves de quatorze petites bombes, & dans la derniere de ces falves, les bombes n'étoient remplies que de terre, & n'avoient que des fufées : à la fin du fignal, les Grenadiers fortirent de la tranchée, & marcherent aux affiégés avec beaucoup de filence : les fufées des dernieres bombes brûloient encore lorfque les Grenadiers fauterent dans le chemin couvert ; ils y trouverent les affiégés fur le ventre, lefquels furent fi furpris qu'ils ne firent prefqu'aucun feu : on ne s'arrêta pas à faire des prifonniers, & à les amener dans la tranchée ; on courut à la redoute, & on y monta par la gorge : la pente en étoit fort roide, ce qui n'empêcha pas de fe rendre maître de cet ouvrage ; & de cent cinquante hommes que les affiégés y avoient, il ne s'en fauva que quatre-vingt-fix : il y en eut quelques-uns de tués, & on y fit cinquante prifonniers, parmi lefquels il y avoit cinq

1693.
SEPTEMBRE.

Officiers. Les Grenadiers François étant maîtres de la redoute, crierent, *vive le Roi*; ce qui fit connoître à la garnison qu'elle avoit perdu cet ouvrage : elle fit auſſi-tôt un feu très-vif de la place & de l'ouvrage à corne du bout de la digue : cette action fut ſi bien conduite, que les aſſiégés ne purent mettre le feu à leurs mines, de peur de ſauter avec les aſſiégeans, à qui cette attaque ne coûta que ſept à huit ſoldats, & deux Ingénieurs bleſſés.

OCTOBRE.

Depuis ce jour juſqu'au 4 d'Octobre, on avança le travail pour s'approcher de plus près de la place : M. de Vauban, qui avoit la conduite des attaques, vouloit épargner le ſang des troupes, & y alloit avec beaucoup de précaution, parce qu'il ſçavoit que le terrain étoit miné ; il fit auſſi changer diverſes batteries, afin qu'elles fiſſent plus d'effet contre la place.

Le 2 d'Octobre on ſeigna l'étang par deux coupures qu'on fit dans la digue. Les ennemis avoient mis quelques jours auparavant le feu à des maiſons ſur le bord de l'étang, à un moulin, & à des magaſins de fourrages dans l'ouvrage à corne. Le 3 d'Octobre, on fit jouer une mine à l'attaque de la gauche ſous l'angle ſaillant de la demi-contregarde de Montal ; mais elle ne fit pas tout l'effet qu'on s'en étoit promis, ayant été en partie éventée par une vieille galerie qu'il y avoit dans le foſſé de la place.

Le 4 d'Octobre ſur les quatre heures après-midi, on voulut ſe faire un paſſage ſur le bord de l'étang, afin que les deux attaques puſſent ſe communiquer : il falloit forcer les ennemis, qui étoient derriere de petits parapets, ſoutenus des troupes de l'ouvrage à corne : pour cet effet, on partagea ſix compagnies de Grenadiers, ſoutenus de ſix autres compagnies, moitié à la droite & moitié à la gauche : toutes ces troupes donnerent enſemble avec tant de vigueur, que les ennemis en furent étourdis, & crurent que l'on vouloit donner l'aſſaut par cet endroit à l'ouvrage à corne de Darmay. On n'avoit deſſein que de ſe loger ſur le bord de l'étang, & de joindre l'attaque de la droite avec celle de la gauche : quelque tems après, les troupes qui étoient dans l'ouvrage à corne ſortirent ſur les aſſiégeans ; mais après avoir fait aſſez inutilement leur décharge, elles ſe retirerent en déſordre : on les ſuivit juſque dans les chemins couverts de la place : en ſe retirant elles firent jouer trois fourneaux autour du moulin ; ce qui cauſa aux aſſiégeans une perte de ſix ou ſept ſoldats:

DE FLANDRE.

suivant le rapport de quelques déserteurs, la garnison y perdit près de trois cens hommes, & cette action ne coûta aux assiégeans que deux Officiers, trente soldats & quatre Ingénieurs tués ou blessés.

1693.
OCTOBRE.

Le 5 & les deux jours suivans, on changea quelques batteries de canon & de mortiers, pour les rapprocher de la place : on se logea dans les maisons de la Corne de Darmay, on les perça & on y fit des communications pour faire tête aux assiégés qui étoient restés derriere, & dans les dernieres maisons : on se logea aussi dans l'Hôpital & dans les principales maisons pour escarmoucher.

Le 8 à dix heures du matin, on commanda huit compagnies de Grenadiers pour renforcer celles qui étoient de garde à la tranchée, & pour attaquer le chemin couvert & la contre-garde de Montal.

Le signal fut de trois décharges de canon d'une des batteries qui étoient au-delà de l'étang, & la derniere décharge étoit sans boulets : aussi-tôt après le signal, les Grenadiers sortirent de la tranchée, sçavoir trois compagnies par la droite, autant par la gauche, & deux au centre : les ennemis s'en étant apperçus, jetterent quelques grenades, firent leur décharge, & se retirerent dans le fossé derriere deux traverses : les assiégeans les suivirent jusqu'aux barrieres, & en tuerent beaucoup : les Espagnols, qui soutenoient la contre-garde de Montal, la défendirent avec beaucoup de fermeté ; & comme les assiégeans étoient prêts à les prendre par derriere pour les couper, ils quitterent leurs postes, & se retirerent en bon ordre : les assiégeans se logerent sur la crête du chemin couvert, & pendant qu'on faisoit le logement, la garnison fit un très-grand feu des ouvrages & du corps de la place : les assiégés y perdirent environ cent cinquante hommes, & on fit sur eux vingt-cinq prisonniers ; mais la perte des assiégeans fut plus considérable, & se monta à plus de trois cens hommes tués ou blessés, parmi lesquels il y avoit six Ingénieurs.

Les deux jours suivans on travailla à perfectionner les logemens & à établir de nouvelles batteries pour augmenter les bréches qui étoient faites aux deux bastions de l'attaque, & le 11 au matin la ville capitula. On accorda à la garnison les honneurs de la guerre ; elle sortit le 13 avec quatre pieces de canon & un mortier : elle étoit composée de quinze cens hommes, qui restoient d'environ quatre mille qu'il y avoit dans la place, au commencement du siege. La perte des assiégeans fut d'environ douze cens hommes, & M. de Vauban, qui dirigeoit les travaux du siege, prit toutes les précautions qu'on pouvoit prendre pour conduire les attaques avec sûreté, sans verser inutilement le sang des troupes, & sans faire traîner le siege en longueur.

Dès que Charleroy fut évacué, on y fit entrer trois bataillons; M. le Maréchal de Villeroy y resta pour achever de faire raser les lignes, pour faire combler la tranchée, & réparer les bréches : on fit cantonner à Couillet & à Marcinelle onze bataillons & quatre compagnies de Dragons, afin de mettre cette place en sûreté jusqu'à ce qu'elle fût rétablie. M. de Boisseleau, Capitaine dans le Régiment des Gardes Françoises, en eut le gouvernement.

M. de Guiscard partit le 13 avec la cavalerie qui étoit destinée à cantonner au-delà de la Meuse : M. de Luxembourg n'attendoit que la fin du siege pour se rendre à Courtray ; il partit aussi du camp devant Charleroy le jour que la garnison en sortit ; il fit avancer en même tems à Briffeuil les troupes qui étoient sur la Haisne, sous les ordres de M. le Duc, afin qu'elles pussent arriver le lendemain à Tournay : elles continuerent ensuite leur marche pour se rendre aux lignes d'Espierres qu'il falloit réparer, & à Courtray qu'on vouloit mettre en état de recevoir une garnison ; quelques Régimens de celles que commandoit M. d'Harcourt, y marcherent aussi. Le Roi vouloit faire occuper Dixmude pendant l'hyver ; M. d'Artaignan fut chargé de remettre cette place en état de défense.

M. de Luxembourg donna des ordres pour faire marcher à Tournay les troupes qui étoient à Trasegnies, à Fontaine-l'Evêque, à Gosseliers, & devant Charleroy, afin qu'elles pussent être cantonnées sur l'Escaut au dessous de Tournay, & sur la petite riviere de Ronne : elles devoient y trouver des fourrages, & cette position les mettoit en état de protéger le travail des lignes : leur marche commença le 13, & se fit dans l'ordre qui suit.

Marche du camp devant Charleroy à Peronne, & delà à Quevy.
Pl. XXXI.

L'aîle droite, qui étoit campée dans la plaine de Trasegnies, passa au moulin du Piéton, à la Chapelle de Montaigu & à Merlanwelz, pour se rendre à Peronne où fut son camp : les bagages marcherent sur la gauche de cette colonne, & passerent au village du Piéton, à la cense

cenſe de Beauregard, à Carnieres, & côtoyerent les colonnes des troupes pour ſe rendre à Peronne. L'aîle gauche, qui étoit campée à Fontaine-l'Evêque, paſſa à Anderlues, alla au Val, laiſſa Binch à gauche,
pour camper auprès de l'aîle droite, entre Binch & Peronne.

1693.
OCTOBRE.

Les troupes qui étoient campées à Goſſeliers marcherent ſur deux
colonnes, celle de la droite paſſa à Goſſeliers, au pont de la Ferté & à
Courcelles, laiſſa Traſegnies à droite, pour aller au moulin du Piéton,
à la Chapelle de Montaigu, & à Merlanwelz, où fut le camp.

La ſeconde colonne paſſa à Jumée, au moulin de Sart-le-Moine, où
où il fallut faire accommoder le pont, delà au château de Rienwelz, à
Forchies, au village du Piéton & à Carnieres, où fut le camp.

Les troupes qui étoient campées devant Charleroy, vinrent ſur deux
colonnes prendre la queue de celles qui campoient à Goſſeliers : celles
qui étoient campées près de Marchienne, au delà de la Sambre, paſſerent auprès du château de Monceau, à Fontaine-l'Evêque, & delà à Carnieres, où fut le camp.

Le lendemain les troupes marcherent à Queſvy.

Les deux aîles de cavalerie, qui étoient campées entre Binch & Peronne, marcherent dans l'ordre qui ſuit.

Pl. XXXI.

L'aîle droite paſſa le ruiſſeau de Binch à Peronne, & celui des Eſtinnes au pont de Bray ; delà elle traverſa la Trouille au pont de Beugnies,
& continua ſa route par Harvent, pour ſe rendre auprès de Queſvy, où
fut le camp.

L'aîle gauche paſſa au gravier de Peronne & aux hautes Eſtinnes ;
delà elle ſuivit la grande chauſſée juſqu'à Givries, où elle traverſa la
Trouille : elle marcha enſuite au bois Bourdon, & paſſa au moulin du
grand Queſvy, pour entrer dans la plaine du camp : ces troupes furent
ſuivies de leurs bagages.

Les troupes qui étoient campées à Merlanwelz & à Carnieres, marcherent ſur trois colonnes ; celle de la droite alla à Peronne, au pont de
Bray, & ſuivit le chemin que l'aîle droite de cavalerie avoit tenu pour ſe
rendre à Queſvy.

La ſeconde colonne marcha à travers champs, côtoyant celle qui
étoit à ſa droite, & alla paſſer au gravier de Peronne, aux Eſtinnes baſſes,
à Villerelles-le-Secq, au château d'Harmegnies, où on fit raccommoder
le pont ; delà laiſſant Harvent à droite, elle alla à Queſvy, où fut le
camp.

La troiſieme colonne ſuivit la grande chauſſée, laiſſa Binch à gauche, pour paſſer au pont à Belion, aux hautes Eſtinnes, à Givries, au
bois Bourdon, & au village du grand Queſvy, d'où elle entra dans la
plaine du camp.

Les troupes camperent ſur deux lignes, près de Queſvy, la droite
vers la cenſe d'Aulnoy, la gauche tirant vers Harvent.

Nnnn

Les troupes allerent de Quefvy à Boffu fur la Haifne, le 17 d'Octobre.

La colonne de la droite paffa à Noirchin, au moulin de Framieres, à Quarrgnon, à Saint-Guilain, où fut la droite du camp.

La feconde colonne paffa à Genly, laiffa le moulin de Framieres à droite, & le village à gauche, pour aller droit à la Juftice d'Hornu, d'où elle entra dans la plaine du camp.

La troifieme colonne laiffa Genly à droite, paffa par Framieres & Wame, & laiffa la Juftice d'Hornu à droite, pour aller à la hauteur de Boffu, & delà à Kiévrain, où fut fon camp.

La cavalerie campa en partie près de Saint-Guilain, & le refte fut cantonné près de la Haifne. L'infanterie campa près de Kiévrain.

Les troupes y féjournerent le 18 ; le 19 l'armée s'avança à Peruwelz, & marcha dans l'ordre qui fuit.

La colonne de la droite, qui étoit pour la cavalerie, paffa à Saint-Guilain, à Baudour, laiffa Veillerot à droite, pour aller au moulin à papier; delà elle prit par Eftambrugge, & laiffa Quevaucamp à gauche, pour aller à Ramilly & à Thumaïde, où fut le camp.

La feconde colonne, qui étoit pour l'infanterie, paffa à Boffu, à Hautrage, à Grandglife & à Bafecles, où elle traverfa le ruiffeau pour entrer dans la plaine du camp.

La troifieme colonne, qui étoit pour les équipages, laiffant Thulin à droite, & la cenfe de Saulfoir à gauche, alla à Henfies, paffa au Pont-à-Haifne, à Pomereuil, à Harchies, à Blaton, & fuivit le chemin de Watrelo, où elle traverfa le ruiffeau de Peruwelz ; les équipages de la colonne de la droite, allerent paffer à Bafecles, & ceux de la gauche à Watrelo.

Les troupes camperent fur deux lignes, la droite à Thumaïde, la gauche entre Peruwelz & Raucour.

Elles marcherent le lendemain à l'Abbaye du Saulfoy, près de Tournay.

Le boute-felle & la générale au jour, à cheval & l'affemblée une heure après.

La marche fe fit fur trois colonnes, l'aîle droite de cavalerie eut la colonne de la droite ; elle défila par fa droite, & fuivit le chemin de Thumaïde à Braffe : elle laiffa les bois de Bary à droite, & Bouchenies à gauche, pour aller au moulin de Warnifoffe, elle marcha enfuite à Rumignies, & fe rendit à la droite du camp.

La feconde colonne fut pour toute l'infanterie, laquelle défila par fa droite, & alla à Briffeuil, à Wames & à Bouchenies, d'où laiffant Gaurin

DE FLANDRE. 327

& Ramicroix à gauche, elle se rendit à la hauteur de l'Abbaye du Saulsoy, où elle se trouva dans son camp.

1693.
OCTOBRE.

La troisieme colonne fut pour l'aîle gauche de cavalerie, laquelle alla passer à Raucour, à Brasse-Maisnil, à Maubray, à Vezon, à Ramicroix, d'où suivant le chemin qui va à Tournay, elle se rendit à son camp.

La quatrieme colonne fut pour les bagages de l'armée, lesquels défilant par leur gauche, allerent passer à Vihiere, où ils prirent le chemin qui va de Condé à Tournay, & au pont d'Amour, d'où ils entrerent dans la plaine du camp.

L'armée campa sur deux lignes, la droite à Hevines, la gauche au château Constantin; le quartier général à l'Abbaye du Saulsoy.

M. le Maréchal de Villeroy ayant été informé que les Alliés s'étoient retirés au delà de la Dendre, fit marcher ses troupes le 18 pour entrer dans les quartiers de fourrages qu'elles devoient prendre sur la Ronne.

Les troupes destinées pour les quartiers de Melle, Timogies, Quartes, Monstreuil-aux-bois, Moustier, Haquegnies, Frasne, Hellignies, Papuelles, Forest & Anvain, s'assemblerent à la droite du camp; les quartiers les plus éloignés ayant la tête de la colonne, allerent passer à Melle, à Papuelles, à Anvain; & chaque troupe étant à hauteur de son quartier, quitta la colonne pour s'y rendre.

Marche de l'Abbaye du Saulsoy pour aller dans les quartiers de fourrage. Pl. XXXIV.

Les troupes destinées pour les quartiers du Mont de la Trinité, de Velaines, de Cordes, d'Arques, Aineres, Waudripont, Anseroel, Celles & Escanaffe, s'assemblerent au centre de la ligne, & prirent le chemin de Tournay à Velaines, delà à Celles & à Escanaffe: chaque troupe étant à hauteur de son quartier, quitta la colonne pour s'y rendre.

Les troupes destinées pour les quartiers d'Obigies, Mourcour, Molembais, Pottes & Quesnoy, suivirent un chemin le long de l'Escaut, pour aller à Obigies, delà à Herines & à Pottes: chaque troupe étant à hauteur de son quartier, quitta la colonne pour s'y rendre.

On ordonna aux quartiers qui auroient besoin de fourrage, d'en prendre sur les villages d'Orroir, d'Amougies, Ruschenies, Dereneau, Berchem, Quaermont, Nieukercke, Kerchem, Renay & Saint-Sauveur; & pour les vivres, d'en tirer d'Ellezelles, de Flobeeck, de la Hamaïde & de Wodeq.

ETAT & répartition des troupes de M. le Maréchal de Villeroy dans les villages de la Châtellenie d'Ath, où elles prirent leurs quartiers de fourrages.

L'armée fut cantonnée entre l'Escaut & la Ronne, le derriere & le flanc gauche furent fermés par l'Escaut, la Ronne couvrit

328 HISTOIRE MILITAIRE

1693. OCTOBRE.

une partie du front jusqu'à Moustier : il n'y eut de découvert que ce qui s'étendoit depuis Moustier jusqu'au Saulsoy, sous Tournay.

Villages qui étoient en premiere ligne.

ESCANAFFE.	5 Bataillons.	10 Escadrons.
WAUDRIPONT.	5	10
ARQUES & AINIERES.	2	4
ANVAIN.	2	8
HELLIGNIES.	2	2
FRASNE.	4	6
MOUSTIER.	3	8
HAQUEGNIES.	3	8
MONSTREUIL-AUX-BOIS.	2	4
TIMOGIES.	2	4
QUARTES.	2	4
MELLE.	2	2
SAULSOY.	2	4
	36 Bataillons.	74 Escadrons.

Villages qui étoient en seconde ligne.

OBIGIES.	1 Bataillons.	8 Escadrons.
HERINES.	1	8
MOLEMBAIS.	1	2
POTTES & QUESNOY.	1	8
CELLES, quartier général.	6	16
ANSEROEL.	1	4
MOURCOUR.	0	4
VELAINES.	1	4
CORDES.	1	moitié des vivres.
FOREST.	1	moitié des vivres.
PAPUELLES.	1	2
	15 Bataillons.	56 Escadrons.
	Total 51 Bataillons.	130 Escadrons.

Pendant que M. le Maréchal de Villeroy faisoit avancer & cantonner

DE FLANDRE.

1693.
OCTOBRE.

cantonner ces troupes sur la Ronne, M. de Luxembourg se tenoit à Courtray avec celles qu'il y avoit fait marcher en partant du camp devant Charleroy : il les fit cantonner entre Moorseele & Courtray, dans les villages de Moorseele, Heule, Watremeulle, Curne, Wevelghem, & le fauxbourg de Courtray : M. de la Valette étoit pendant ce tems-là à Dottignies, & faisoit travailler à réparer les lignes d'Espierres : on avoit projeté d'en faire de nouvelles, dont la droite devoit être appuyée auprès du Château d'Hauterive, & la gauche à Courtray : on y auroit trouvé l'avantage de pouvoir conserver Courtray plus facilement, pendant que les armées étoient en campagne ; mais la saison étoit trop avancée pour entreprendre cet ouvrage, & on se contenta de réparer les anciennes lignes que le Prince de Wirtemberg n'avoit rasé qu'en quelques endroits.

Les Alliés ayant envoyé à la fin d'Octobre, dans les grosses villes du Brabant, les troupes qui devoient y rester en garnison, celles du Roi défilerent aussi pour aller dans leurs quartiers d'hyver : M. le Maréchal de Boufflers fut nommé pour commander sur cette frontiere, où les troupes resterent tranquilles de part & d'autre pendant la mauvaise saison.

Le sujet de cette Medaille, represente un Trophée, au haut duquel est une Couronne vallaires. La Legende, CAESA HOSTIUM VIGINTI MILLIA TORMENTA BELLI CAPTA SEPTUAGINTA SEX, SIGNA RELATA NONAGINTA, signifient, vingt mille hommes tués, soixante seize Canons pris et quatre-vingt dix Drapeaux. L'Exergue, DE FOEDERATIS AD NERWINDAM M. DC. XCIII. Victoire remportée sur les consederés à Nerwinde 1693.

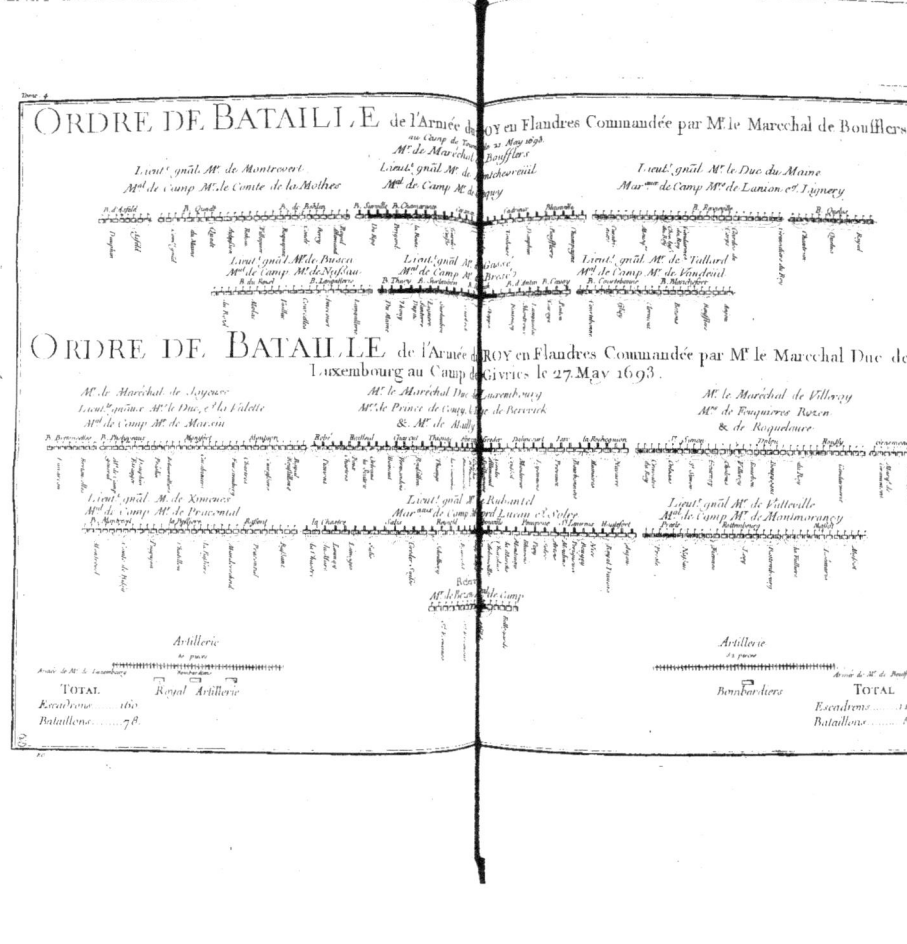

CARTE DES CAMPS
DE VELLUY ET DE BASSY
Les 3. et 6. de Juin 1693.

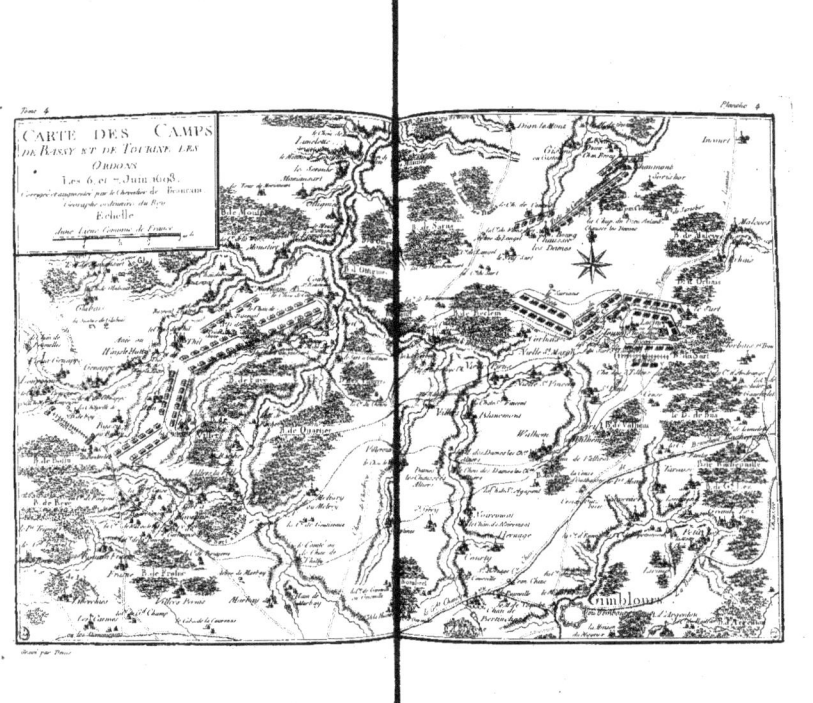

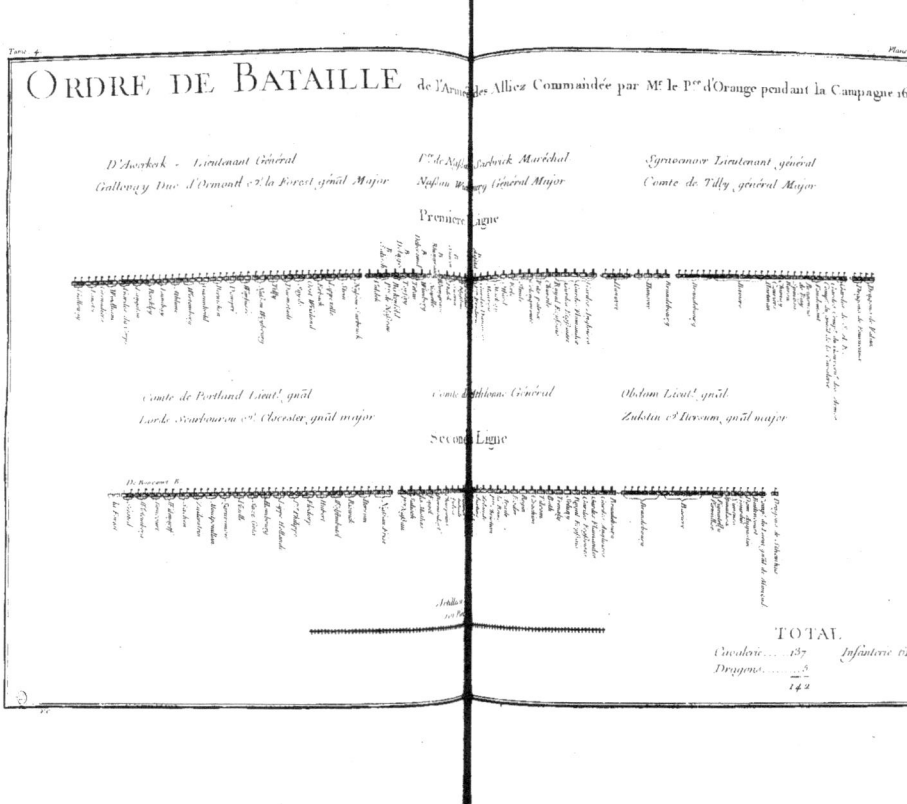

ORDRE DE BATAILLE de l'Armée du Roy en Flandres Commandée par Monsieur — le Marechal Duc de Luxembourg au Camp de Tournie les Ordons le 14 Juin 1693.

M.' le Marechal de Joyeuse
Lieut. Gñaux M.'' le Duc et Baron Busca
M.'' de Camp M.' de Maryn et Nassau

M.' le Marechal Duc de Luxembourg
M.' de Berwick et Prince de Conty
M.' de Bresé et Gr...

M.' le Marechal de Villeroy
M.' de Feuquieres et Rozen
M.' le P.'' d'Elbœuf et Rocquelaure

Lieut. Gñal M.' de Ximenes
M.' de Camp M.' de Pracontal

Lieut.'' Gñaux M.' de Montrevueil et Rubantel
M.' de Luxau de Soüre

M.' de Valleville
M.' de Montmorancy

Reserve
M.' de Bezons

Artillerie

TOTAL
Cavallerie .... 177 Escadrons   Infanterie .... 96 Bataillons
Dragons 24
——
201.

a Paris chez le Chevalier de Beaurain, Quay des Augustins au Coin de la rue Pavée

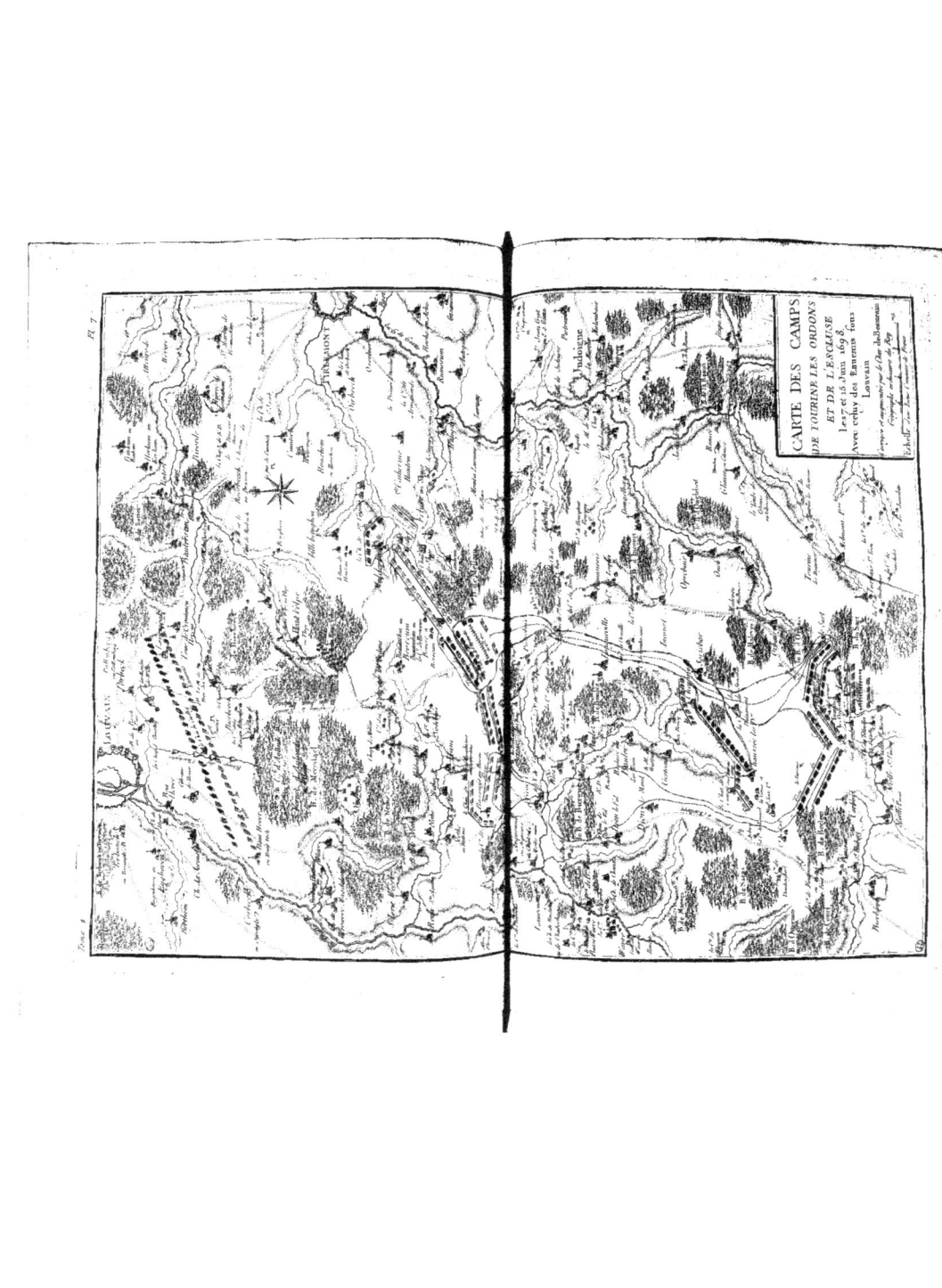

L'Armée en Bataille à la teste de son Camp d'Estrés et de l'Abbaye d'Heydesem 1693.

Premier Ordre de Marche

Second Ordre de Marche

L'Armée se met en marche sur dix Colonnes

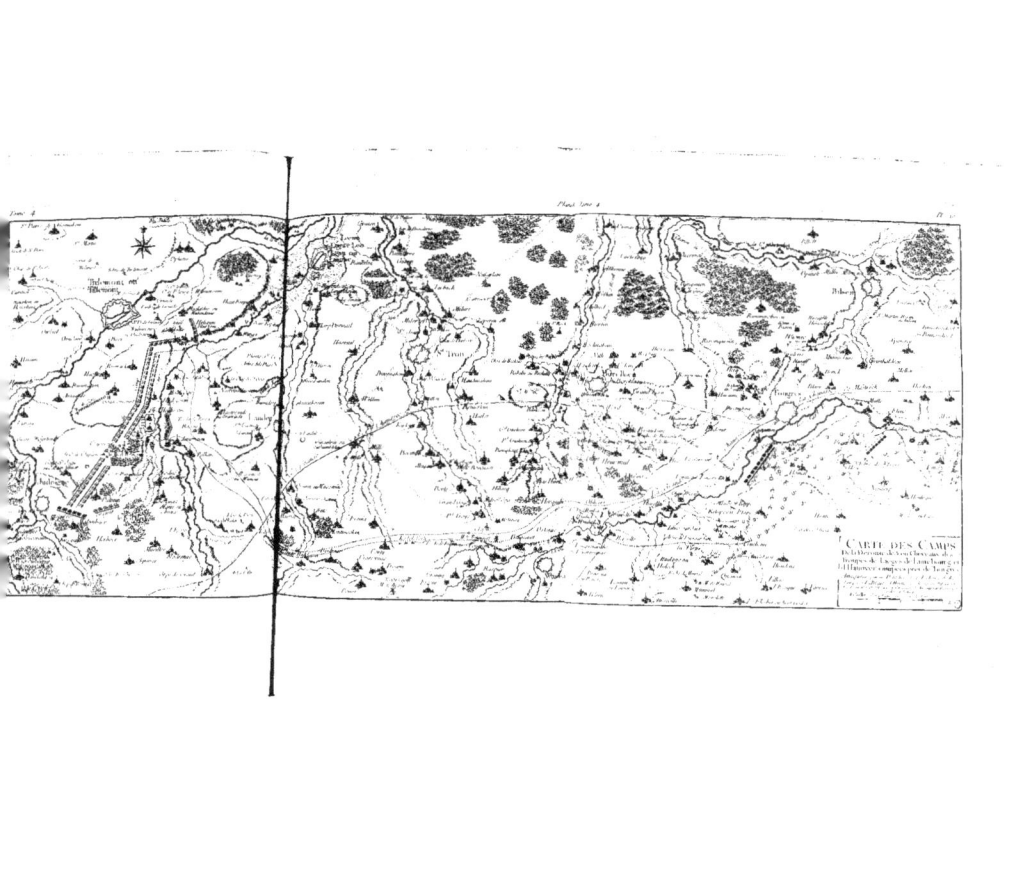

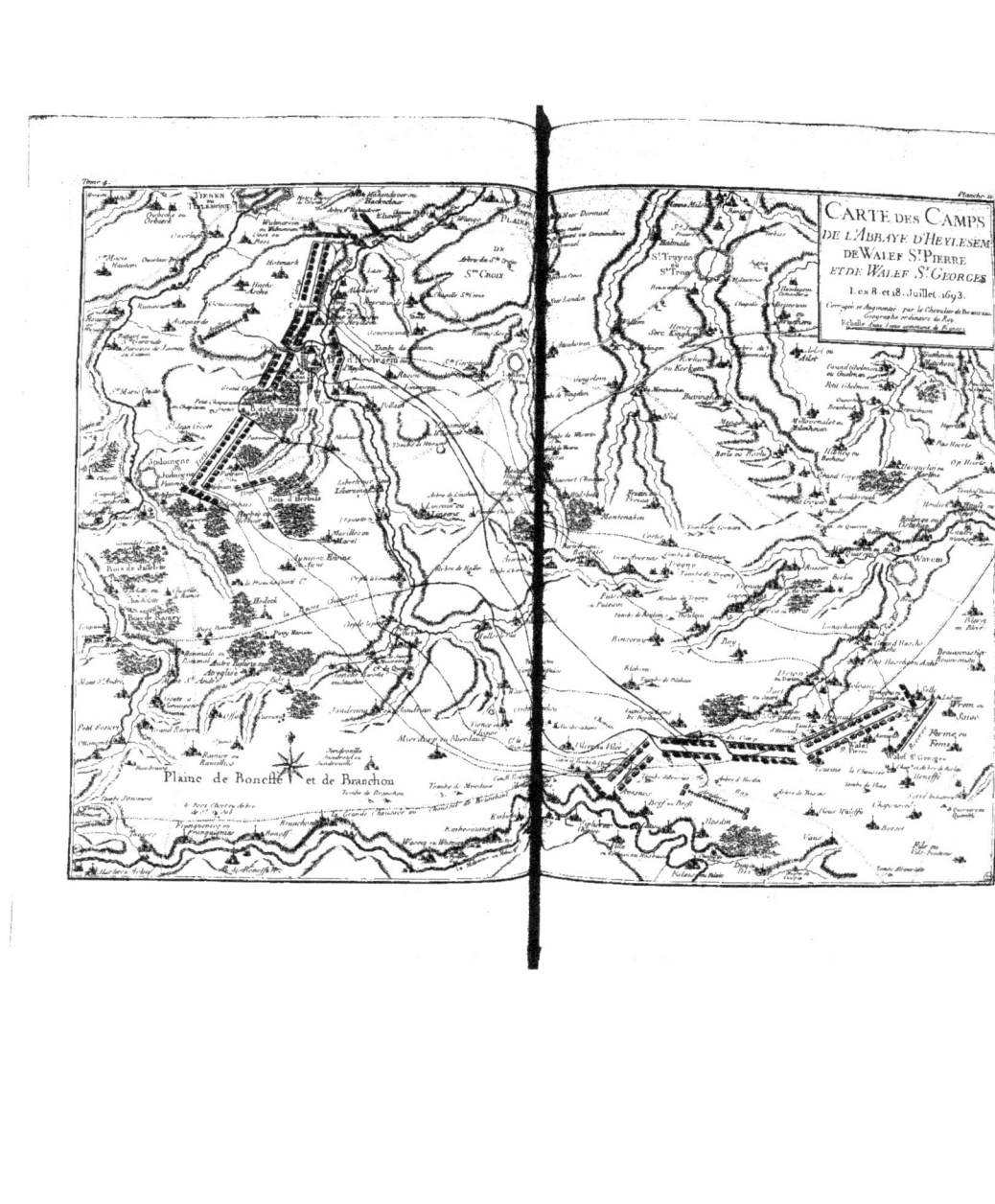

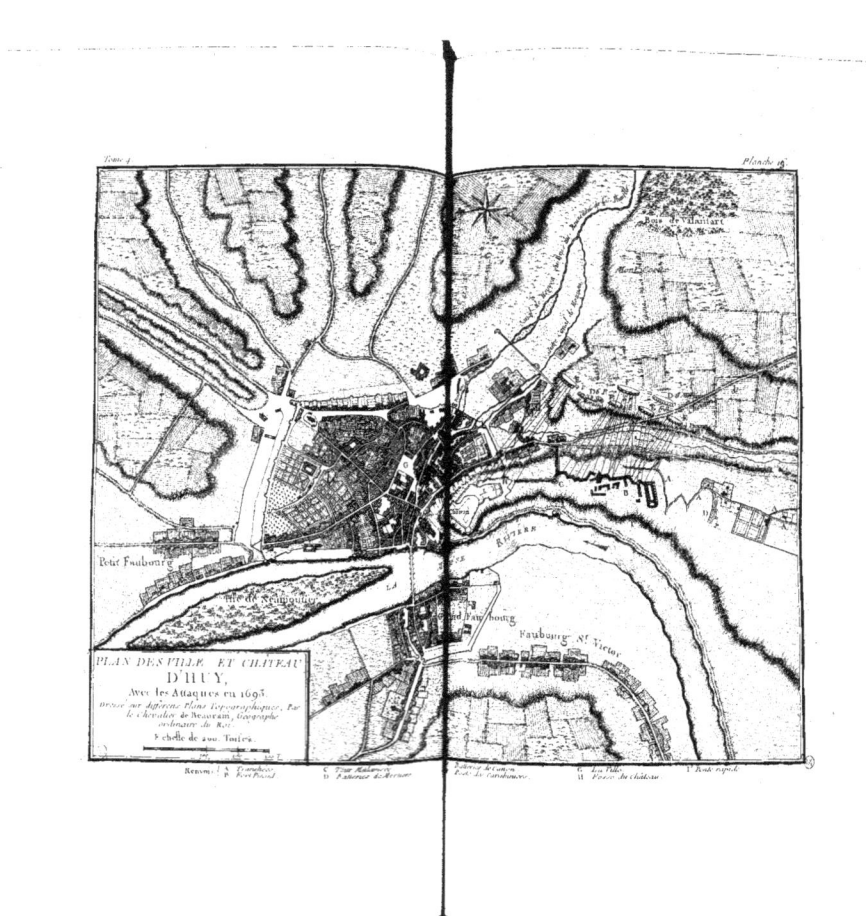

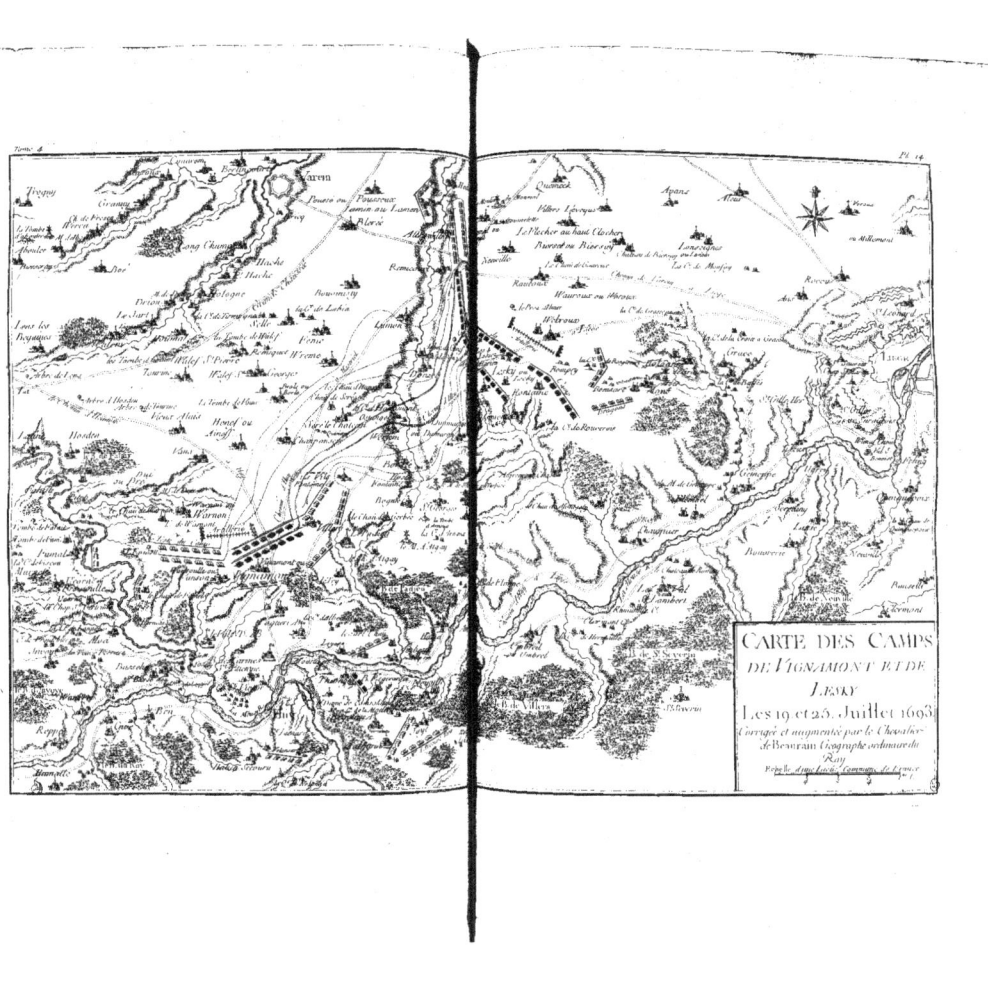

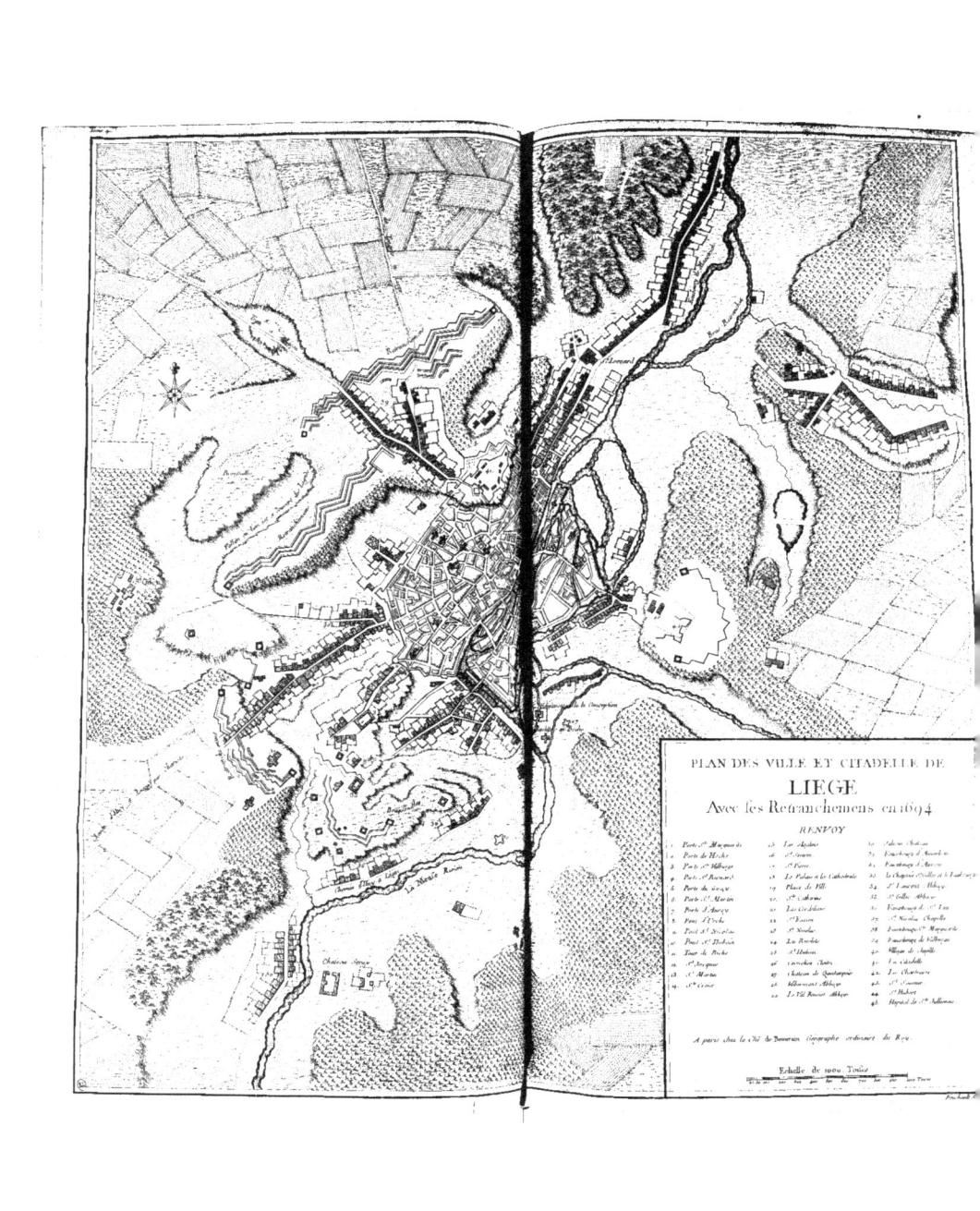

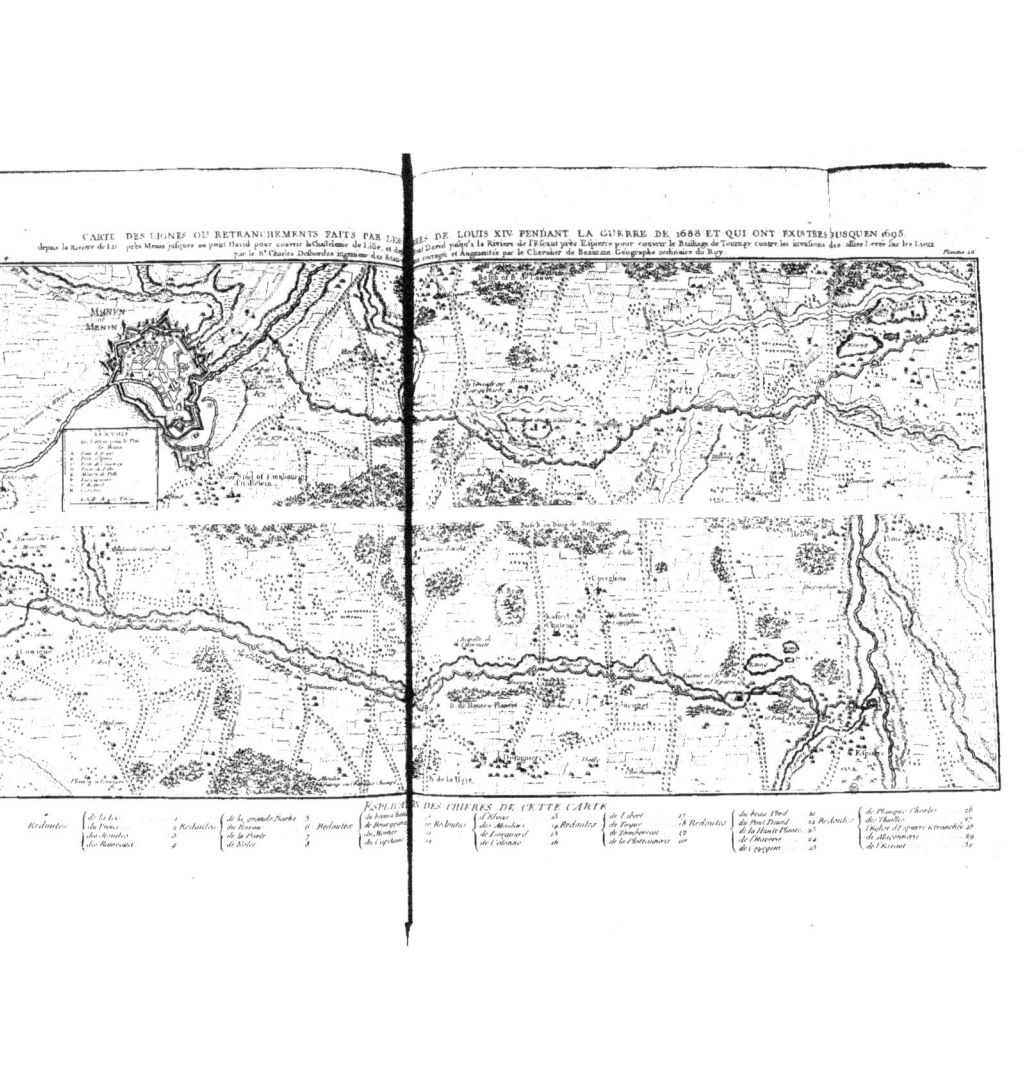

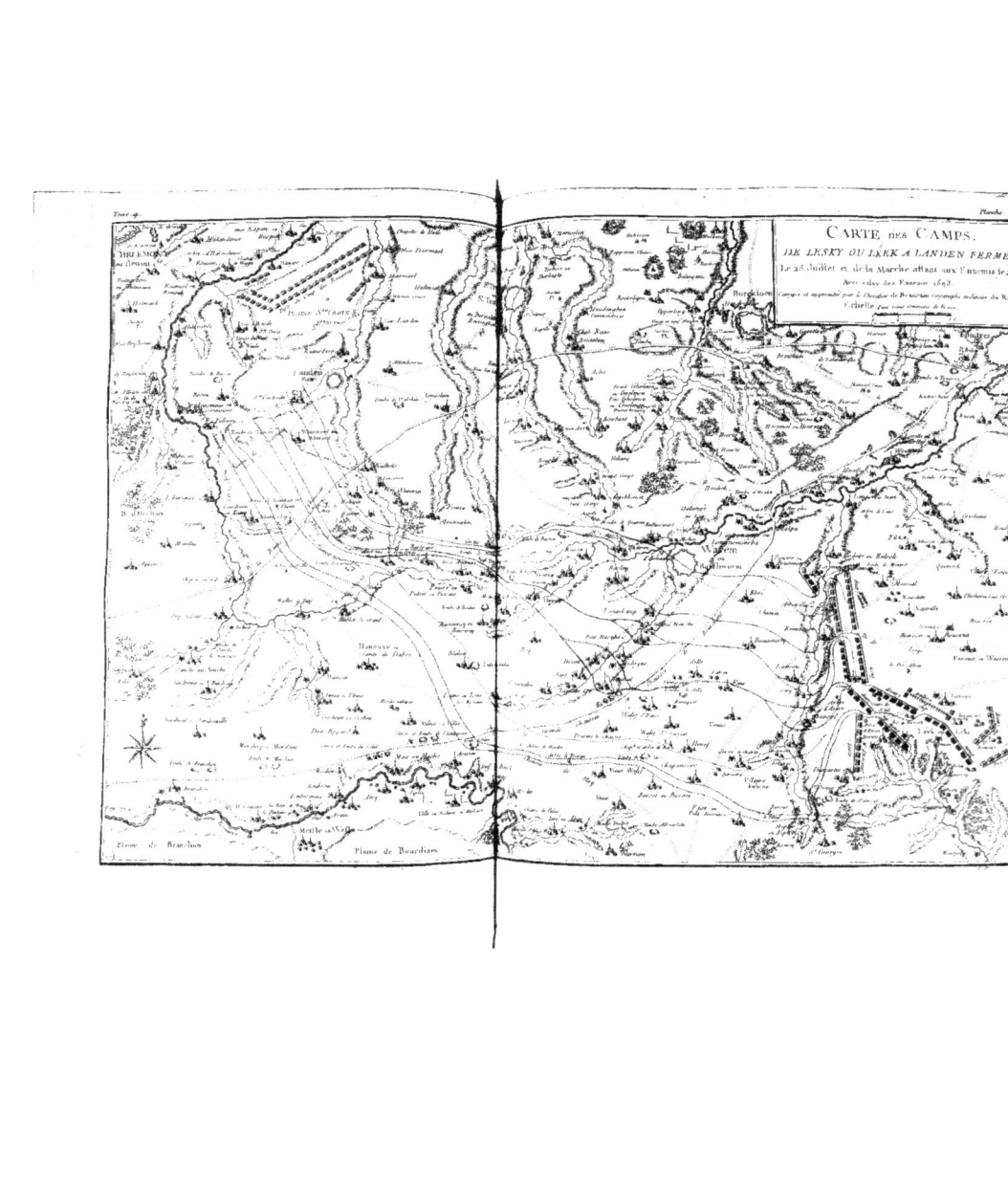

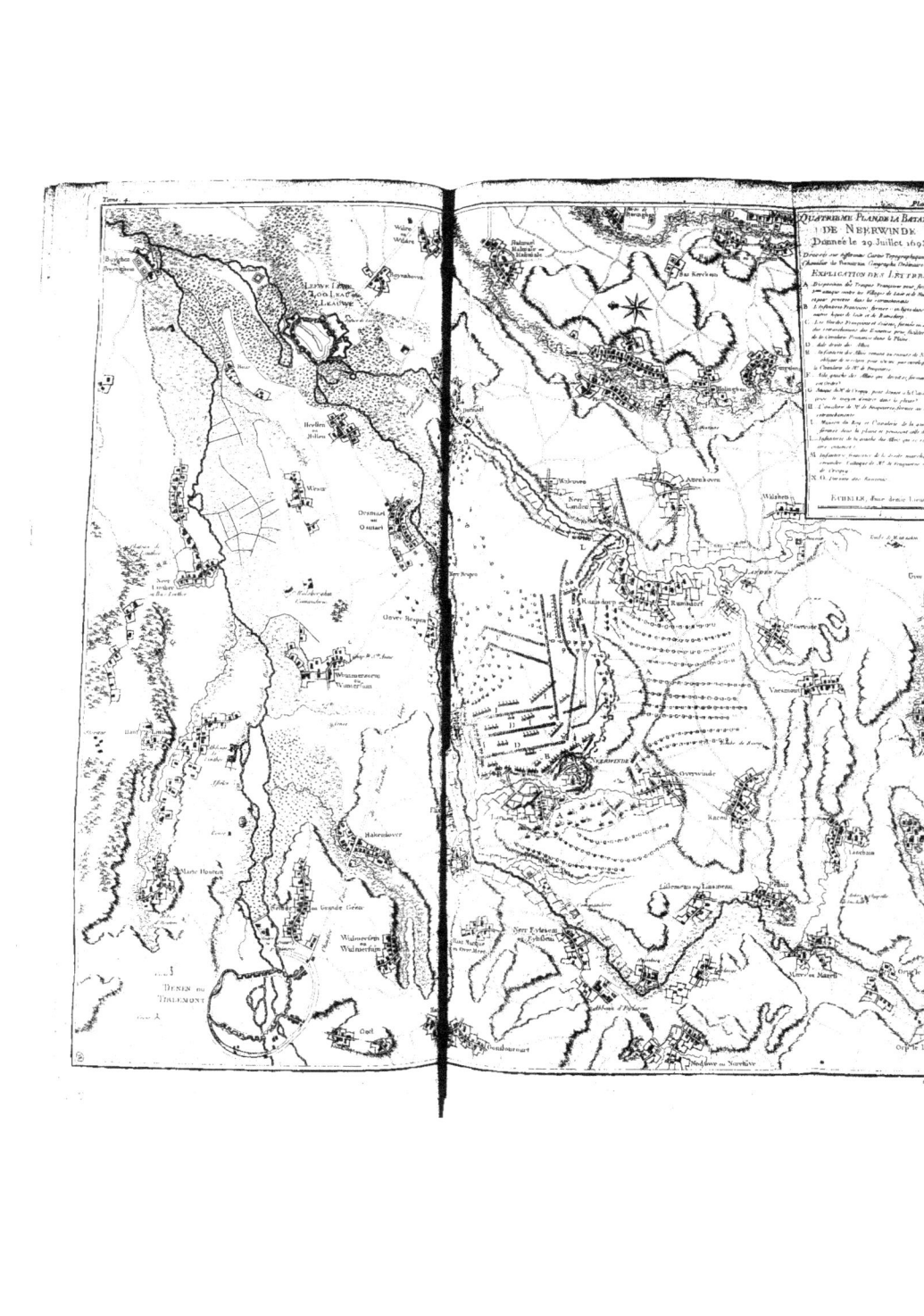

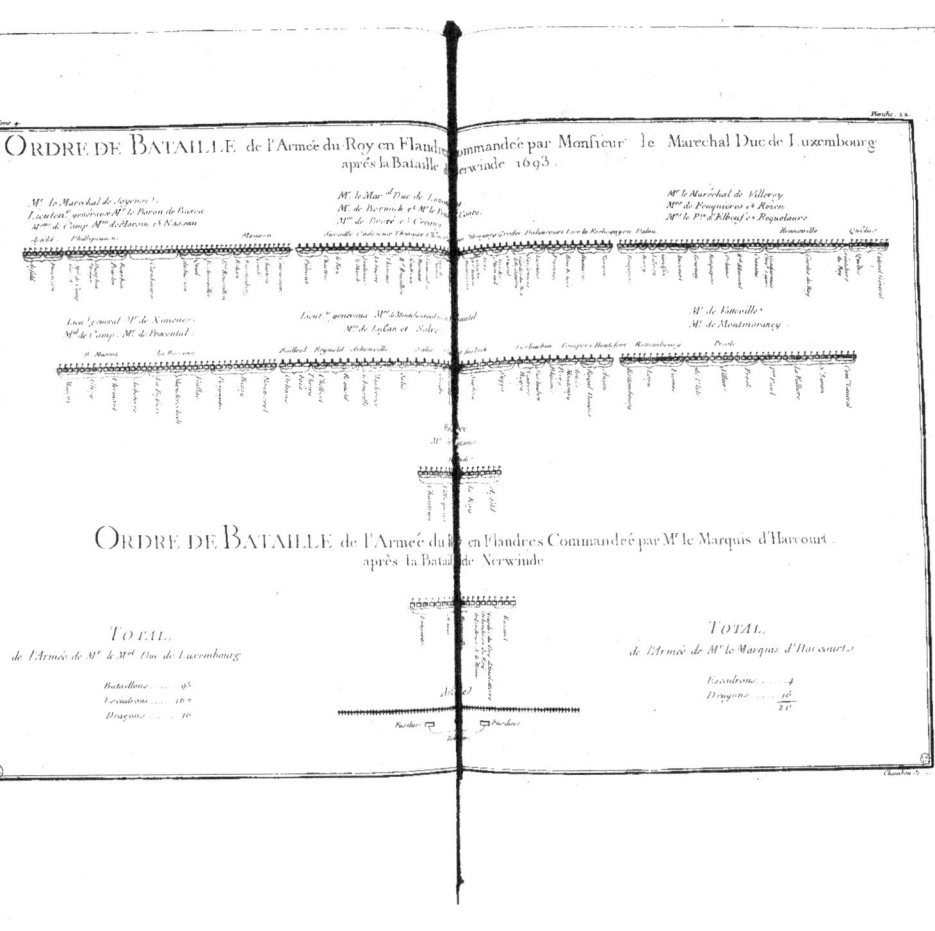

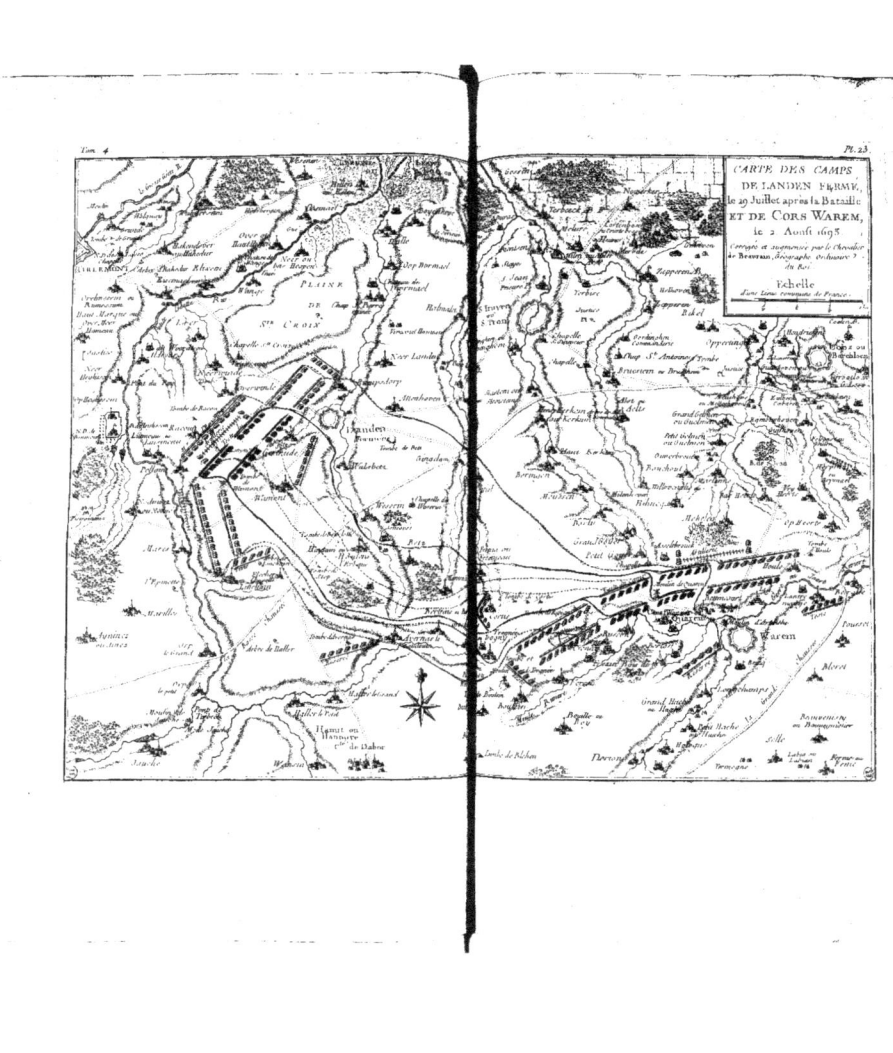

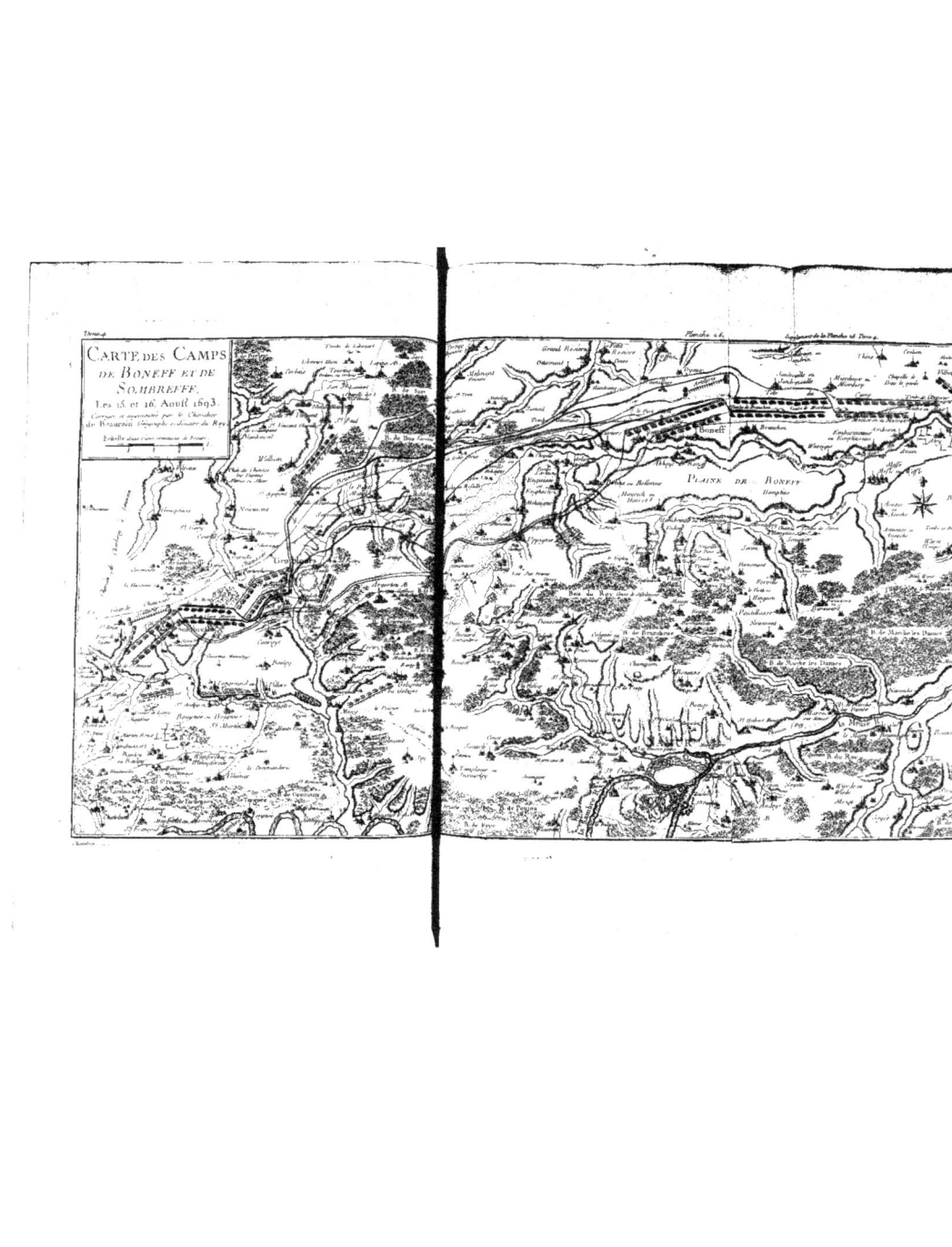

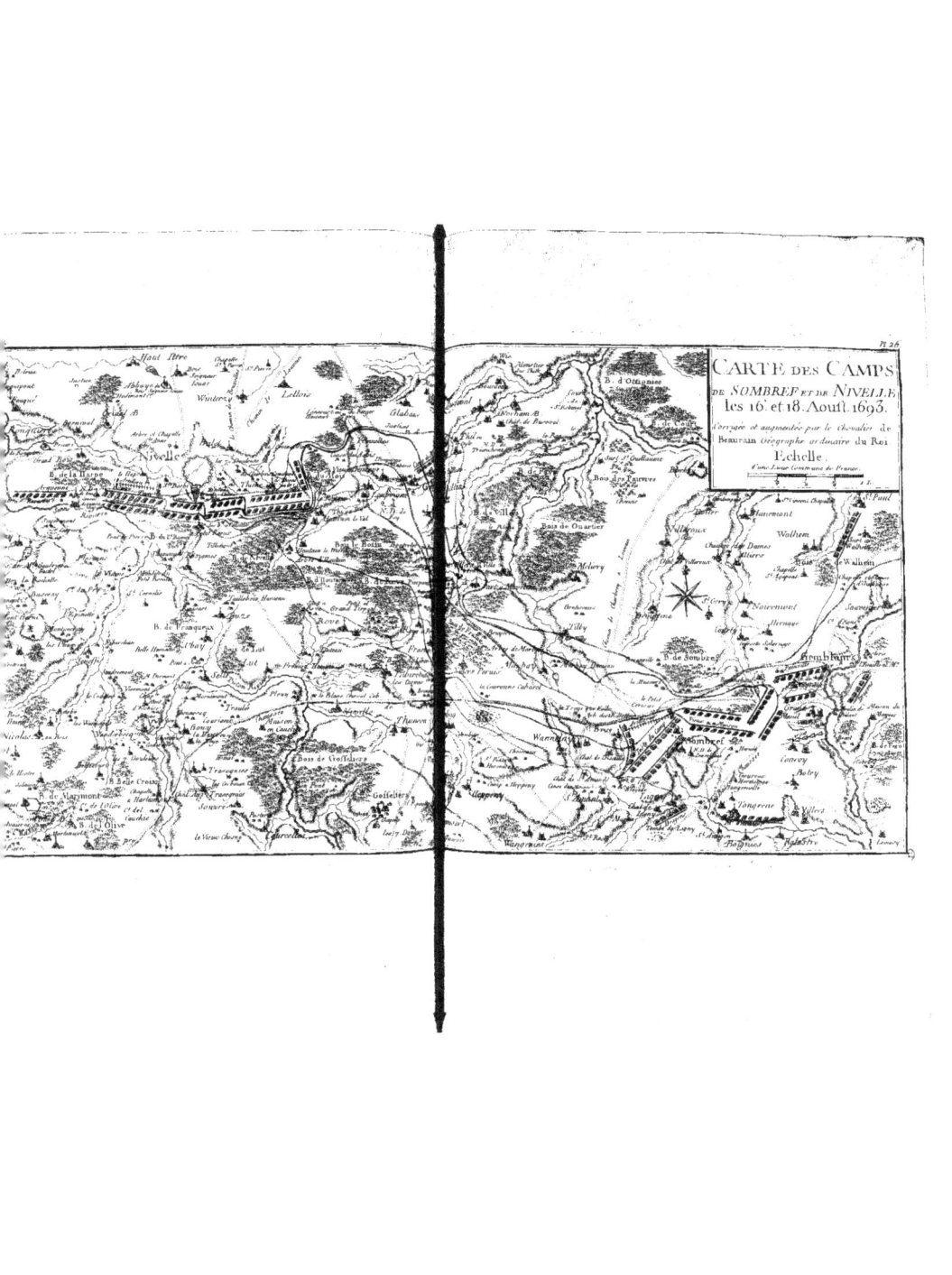

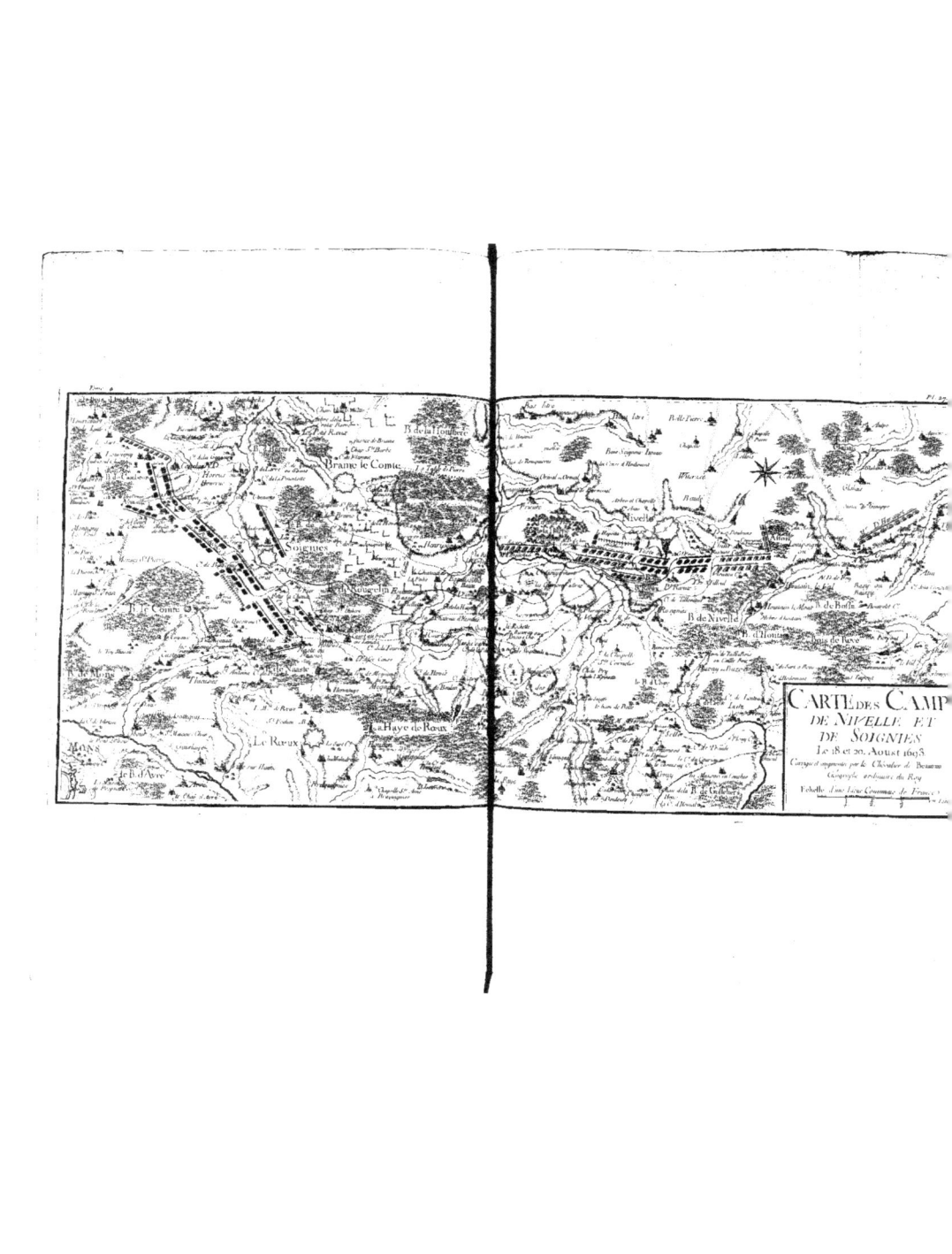

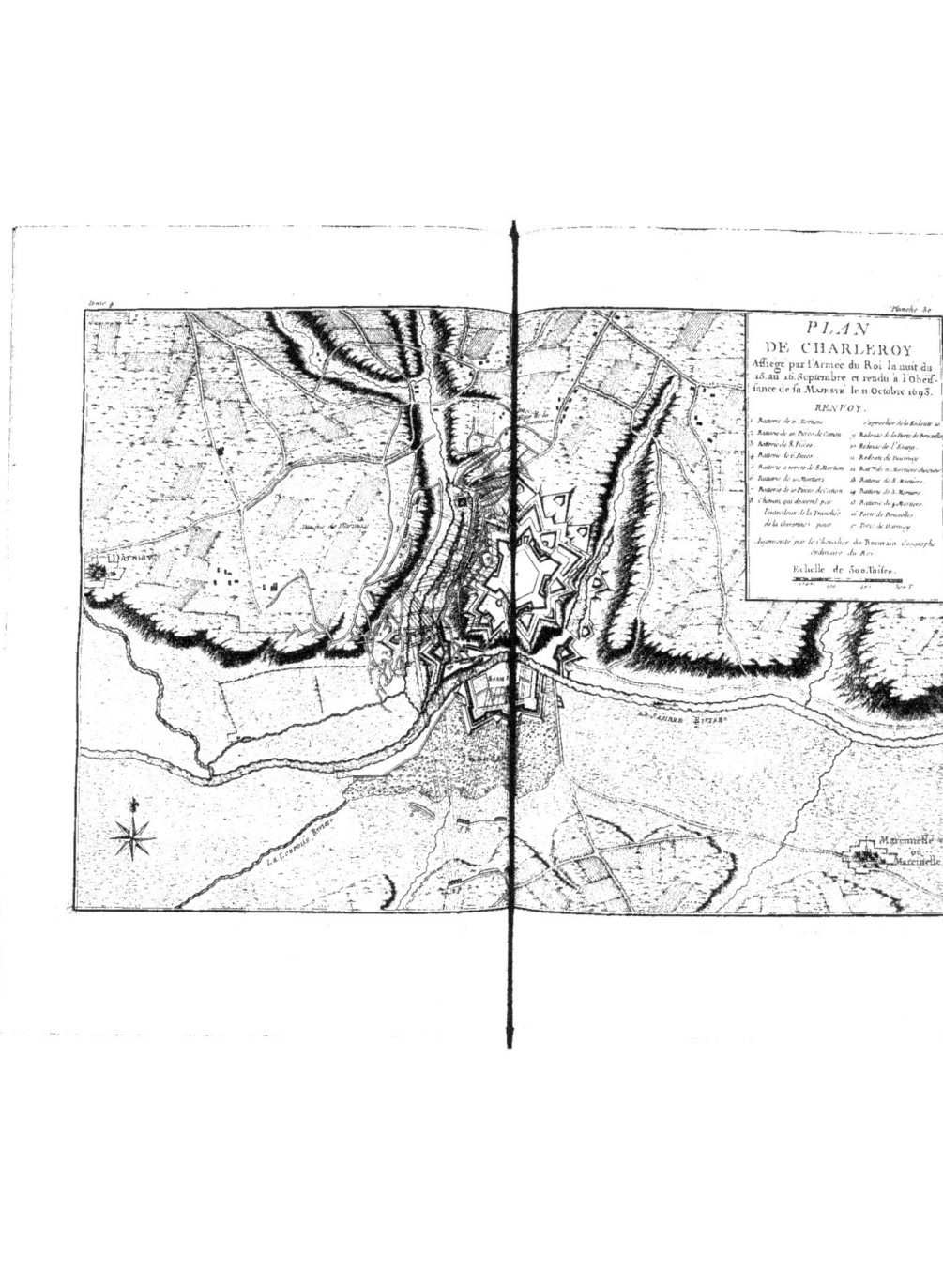

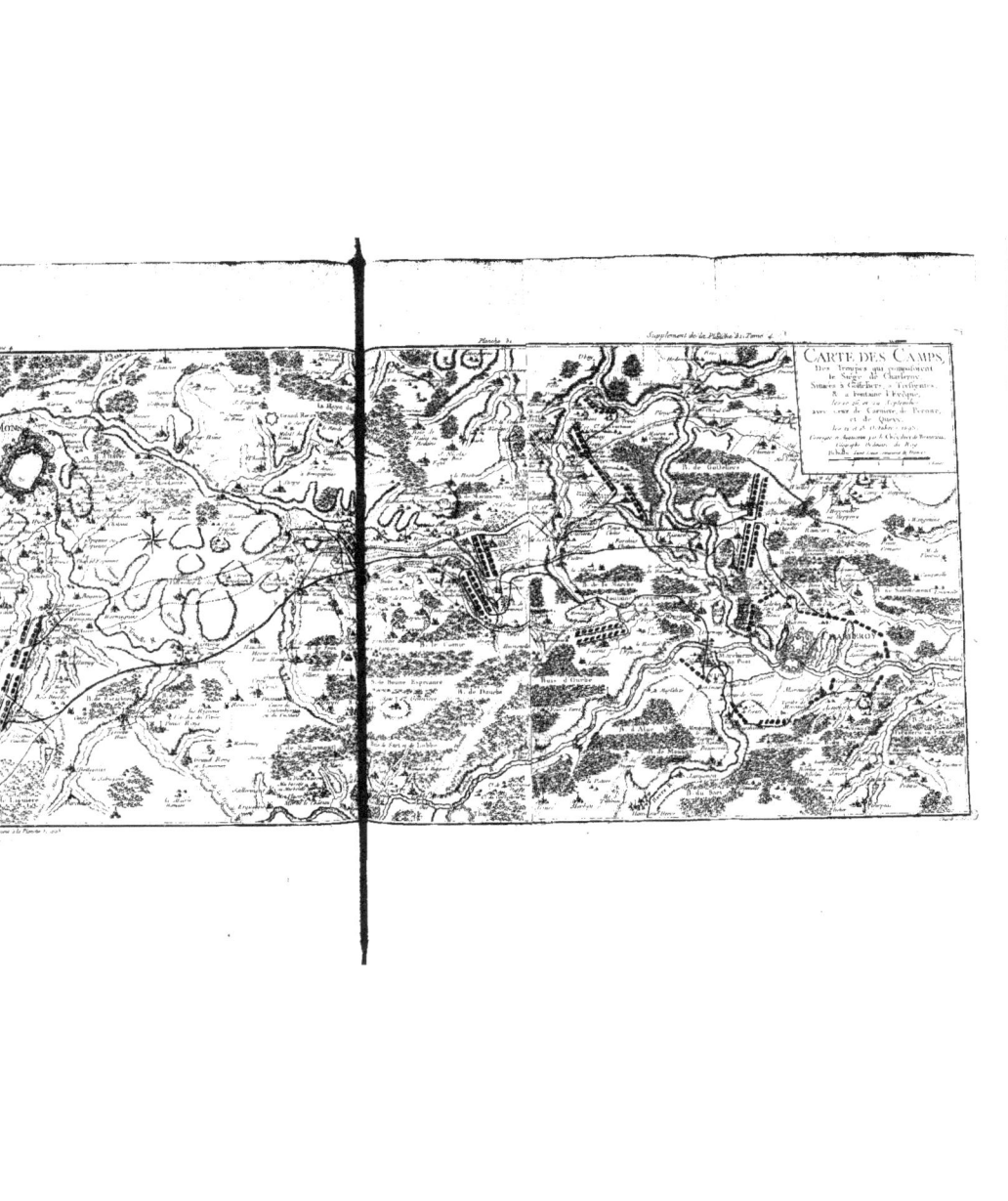

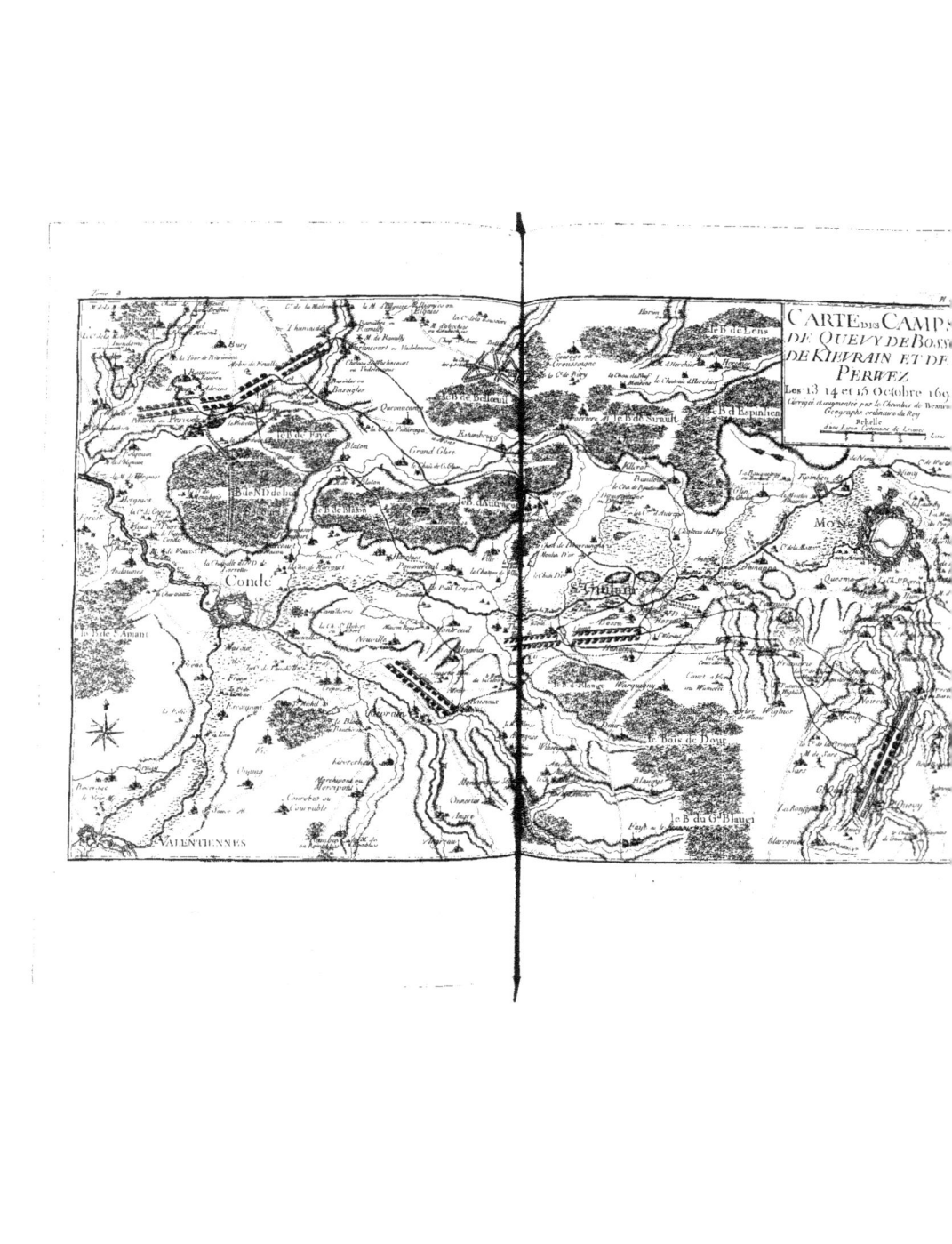

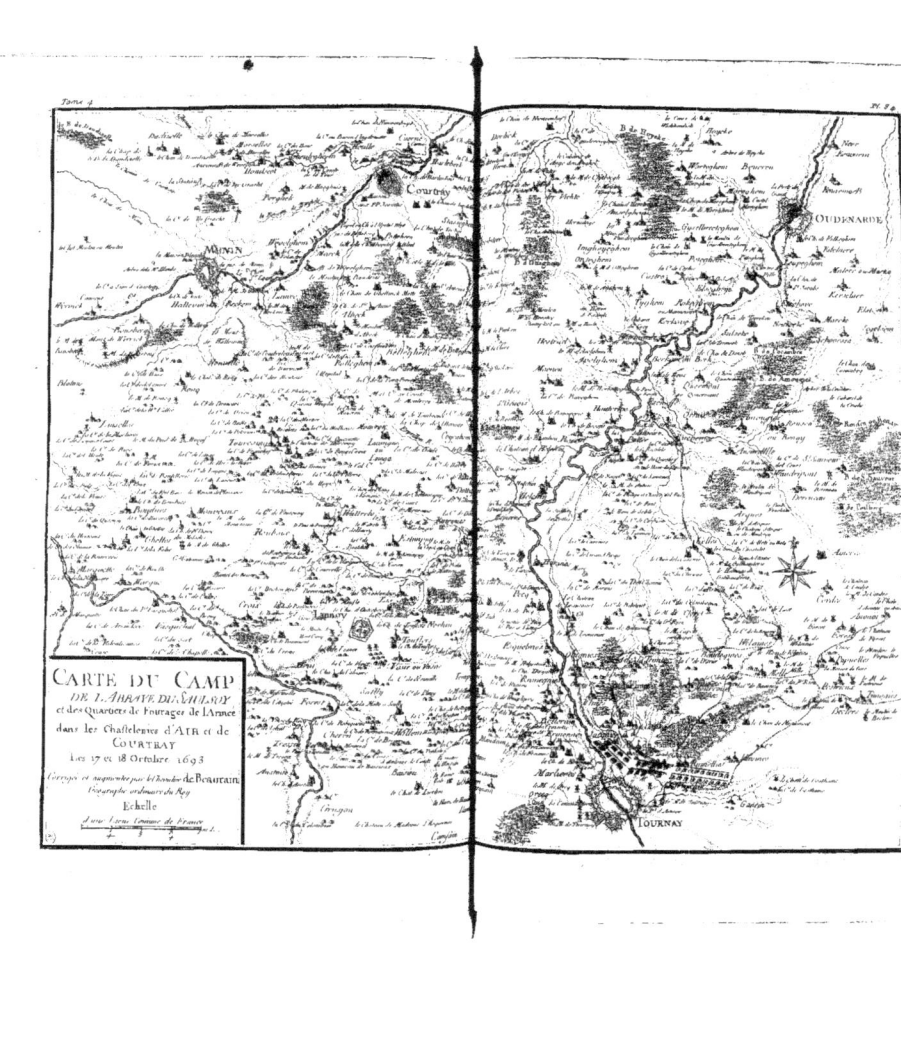

HISTOIRE MILITAIRE
DE FLANDRE,

Depuis l'année 1690. jusqu'en 1694.
inclusivement ;

QUI COMPREND LE DETAIL DES MARCHES,
Campemens, Batailles, Siéges & Mouvemens des Armées du
Roi & de celles des Alliés pendant ces cinq Campagnes.

DÉDIÉE ET PRÉSENTÉE AU ROI,
Par le Chevalier DE BEAURAIN, Géographe ordinaire du ROI, & ci-devant
de l'éducation de Monseigneur le DAUPHIN.

CAMPAGNE DE 1694.

A PARIS,

Chez { Le Chevalier DE BEAURAIN, Géographe ordinaire du Roi, rue Pavée, la premiere porte à gauche, en entrant par le Quai des Augustins.
CH. NIC. POIRION, Libraire, rue Saint Jacques, à l'Empereur.
CH. ANT. JOMBERT, Imprimeur-Libraire du Roi en son Artillerie, rue Dauphine, à l'Image Notre-Dame.

M. DCC. LV.
AVEC APPROBATION ET PRIVILEGE DU ROI.

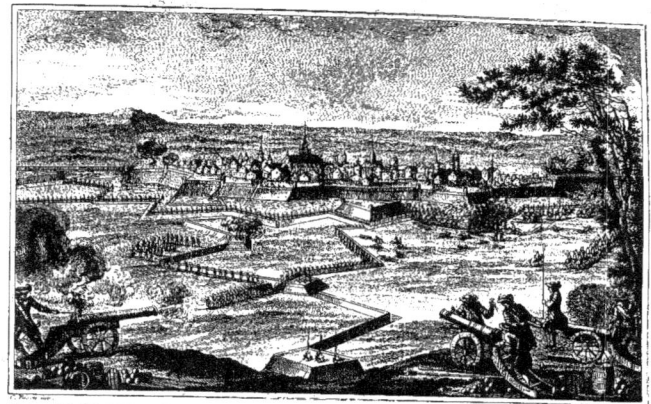

HISTOIRE MILITAIRE
DE FLANDRE,
EN L'ANNÉE M. DC. XCIV.

MALGRÉ les avantages que les troupes Françoises avoient remportés sur les Alliés pendant les campagnes précédentes, les nombreuses armées que Louis XIV avoit été obligé de mettre sur pied pour leur faire tête sur toutes ses frontieres, & les dépenses considérables qu'il avoit faites pour les entretenir, avoient épuisé le Royaume d'hommes & d'argent, & rendoient fort difficiles en France les moyens de continuer la guerre : la disette des grains fut en 1694 un surcroit d'embarras & de difficultés, & la récolte fut si mauvaise dans quelques Provinces, qu'on se trouva dans la nécessité de faire venir des bleds des pays étrangers pour la subsistance des peuples. Ces raisons détournerent Louis XIV du projet de faire cette année de nouvelles conquêtes : Sa Majesté ne songea qu'à conserver celles que ses armées avoient faites pendant les années précédentes, & elle n'eut d'autres vues que de s'opposer aux desseins des Alliés. Cependant afin de leur persuader que la France ne resteroit pas entiérement sur la défensive, M. le Dauphin prit le commandement de l'armée de Flandre, dont la conduite devoit être confiée sous ses yeux à M. le Maréchal de Luxembourg.

1694.

L'intention du Roi pour la frontiere de Flandre, étoit de ne

Voyez la Carte générale.
PLANCHE I.

rien hazarder sans une nécessité extrême, & de profiter en même tems des avantages qu'on pourroit prendre sur les ennemis avec apparence de succès : dans ces vues, on songea, avant d'entrer en campagne, à former un plan de conduite proportionné à la force des troupes qui devoient agir sur cette frontiere.

La présence de M. le Dauphin en Flandre sembloit annoncer que l'on ne prendroit point une résolution foible, & peu digne de sa gloire : mais il falloit, pour concilier le parti que l'on vouloit affecter, & celui qu'on avoit dessein de suivre, se conduire de façon à persuader aux ennemis qu'on vouloit entreprendre contre eux ou contre leurs places, sans cependant commettre la gloire de M. le Dauphin, ni la sûreté des troupes qu'il devoit commander. Les positions qu'on pouvoit prendre entre la Mehaigne & le Demer, paroissoient les plus propres à obliger les Alliés de diviser leurs forces, & à procurer aux troupes du Roi une subsistance abondante, aux dépens du pays ennemi : en y établissant le théâtre de la guerre, on se procuroit l'égalité des armes, & même on donnoit quelque apparence de supériorité aux troupes Françoises ; ces objets furent aussi les seuls qu'on se proposa dans les mouvemens & les opérations de cette campagne.

Voyez l'ordre de bataille. PLANCHE I.

L'armée principale destinée pour agir sous les ordres de M. le Dauphin, consistoit en quatre-vingt-un bataillons & cent soixante-deux escadrons, & devoit s'assembler sur la Sambre, pour se porter au delà de la Mehaigne. M. le Maréchal de Boufflers devoit avoir sur la Meuse un corps d'armée composé de quinze bataillons & de vingt-trois escadrons, pour faire tête aux troupes qui seroient dans Liege, pour protéger les convois que l'armée de M. le Dauphin tireroit de Namur ou de Huy, & pour la joindre dans le besoin : M. d'Harcourt, avec douze escadrons, étoit destiné à couvrir la frontiere du Luxembourg, & pour cet effet il devoit se placer sur la riviere d'Ourte, soit du côté de la Roche, soit vers Durbuy, ou plus bas aux environs de Wailles : M. de la Valette, avec dix bataillons & vingt-deux escadrons, devoit pourvoir à la défense des lignes, & veiller à la sûreté des places, depuis l'Escaut jusqu'à la mer : M. de Laubanie, Gouverneur de Mons, étoit chargé de la défense de la Haisne & des lignes de la Trouille ; M. de Boisseleau, Gouverneur de Charleroy, devoit se concerter avec lui & avec M. de Guiscard, pour assurer la communication de Mons à Namur, &

pour

pour empêcher les partis ennemis de passer la Sambre, & de pénétrer dans le Haynault.

Quoiqu'on ignorât les desseins des Alliés, cependant en entrant en campagne aussi-tôt que les fourrages donneroient à la cavalerie le moyen d'y subsister, & en se portant au delà de la Mehaigne, on étoit assuré de fixer leur attention, & de déterminer leurs premieres démarches. La sûreté de Liege, que le Prince d'Orange étoit occupé de conserver, ne lui permettoit pas de perdre de vue l'armée de M. le Dauphin, pendant qu'elle seroit à portée de cette place : ce fut une raison décisive pour chercher à établir le théâtre de la guerre entre la Mehaigne & le Demer.

Après avoir décidé les premiers mouvemens des Alliés, & avoir attiré leur attention sur Liege, la Cour prévoyoit que le Prince d'Orange & l'Electeur de Baviere pourroient chercher à faire usage de leurs forces ; ils étoient en état de rassembler dans les Pays-Bas un plus grand nombre de troupes que celles que le Roi devoit leur opposer, & ils pouvoient choisir, ou de combattre l'armée Françoise, ou de tenter une diversion.

S'ils cherchoient à en venir à une bataille, le Roi s'en remettoit à la prudence de M. le Dauphin, à qui il avoit recommandé de ne rien hazarder mal-à-propos, & sans consulter M. de Luxembourg, soit sur le parti qu'il prendroit, soit sur les moyens qu'il voudroit employer pour exécuter ses desseins : si les Alliés, au lieu de chercher à engager une bataille, tentoient une diversion, ils pouvoient, en restant avec le gros de leur armée à portée de Louvain, faire marcher des détachemens considérables du côté de la mer & contre les lignes, & faire une descente sur les côtes de France. Au lieu d'envoyer de gros détachemens du côté de la mer, ils pouvoient, voyant l'armée de M. le Dauphin dans l'inaction, y marcher avec toutes leurs forces, soit pour attaquer cette partie de la frontiere, soit pour y attirer M. le Dauphin, & pour faire agir en même tems contre les places que le Roi avoit dans le Luxembourg, les troupes qu'ils auroient sur la Meuse.

Si les Alliés tentoient une descente sur les côtes de Flandre ou du Boulonnois, & s'ils faisoient marcher des détachemens pour attaquer les lignes, M. le Dauphin devoit détacher trois Régimens de Dragons de son armée pour secourir M. de la Valette ; & si le détachement des ennemis étoit considérable, & en

Pppp

état d'attaquer Furnes, ou quelqu'autre place du côté de la mer, M. le Dauphin devoit y faire marcher M. le Maréchal de Villeroy avec dix bataillons & quinze ou dix-huit escadrons, y compris les trois Régimens de Dragons qui auroient pu y être envoyés auparavant. M. le Dauphin devoit pendant ce tems-là examiner lequel feroit le plus convenable, ou de demeurer dans le poste qu'il auroit pris, ou de se rapprocher de Namur, pour être plus à portée de soutenir M. le Maréchal de Villeroy, & de marcher sur la Dendre, & même sur la Lys, en cas que les mouvemens des ennemis l'y obligeassent. Si M. le Dauphin prenoit ce dernier parti avant que M. le Maréchal de Boufflers fût à portée de le suivre, il devoit lui ordonner de laisser trois bataillons & un Régiment de cavalerie d'augmentation dans Namur; il devoit aussi former un corps de vingt escadrons de Cavalerie ou de Dragons, sous les ordres de M. d'Harcourt, pour observer de ce côté-là les mouvemens des ennemis. Si les Alliés attaquoient la Roche ou Wianden, qui étoient les places les plus exposées sur la frontiere du Luxembourg, l'intention du Roi étoit que M. d'Harcourt essayât de les secourir. Si les Alliés marchoient du côté de la mer avec leur armée, le Roi vouloit qu'on examinât l'état où seroit le camp retranché de Liege, & Sa Majesté se réservoit, sur le compte qui lui seroit rendu quelque tems après qu'on seroit entré en campagne, de décider si on l'attaqueroit, ou si l'on suivroit les Alliés du côté des lignes.

Le séjour que les armées Françoises avoient fait l'année précédente aux environs de Charleroy, de Namur & de Huy, avoit empêché d'y former des magasins considérables de fourrages, & la rigueur de la saison ne permettoit pas de se mettre en campagne de bonne heure: la cavalerie avoit beaucoup souffert pendant le siege de Charleroy, & pour la rétablir entiérement, on voulut lui faire prendre le vert: on songea en même tems à rassembler les troupes de façon à prévenir les Alliés dans les postes qu'on avoit dessein d'occuper. On fit cantonner vers le 20 de Mai la plus grande partie de l'armée de M. le Dauphin sur la Sambre, depuis Marolles jusqu'à Thuin. (*) Le reste prit des quartiers sur la Haisne, & fut sous les ordres de M. le Maréchal de Villeroy. Les troupes de M. le Maréchal de Boufflers furent cantonnées aux environs de Chiney dans le Luxembourg. Celles qui avoient leurs quartiers de fourrage sur la Sambre, furent, jusqu'à l'arrivée de M. le Dauphin & de M. de

MAI.
(*) Voyez la Carte du premier cantonnement.
PLANCHE II.

DE FLANDRE.

Luxembourg, commandées par M. de Rosen, qui les tint dans la plus exacte discipline : tous les bleds furent conservés avec soin ; on ne prit que les herbes nécessaires pour la cavalerie, & les paysans qui avoient abandonné leurs maisons, voyant le bon ordre que les troupes observoient dans leurs quartiers, y revinrent peu de tems après qu'elles y furent entrées.

Ce commencement de campagne fut difficile à passer : les troupes Françoises n'étoient pas payées, & jusqu'au premier de Juillet on n'étoit point en état de leur fournir la viande que le Roi leur faisoit délivrer en campagne : pour y suppléer & pour empêcher les séditions & la désertion, M. de Rosen & M. le Maréchal de Boufflers, firent prendre des vaches sur le pays ennemi, par des détachemens qu'ils y envoyerent pour cet effet, & par ce moyen ils prévinrent les suites fâcheuses que le défaut de paie & de subsistance auroit pu occasionner.

M. le Dauphin arriva à Maubeuge le premier de Juin, & visita les jours suivans tous les quartiers : on les assura par des postes qu'on établit sur la Sambre, depuis l'embouchure du ruisseau de Marolles jusqu'à Namur, & on fit garder la Meuse, depuis cette place en remontant jusqu'à Charlemont.

PREMIER CANTONNEMENT.

État des villages d'entre Sambre & Meuse, dans lesquels la Cavalerie & l'Infanterie de l'armée de Flandre furent cantonnées pour herber, à commencer du 21 Mai 1694.

Cavalerie sur la Sambre depuis Marolles jusqu'à Maubeuge.

Noms des Villages.		Escadrons.	
Marolles.	Noailles.	2.	
	Duras.	2.	
	Lorge.	2.	
Noyelles & Taisnieres.	Luxembourg.	2.	Prenoient le pain à Landrecy.
	Grenadiers du Roi.	1.	
Le Val & Mousseau-le-Val.	Gendarmes.	1.	
	Chevaux-Légers.	1.	
Sassegnies.	Toulouse.	2.	
Barlemont.	Carabiniers.	12.	
Aunoy.	Carabiniers.	4.	

1694.
MAI.

336 HISTOIRE MILITAIRE

1694.
MAI.

Noms des Villages.   Escadrons.

A Pont & Aymeries.
- Villeroy. . . . . . 2.
- Du Maine. . . . . . 2.
- Bourbon. . . . . . 2.
- Chartres. . . . . . 2.

Basschin. *Ces deux Régimens partirent le 30 pour aller à Walcourt.*
- Mestre de Camp Général. 3.
- Rottembourg. . . . . 3.

} Prenoient le pain à Maubeuge.

Saint-Remy-Mal-basti.
- Bourgogne. . . . . . 3.
- Royal Roussillon. . . 3.

Buissiere.   Du Roi. . . . . . 3.
Beaufort.   Clermont. . . . . . 3.
Dourlers.   Rassent. . . . . . 3.
Limon-Fontaines.   Levy. . . . . . 3.

Saint-Aubin.   Pujols. . . . . . 3. } Prenoit le pain à Avesnes.

Sur les ruisseaux de Beaumont & de Consolre.

Berchelies.   Rohan. . . . . . 2.
Hantes.   Manderscheid. . . . 3.
Montigny-Saint-Christophe.   Dragons de la Reine. . 3.
Bousegnies.   Dragons d'Asfeld Etranger. 3.

} Prenoient le pain à Beaumont.

Lugny.   Dragons de Saint-Hermine. 3.
Grand-rieu.   La Feuillade. . . . 3.
Solre-Saint-Gery.   Dragons de Fimarcon. . 3.
Ranse.   Coffé. . . . . . . 2.
Faubrechies.   Dragons de Chantran. . 3.
Fort-Chapelle.   La Valliere. . . . . 3.

} Prenoient le pain à Maubeuge.

Sur la Noire & la Blanche, près Marienbourg.

- Fiennes. . . . . . 3.
- Lagny. . . . . . . 3.
- Sailly. . . . . . . 3.

} Prenoient le pain à Marienbourg.

Sur le ruisseau de Cerfontaine.

Senzelle.   La Tournelle. . . . 3.
Saumoy.   Furstemberg. . . . 2.
Cerfontaine.   Dragons. . . . . . 3.
Slenrieu.   Saint-Lieu. . . . . 3.

} Prenoient le pain à Philippeville.

Sur

DE FLANDRE. 337

Sur les ruisseaux de Castillon & Clermont.

1694.
MAI.

Noms des Villages.		Escadrons.	
Castillon.	Melun.	3.	
Clermont.	Quadt.	3.	Prenoient le pain
Stre'es.	Villequier.	2.	à Beaumont.
Miertenen.	Dragons d'Avarey.	3.	
Donstienne.	Colonel Génér. de Dragons.	3.	
Basse-Ville de Thuin.	Villiers.	3.	A Thuin.
Couille'.	Cuirassiers.	3.	Prenoient le pain à Charleroy.
Aux ordres de M. de Guiscar.	Massot.	3.	

Infanterie sur le ruisseau de Ferriere-le-grand.

Noms des Villages.		Bataillons.	
Rosiers.	Gardes Françoises.	3.	
Reguignies.	Gardes Suisses.	3.	
Ferriere le Grand.	Navarre.	3.	
	Vermandois.	2.	
	Beugey.	2.	
Ferriere le Petit.	Reynold.	4.	
	Tulles.	1.	
Cerfontaine.	Royal Italien.	1.	
Aubrechies.	Montroux.	1.	
	Cavois.	1.	
	Crussol.	1.	Prenoient le pain à Maubeuge.
	Chartres.	1.	
	Lamarre.	1.	
Damoisies.	Greder Allemand.	2.	
	Lignieres Milices.	1.	
	Stoppa Suisse.	2.	
	Blaisois.	1.	
Floresyes.	Sorbeck.	3.	
	Monin.	1.	
	Greder Suisse.	1.	
Esclebes.	Piedmont.	3.	
	Provence.	2.	
	Soissonnois.	1.	

Qqqq

338 HISTOIRE MILITAIRE

1694.
MAI.

Noms des Villages.		Bataillons.	
A HAM-SUR-HEURE.	Bourbonnois.	2.	A la Bussiere.
	Le Roi.	4.	A Marchienne au Pont.

Troupes sous Charleroy.

A MONT-SUR-MARCHIENNE.	Stoppa.	2.
	Santerre.	1.
A MARCHIENNE AU PONT.	Humieres.	2.
	Angoumois.	1.
	Artois.	1.
	Languedoc.	2.
A MARCINELLE.	Toulouse.	2.
	Royal Artillerie.	2.
A COUILLE'.	Greder Suisse.	3.
	Sorbeck.	1.
	Monin.	1.
A BOUFLIOU.	La Compagnie de Vigny.	0.
	La Marche.	1.

Troupes qui devoient sortir de Namur, suivant les ordres de M. de Guiscar, pour garder la Meuse jusqu'à Charlemont.

Dauphin. . . . . 3.
Hainault. . . . . 1.
Bombardiers. . . . . 1.
                                    ___
                                    5.

Total Infanterie 69. Bataillons.

Troupes qui étoient cantonnées sur la Haisne.

CAVALERIE.

Cravates du Roi. . . . . 3. Escadrons.
Dauphin. . . . . 3.
Orléans. . . . . 2.
Vaillac. . . . . 3.
La Bessiere. . . . . 3.
Rocquespine. . . . . 3.
Imecourt. . . . . 3.
Aubeterre. . . . . 3.
                                 ___
                                 23. Escadrons.

DE FLANDRE. 339

Infanterie.

Lyonnois.	2. Bataillons.
Guiche.	2.
Royal Roussillon.	2.
Surlauben.	2.
Gardes du Roi d'Angleterre. . .	2.
Royal Danois.	2.
	12. Bataillons.
Hussards.	1. Escadrons.
Premiere Compagnie des Mousquetaires. .	1.
Seconde Compagnie des Mousquetaires. . .	1.
	3. Escadrons.

Total général de la Cavalerie & Dragons. 162. Escadrons.

Total général de l'Infanterie. 81. Bataillons.

Pour la sûreté du chemin de Maubeuge à Charleroy du côté d'entre Sambre & Meuse.

On mit cinquante hommes à Rocq.

Cinquante à Marpent.

Cinquante auprès de Jeumont.

Le quartier de Hantes mit cinquante Maîtres en deux postes, entre Hantes & la Bussiere.

Celui de Donstienne en mit cinquante aux Fontaines hautes, cinquante à la Chapelle de Raigny, qui veilloient sur le bois d'Elcatoire, & vingt au pont de Bienne.

Ceux de Strées & de Clermont en mirent vingt-cinq dans la plaine, auprès de Gouse, & vingt-cinq autres entre les trois Tilleuls d'Ham-sur-Heure, & la large voie faisant face au bois.

Le Régiment du Roi infanterie, qui étoit à Ham-sur-Heure, mit soixante hommes en deux postes dans la large voie ; celui de Mont-sur-Marchienne mit trente hommes à Montigny-le-Tigneux.

Pour la sûreté du chemin de Maubeuge à Beaumont, & de Beaumont à Philippeville, depuis le quartier de Cerfontaine jusqu'à Consolre, on mit cent hommes sur le chemin en quatre postes.

Le quartier de Berchelies mit vingt-cinq Maîtres sur la hauteur de Consolre, en deçà.

Celui de Lugny en mit vingt-cinq sur la hauteur qui est entre Lugny & Consolre.

Les Dragons qui étoient à Solre-Saint-Gery, en mirent vingt-cinq à à l'entrée du bois de la Gayolle.

Celui de Castillon mit vingt-cinq Maîtres aux étangs qui étoient à la sortie du bois de la Gayolle de son côté.

340 HISTOIRE MILITAIRE

1694.
MAI.

Le quartier de Slenrieu mit vingt-cinq Maîtres à la cenfe de Nazaret ou Betlehem.

Pour la fûreté de Beaumont à Marienbourg, on mit vingt Dragons à l'entrée du bois du côté de Beaumont, dans le grand chemin royal de Chimay, regardant du côté d'Amblain.

Et les troupes, qui étoient auprès de Marienbourg, eurent ordre de donner la main à cette troupe pour la fûreté du chemin.

JUIN.
(*) Voyez la Carte du fecond cantonnement.
PLANCHE III.

M. le Dauphin voulant mettre fes troupes plus à portée d'arriver fur la Mehaigne, fans avoir rien à craindre de la part des Alliés, fit cantonner le 10 Juin une partie de fon armée entre la riviere d'Heure & le ruiffeau qui tombe à Auvelois; (*) le refte campa à Chaffelineau, à Gilly & à Farfiennes, où ce Prince prit fon quartier.

SECOND CANTONNEMENT.

Ordre que l'armée obferva en fortant des villages où elle étoit cantonnée, foit pour aller occuper ceux qui étoient entre la riviere d'Heure & le ruiffeau qui tombe à Auveloys, foit pour paffer la Sambre & aller camper en front de bandiere fur la rive gauche de cette riviere.

Le 10 Juin, les troupes fortirent de leurs quartiers: ceux qui étoient les plus près de la riviere d'Heure, arriverent le même jour dans ceux qui leur étoient deftinées; ceux qui étoient un peu plus en arriere, y arriverent le 11, & les plus éloignés y arriverent le 12 dans l'ordre qui fuit.

Cavalerie près de *Marienbourg*.

Prirent le pain le 14, en paffant à Chaftelet, & envoyerent à l'ordre à Achos.

{ Les Régimens de Fiennes, de Lagny & de Sailly, qui étoient auprès de Marienbourg, aux ordres de M. de Gaffion, partirent le 10 pour venir camper à Jamaigne & Emptine, le 11 à la cenfe de Mauve, & fur la montagne de Foffe.

Cavalerie près de *Philippeville*.

Prirent le pain le 13 à Chaftelet, & l'ordre à Ogny.

{ Le Régiment de la Tournelle, qui étoit à Senzelle, & celui de Furftemberg, qui étoit à Soumoy, en partirent le 10 pour aller au Roux.

Prirent le pain le 14 en paffant à Chaftelet, & l'ordre à Ogny.

{ Les Dragons de Kailus, qui étoient à Cerfontaine, en partirent le 10 pour aller à Vitrivaux.

Cavalerie

DE FLANDRE.

Cavalerie sur les ruisseaux de Cerfontaine, Castillon, Beaumont & Consolre.

1694.
JUIN.

Prit le pain le 13 à Philippeville, & l'ordre à Presle.	Melun, qui étoit à Castillon, alla le 10 à Oré.
Prirent le pain le 14 à Chastelet, & l'ordre à Presle.	Quadt, qui étoit à Clermont, & Villequier, qui étoit à Strée, allerent le 10 à Bienne-Colonoise.
Prit le pain le 13 à Chastelet, & l'ordre à Presle.	Le Colonel Général, qui étoit à Donstienne, alla le 10 à Gogny.
Prirent le pain le 13 à Philippeville, & l'ordre à Achos.	La Valliere, qui étoit à Froid-Chapelle, & les Dragons de Chantran, qui étoient à Faubrechies, allerent le 10 à Moriamé.
Prirent le pain le 13 à Chastelet, & l'ordre à Presle.	Le Mestre de Camp & Rottembourg, qui étoient à Valcourt, allerent le 10 à Presle & à Sart-Eustache.
Prit le pain le 13 à Philippeville, & l'ordre à Achos.	La Feuillade, qui étoit à Ranse, alla le 10 à Frete.
Prirent le pain le 13 à Charleroy, & l'ordre à Achos.	Les Dragons de Fimarcon, qui étoient à Solre-Saint-Gery, allerent le 10 à Villers-Potterie.
Prirent le pain le 14 en passant à Charleroy.	Les Dragons de Saint-Hermine, qui étoient à Lugny, allerent le 10 à Fromié.
Prirent le pain le 14 en passant à Charleroy, & l'ordre à Achos.	Les Dragons d'Asfeld, qui étoient à Bousegnies, allerent le 10 à Hemie.
Prirent le pain le 14 en passant à Charleroy, & l'ordre à Chasselineau.	Les Dragons de la Reine, qui étoient à Montigny-Saint-Christophe, allerent le 10 à Hensinelle.
Prit le pain le 13 à Charleroy, & l'ordre à Achos.	Manderscheidt, qui étoit à Hantes, alla le 10 à Achos.
Prit le pain le 14 à Charleroy, & l'ordre à Achos.	Cossé, qui étoit à Grand-rieu, alla le 10 à Hensin.
Prit le pain le 13 à Charleroy, & l'ordre à Achos.	Rohan, qui étoit à Berchelies, alla le 10 à Joncre.
Prirent le pain le 13 à Chastelet, & l'ordre à Chasselineau.	Villiers, qui étoit à la basse-ville de Thuin, & les Cuirassiers, qui étoient à Couillé, partirent le 11 pour aller à Montigny-sur-Sambre.
Prirent le pain le 13 à Chastelet, & l'ordre à Chasselineau.	Saint-Lieu, qui étoit à Slenrieu, & les Dragons d'Avarey, qui étoient à Miertenen, allerent le 11 passer la Sambre à Chastelet, pour camper à la tête de Chasselineau.
Prirent le pain à Chastelet, & l'ordre à Chasselineau.	Les Mousquetaires, qui étoient à Solre-sur-Sambre, en partirent le 10 pour aller à Bersée, & le 11 passerent la Sambre à Chastelet, pour aller camper à la tête de Farsienne.

Rrrr

HISTOIRE MILITAIRE

Infanterie près Maubeuge, sur le ruisseau de Ferriere-le-grand.

<small>Prirent le pain à Chaſ-telet, & l'ordre à Chaſ-felineau.</small> — Les Gardes Françoiſes, qui étoient à Roiſies, & les Gardes Suiſſes, qui étoient à Erghegnies, allerent le 10 camper à Gouſé : le 11 ils prirent le chemin de Ham-ſur-Heure, & paſſerent la Sambre à Chaſtelet, pour aller camper à la tête du château de Farſienne.

<small>Prit le pain le 13 à Chaſtelet, & l'ordre à Chaſſelineau.</small> — L'infanterie, qui étoit à Ferriere-le-grand, à Ferriere-le-petit, & à Cerfontaine, alla le 10 camper à Marbay : le 11 elle paſſa à Ham-ſur-Heure.

<small>Prirent le pain le 13 à Marchienne au pont, & l'ordre à Chaſſelineau.</small> — Celle qui ſortoit de Ferriere-le-grand, reſta à Boufliou ; celle de Ferriere-le-petit & de Cerfontaine, à Couillé & à Marcinelle.

<small>Prit le pain le 13 à Marchienne au pont, & l'ordre à Chaſſelineau.</small> — L'infanterie, qui étoit à Aubrechies, alla le 10 camper à Tully : le 11 elle paſſa par la large voie, pour aller à Marchienne au pont.

<small>Prit le pain le 13 à Marchienne au pont, & y envoya à l'ordre.</small> — L'infanterie, qui étoit à Damoiſies, alla le 10 à Donſtienne, & le 11 elle paſſa par la large voie, pour ſe rendre à Mont ſur Marchienne.

<small>Prit le pain le 13 à Marchienne au pont.</small> — L'infanterie, qui étoit à Floreſyes, alla le 10 camper à Strées, & le 11 elle ſe rendit à Jamignon.

<small>Prit le pain à Marchienne au pont, & y envoya à l'ordre.</small> — L'infanterie, qui étoit à Eſclebes, alla le 10 paſſer à Ferriere-le-grand ; delà à l'Abbaye de la Thur, pour camper à Strées, & le 11 elle ſe rendit à Montigny-le-Tigneux.

<small>Prit le pain le 13 à Charleroy, & l'ordre à Chaſſelineau.</small> — L'infanterie, qui étoit à la Buſſiere, en partit le 11 pour paſſer la Sambre à Charleroy, & ſe rendre à la tête de Montigny-le-Tigneux, où elle campa.

Le Régiment du Roi, qui étoit à Ham-ſur-Heure, prit le pain le 13 à Marchienne au Pont, & y envoya à l'ordre.

<small>Prirent le pain le 13 à Charleroy, & l'ordre à Chaſſelineau.</small> — Toute l'infanterie, qui étoit ſous Charleroy, partit le 11 pour paſſer la Sambre : les quartiers de Marchienne au pont & de Mont-ſur-Marchienne, paſſerent à Charleroy, pour aller camper à la tête du village de Montigny.

<small>Prirent le pain le 13 à Chaſtelet, & l'ordre à Chaſſelineau.</small> — Ceux de Marcinelle, Couillé, Boufliou & Chaſtelet, paſſerent au pont de Chaſtelet, pour camper à la tête du village de Chaſſelineau.

DE FLANDRE.

{Prirent le pain le 13 à Chaftelet, & l'ordre à Chaffelineau.} Les trois bataillons du Régiment Dauphin, celui de Hainault, & les Bombardiers, le Régiment de Cavalerie de Maſſot, avec l'eſcadron des Huſſards, partirent de Namur le 11, pour venir paſſer la Sambre au pont de Farſienne, & camper à la tête du château de Farſienne.

Cavalerie depuis Maubeuge juſques à Marolles.

Les Gardes du Roi, Gendarmes, Chevaux-Légers & Grenadiers du Roi, partirent de leur quartier le 10, ſuivirent le chemin de Maubeuge, laiſſerent la ville à gauche, pour paſſer au pont Liſle, & aller camper à vieux Reng, & grand Reng : le 11 ils repaſſerent la Sambre en dedans de la ligne à Jeumont, pour aller camper à Gouſe & Marbay ; le 12 ils paſſerent à Ham-ſur Heure, pour aller traverſer la Sambre à Chaſtelet, & au pont de Montigny, & ſe rendre à Farſienne.

Les Carabiniers partirent le 10 de leur quartier, vinrent paſſer au vieux Maiſnil, le laiſſant à gauche, delà à neuf Maiſnil, à Douſy, au pont Allant, d'où ils allerent camper aux villages de Mairieux & d'Elleſmes : le 11 ils traverſerent la Sambre à Marpent, laiſſerent Jeumont à gauche, pour paſſer à l'Abbaye de la Thur, à Montigny-Saint-Chriſtophe, d'où ils allerent camper à Court & à Berſée : le 12 ils paſſerent la riviere d'Heure à leurs quartiers, pour aller à Gerpine, & delà à Auvelois & Faljolle.

Toulouſe, qui étoit à Saſſegnies, Villeroy, Berry & Bourbon, qui étoient à Pont & Aymeries, allerent le 10 camper à Roiſies & Erghegnies, le 11 à Strées; & le 12, Toulouſe & Villeroy allerent à Chaſtre, Bourbon & Berry à Ferioul.

Le Maine & Chartres, qui étoient à Pont & à Aymeries, partirent le 10, & paſſerent au vieux Maiſnil, le laiſſant à gauche, delà au neuf Maiſnil, à Douſy, au pont Allant & à Bouſſou ; le 11 ils paſſerent la Sambre à Marpent, delà ils allerent à l'Abbaye de la Thur, à Montigny-Saint-Chriſtophe, & à Donſtienne ; le 12 ils paſſerent la riviere d'Heure à Berſée, & allerent à Gerpine, pour ſe rendre au village d'Achos.

Clermont, qui étoit à Beaufort, & Levy, qui étoit à Limon & à Fontaine, allerent le 10 à Lugny, le 11 à Valcourt, & le 12 à Gerpine.

Raſſent, qui étoit à Dourlers, & Pujols, qui étoit à Saint-Aubin, allerent le 10 à Bouſegnies & Rugny : le 11 à Pry, & le 12 à Tarſienne & à la Herée.

Le Régiment du Roi cavalerie, qui étoit à Buiſſiere, fit partir le 10 un eſcadron pour eſcorter le Tréſor & les équipages de M. de Luxembourg, qui étoient au quartier de Fegnies : le Tréſor alla loger le même jour au village de Berſée, & le lendemain à Chaſſelineau.

Les Régimens Royal-Rouſſillon & Bourgogne, qui étoient à Saint-Remy-mal-bâti, allerent le 10 à Solre-ſur-Sambre, & le 11 à Gourdine & Sombezé.

1694.
JUIN.

La Maison de M. le Dauphin & ses équipages partirent le 10 : ils traverserent la Sambre à Jeumont, pour aller à Ragny : le 11 ils passerent au pont de Tully, & prirent le chemin d'Ham-sur-Heure, pour aller repasser la Sambre à Chastelet, & se rendre au château de Farsienne, où fut le quartier de M. le Dauphin.

Les équipages des Princes suivirent la même route, & allerent loger au village de Bersée, près de Thuin, d'où ils passerent la Sambre à Chastelet, & se rendirent le 11 à Chasselineau, où fut leur quartier.

Avant que les troupes partissent de leur quartier, on eut soin de renouveller les défenses qui avoient été faites en y entrant, & de tenir la main à ce qu'elles fussent exécutées ; ceux qui commandoient les troupes, eurent soin que dans la marche elles n'entrassent point dans les bleds, & qu'elles suivissent exactement les chemins, ainsi que leurs bagages.

Chaque troupe partant de son quartier eut ordre d'y laisser une garde avec des Officiers pour empêcher que l'on y fît du désordre, & elle devoit y demeurer jusqu'à trois ou quatre heures après-midi. Les Commandans eurent soin d'envoyer dans les villages sur la droite & la gauche de leur marche, pour empêcher le désordre, & arrêter ceux qui y en feroient, soit qu'ils fussent de leurs troupes, ou d'autres corps.

On ordonna de vivre dans les nouveaux quartiers de la même maniere qu'il avoit été ordonné dans ceux que l'on quittoit, à la réserve de ceux qui furent au delà de la Sambre, auxquels il fut permis de fourrager, mais seulement dans les endroits qu'on devoit leur indiquer, & après avoir posté les escortes nécessaires.

Le Prince d'Orange & l'Electeur de Baviere devoient former trois corps d'armée dans les Pays-Bas, l'un sur la Dyle, l'autre sur la Meuse, & le troisieme près de Gand. Ayant été informés que l'armée de M. le Dauphin étoit dans des quartiers de fourrage, ils prirent aussi le parti de faire cantonner la plus grande partie de leurs troupes ; ils mirent Louvain à leur droite, & Léau à la gauche : leur cavalerie étoit répandue sur la Dyle, sur le Demer & sur la Geete, & peu de jours après avoir pris ces quartiers, ils firent camper leur infanterie à Tourine, Beauvechin & Orbais, afin d'en assurer la tête. M. le Dauphin en ayant eu nouvelle, & voulant prévenir les Alliés dans les postes qu'il comptoit occuper, voulut rassembler son armée à Gemblours : le corps qui étoit sur la Haisne, ayant campé le 10 près de Mons, s'étoit ensuite avancé à Binch, & delà à Courcelles sur le Piéton : l'artillerie s'étoit rendue de Douay à Mons, & avoit marché avec ces troupes, qui camperent le 14 à Heppeny, sous les ordres de M. le Maréchal de Villeroy. La marche des troupes

qui

DE FLANDRE.

qui étoient à portée de Farsienne, se fit dans l'ordre qui suit pour y venir camper, ainsi qu'à Ham-sur-Sambre & à Gilly.

1694.
JUIN.

On fit descendre au village de Ham, le pont qu'on avoit fait à Farsienne.

Les troupes qui étoient sur le ruisseau de Fosse, & à Auvelois, marcherent le 14 aux ordres de M. le Duc du Maine; sçavoir les quartiers d'Auvelois, Faljolle, Achos, le Roux, Vitrivaux, Mont-Fosse, Fosse & Mojon, pour se rendre au village de Ham-sur-Sambre, où elles camperent.

Les Régimens qui étoient dans ces quartiers, & qui devoient prendre le pain le 14 en passant à Chastelet, le prirent le même jour en arrivant au pont de Ham.

Ceux qui étoient sur le ruisseau de Presle, qui tombe auprès de l'Abbaye d'Ogny, passerent au pont de Chastelet : cette colonne étoit composée des quartiers de Presle, Sart-Eustache, Gogny, Oré & Bienne-Colonoise ; de Chastelet ils se rendirent à Gilly, où fut leur camp.

Ceux qui étoient sur le ruisseau de Gerpinne & aux environs, qui étoient les quartiers de Gerpinne, Achos, Villers-Potterie, Frere, Tarsienne, la Herée & Joncré, vinrent passer au pont de Montigny-sur-Sambre, d'où ils se rendirent à Gilly, où fut leur camp.

Ceux qui étoient à Yvés, Daussois ou Dacheu, Chastre, Ferioul, Hensin, Hensinelle, Fromié, Esmies, Gourdine & Sombezé vinrent passer au pont de Charleroy, pour se rendre à Gilly, où fut leur camp.

L'infanterie, qui étoit à Boufliou, Louvernal & Couillé, passa au pont de Montigny-sur-Sambre, pour se rendre à Gilly, où fut le camp.

Celle qui étoit à Marchienne au pont, Montigny-le-Tigneux, Jamignon, & Ham-sur-Heure, passa la Sambre à Marchienne au pont, & le Piéton au moulin de Darmay, d'où elle se rendit à Gilly, où fut son camp.

Toutes les troupes se mirent en marche le 15 pour aller de Ham, de Farsiennes, de Gilly & d'Heppeny à Gemblours : elle se fit sur six colonnes, & dans l'ordre qui suit.

Le boute-selle & la générale au petit jour, à cheval & l'assemblée une heure après.

Marche de Farsienne à Gemblours.
PLANCHE IV.

Les troupes qui étoient à Ham, eurent la colonne de la droite ; elles passerent entre Moustier & Froidmont, pour aller à Spy, qu'elles laisserent à droite & Millemont à gauche.

Celles qui devoient composer l'aîle droite, laisserent Golzenne à gauche pour aller à Fero ; elles traverserent le bois pour aller à Gemblours, qu'elles laisserent à gauche, & elles passerent à la Posterie, pour se rendre à la droite du camp.

Celles qui devoient composer l'aîle gauche, passerent au pont du Masy, & delà à Conroy, où fut le camp.

Sfff

1694.
JUIN.

La seconde colonne fut pour les troupes campées à Saint-François & à Farsienne, lesquelles prenant le chemin qui va de Saint-François aux Wanages, suivirent l'ouverture que l'on avoit faite, laissant les Wanages & l'autre colonne à gauche; delà laissant aussi Lambusart à gauche, elles allerent à Wanne-fersée & à Saint-Martin-Balastre, où la cavalerie & les bagages passerent au gué, & l'infanterie sur le pont: cette colonne laissa ensuite Botey à droite, & Tongrenelle à gauche, pour aller à Conroy, où fut la gauche du camp.

La troisieme colonne fut pour les troupes campées à Chasselineau & Montigny-sur-Sambre: elles prirent le chemin qui passe aux Wanages, les laisserent à droite, & l'autre colonne qui y passoit pour aller à Lambusart: delà laissant Boulé à droite, elles passerent la cense du Fayé, marcherent à travers champ droit à Tongrenelle, & laisserent Conroy à droite, & le bois d'Elpesch à gauche, pour se rendre dans le camp.

L'infanterie, qui étoit campée à Gilly, prit le chemin de Ramsart, laissa Wangenies à droite, & l'artillerie, qui venoit d'Heppeny, à gauche, pour aller à Saint-Amand, & delà au pont de Sombref, qu'elle laissa aussi à gauche; elle continua sa marche par la cense Monty, d'où les troupes de la gauche se trouverent dans leur camp, & celles de la droite laisserent Bertinchant à gauche, pour aller à Sauvenel, où elles camperent.

La cavalerie, qui étoit campée à Gilly, marcha entre cette colonne & l'artillerie qui étoit à Heppeny, qu'elle eut toujours sur sa gauche.

L'artillerie, qui étoit à Heppeny, & les troupes qui y étoient campées, aux ordres de M. le Maréchal de Villeroy & de M. de Montrevel, laisserent les censes de Chesseaux à gauche, pour aller à hauteur des trois Burettes, où elles prirent la chaussée, & la suivirent jusques dans le camp.

M. de Montrevel eut ordre de laisser deux cens chevaux à la hauteur de Marbay, & de les partager en deux troupes, dont l'une devoit se tenir sur le grand chemin de Namur à Bruxelles, & l'autre entre le bois de Sombref & Marbay; ce détachement ne rentra dans le camp que lorsque tous les bagages eurent défilé: les bagages ne chargerent qu'après que toutes les colonnes des troupes furent passées, & ils en prirent la queue.

Ceux de M. le Dauphin & de son quartier, suivirent la colonne des troupes qui passoient à Saint-François.

Ceux de Chasselineau suivirent la colonne des troupes qui passoient à la Justice & aux Wanages.

On mit cinquante chevaux & cinquante Dragons à la tête de la cassette & des carrosses de M. le Dauphin, cent hommes de pied avec ses gros bagages, & cinquante avec ses mulets.

Il y eut cinquante Maîtres à la tête du Trésor, & cent hommes de pied avec les équipages qui étoient au quartier de Chasselineau.

On mit cinquante hommes de pied à la queue de chaque colonne de bagages.

DE FLANDRE. 347

On envoya cent chevaux à l'Epinette de Gosseliers, lesquels y demeurerent jusque vers les quatre heures après-midi, & ne revinrent au camp qu'après que tous les bagages furent passés.

Tous les postes d'infanterie qui étoient dans les bois & à la tête du camp, eurent ordre d'y demeurer pour faire l'arriere-garde des bagages, qui passerent auprès de leur poste.

Les campemens avec les nouvelles gardes, s'assemblerent à la générale, à la tête du Régiment d'Avarcy & de celui de Villiers.

Outre les nouvelles gardes, on commanda cent chevaux & cinquante Dragons, qui marcherent avec le campement, pour former l'enceinte du fourrage que l'armée devoit faire entre l'Orneau, les bois qui étoient à la droite du camp, le ruisseau qui vient de Lerine à Nielle-Pirus, & celui de Bertinchant, qui vient pareillement tomber à Nielle-Pirus : l'enceinte devoit se terminer à celui de Sombref, qui tombe auprès de Pont dans celui de Ligny, lequel se jette dans l'Orneau au dessous du Masy.

On commanda douze cens hommes de pied, tant pour l'enceinte du fourrage que pour l'enceinte du camp, lesquels se rendirent une heure devant le jour au Régiment de Villiers, qui étoit à la tête de Chasselineau : ils prirent le chemin des Wanages, où ils se partagerent en deux troupes : le Colonel fut chargé de garnir la queue & une partie des flancs du camp ; des Wanages il prit le chemin de Wanne-fersée, alla passer à Saint-Martin-Balastre, où il laissa quarante hommes, & en envoya quarante autres au Masy ; il passa ensuite au moulin de Gemblours, mit cinquante hommes à l'ouverture du bois qui va à Fero, cinquante à Argenton, trente à Liroup, soixante au petit Lez, trente au petit Mesnil, cent en deux postes auprès des cinq Etoiles, cinquante au petit bois qui étoit au flanc de la ligne, trente à Sart-à-Walhem, soixante à l'Abbaye de Lerine, soixante à Tourine-les-Ordens & Sart-Saint-Lambert.

Le Brigadier avec la moitié du détachement en partant des Wanages, prit le chemin qui va à Pont ; il envoya soixante hommes à Tongrene & Tongrenelle, soixante à l'Eglise & au Château de Sombref, cent en deux postes aux bois de Sombref, trente au pont de Bertinchant, trente à Schernage, cinquante à Noiremont, quarante à Chausse-les-Dames, quarante à Chaumont, soixante-dix à Nielle-Pirus, soixante à Nielle-Saint-Vincent & Nielle-Saint-Martin, & soixante à Saint-Paul & Walhem.

Ceux qui posterent ces détachemens, eurent ordre d'examiner si ces postes étoient en sûreté, & ils pouvoient les augmenter suivant qu'ils jugeroient à propos : ils devoient surtout leur marquer des endroits sûrs où ils pourroient se retirer pendant la nuit.

Les troupes en arrivant à Gemblours furent campées suivant l'ordre de bataille qu'on en avoit formé ; elles eurent la gauche à Conroy, & la droite entre Sauvenel & la grande chaussée : le quartier de M. le Dauphin fut à Gemblours.

1694.
JUIN.

En arrivant dans ce camp, M. le Dauphin envoya cinq cens chevaux à la guerre, pour apprendre des nouvelles des ennemis. Le 16 il fit la revue de toutes ses troupes; & comme il projettoit de se mettre entre Liege & l'armée des Alliés, il fit marcher la sienne le 18 pour aller camper à Jandrain.

Marche de Gemblours à Jandrain. PLANCHE V.

Cette marche se fit sur cinq colonnes : celle de la droite fut pour les gros équipages : ils s'assemblerent au delà de Gemblours, à la tête des Gardes, qui étoient campés derriere le quartier de M. le Dauphin : cette colonne alla au petit Lez, & delà prenant par la bruiere, & laissant Liernue à droite, elle suivit le chemin qui mene à Asche, qu'elle laissa aussi à sa droite; marchant ensuite à travers champs, & laissant Neuville à droite, elle passa sur le pont du marais de Taviers, pour aller à Bonef; elle laissa aussi ce village à droite, pour se rendre entre Mierdaux & Ramillies, où elle se trouva dans la plaine du camp.

La seconde colonne fut pour tous les menus bagages qui s'assemblerent entre la Posterie & Gemblours. Cette colonne prit le chemin du grand Lez, pour aller à Asche : elle laissa la colonne des gros bagages à sa droite, & passa le marais de Neuville à sa tête : elle côtoya ensuite l'artillerie, la laissant à gauche jusqu'au camp.

L'artillerie suivie des vivres eut la troisieme colonne, laquelle laissa toujours les troupes à sa gauche; elle alla gagner la grande chaussée à la tête de son parc, & elle la suivit jusqu'à l'endroit où on lui avoit marqué de la quitter, & pour lors ployant à droite, elle reprit la chaussée auprès de cinq Etoiles, & la suivit jusqu'au bout du bois; elle la laissa ensuite à gauche, & marcha à travers champs : elle reprit la chaussée auprès du petit bois Thiry, & la suivit jusqu'auprès de la Tombe d'Ottomont, où elle la laissa à gauche, & le marais de Taviers à droite : elle regagna à travers champs la chaussée, & lorsque les deux colonnes des troupes la quitterent, elle suivit toujours celle qu'elle avoit à sa gauche : la premiere charrette de cette colonne se tint toujours à hauteur du premier escadron, & eut ordre de marcher en même tems que les troupes.

La quatrieme & la cinquieme colonne furent pour les deux lignes, tant cavalerie qu'infanterie, lesquelles, dès qu'on eut sonné à cheval & battu l'assemblée, marcherent de front devant elles, & allerent se mettre en bataille au delà de la chaussée, la premiere ligne à deux cens pas de la chaussée : les Officiers Généraux firent faire ce mouvement en même tems & avec beaucoup de justesse.

L'aîle gauche de cavalerie ne l'exécuta point, & elle ne se mit en marche que lorsque la queue de l'infanterie fut à hauteur de Sauvenel; marchant alors par sa droite, & dans l'ordre où elle étoit campée, elle prit la queue des deux lignes de l'infanterie. Lorsque l'aîle droite & toute l'infanterie eurent fait ce mouvement en avant, pour laisser le chemin libre à l'artillerie, & éviter les marais qui étoient dans le camp,

les

DE FLANDRE.

les troupes firent un quart de converſion à droite, la cavalerie par eſcadrons, & l'infanterie par manches. Les deux lignes marcherent dans cet ordre, chaque ligne formant une colonne, elles allerent enſemble & à même hauteur traverſer la chauſſée auprès du bois du Bus, laiſſant l'artillerie à leur droite & la chauſſée à gauche : elles ſuivirent les ouvertures qu'on leur avoit faites pour traverſer de nouveau la chauſſée à hauteur des cinq Etoiles, & elles la laiſſerent à droite, l'artillerie la reprit dès qu'elle fut libre, & les troupes marcherent à travers champs : elles laiſſerent la chauſſée à leur droite, juſqu'à la ſortie du bois, où la colonne de la droite la traverſa, ayant l'artillerie à ſa droite ; la colonne de la gauche laiſſa toujours la chauſſée à ſa droite, & toutes les deux allerent en plaine, juſqu'à la Tombe d'Ottomont, qu'elles laiſſerent entre elles deux, & Ramillies à gauche, pour entrer dans leur camp.

1694.
JUIN.

Les deux Régimens de Dragons, qui étoient campés derriere le quartier général, marcherent avec les deux colonnes de bagages, & mirent un eſcadron à la tête, un au milieu, & l'autre à la queue.

Les Dragons de la droite mirent cent Dragons avec des outils à la tête de chaque colonne, & marcherent avec la premiere & la ſeconde ligne ; ceux qui étoient campés au quartier général, en firent autant. Tous les poſtes qui étoient à la tête du camp, furent relevés le ſoir, à la réſerve de celui du Maſy. Tous ceux qui étoient à la queue du camp & au flanc droit, y demeurerent juſqu'à ce que généralement tous les bagages fuſſent paſſés, & ils en firent l'arriere-garde.

On garnit exactement tous les bois qui étoient derriere le camp, l'on mit pluſieurs poſtes entre celui qui étoit à l'entrée du bois de Fero & le Maſy : on mit trente hommes dans la Trouée qui va à Saint-Denis ; on acheva de border le bois en deçà avec trois cens hommes, depuis l'Abbaye d'Argenton, en enveloppant le bois juſqu'à la grande chauſſée : on en commanda trois cens, qui paſſerent par cette Abbaye, & coulerent le long du bois, le laiſſant à gauche, juſqu'à ce qu'ils euſſent joint la chauſſée, & de diſtance en diſtance celui qui les commandoit, laiſſa des poſtes, & en mit un à Liernue & un à Aſche.

On laiſſa auſſi trois cens hommes dans le chemin du petit Lez, qui traverſe le bois, & trois cens dans le chemin du grand Lez à Aſche : le Maréchal de Camp de jour, poſta cent hommes de pied & cent chevaux à l'ouverture du bois du Bus & de Peruis : on détacha cinquante Maîtres, qui paſſerent au petit Lez, & ſe mirent dans la plaine, entre Jennevaux & le bois ; ils y reſterent juſqu'à ce que tous les bagages fuſſent paſſés.

Outre les vieilles gardes, on laiſſa cent Dragons auprès de Conroy, qui n'en partirent qu'après que tous les équipages eurent paſſés Gemblours ; ils traverſerent alors la riviere au delà de Gemblours, auſſi-bien que toutes les vieilles gardes, leſquelles ſe partagerent également pour faire l'arriere-garde des deux colonnes de bagages.

M. le Duc du Maine détacha deux cens chevaux & cent Dragons de

Tttt

son aîle, qu'il envoya du côté de Tourine-les Ordens, lesquels y resterent deux heures après que le camp fut vuide, & prirent la queue des deux colonnes des troupes.

On commanda cinquante Dragons avec des outils pour marcher à la tête de la cassette de M. le Dauphin, & cinquante autres à la tête des menus équipages, lesquels furent chargés de leur faire observer leur ordre, & de leur faire suivre la marche. Chaque brigade d'infanterie mit cinquante hommes à ses équipages, & chaque brigade de cavalerie vingt-cinq Maîtres. Tous les gros équipages eurent leur rendez-vous du côté de Gemblours, où étoit campée la brigade des Gardes : ceux de la gauche passerent le ruisseau, laissant Gemblours à gauche ; ceux de la droite le laisserent à droite, & tous les menus bagages passerent le ruisseau entre la Posterie & Gemblours. On mit une garde pour empêcher les bagages de passer dans Gemblours, afin d'éviter les embarras.

Ceux de M. le Dauphin & du quartier général, eurent la tête de la colonne des gros & menus équipages, qui défilerent par la droite, en commençant par la premiere ligne, dans l'ordre où les troupes étoient campées : ils furent suivis des bagages de l'infanterie & de ceux de l'aîle gauche dans le même ordre.

On commanda quatre cens chevaux & deux cens Dragons, qui se rendirent à une heure après minuit à la tête de Noailles : on commanda aussi huit cens hommes pour le campement.

M. le Duc du Maine détacha pendant la marche cent Carabiniers, cent Maîtres de la Maison du Roi, & cent Dragons, qu'il envoya, entre les deux Geetes, vers Molanbais, d'où ils détacherent deux petits partis pour aller à la hauteur de Goussancourt, près Tirlemont. Ces troupes eurent ordre de se retirer par Jauche.

Le campement s'assembla à la générale, à la tête de Noailles. On défendit, en arrivant au camp, d'aller au fourrage au delà de la Mehaigne, ni au delà de la Jausse ou petite Geete : il se fit entre les deux rivieres : il étoit fermé à la droite par le ruisseau d'Elchise, & on ferma la gauche depuis le grand Rosier jusqu'à la Mehaigne.

L'armée campa sur deux lignes, la droite appuyée à Thine, le long du ruisseau, près de Hannut, & la gauche à Jauche, ayant le ruisseau de Jauche devant elle : le quartier de M. le Dauphin fut à Jandrain.

Dans la crainte que les ennemis n'eussent voulu entreprendre sur l'armée, M. le Dauphin avoit ordonné à M. le Maréchal de Boufflers de passer la Meuse avec ses troupes, & de se mettre à portée de le joindre à Jandrain : M. le Maréchal de Boufflers se mit en marche le 16, & vint camper à l'Abbaye de Jeronsart, près de Namur, d'où il partit le 17, & passa la Meuse sous Huy : il appuya la gauche à cette riviere, près du fauxbourg de Stat, & sa droite à la Mehaigne, près de l'Abbaye du Val Notre-

DE FLANDRE. 351

Dame. M. d'Harcourt eut ordre en même tems de s'avancer
sur le pays ennemi, pour faire ensorte d'y attirer une partie des
troupes que les ennemis avoient sur la Meuse, & qui formoient
un camp à Viset. M. d'Harcourt étoit campé à Diekrick, & on
vouloit qu'il prît par la tête de la riviere d'Ahr, pour aller ensuite vers Bonne ou Coblentz; il se mit en marche le 18, &
s'avança du côté de Stadkill & de Kerpen : il tiroit ses vivres
de Mont-Royal, & il poussa des partis jusques au Rhin.

1694.
JUIN.

M. le Dauphin apprit à Jandrin que les Alliés avoient marché par leur gauche pour s'approcher de Tirlemont : sur cette
nouvelle, il résolut de s'avancer à Montenacken & à Cortis, &
manda à M. de Boufflers de marcher en même tems à Horion,
afin d'empêcher les troupes qui étoient dans Liege d'inquiéter
son armée : ayant ensuite été informé que les Alliés avoient
avancé leur gauche vers Oplinter & Neerlinter, il crut qu'ils
pourroient passer la Geete, & lui ôter des fourrages entre cette
riviere & le Jaar, ce qui le décida à faire marcher toute son
armée jusqu'à Saint-Tron, au lieu de la faire camper à Montenacken : cette marche se fit sur dix colonnes, & dans l'ordre qui
suit.

Aussi-tôt qu'on eut sonné à cheval, & battu l'assemblée, la seconde
ligne de l'aîle droite de cavalerie, qui étoit éloignée de la premiere,
marcha de front devant elle, jusqu'à la distance de six cens pas, afin de
faire place aux lignes, qui doublerent derriere elle pour marcher sur
sa droite.

Marche de Jan-
drain à Saint-
Tron.
PLANCHE VI.

Les deux lignes de l'aîle droite d'infanterie marcherent toutes deux
par le flanc droit, laisserent les deux lignes de cavalerie à leur gauche,
& vinrent par manches se mettre en colonne ; les premiers bataillons à
même hauteur que les premiers escadrons de cette aîle, & à quatre cens
pas de distance.

Les deux lignes de l'aîle gauche d'infanterie marcherent de même
par leur droite; les Gardes ayant la tête de la gauche de la premiere
ligne, & Sorbeck la tête de la seconde; elles vinrent par manches,
laissant les deux lignes de la droite d'infanterie à leur gauche, se mettre
en colonne à même hauteur, à trois cens pas des autres.

La cavalerie des deux lignes de la gauche, laissa faire tout ce mouvement à l'infanterie, jusqu'à ce qu'elle eût passé tous les ravins, &
qu'elle fût prête d'arriver à hauteur de Thine : elle ne partit qu'après
que tous les bagages de la gauche eurent passé le quartier général, &
pour lors elle marcha par sa droite dans l'ordre où elle étoit campée.

Chaque ligne de cette aîle formant sa colonne, laissa le quartier
général à cinq cens pas sur la gauche, & le parc où étoit l'artillerie à

1694.
JUIN.

sa droite, pour venir à hauteur de Thine, se mettre en colonnes à quarante pas de celle de l'infanterie & à même hauteur; & lorsque les colonnes de la gauche marcherent, elle avança autant qu'elle put, & se tint toujours à même hauteur.

Aussi-tôt que l'artillerie eut ordre de marcher, elle partit sur plusieurs colonnes, & alla auprès de Mierdaux, qu'elle laissa à droite, & où elle doubla: tous les bagages s'assemblerent auprès de ce village, laissant l'artillerie à leur gauche.

La cassette & les carrosses de M. le Dauphin eurent la tête de la colonne des gros bagages, ensuite le Trésor & les bagages du quartier général: ils furent suivis de ceux de l'aîle droite, en commençant par la seconde ligne, de ceux de l'infanterie, & de l'aîle gauche dans le même ordre; les menus équipages marcherent sur la droite des gros, & observerent le même ordre.

Les Dragons de Chantran marcherent avec les gros équipages, & ceux de Kailus avec les menus: ils mirent un escadron à la tête, un au milieu, & un à la queue; ceux de la tête eurent des outils pour accommoder les chemins de la route des bagages: ces deux Régimens allerent les attendre au village de Mierdaux, & envoyerent seulement cinquante Dragons au parc de l'artillerie, pour y prendre les bagages, & les conduire à Mierdaux, ils eurent soin d'empêcher que la tête des colonnes des bagages ne s'avançât plus que la tête de la colonne de l'artillerie, qui étoit à leur gauche, & qui devoit se régler sur celles des troupes.

On défendit sur peine de la vie à aucun charretier ni valet, de quitter sa colonne, & de s'écarter de l'ordre qu'on avoit donné pour la marche. On fit aussi défense aux Cavaliers, Soldats & Dragons, de quitter leur Régiment dans la marche: les Régimens de Dragons de la gauche firent l'arriere-garde de toutes les colonnes de bagages, & généralement de toute l'armée. On commanda deux cens chevaux pour couvrir la marche des bagages sur la droite. Il y en eut cinquante qui allerent à la hauteur de Branchon, cinquante à la Tombe du Soleil, cinquante à la Tombe d'Avesne, & cinquante entre Lens-les-Beguines & Saint-Serwalem.

Lorsque l'armée fut dans cette disposition, toutes les colonnes se réglerent sur celle de la gauche, où étoit M. le Dauphin: elles se maintinrent à même hauteur, & lorsque quelque village ou quelque autre obstacle les empêcha de la voir, elles marcherent de maniere à se trouver toujours à la hauteur de celle à la tête de laquelle M. le Dauphin marchoit, ne s'éloignant que fort peu des colonnes de leur gauche: l'infanterie détacha cent hommes avec des outils, à la tête de chacune de ses colonnes; & on mit cent Dragons à la tête de celles de cavalerie.

Les deux Régimens de Dragons, qui étoient au quartier de Jauche, allerent gagner la tête de l'aîle droite, les vieilles gardes firent l'arriere-garde & les campemens demeurerent chacun à la tête de sa colonne, & n'en partirent que lorsqu'on les demanda.

M.

M. le Dauphin s'étant mis en marche, sa colonne & toutes celles des troupes, & celle de l'artillerie, laisserent Thine à gauche & Blehen à droite. Les deux de bagages laisserent ce village gauche : toutes les colonnes continuerent leur marche, se regardant & se réglant sur leur gauche; toutes celles des troupes & l'artillerie laisserent Avernas, Putset & Trogny à gauche, & les deux colonnes de bagages Boulein à droite : les six de la gauche laisserent le moulin de Trogny à droite, & les quatre colonnes de la droite, à gauche.

Les Dragons, qui étoient à l'escorte des bagages, eurent soin de les arrêter, pendant que les troupes firent halte; & lorsque M. le Dauphin envoya l'ordre qui suit, pour aller camper à Bruestein, entre le ruisseau de Saint-Tron & celui de Milbienovenalst, M. le Duc du Maine détacha de son aîle gauche trois cens chevaux, pour couvrir la marche des bagages sur la droite, depuis Lens-les-Beguines, où étoit le dernier détachement, jusqu'au moulin de Quarem.

Toutes les colonnes continuerent leur marche en même tems; les deux de la gauche laisserent Cortis à droite, & toutes les autres le laisserent à gauche; delà les deux colonnes de la gauche passerent à Stractem & Kerkem, & les quatre d'infanterie aux villages de Beringen, Meussen & Borlu, les deux de la gauche, à petit Goye & grand Goye; celle de l'artillerie passa entre le ruisseau de Milen & celui de Saint-Tron ou Goye, elle alla à Milbienovenalst, qu'elle laissa à droite; celle des bagages passa à Asseltbrouck & à Milbienovenalst.

L'armée fut campée sur deux lignes, la droite proche la Justice de Saint-Tron, & la gauche à Borlu, le ruisseau de Milbienovenalst derriere la droite & le centre; la gauche ayant à son flanc le ruisseau de Goye ou de Saint-Tron, qui couvroit tout le front de cette ligne jusqu'à cette ville, où l'on mit de l'infanterie.

La Brigade des Gardes & celle de Bourbonnois, couvrirent Saint-Tron. On envoya des détachemens au bois de Rykel, aux villages d'Oordingen, Zepperen, Bruftein, Beringen, Kerkem, Meussen, Asseltbrouck; & au flanc droit de la ligne, pour garder le ruisseau de Milen jusqu'à Zepperen : on mit aussi des troupes à Saint-Roch, à Oppertinge, & au château de Belingem.

La proximité où M. de Boufflers se trouvoit de Liege pendant qu'il campoit à Horion, laissoit aux ennemis la facilité de pouvoir le combattre avant qu'il pût être secouru : dans la crainte qu'il ne fût attaqué, M. le Dauphin lui ordonna de se rapprocher & de mettre sa droite à Warem & sa gauche le long du Jaar, en s'étendant vers sa source, il avoit son camp entre la petite riviere de Meulle & le Jaar, ayant encore un autre petit ruisseau fort marécageux devant sa droite : dans cette position, ses troupes étoient hors d'insulte, & en état de protéger

Vuuu

les convois qu'on tiroit de Huy : on avoit fait camper deux bataillons sous cette place, à la tête du fauxbourg qui étoit sur la rive gauche de la Meuse, dans lequel on avoit construit les fours : on avoit aussi laissé sous Huy un Régiment de Cavalerie & un de Dragons, pour servir d'escorte aux Caissons, & M. de Boufflers avoit soin d'envoyer entre cette place & son camp les troupes qu'il croyoit nécessaires pour leur sûreté : on détachoit pareillement des troupes de l'armée pour les escorter, depuis la tête du Jaar jusqu'au camp. La consommation du pain pour l'armée de M. le Dauphin, se montoit à 110950 rations par jour, y compris 9800 rations pour l'extraordinaire : celle qui se faisoit par l'armée de M. le Maréchal de Boufflers, étoit de 17500 rations par jour ; & celle des troupes de M. de la Valette, se montoit à 11000 rations.

(*) Voyez l'ordre de bataille. Planche VII.

L'armée des ennemis (*) étoit forte de quatre-vingt-trois bataillons, sans y comprendre l'infanterie qui étoit dans le camp retranché de Liege, laquelle consistoit en quatorze bataillons des troupes de Brandebourg, vingt bataillons Hollandois, & six autres à la solde du Prince de Liege : outre ce grand nombre de bataillons, ceux de l'armée des Alliés, à les prendre sur le pied effectif, étoient plus forts que ceux de l'armée Françoise : la Cavalerie ennemie, y compris six Régimens de Dragons & trois de Cavalerie, qui étoient dans Liege, se montoit à deux cens cinquante-cinq escadrons. Avec des forces aussi nombreuses, le Prince d'Orange étoit en état de tout entreprendre ; mais soit qu'il eut de l'inquiétude pour Liege, soit qu'il crut pouvoir obliger M. le Dauphin de se rapprocher de Namur, en le resserrant dans ses fourrages, il ne songea qu'à renforcer les troupes qu'il avoit sur la Meuse, & il envoya pour cet effet un corps à Maestricht, un autre à Maseik, & quelques détachemens sur le Demer.

L'Electeur de Baviere étoit campé avec quelques troupes à Wavre sur la Dyle, d'où on craignoit qu'il ne marchât sur l'Escaut & du côté de Gand, pour joindre un corps que les Alliés avoient près de cette ville, sous les ordres du Comte de Thian : M. le Dauphin détacha trois Régimens de Dragons pour observer celui qui étoit sur la Dyle, & pour aller sous Mons, laissant Namur & Charleroy à leur gauche ; ils devoient y rester jusqu'à ce qu'on fût assuré de la marche de l'Electeur de Baviere. Ils partirent le 26 Juin de Saint-Tron ; & sur la nouvelle que

DE FLANDRE.

l'on eut que le corps des ennemis près de Gand, étoit peu considérable, ces trois Régimens eurent ordre de se partager à Mons, à Maubeuge, & à Beaumont, afin d'assurer les convois qui venoient par terre de Valenciennes à Namur, & ils devoient y recevoir les ordres de M. de la Valette.

1694.
JUIN.

M. d'Harcourt, après avoir campé du côté de Stavelo & de Malmedy, s'étoit rapproché de Bastogne : M. le Dauphin lui ordonna de se mettre à portée de joindre son armée en deux jours, & jugea à propos qu'on détachât de l'armée d'Allemagne quelques Régimens de Cavalerie & de Dragons, pour venir sur la Moselle, afin de s'opposer de ce côté-là aux courses des ennemis.

Pendant que l'armée Françoise campoit à Saint-Tron, les ennemis restoient de l'autre côté de la grande Geete, à couvert de cette riviere, & ne songeoient ni à troubler ses convois, ni à attaquer ses fourrages.

Elle en fit plusieurs, tant sur le ruisseau de Landen, que sur la petite Geete (*). Le 2 Juillet, on commanda cinq cens chevaux de la gauche, & six cens fusiliers qui se trouverent à la pointe du jour à la tête de l'artillerie. Un autre détachement de six cens hommes de pied & de deux compagnies de Grenadiers, se rendit à la même heure à la tête des Gardes Françoises, laissant la ville de Saint-Tron à droite.

JUILLET.
(*) Voyez pour le terrein la PLANCHE VI.

L'enceinte du fourrage fut formée de la maniere qui suit ; la gauche commençant à Beringen, continuoit par Gingelom, jusqu'à Walsbets ; le front étoit couvert par le ruisseau de Landen, jusqu'à hauteur de Halle ; & pour fermer le flanc droit, l'enceinte reprenoit depuis Halle, laissant Boyenhove devant soi, & le Serizier derriere, pour finir au petit bois de Duras.

Deux cens cinquante chevaux & les six cens hommes de pied qui avoient leur rendez-vous à la tête de l'artillerie, passerent aux ponts de Stractem & de Kerkem, pour delà prendre le chemin de Gingelom : ils formerent l'enceinte depuis Gingelom, passant par la Tombe, allant jusqu'à Walsbets, où ils envoyerent un détachement ; ils en mirent un autre à Joncourt, un autre entre Joncourt & Landen-fermé, un à Landen-fermé, un à Rumsdorp, un autre à Neerlanden, & un auprès de Dormael, lequel se mit dans les haies, & fut chargé de garder les passages du ruisseau ; chaque poste eut ordre de se communiquer avec celui de sa droite & celui de sa gauche.

1694.
JUILLET.

Les autres deux cens cinquante chevaux allerent joindre l'infanterie, qui avoit son rendez-vous à la tête des Gardes. Ce détachement passa à Staye, pour attendre le Maréchal de Camp de jour, au Serizier, sur le chemin de Léau, en deçà de Boyenhove : l'infanterie fut postée dans les villages de Opdormael, Halle & Boyenhove, & au petit bois de Duras, & la cavalerie dans la plaine entre ces postes.

Les fourrageurs ne partirent qu'à huit heures : ceux du quartier général sortant par la porte de Léau, prirent le chemin de Staye ; la Brigade de la Maison du Roi, celle des Cuirassiers & du Royal Roussillon, avec les Dragons qui étoient campés à la droite, & les fourrageurs de la Brigade de Bourbonnois passerent à un pont au dessus, & près de Saint-Tron, pour aller au pont & au gué de Staye, où ils prirent la queue du quartier général : il fut ordonné qu'après qu'ils auroient traversé le ruisseau, ils se tiendroient en escadrons jusqu'à ce qu'on leur envoyât l'ordre de fourrager.

Les Brigades de Rottembourg, de Rassent & de la Bessiere, suivies des Dragons qui étoient campés à Aelst, vinrent passer au pont de Stractem & de la à Halmale, & lorsqu'elles furent au delà du ruisseau, elles se tinrent en escadron, & ne fourragerent que lorsqu'on leur en eut envoyé l'ordre.

Les fourrageurs de l'aîle droite de l'infanterie ; sçavoir des des Brigades de Navarre, du Roi, Dauphin, d'Humieres, Stoppa & Sorbeck, suivies de l'artillerie, passerent à Kerkem & à Gingelom, & firent alte au delà du ruisseau, les Officiers ayant ordre de les tenir ensemble, jusqu'à ce qu'on leur envoyât celui de fourrager.

Le 3 de Juillet, l'aîle gauche, tant cavalerie qu'infanterie, alla au fourrage.

On commanda pour l'escorte mille hommes de pied, & mille chevaux, qui se trouverent à une heure après minuit à la tête des Carabiniers.

L'enceinte du fourrage fut formé par la cavalerie, & commença par la droite aux villages de Montenacken & de Trogny, d'où par une chaîne de cavalerie elle passa entre la Tombe d'Avernas & le village de Linchain, & se replia sur le village de Haller le petit : le front commençoit depuis Haller, laissant le ruisseau de Thine & Dieu-regard devant soi, enfermant Hannut, & il continuoit jusqu'à la Tombe d'Avesne. La gauche enfermoit

enfermoit le terrein depuis la Tombe d'Avefne jufqu'au village de Boulein, & au moulin de Trogny, paffant par Lens-les-Beguines, & par la Tombe de Blehen.

On envoya dès le foir un parti de cinquante Maîtres, & cinquante Dragons auprès de Jauche, pour voir s'il viendroit quelque troupe des ennemis entre les deux Geetes.

On détacha auffi à la même heure trois cens chevaux, faifant partie des mille qui étoient commandés pour l'efcorte, & ils devoient fe tenir cachés près des haies du village de Mierdorp, d'où ils avoient ordre de détacher un petit parti du côté de la Mehaigne, & un autre du côté de Jandrain.

On mit deux cens hommes de pied dans le village de Montenacken, cent dans celui de Cortis, deux cens à Trogny, & cinq cens dans le bourg d'Hannut.

Les fourrageurs partirent à fept heures, fur deux colonnes, lefquels laifferent Cortis à droite, & la Tombe de Ruffon à gauche, pour aller au moulin de Trogny. Celle de la droite prit le chemin d'Avernas, & quand elle y fut arrivée, on laiffa les fourrageurs fe difperfer. La colonne de la gauche alla à hauteur d'Hannut, qu'elle laiffa à droite, & quand la tête y fut rendue, on laiffa aller les fourrageurs.

On fit deux autres fourrages dans ce camp, le 6 & le 7 de Juillet: le premier fut pour l'aîle droite de cavalerie, toute l'infanterie & l'artillerie.

On commanda pour l'efcorte trois mille hommes de pied, lefquels fe trouverent à une heure après-minuit à la tête du Régiment Royal Rouffillon cavalerie, qui étoit à la droite de la feconde ligne.

On commanda auffi cinq cens chevaux ou Dragons de l'aîle gauche, lefquels fe trouverent à la même heure à la tête des Gardes du Roi.

Le fourrage fe fit derriere le flanc droit: l'enceinte commença par la gauche au village de Zepperen, d'où elle continua par le chemin qui va de Saint-Tron au village d'Alken, lequel ferma la gauche & le front. La droite fut couverte par le ruiffeau qui paffe à Alken, en le remontant jufqu'à Belingem: le village d'Ulbeck fut dans le centre du fourrage. Le Brigadier d'infanterie, avec deux mille hommes de pied, fut chargé de border tout le chemin, depuis Zepperen jufqu'à Alken, mettant fon infanterie de diftance en diftance, enforte que les poftes

Xxxx

se communiquaſſent par des ſentinelles, leſquels devoient empêcher que les fourrageurs ne ſe jettaſſent ſur la gauche de l'enceinte : il lui étoit recommandé de garnir d'un plus grand nombre de troupes les endroits où il y avoit des chemins qui traverſoient la chaîne, tels que les environs de Cortenboſch : il devoit auſſi envoyer cent cinquante hommes au bois & au village d'Ulbeeck.

Le Colonel avec le reſte de l'infanterie, qui étoit de mille hommes, devoit border le flanc droit, depuis Belingem juſques à Alken, mettant le ruiſſeau devant lui.

On envoya à ſes ordres trois troupes de cavalerie, & le reſte des cinq cens chevaux forma une deuxieme enceinte derriere celle de l'infanterie, depuis Zepperen juſqu'à Alken.

Les fourrageurs partirent à ſept heures, & on eut ſoin de faire monter les Officiers de piquet à cheval au petit jour, pour les empêcher de ſortir du camp avant l'heure marquée.

Les fourrageurs marcherent ſur trois colonnes : celle de la droite fut pour les Dragons campés à Aelſt; ils furent ſuivis de la ſeconde ligne d'infanterie, en commençant par la droite, & de la premiere ligne dans le même ordre : ceux de l'artillerie en prirent la queue. Cette colonne paſſa entre Brueſtein & Aelſt, laiſſa Rykel à gauche & Oppertinge à droite, pour aller à la Chapelle & au bois de Saint-Roch, qu'elle laiſſa à gauche, d'où laiſſant Ulbeeck encore à gauche, elle alla droit entre Vellen & Alken, où fut le fourrage.

La ſeconde colonne fut pour les Brigades de la Beſſiere, de Raſſent, Praſlin, Phelipeaux & Rottembourg : cette colonne paſſa à Brueſtein, raſa les haies de Rykel, le laiſſant à droite, alla au bois d'Oppertinge, qu'elle laiſſa auſſi à droite, d'où elle marcha au village d'Ulbeeck, & quand elle y fut arrivée, on laiſſa aller les fourrageurs.

La troiſieme colonne fut pour le quartier général; la Maiſon du Roi, la Brigade de Mongon, les Dragons & Huſſards, la Brigade de Bourbonnois & celle des Gardes. Cette colonne laiſſa Brueſtein à droite, pour aller raſer les haies de Zepperen, qu'elle laiſſa à gauche, & elle ſe rendit entre le Château & l'Egliſe d'Ulbeeck, où fut le fourrage.

L'aîle gauche & l'artillerie fourragerent le 7.

On commanda mille fuſiliers & cinq cens Grenadiers pour former la chaîne, & ils ſe rendirent à la pointe du jour à la tête de la Brigade de Piedmont.

DE FLANDRE. 359

On commanda aussi cinq cens chevaux & deux cens Dragons, lesquels se trouverent à la même heure à la tête des Carabiniers.

1694.
JUILLET.

L'enceinte du fourrage commençant par la gauche au ruisseau d'Avernas, continua en suivant le ruisseau jusqu'à Haller le grand & Haller le petit, & ensuite le long de la Jausse ou petite Geete, jusqu'au village de Pellain ; delà laissant la Tombe de Wamont, Landen-Fermé & Attenhoven devant le front, elle vint finir à Vellem.

Les deux cens Dragons commandés furent destinés pour garder les passages qui étoient sur la Jausse, depuis Pellain, en remontant jusqu'auprès de Haller ; on mit aussi quelques troupes de cavalerie de distance en distance, pour former une chaîne sur le ruisseau d'Avernas & sur la Jausse, jusqu'auprès du village de Mares, faisant tête à la Jausse & au ruisseau d'Avernas ; le reste de la cavalerie forma l'enceinte, depuis Pellain jusqu'à Landen-fermé, & une partie des gardes qui étoient sur le front du camp, barrerent depuis Vellem, laissant Attenhoven devant elles jusqu'à Landen.

Les cinq cens Grenadiers commandés, furent placés le long du ruisseau de Landen, depuis Walsbets jusqu'à Rumsdorp.

Les mille fusiliers furent postés ; sçavoir cent à un petit bois près de Montenacken, cent à Montenacken, cent à Fresin, cent à Cortis, cent à Trogny, cent à gros Avernas, cent à Bertrais, & cent à Baudouin-Avernas. On en mit aussi cinquante au pont de Vellem, cinquante à un moulin qui est entre Vellem & Gingelom, soixante au pont de Gingelom, & quarante à Niel.

On envoya un parti de cent chevaux entre Thine & Hannut, lequel eut ordre d'aller vers Jauche, pour observer ce qui pourroit venir entre les deux Geetes.

On fit avancer une des gardes de la droite, laquelle passa à Staye, & avança son petit corps de garde jusqu'au Cerisier de Léau. Les fourrageurs partirent à sept heures.

La premiere ligne défilant par sa gauche, alla passer entre Cortis & Fresin, rasa les haies de Montenacken, qu'elle laissa à droite, & marcha à la Tombe de Step, entre Pellain & Linchain, où on laissa aller les fourrageurs.

La seconde ligne, en commençant par sa gauche, passa à Borlu, & côtoya l'autre colonne, laissant Cortis & Montenacken à droite, & Trogny à gauche ; delà elle alla à la Tombe d'Avernas, & elle tira sur Orpe, pour faire son fourrage près du ruisseau d'Avernas.

L'artillerie passa à Kerkem, à Gingelom, & delà à la Tombe de Walsbets, où elle fourragea. Tous ces fourrages se firent sans que les ennemis cherchassent à les troubler.

Les troupes Françoises ne laissoient pas celles des Alliés aussi tranquilles, & cherchoient à prendre sur elles tous les petits avantages auxquels la guerre de détail peut donner lieu. M. le Maréchal de Boufflers ayant eu avis le 5 Juillet sur les onze heures du soir, que les troupes qui étoient à Liege devoient fourrager le lendemain du côté d'Horion, fit partir le 6 à la pointe du jour, le Chevalier du Rozel & le Marquis de Blanchefort avec quatre cens cinquante chevaux ou Dragons, & cent cinquante Grenadiers, pour examiner s'ils pourroient entreprendre quelque chose, & pour lui donner des nouvelles des ennemis. Il tenoit un poste dans le château d'Horion, & avoit ordonné à celui qui le commandoit, de l'informer promptement de leurs mouvemens. Le Commandant de ce poste manda à M. le Maréchal de Boufflers que les ennemis ne devoient point fourrager ce jour-là; ce qui faisoit perdre l'espérance de prendre quelque avantage sur eux : mais comme M. de Boufflers avoit détaché Messieurs du Rozel & de Blanchefort avant de recevoir cet avis, & qu'il leur avoit ordonné de se jetter un peu sur leur gauche, pour pouvoir entrer par les derrieres des fourrageurs ennemis, ou par leur flanc, en cas qu'ils fourrageassent du côté d'Horion, ils eurent occasion d'être informés, en chemin faisant, que les ennemis fourrageoient du côté de Tongres. Ils résolurent de s'en approcher, après avoir été joints par un parti de cent chevaux, que M. de Boufflers avoit envoyé à l'entrée de la nuit de ce côté-là : ils avoient alors cinq cens cinquante chevaux ou Dragons, & cent cinquante Grenadiers. Après cette jonction, ils continuerent leur marche, & ils ne tarderent pas à découvrir l'escorte des ennemis, qui dans l'endroit où elle leur étoit opposée, se trouvoit de cinq ou six troupes, faisant environ trois cens chevaux : comme ils trouverent moyen de s'en approcher de fort près, ils préférerent de brusquer l'attaque dans un seul endroit, plutôt que d'en faire de fausses par plusieurs petits détachemens.

M. de Blanchefort ayant remarqué qu'une troupe lui prêtoit le flanc, la chargea si à propos, qu'il la culbuta : les autres troupes furent ensuite poussées fort vivement & fort loin. Aussi-tôt que M. du Rosel eut fait plier de son côté l'escorte, il fit
débander

DE FLANDRE.

1694.
JUILLET.

débander quelques-unes de ses troupes sur les fourrageurs des ennemis, dont plusieurs furent tués: on ramena deux cens chevaux, & on fit prisonnier un Lieutenant-Colonel d'infanterie des troupes de Brandebourg, & quelques Cavaliers & Dragons: l'infanterie ennemie, qui étoit en assez grand nombre dans des haies à droite & à gauche, fit un fort grand feu, & empêcha les troupes Françoises de profiter de leur avantage autant qu'elles l'auroient fait. M. de Blanchefort n'eut que trois Officiers, & douze ou quinze Cavaliers ou Dragons tués ou blessés: il resta du côté des ennemis plus de quatre-vingts hommes sur la place, & pendant cette action, un autre partisan de l'armée de M. de Boufflers, qui étoit allé à la guerre avec cinquante Grenadiers, tomba par un autre côté sur les fourrageurs des ennemis, en tua plusieurs, & ramena cinquante chevaux avec un Capitaine d'infanterie des troupes de Brandebourg, qu'il avoit fait prisonnier. Après ce petit échec, les troupes qui étoient dans Liege firent leurs fourrages avec tant de précautions, qu'il fut impossible de les attaquer avec succès, quoiqu'on en cherchât souvent l'occasion.

M. le Dauphin voyoit que son séjour à Saint-Tron donnoit de la jalousie au Prince d'Orange pour les places de la Meuse, & l'empêchoit de se porter du côté de la mer: il prit le parti d'aller camper sur le Jaar, tant pour la commodité des fourrages, qui commençoient à devenir rares aux environs de Saint-Tron, que pour donner aux Alliés plus d'inquiétude pour Liege: dans cette vue, il fit marcher le 11 Juillet son armée à Horelle.

Marche de Saint-Tron à Horelle.
PLANCHE VIII.

On sonna le boute-selle & on battit la générale à la pointe du jour, à cheval & l'assemblée vers les six heures.

L'aîle gauche de cavalerie eut la colonne de la droite; la seconde ligne en eut la tête, en commençant par Massot, ensuite Thiessenaushen, Lagny, Souternon, les Carabiniers & le Mestre de Camp. Cette colonne, en partant de son camp, marcha toujours par escadron de front, & alla droit au moulin à vent de Quarem, qu'elle laissa à droite, delà elle prit à travers champs pour gagner la chaussée entre le bois d'Heers & Bergile, où fut le camp.

La seconde colonne fut pour tous les bagages, tant de l'aîle gauche de cavalerie que d'infanterie, lesquels s'assemblerent derriere la Brigade de Thiessenaushen, & marcherent dans l'ordre marqué pour leurs troupes; ceux de la cavalerie précédant ceux de l'infanterie. Cette colonne partant de son camp, côtoya la marche de la cavalerie, qui étoit à sa droite, alla raser le bois de Dour ou Harqueline, le laissa

Yyyy

à gauche, marcha à travers champs au bois d'Heers, qu'elle laissa aussi à gauche, pour entrer dans la plaine du camp.

La troisieme colonne fut pour l'aîle gauche d'infanterie, dont les Brigades de la seconde ligne eurent la tête, en commençant par Crussol, suivi de Bourbon, Soissonnois, Sorbeck, ensuite de Vermandois, Guiche, Lyonnois & Piedmont; cette colonne, en partant de son camp, laissa Milbienovenalst à gauche, & alla passer à Marline, delà elle marcha à travers champs, laissant bas-Heers & op-Heers à gauche, & côtoya le bois d'Heers, qu'elle laissa aussi à gauche, & les équipages à droite, pour entrer dans son camp.

La quatrieme colonne fut pour l'artillerie, laquelle marcha derriere le camp du Régiment de Bourbon infanterie, & laissant Milbienovenalst à droite, alla à Ouverbroucq, où elle passa le pont, & prit le chemin de la droite : lorsqu'elle fut entrée dans la plaine, elle marcha à travers champs, laissant le bois de Puisemboseq à gauche, & celui de Saint-Jean à droite ; delà elle s'avança droit au château d'Heers., & entra par une barriere qui avoit communication sur la campagne, d'où elle se rendit dans la plaine du camp.

La cinquieme colonne fut pour les bagages du quartier général, & ceux de l'aîle droite de cavalerie, en commençant par la seconde ligne dans l'ordre de la marche de leurs troupes, ensuite ceux de l'aîle droite de l'infanterie dans le même ordre, lesquelles eurent leur rendez-vous à la tête du village d'Aelst : cette colonne alla droit au grand Gelmen, qu'elle laissa à gauche ; elle passa sur le pont du petit Gelmen, marcha à Foulogne, qu'elle laissa à droite, alla à Horpmael, & ensuite à Horelle, où étoit le quartier de M. le Dauphin.

La sixieme colonne fut pour la droite d'infanterie, en commençant par la seconde ligne, dont Stoppa eut la tête, & fut suivi des Brigades d'Humieres, Dauphin, du Roi, Navarre, Bourbonnois & des Gardes. Cette colonne alla passer le pont de la basse chaussée, entre Bruestein & Aelst, laissa la chaussée à gauche, pour aller à Jamen, qu'elle laissa à droite ; delà elle marcha à Mettichoven, laissa le moulin à droite, & passa sur un pont qu'on lui avoit fait dans la prairie : elle prit ensuite à travers champs pour aller au cabaret de Zulebeck, d'où laissant Brouckem, Hex & Viemal à gauche, Gudskoven & Horpmael à droite, elle se rendit à travers champs, entre Horelle & les Tombes de Louette, ou Lonette, où fut son camp.

La septieme colonne fut pour les Brigades de Phelipeaux, Rottembourg & Montgon ; cette colonne partant de son camp, & laissant Bruestein à droite & Rykel à gauche, pour aller à la Justice d'Helskoven, suivit la chaussée, & marcha à château de Woordt, d'où laissant Brouckem à droite, elle alla à la cense de Manucof, & laissa Bedoé à gauche, pour entrer dans la plaine du camp.

Avant qu'on sonnât le boute-selle, M. de Ximenes, Lieutenant Général, prit la seconde ligne de l'aîle droite pour couvrir la marche de

DE FLANDRE. 363

l'armée sur la gauche : il mit une Brigade depuis Rykel jusqu'à Hoppertingen, ensuite passa le ruisseau auprès de Woordt, & mit une autre Brigade à la Chapelle Saint-Sauveur, en allant vers Borckloen ; il suivit le chemin de la basse chaussée avec l'autre Brigade ; & lorsqu'il fut auprès de Borckloen, il la posta depuis cette ville, en tirant vers grand Loen, ou Grootloen, & l'Abbaye de Coolen, d'où il envoya deux escadrons sur la hauteur de Zalemberg, près la cense de Manucof. Ces Brigades ne partirent qu'après que M. le Maréchal de Villeroy leur eut envoyé ses ordres.

1694.
JUILLET.

Le campement se rendit à la générale, à la tête de la Brigade du Mestre de Camp : on commanda mille hommes de pied pour le campement, qui s'assemblerent à la tête de Stoppa.

Tous les postes d'infanterie qui étoient pour la garde du camp, se retirerent à la générale à leur Brigade. Les gardes de cavalerie qui étoient à la tête de la ligne, firent reprendre leurs postes de jour par leurs petits corps de garde, qui en se retirant se tinrent toujours un peu en arriere de leurs gardes ; celles-ci ne se replierent que lorsque la premiere ligne s'ébranla pour se mettre en marche. Ces gardes de cavalerie firent alors l'arriere-garde des colonnes ; celle qui étoit à la tête de Saint-Tron avança son petit corps de garde jusqu'au Cerisier de Loen, & se retira avec les autres.

Tous les postes d'infanterie qui étoient au flanc droit & derriere le camp, ne se retirerent qu'après que toute l'armée eut passé le ruisseau, & toutes les gardes de cavalerie qui étoient au flanc droit & derriere la droite, firent une chaîne depuis Saint-Tron jusqu'à Zepperen, & de Zepperen à Rykel & Hoppertingen, pour empêcher qu'aucun bagage, ni qui que ce soit de l'armée ne se jettât de ce côté-là, les obligeant d'aller sur la droite de la marche. Cette chaîne se fit à la pointe du jour, & il y eut un Officier de cavalerie commandé pour cela. On commanda aussi six cens hommes de pied, lesquels allerent passer au château de Woordt, d'où laissant la chaussée à droite, ils mirent des postes depuis le ruisseau d'Hoppertingen jusqu'à Borckloen, à l'Abbaye de Coolen & grand Loen, & tout le long à gauche, laissant Bommershoven à leur droite.

On mit cent cinquante chevaux en trois troupes pour couvrir la marche de l'armée, depuis Woordt jusqu'au camp : on en mit une auprès de la Chapelle Saint-Laurent, une à hauteur de Borckloen, & l'autre entre l'Abbaye de Coolen & Borckloen. On détacha pareillement cent cinquante chevaux pour couvrir la marche de l'armée depuis au dessous de Warem, le long du Jaar, jusqu'à Grenville, & les vieilles gardes, qui étoient au flanc gauche, fermerent la hauteur, depuis Goye jusqu'à Warem. On mit cinquante Maîtres à la tête de chaque colonne de bagage, lesquels eurent soin de les contenir. Chaque Brigade d'infanterie mit trente hommes à l'escorte de ses bagages, & chaque Brigade de cavalerie quinze Maîtres.

L'armée ne se mit en marche qu'après que tous les bagages furent

1694.
JUILLET.

entiérement sortis du camp; la seconde ligne se mit alors en marche, & lorsqu'elle eut passé le ruisseau qui étoit à la queue du camp, la premiere ligne prit la queue des Brigades qu'on lui avoit marquées.

La Maison du Roi se mit en marche au petit jour, sans battre, pour se rendre à la tête de la Brigade du Mestre de Camp : huit escadrons des Carabiniers s'y trouverent à la même heure avec le Régiment de Dragons de la Reine, & celui qui étoit campé au quartier de M. le Prince de Conti à Milbienovenalst.

Le Régiment Colonel Général Dragons, fit l'arriere-garde de l'aîle droite; celui qui étoit au quartier de M. le Duc du Maine à Borlu, marcha suivant ses ordres : celui qui étoit à Milbienovenalst, marcha avec les mille hommes de pied commandés pour le campement, lesquels suivirent le chemin de la grande chaussée jusqu'à Borckloen, & le laissant à gauche, ils allerent à la cense de Manucof, où ils reçurent les ordres de ce qu'ils devoient faire.

On commanda trois cens Grenadiers, cent chevaux & cent Dragons, qui se trouverent à l'entrée de la nuit à la tête de Royal Roussillon cavalerie : on les fit avancer le long du Jaar, pour empêcher de fourrager de l'autre côté; on fourragea dans le camp à la tête, & en dedans des gardes de cavalerie.

L'armée fut campée sur deux lignes, la droite ayant Kuneshem derriere elle, & les Tombes de Tongres à sa droite; la gauche entre Bergilez & Heers, le Jaar derriere le camp, & la grande chaussée à la tête : le quartier de M. le Dauphin fut à Horelle.

On envoya, pour assurer le camp à Cruchenie, soixante hommes en deux postes : dans l'Eglise & dans les haies de Fies, cent hommes en quatre postes; dans l'Eglise d'Hodege, trente hommes & dans celle de Limon, quarante.

Pour le flanc & le devant du camp à Hex, quatre-vingts hommes; à Hapenieck, soixante-dix; au château d'Heers, quatre-vingts, à Midheers, soixante-dix; & à Op-Heers, trente-cinq.

En arrivant dans ce camp, on établit plusieurs ponts sur le Jaar, afin d'être en état de le passer promptement, si on le jugeoit nécessaire.

M. le Dauphin avoit eu dessein de faire contribuer la Campine; mais les Alliés ayant pris la précaution de mettre beaucoup de troupes sur le Demer & à Maseyck sur la Meuse, on ne put y faire pénétrer des détachemens.

On cherchoit toute sorte de moyens de prendre quelqu'avantage sur les Alliés; & pour cet effet, on envoyoit sans cesse des partis à la guerre, qui harceloient & fatiguoient beaucoup leur armée : ils ne rentroient guere au camp sans avoir enlevé des chevaux, ou sans avoir fait quelques prisonniers; & ces petits

succès,

succès, quoique peu décisifs pour les opérations de la campagne, donnoient un air de supériorité aux troupes Françoises, & leur inspiroit cette hardiesse & cette confiance capables de décider des grands événemens.

 M. le Chevalier de Nesle fut commandé le 12 à onze heures du soir avec cent cinquante Maîtres, partie de Cavalerie, partie de Dragons, pour aller s'embusquer sur le chemin de Warem à l'Abbaye d'Heylissem, près d'une Tombe appellée la Tombe de Step, afin d'apprendre des nouvelles des ennemis, & de combattre les partis que M. le Dauphin pensoit qu'ils enverroient pour inquiéter la communication de Huy avec son armée. M. de Sainte-Colombe, Capitaine de Cavalerie, fut en même tems détaché avec cinquante Maîtres, pour aller entre la Tombe de Step & le village de Mierdaux, avec ordre, en cas qu'il fût poussé par quelque parti plus fort que le sien, de se retirer sur M. le Chevalier de Nesle, à qui il devoit donner de ses nouvelles. M. de Sainte-Colombe ayant trouvé quatre-vingts chevaux des ennemis près du village de Mierdaux, fut poussé par ce détachement, & se retira sur celui de M. le Chevalier de Nesle, qui sortit de son embuscade aussi-tôt qu'il vit les ennemis à portée de pouvoir être chargés : il les poussa à son tour si vivement, qu'il leur prit trente-cinq chevaux & trente-trois prisonniers.

 M. le Dauphin ne cherchoit qu'à faire subsister son armée aux dépens du pays ennemi, & à prolonger son séjour aux environs de Liege, afin de faire perdre au Prince d'Orange un tems précieux pour les opérations : il étoit en même tems attentif à veiller sur les mouvemens des Alliés, afin de pouvoir se rapprocher de ses places avant qu'ils pussent l'en empêcher : il envoya pour cet effet le 14 Juillet M. de Cheladet avec mille chevaux du côté de leur camp, qui étoit près de Tirlemont : M. de Cheladet revint le 16 sans avoir rien trouvé, & il rapporta que les Alliés n'avoient fait aucun mouvement. Ils resterent encore pendant quelque tems dans cette position, quoiqu'ils dussent envisager que le seul moyen qui pût obliger M. le Dauphin à abandonner leur pays, étoit de se mettre à portée de troubler la communication de son armée avec Huy & Namur : ils se déciderent enfin à marcher le 23 à Taviers sur la Mehaigne, où ils mirent leur droite ; leur gauche alloit vers Judoigne. M. le Dauphin jugeant que de ce camp ils pourroient l'incommoder pour

Zzzz

ses vivres, voulut se rapprocher de la Mehaigne; & pour cet effet il fit marcher son armée à Vignamont le 24 Juillet.

Marche de Horelle à Vignamont.
PLANCHE IX.

Cette marche se fit sur neuf colonnes. Le boute-selle & la générale à la pointe du jour, à cheval & l'assemblée une heure après.

L'aîle gauche de cavalerie eut les deux colonnes de la droite: la premiere ligne eut celle de la droite; elles marcherent chacune par leur gauche, comme elles étoient campées. Ces deux colonnes vinrent passer aux ponts de la droite qu'on avoit fait auprès du pont à Malpa; delà elles laisserent Poussêt, Bleret, Beauvennisty, Feme & Henef à gauche, & les Walef, Vaux & Waromont à droite, & se côtoyant toutes deux, & marchant à même hauteur, elles vinrent camper entre Foumal & Famelette.

La troisieme & la quatrieme colonne fut pour les deux lignes d'infanterie, lesquelles marcherent par leur gauche, & par manche entiere; elles allerent passer aux quatre ponts les plus près de ceux de la cavalerie, qui étoit à leur droite. Ces deux colonnes marcherent à même hauteur, se côtoyant toujours, laissant les villages de Poussêt, Bleret, Beauvennisty, Feme, Warem, Henef & Borsée à leur droite, & l'artillerie à leur gauche, ainsi que le village de Serré-le-Château, d'où elles se rendirent entre Vignamont, Vilers & Fils-Fontaine, où fut leur camp.

La cinquieme & la sixieme colonne fut pour l'artillerie, laquelle occupa les deux ponts de la gauche les plus près de l'infanterie: ces deux colonnes marcherent à même hauteur, se côtoyant toujours, & coulant le long des villages de'Hodege, Lamin, Remicourt, Lumon & Serré-le-Château, qu'elles laisserent à leur gauche, & les deux colonnes d'infanterie & Serré-le-Château à leur droite, d'où l'on dispersa les Brigades d'artillerie aux endroits qu'on leur marqua.

Tous les bagages de l'armée passerent aux ponts qui étoient faits au dessous de la ravine de Henef, laissant Grenville où étoit le quartier de M. le Duc de Chartres à leur droite. Ceux de l'aîle gauche de cavalerie, en commençant par les Brigades de la seconde ligne, passerent aux ponts qui étoient depuis Lin jusqu'au quartier de M. le Dauphin, dans lequel ils n'entrerent point.

Les bagages du quartier général y passerent le Jaar. Ceux de toute l'infanterie, en commençant par les Brigades de la seconde ligne, passerent aux ponts qui étoient depuis ce quartier jusqu'auprès du village de Voutringe. Ceux de l'aîle droite, en commençant par la seconde ligne, passerent aux ponts faits dans le village de Voutringe, jusqu'à celui de Lonette, ne se servant point de ceux qui étoient au dessous.

Les bagages de la premiere ligne suivirent ceux des Brigades de la seconde ligne, qui étoient derriere elle; & le Waguemestre des Brigades avec le Major, allerent reconnoître les ponts par où ils devoient passer, afin de les remplir tous également. Les Brigades qui avoient la droite, occuperent les ponts de la droite qu'on leur marqua.

DE FLANDRE.

Lorsque tous les bagages eurent traversé le Jaar, ils marcherent par leur gauche comme ils étoient campés, la premiere ligne ayant la colonne de la droite, & ceux du quartier général à la tête des colonnes. Tous les bagages qui passerent au dessous du quartier de M. le Prince de Conti, laisserent Fies à leur droite & Cruchenie à gauche, pour éviter la ravine & prendre la queue de ceux qui passerent au dessous d'eux.

Ces deux colonnes marcherent par leur gauche, comme elles étoient campées, se côtoyant & coulant tout le long de la ravine, qu'elles laisserent à leur droite, ainsi que les villages de Hodeige & de Remicourt. Elles laisserent celui de Genef à leur gauche, la colonne de la droite des deux passa aux censes de Hodoumont & d'Ostange, laissa Serré-le-Château à sa droite, Fils-Fontaine & Viller à gauche, pour aller entre Vignamont & Famelette, où fut le camp.

L'autre colonne passa dans Verlaine & au dessus de ce village, côtoyant toujours l'autre colonne pour arriver à son camp.

La seconde ligne de l'aîle droite passa aux ponts au dessus de Lonette, & alla droit à Cruchenie, au cabaret d'Alburette, à Neuville, qu'elle laissa à droite, & à Voroux & Rocou, qu'elle laissa à gauche pour venir à Horion. M. de Ximenes, qui la commandoit, occupa tout le terrein, depuis le Jaar jusqu'à Horion, avec les escadrons de sa ligne, qu'il dispersa de distance en distance; & lorsque tous les bagages eurent traversé le Jaar, les troupes que M. de Ximenes avoit laissées le plus près de cette riviere, se replierent avec la queue des bagages; lorsque les bagages eurent passé la ravine d'Henef, cette colonne passa auprès du moulin de Warfusée, pour se rendre entre Fils-Fontaine & Serré-le-Château, où fut son camp.

M. de Ximenes envoya deux cens chevaux de son aîle du côté de Liege, & on en détacha un parti pour s'approcher plus près de cette ville.

La premiere ligne de l'aîle droite vint se mettre à la tête du camp de l'infanterie, & y resta jusqu'à ce que les bagages de l'armée de M. le Dauphin & de celle de M. le Maréchal de Boufflers fussent au delà du Jaar, pour lors elle passa aux ponts qui étoient entre le château où étoit logé M. le Prince de Conti & le quartier de M. le Dauphin; & après avoir traversé le Jaar, elle marcha par sa gauche droit au village de de Monmal, à la Tombe de Neuville & à Genef, qu'elle laissa à droite pour venir à Bersut; elle laissa toujours les bagages à sa droite, pour se rendre entre Serré-le-Château & Fils-Fontaine, où fut le camp.

Les bagages du camp de M. le Maréchal de Boufflers vinrent se rendre à la tête de la cavalerie de la gauche, pour en prendre la queue; son infanterie passa aux ponts qui avoient été faits derriere elle, & alla droit à Bleret, & delà prit la queue de la cavalerie de la gauche de l'armée de M. le Dauphin, & la suivit jusqu'au camp.

Aussi-tôt que l'infanterie de M. le Maréchal de Boufflers fut au delà du Jaar, sa cavalerie passa aux ponts qu'elle avoit derriere elle, & alla se poster entre la source du Jaar & la Mehaigne ; elle couvroit la marche du côté d'Hannut, comme celle de M. de Ximenes du côté de Liege. On fit avancer une vieille garde de la gauche au moulin de Quarem, laquelle y resta jusqu'à ce que tout fut passé.

Toutes les gardes qui étoient à la tête & au flanc de l'armée, envoyerent leurs petits corps de garde à leurs postes de jour, & elles se tinrent un peu en arriere ; & en même tems que l'armée passoit le Jaar, elles se rapprocherent & en firent l'arriere-garde. Le campement s'assembla à la générale, à la tête du Mestre de Camp.

L'armée fut campée sur deux lignes, la droite devant Serré-le-Château, & la gauche à la Mehaigne, entre Famelette & Foumal, ayant la ravine de Warmont devant elle ; le quartier de M. le Dauphin fut à Vignamont.

Les troupes que commandoit M. le Maréchal de Boufflers camperent à Verlaine ; elles couvroient le flanc droit du côté de Liege.

M. le Dauphin, campé à Vignamont, se trouvoit entre l'armée des Alliés & le camp retranché de Liege, que le Prince d'Orange n'osoit dégarnir, ni perdre de vue, pendant que l'armée Françoise étoit à portée d'attaquer les troupes qui le défendoient. Le Chevalier du Rosel avoit été détaché de l'autre côté de la Mehaigne, pour examiner la position & les mouvemens des Alliés ; & le premier d'Août, les Régimens de Vaillac & de Roquepine, furent envoyés à Namur pour les harceler dans les fourrages qu'ils faisoient près de cette place.

Dans la position où se trouvoient les deux armées, elles ne songeoient l'une & l'autre qu'à subsister. Le Prince d'Orange se flattoit que l'armée du Roi manqueroit la premiere de fourrages, & qu'elle seroit obligée de repasser la Meuse derriere elle, pour se rapprocher de Namur. Ce mouvement des troupes Françoises devoit faire la sûreté de Liege, & le Prince d'Orange comptoit en profiter pour arriver le premier sur l'Escaut. En effet, l'armée Françoise n'avoit d'autre parti à prendre que celui de repasser la Meuse sous Huy, ou de marcher en dedans de la Mehaigne, pour gagner la Sambre, près de l'embouchure de l'Orneau, ou enfin d'attaquer les Alliés dans la position où ils étoient.

Le Prince d'Orange, campé avantageusement, avoit, sans le secours des troupes qui étoient à Liege, une armée aussi forte que celle de M. le Dauphin, & par cette raison il ne craignoit point

point l'événement d'une bataille. Le parti de passer la Mehaigne, pour se porter sur la Sambre, étoit dangereux, à cause de la proximité des ennemis & de la nature du terrain qu'il falloit traverser, lequel étoit coupé de plusieurs ruisseaux & ravins : les Alliés avoient fait jetter des ponts sur la Mehaigne : ils avoient renforcé leur droite par des troupes qu'ils avoient tirées de leur gauche ; & pendant qu'ils resteroient dans la position où ils étoient, l'armée Françoise ne pouvoit arriver dans la plaine de Temploux sans risque.

Si elle avoit eu de la facilité à se porter au delà de Gelberzée ou Gerbizée, & à passer le ruisseau de Vedrin, elle seroit entrée dans la plaine de Temploux, sans avoir rien à craindre, y arrivant par derriere, & dérobant le commencement de la marche ; mais il lui étoit dangereux de tenir cette route, étant observée par une armée aussi voisine que celle des Alliés, qui pouvoient dans des chemins difficiles à attaquer à leur choix, la tête, le centre, ou l'arriere-garde. Comme cette marche ne pouvoit se faire en un jour, lorsqu'on seroit harcelé, il étoit à croire que pour peu que la marche des troupes Françoises fût retardée, celles qui étoient dans Liege ne manqueroient pas de joindre l'armée ennemie, & qu'avec le gros corps d'infanterie qu'auroit alors le Prince d'Orange, l'armée Françoise se trouveroit fort embarrassée dans le pays qui est en dedans de la Mehaigne.

Il n'étoit pas possible de côtoyer avec sûreté l'armée des Alliés dans des chemins étroits & coupés de ruisseaux & de ravins, leur droite n'ayant qu'une demi-lieue à faire pour arriver à Longchamp, où ils pouvoient se poster avec avantage, pour arrêter la marche de M. le Dauphin, & pour le prévenir dans la plaine de Temploux.

On regardoit comme une espece de désavantage pour M. le Dauphin, de passer la Sambre au dessous de l'Orneau, pour la repasser ensuite au dessus de Charleroy : mais M. de Luxembourg jugea que ce parti étoit préférable aux inconvéniens qui devoient résulter de prendre sa marche, en laissant la Sambre sur sa gauche, pour aller à Mons.

En prenant le parti de la passer au dessous de l'embouchure de l'Orneau, l'armée se trouvoit, après l'avoir traversée, dans un pays où elle n'avoit rien à craindre, & où elle pouvoit marcher plus à son aise, & par corps séparés, sans perdre de tems pour gagner Mons. Les défilés que l'armée devoit trouver, en laiſſant la Sambre ſur ſa gauche, dans un pays où les routes ne pouvoient être préparées d'avance, devoient rendre la marche fort lente, & il étoit difficile de l'entreprendre ſans donner aux ennemis le moyen de combattre l'armée Françoiſe avec avantage. Pour paſſer l'Orneau, il eût fallu que les ennemis en euſſent été éloignés ; car pour peu qu'ils euſſent été à portée, ils euſſent pu choiſir d'attaquer l'armée en tel nombre qu'ils auroient jugé à propos.

Cet inconvénient n'étoit pas le ſeul que M. le Dauphin eût éprouvé en laiſſant la Sambre à gauche, pour aller à Mons : car après avoir traverſé l'Orneau, il eût été obligé de remonter au deſſus de l'anſe du Piéton, ou de traverſer cette petite riviere : ſoit qu'il prît le parti de la paſſer, ce qui ne ſe peut faire que par des défilés difficiles, ſoit qu'il ſe décidât à remonter au deſſus, l'armée des Alliés pouvoit l'embarraſſer beaucoup.

Si les ennemis prenoient le parti de ſe placer à Sombref, l'armée Françoiſe ne pouvoit s'avancer ſur le Piéton, ni le remonter ſans leur prêter le flanc, & ſans paſſer au deſſous d'eux : car pour prendre ſa marche en le remontant, le ruiſſeau de Thimeon devoit encore être un obſtacle, ſi on ne le paſſoit à ſa ſource : il étoit à préſumer que dans ce poſte les troupes qui étoient à Liege auroient joint le Prince d'Orange, puiſqu'elles avoient ordre de ſe tenir prêtes à marcher, & c'eût été riſquer beaucoup que de ſe commettre à en venir aux mains avec les ennemis, après qu'ils auroient été fortifiés par autant de troupes. Si on entreprenoit de paſſer le Piéton devant eux, l'arrieregarde devoit être fort expoſée ; mais quand même l'armée Françoiſe n'eût trouvé aucun obſtacle en traverſant cette petite riviere, elle n'eût pas paſſé la Haiſne à Merlanhoue ou Merlanwelz, & à Carnieres, ſans donner occaſion de l'attaquer avec avantage, en cas que les ennemis euſſent été placés vers Nivelle. Outre ces inconvéniens, il y avoit encore une autre raiſon qui devoit détourner M. le Dauphin de toute idée de combattre entre Namur & Mons : les troupes étrangeres qui étoient dans Liege auroient pu ſe joindre au Prince d'Orange, pendant que l'armée Françoiſe eût été aux environs de la Sambre ; mais auſſi-tôt qu'elle s'en feroit éloignée pour aller ſur l'Eſcaut, il n'eût pas été facile de les y mener.

Ainſi, vu les inconvéniens & les riſques qu'il y avoit d'aller de Vignamont à Mons, en laiſſant la Sambre ſur la gauche,

M. le Dauphin étoit résolu de passer cette riviere au dessous de
l'Orneau, pour la repasser à la Bussiere, & d'attendre pour dé- 1694.
camper que les ennemis eussent faits quelques mouvemens du JUILLET.
côté de Fleurus, ou de Vavre sur la Dyle.

Autant les Alliés étoient décidés à rester dans la position où ils étoient, autant M. le Dauphin persistoit à ne pas repasser la Meuse derriere lui, parce que, comme le seul objet qu'il avoit, étoit de les observer de près, & d'arriver sur l'Escaut en même tems qu'eux, il eût été obligé, après avoir repassé la Meuse auprès de Huy, de traverser encore cette riviere auprès de Dinant, & entre cette place & Namur; ce qui eût beaucoup retardé sa marche, & eût donné la facilité aux Alliés de le prévenir sur l'Escaut.

Le défaut de subsistance pour la cavalerie étoit le seul motif AOUST.
qui pût engager l'armée Françoise à repasser la Meuse derriere elle; & pour l'exécuter avec sûreté, l'aîle droite eût défilé par trois gués qui étoient au dessous de Huy, entre la Neuville & cette place : il y avoit deux autres gués au dessus de la ville; mais comme ils étoient entre Huy & deux ponts de bateaux destinés pour l'infanterie, on n'eût fait passer à ces deux gués que des menus bagages. Afin que l'infanterie n'eût point été croisée dans sa marche par l'aîle gauche, celle-ci eût traversé la Mehaigne par des endroits qu'on avoit fait accommoder, & à cinq cens pas au dessus des ponts, elle eût passé la Meuse à un gué qui pouvoit contenir plus d'un demi-escadron de front. La marche de l'artillerie eût précédé celle de l'infanterie, & elle eût passé partie dans Huy & partie sur les ponts de bateaux.

Pour assurer l'arriere-garde contre les entreprises des ennemis, on comptoit profiter d'un rocher qui étoit au dessus du fauxbourg de Stat, lequel pouvoit contenir plusieurs bataillons, & que les ennemis n'auroient pû aborder : il y avoit encore un retranchement au bout des ponts du côté du camp, dans lequel on pouvoit mettre plusieurs bataillons pour recevoir l'arriere-garde.

Afin d'observer de plus près les mouvemens des Alliés, & de donner un prompt secours à M. de la Valette, M. le Dauphin envoya dix-huit escadrons sous Namur & sous Charleroy, lesquels dès que les Alliés marcheroient vers Nivelle, devoient prendre les devants, sous les ordres de M. le Comte de la Motte, Officier Général, & s'avancer sur l'Escaut. M. de Guiscard reçut ordre auffi de faire accommoder les chemins de Daufoit & de la Falife, & de préparer tout ce qui étoit néceffaire pour conftruire plufieurs ponts fur la Sambre, à Soye & à Florifou.

1694.
AOUST.

M. le Dauphin cherchoit à prolonger fon féjour dans le camp qu'il occupoit; & dans cette vue il avoit renvoyé le 26 Juillet les gros équipages de fon armée à Namur : comme il vouloit donner à fon aîle droite le moyen d'aller plus facilement au fourrage, il fit defcendre à la Neuville, au deffous de Huy, un des ponts de bateaux qu'il avoit fait jetter au deffus de cette place : la Cavalerie de M. de Boufflers paffa auffi la Meufe, pour affurer les fourrages que l'on faifoit au delà de cette riviere, & qui devoient durer jufqu'au 20 d'Août, fans toucher à l'avoine qu'il y avoit à Namur en petite quantité, & qu'on fe propofoit de délivrer à la Cavalerie dans le befoin. M. le Dauphin prit la précaution de retrancher la tête de fon camp, depuis Borfet jufqu'à Warmont, afin d'ôter au Prince d'Orange & aux troupes de Liege, qui pouvoient fe réunir pour l'attaquer, l'envie d'entreprendre fur fon armée, & afin d'affurer davantage fa retraite, s'il étoit obligé de repaffer la Meufe derriere lui.

M. le Prince d'Orange, qui n'ofoit perdre de vue l'armée de M. le Dauphin, pendant que fa Cavalerie pouvoit fubfifter entre Huy & Liege, avoit pris toutes les mefures qu'il étoit poffible de prendre, pour prolonger fon féjour à Taviers. Il avoit renvoyé les gros équipages de fon armée à Louvain, d'où il tiroit de l'avoine, qu'il faifoit délivrer à fa Cavalerie, faute de fourrages. Voyant que celle de M. le Dauphin n'en avoit que pour peu de jours aux environs de Huy, il fe décida à marcher à Fleurus le 18 d'Août : il décampa de bon matin, pendant que l'aîle droite de l'armée Françoife étoit au fourrage au delà de la Meufe. M. le Dauphin en ayant eu avis, fit tirer du canon au château de Huy & au camp, pour rappeller les fourrageurs, & envoya des ordres pour les faire revenir promptement.

Marche de Vignamont à Efpierres.
PLANCHE X, XI, XII, XIII, XIV, XV, XVI.

Les troupes Françoifes fe mirent en marche le 18 avant midi : on fit paffer la Mehaigne à la premiere ligne de l'aîle gauche, & à toute l'infanterie, pour aller à Soye fur la Sambre : on laiffa deux bataillons à Huy, & M. de Guifcard fit remonter quatre ponts à Soye & à Florifou. M. le Dauphin partit de Vignamont à cinq heures après-midi, avec la feconde ligne de l'aîle gauche; il marcha jufqu'à dix heures du foir, & comme la nuit étoit fort obfcure & le tems fort mauvais, il fut obligé

de

de rester au château de Neuville-les-Bois : ce même jour les ennemis allerent camper à Fleurus, où ils séjournerent le lendemain, ayant leur droite à Sombref, & leur gauche à Marbay : M. de Luxembourg s'avança jusqu'à la hauteur du Masy, avec environ trois cens chevaux, pour observer leur position & leurs mouvemens, & delà il découvrit leur camp.

M. le Dauphin partit le 19, à quatre heures du matin, de Neuville-les-Bois, & arriva à une heure après-midi au camp de Soye sur la Sambre : il joignit dans sa marche la premiere ligne de l'aîle gauche, & l'infanterie, qui avoient passées la nuit dans la plaine de Dausoir, & qui y étoient arrivées vers minuit, conduites par M. le Maréchal de Boufflers & M. le Duc du Maine. Toutes ces troupes camperent le 19 à Soye sur la Sambre, & y arriverent à deux heures après-midi. Mais comme la pluie n'avoit presque pas cessé pendant toute la marche, il étoit resté beaucoup de soldats dans les chemins : M. le Maréchal de Villeroy devoit les ramener avec l'aîle droite, qui n'avoit pû partir que le 19, à cinq heures du matin, les fourrageurs n'ayant été de retour que la veille au soir.

Les bagages & l'artillerie prirent leur marche par Gelberzée, & passerent le même jour la Meuse à Namur, pour aller à Philippeville, où ils prirent le chemin de Maubeuge, & ensuite celui de Valenciennes & de Tournay : la Maison du Roi traversa le 19 la Sambre au gué de Floref, & campa auprès de cette Abbaye : on établit pendant la nuit des ponts sur cette riviere, sur lesquels l'infanterie commença à passer le 20, à quatre heures du matin : le reste de la premiere & seconde ligne de l'aîle droite, la traversa en même tems au gué de Floref & à celui de Florifou, & l'aîle gauche passa sur les ponts aussi-tôt que l'infanterie y eut défilé, ensorte qu'à huit heures du matin, il n'y avoit plus que l'arriere-garde sur la rive gauche de la Sambre. Il ne parut pendant ce tems-là aucune troupe des ennemis, & on apprit qu'ils s'étoient mis en marche à huit heures du matin pour s'avancer à Arquenne sur la Senne.

M. de la Mottes avoit pris les devants avec les dix-huit escadrons qui étoient sous Namur & sous Charleroy, & s'étoit avancé à Jeumont : M. le Dauphin lui manda de se rendre le 20 sous Condé, où il campa en se couvrant de l'Escaut, & M. le Maréchal de Villeroy s'avança à Tarsiennes avec trente escadrons de Cavalerie ou de Dragons, afin que ce corps arrivât le lendemain à Maubeuge, où il devoit le laisser sous les ordres de Messieurs de Bartillac & de Lannion, qui devoient être chargés de le faire marcher. On fit part de ces nouvelles à M. de la Valette, & on lui manda d'informer M. de Villeroy de ce qui se passeroit sur l'Escaut.

Après que toute l'armée eut traversé la Sambre, elle s'avança ensemble dans la plaine de Fosse, où on partagea les troupes en différens corps, afin de faciliter leur marche. L'infanterie campa à Bienne, Metez & Gros, l'aîle droite de Cavalerie au Roux & à Goigny, & l'aîle gauche à Foſſe & à Vitrivaux : M. le Dauphin prit ſon quartier à Sart-Euſtache, où la Brigade des Gardes campa.

Comme l'infanterie étoit fort fatiguée par le mauvais tems qu'elle avoit eſſuyé depuis qu'elle étoit partie de Vignamont, on jugea à propos de la faire ſéjourner le 21, ainſi que l'aîle droite.

M. le Dauphin partit ce même jour de Sart-Euſtache avec la Maiſon du Roi & deux Régimens de Dragons, qui avoient campés à Preſle : il fit camper la Maiſon du Roi à Jeumont, & la Brigade des Gardes à Gouſé, entre Thuin & Ham-ſur-Heure. Il fit avancer en même tems M. le Maréchal de Villeroy à Marpent, & l'aîle gauche de Cavalerie, qui étoit moins fatiguée que l'aîle droite, marcha auſſi le 21 à Tully & à Donſtienne, pour être à portée de paſſer la Sambre le lendemain matin de bonne heure. Ce même jour les ennemis allerent à Soignies, où ils camperent, laiſſant cette ville derriere eux. Sur cette nouvelle, M. le Dauphin ſe rendit le 21 au ſoir à Mons, avec trois cens chevaux de la Maiſon du Roi & deux Régimens de Dragons : il crut devoir s'y porter promptement, afin d'être plutôt informé des mouvemens des Alliés, & de pouvoir envoyer ſes ordres à M. le Maréchal de Villeroy, qui s'étoit rendu à Condé, pour prendre le commandement du corps que menoit M. le Comte de la Mottes. M. le Maréchal de Boufflers étoit reſté pendant ce tems-là à Solre ſur-Sambre, afin de faire paſſer plus diligemment cette riviere à toutes les troupes.

Sur ce que M. le Dauphin apprit que les Alliés continuoient à marcher vers l'Eſcaut, il envoya ordre à M. le Maréchal de Villeroy de ſe rendre le 22 à Tournay avec la Cavalerie qu'il avoit. Le corps qui étoit aux ordres de Meſſieurs de Bartillac & de Lannion, alla camper le même jour ſous Condé, & devoit marcher le lendemain à Tournay, pour y joindre M. le Maréchal de Villeroy.

La premiere & la ſeconde ligne de l'aîle gauche partirent de Tully & de Donſtienne le 22, & paſſerent la Sambre pour aller camper à Queſvy : la Brigade des Gardes traverſa cette riviere le même jour, & s'avança juſqu'à Fagnies, au-delà de Maubeuge. M. le Dauphin manda à M. le Maréchal de Villeroy de faire avancer à Eſpierres le corps de M. de la Valette, afin qu'en attendant d'être renforcé par les troupes qui le ſuivoient, il pût avec ce corps, qui étoit de ſept bataillons & de vingt eſcadrons, & avec la Cavalerie que conduiſoient Meſſieurs de la Mottes & de Bartillac, empêcher les Alliés d'établir des ponts au deſſus d'Oudenarde.

Toute l'infanterie, qui avoit ſéjourné à Bienne, Metez & Gros, ſe mit en marche le 22, & vint au Foſtiau & à la Buſſiere, pendant que l'aîle droite s'avançoit à Bienne ſous Thuin, & aux Fontaines ſur la Sambre. Ces troupes paſſerent cette riviere le 23, & ſur la nouvelle que les Alliés s'étoient avancés au-delà de Cambron, où ils avoient leur gauche : M. le Dauphin envoya ordre de faire avancer l'infanterie à Carnion & à Boſſu, à hauteur de Saint-Guilain, où il fit trouver de la biere

DE FLANDRE.

& du pain qu'on lui diſtribua. Ce même jour la Brigade des Gardes ſe rendit à Condé: la Maiſon du Roi alla à Saint-Amand, & l'aîle gauche à Notre-Dames-aux-Bois, après avoir traverſé l'Eſcaut à Condé & à des ponts qu'on avoit fait à Fraſne, au deſſus de cette ville; & tous les Dragons, ſur de nouveaux ordres, prirent les devants pendant la nuit du 23 au 24, pour arriver à Tournay.

1694.
AOUST.

Sur la nouvelle que les ennemis marchoient diligemment pour paſſer l'Eſcaut, M. le Dauphin ſe rendit le 23 à ſept heures du ſoir à Tournay: il apprit en y arrivant que l'avant-garde, commandée par l'Electeur de Baviere, étoit arrivée à Fraſne ſur la Roſne, & qu'il devoit encore marcher le lendemain. M. le Maréchal de Villeroy campa le 23 à Hauterive, avec les troupes de M. de la Valette & celles de M. de la Mottes: Meſſieurs de Bartillac & de Lannion arriverent le ſoir à Eſpierres, avec les trente eſcadrons qu'ils commandoient. La Brigade des Gardes & le Régiment Royal-Italien, ſe rendirent le 24 à une heure après-midi à Boſſu, étant venus en bateaux de Condé à Tournay. Toute la cavalerie y arriva le même jour au ſoir, à l'exception de la premiere ligne de l'aîle droite, qui s'y rendit le lendemain matin de bonne heure.

M. le Dauphin voyant la difficulté d'avoir toute ſon infanterie à Eſpierres aſſez à tems pour s'oppoſer aux efforts que les Alliés voudroient faire pour paſſer l'Eſcaut, avoit ordonné que dès qu'elle ſeroit arrivée à Waſme, près de Saint-Guilain, on prit les Grenadiers & les Soldats les plus ingambes pour s'avancer avec plus de diligence. Le reſte de l'infanterie devoit ſuivre plus lentement, & marcher ainſi que les Brigadiers le jugeroient à propos. M. le Prince de Conti, qui la commandoit, ayant communiqué cet ordre aux troupes, & leur ayant fait connoître en même tems la néceſſité d'avoir un corps d'infanterie à Eſpierres, pour défendre le paſſage de l'Eſcaut, tous ſe préſenterent pour le ſuivre, & la plus grande partie laiſſa ſes tentes & ſes ſacs avec un petit nombre de ſoldats qui étoient les plus fatigués & hors d'état de ſoutenir cette marche. M. le Prince de Conti profitant de cette bonne volonté, & après avoir fait halte pendant trois heures à Waſme, ſe mit en marche avec la tête de l'infanterie, & elle arriva toute à Condé le 24 au matin: elle y fit une ſeconde halte; elle y trouva de la biere & du pain, & malgré une groſſe pluie qui tomba pendant preſque toute la marche, elle ſe rendit le 24 au ſoir à Tournay. Le lendemain avant midi, la plus grande partie arriva à Eſpierres, & elle y fut cantonnée, ainſi qu'à Dottignies & dans les villages circonvoiſins.

M. le Dauphin s'étoit rendu le 24 à neuf heures du matin à Boſſu, & peu de tems après y être arrivé, il découvrit la tête de l'armée des Alliés de l'autre côté de l'Eſcaut: M. le Maréchal de Villeroy, qui avoit marché à Avelghem avec le corps de M. de la Valette, & avec celui de M. de la Mottes, s'étoit enſuite rapproché d'Hauterive, où l'on fit avancer les troupes de Meſſieurs de Bartillac & de Lannion, qui étoient auprès d'Eſpierres. M. le Dauphin étoit ſuivi de la Maiſon du Roi & de la premiere & seconde ligne de l'aîle gauche. Il mit toutes les troupes en bataille, suivant l'ordre qu'elles devoient observer pour le campement.

Les Alliés, qui avoient dessein de passer l'Escaut ce même jour entre Pottes & Escanaffe, furent fort surpris de trouver la plus grande partie de l'armée Françoise aussi avancée; ils étendirent leurs troupes sur leur droite & sur leur gauche, & mirent en batterie quelques pieces de canon, qu'ils tirerent sur des détachemens d'infanterie qu'on avoit placé sur le bord de l'Escaut, auprès du village d'Hauterive, où il y eut quelques hommes tués. On leur répondit avec dix pieces de canon, que M. le Maréchal de Villeroy avoit fait amener par des chevaux de paysans: mais comme ce canon n'étoit servi que par des soldats de l'infanterie de M. de la Valette, il ne répondit pas au feu de l'artillerie ennemie avec la vivacité qu'on eût desiré; cependant il suffit pour faire croire aux Alliés qu'il seroit impossible de passer l'Escaut dans cet endroit; ils retirerent le leur à deux heures après-midi, pour le mettre dans des retranchemens qu'ils avoient faits sur une petite hauteur, & sur les six heures du soir leurs colonnes d'infanterie & de cavalerie parurent être moins nombreuse, ce qui fit juger qu'il n'y avoit vis-à-vis d'Hauterive que des troupes détachées, pendant que par les derrieres le gros alloit à Oudenarde: cette idée fut confirmée par un avis qu'on eut sur les sept heures du soir, par un parti qu'on avoit envoyé du côté de cette place, qu'il y avoit passé un assez grand corps de troupes, & un Officier que le Commandant du parti envoya pour en rendre compte, rapporta qu'il avoit vu marcher en deça deux colonnes mêlées d'infanterie & de cavalerie: on envoya encore à l'entrée de la nuit plusieurs détachemens à la guerre pour être informé de ce que deviendroit ce gros détachement des ennemis.

Le 25 au matin, on vit à la pointe du jour qu'une partie des troupes des Alliés qui étoient vis-à-vis d'Hauterive, prenoit la route d'Oudenarde: on fut assuré que le corps qui avoit passé dans cette place, commandé par le Prince de Virtemberg, avoit campé près de Kerckhove, & que les troupes que le Comte de Thian commandoit près de Gand, avoient marché en deça de Deinse pour le joindre.

On jugeoit par ces mouvemens & par différens avis qu'on avoit de l'armée des Alliés, qu'ils avoient compté que le corps
qui

DE FLANDRE.

qui avoit passé à Oudenarde, sous les ordres du Prince de Virtemberg, après avoir été joint par celui du Comte de Thian, devoit assurer le travail de leurs ponts sur l'Escaut, pénétrer dans les lignes d'Espierres, & s'emparer de Courtray : les Alliés avoient commandé beaucoup de pionniers & de charriots du côté de Bruges, & il y avoit à Gand plusieurs bateaux chargés de toutes sortes de munitions de guerre, ce qui fit croire que leur projet avoit été d'assiéger Furnes, après s'être rendus maîtres de Courtray & de Dixmude. La diligence que l'armée du Roi avoit faite depuis le passage de la Sambre jusqu'à Espierres, fit échouer tous ces desseins.

1694.
AOUST.

M. le Dauphin ne jugea pas à propos de s'éloigner de l'Escaut, jusqu'à ce que les Alliés, qui étoient en marche pour aller à Oudenarde, fussent plus près de cette place : dès qu'on fut assuré qu'ils s'en étoient approchés, on fit marcher celle du Roi à Courtray ; elle campa le 26 entre cette place & Harlebeck, elle y séjourna le 27, & le lendemain elle passa la Lys, & eut sa droite à Courtray & sa gauche à Moorseele : M. de la Valette entra en même tems dans lignes d'Espierres, & il campa à Dottignies.

Camp de Courtray en deça & au-delà de la Lys.
PLANCH. XVII, XVIII.

Les Alliés traverserent l'Escaut le 27 à Oudenarde, & sur les ponts qu'ils avoient fait au dessous de cette place : M. de Soutemon, qui avoit été détaché pour les reconnoître, vit que leur armée s'étendoit depuis l'Escaut jusqu'à la Lys, leur droite étant vers Olsene & Machelen, & leur gauche entre Worteghem & Moereghem, près d'Oudenarde.

Le Prince d'Orange & l'Electeur de Baviere ne séjournerent pas long-tems entre l'Escaut & la Lys ; ils traverserent cette derniere riviere à Deinse & au dessus de cette ville ; ils appuyerent leur gauche près de Wackem, & ils étendirent leur droite jusqu'à Caneghem ; comme ils pouvoient avoir dessein de s'avancer sur l'armée Françoise, & de l'attaquer dans le poste qu'elle occupoit, M. le Dauphin voulut se mettre en état d'y combattre avec avantage : il fit applanir les fossés qui étoient devant son camp, & l'artillerie fut dispersée par Brigades sur tout le front : on en mit dans le Château de Moorseele, qu'on fortifia, & depuis ce Château jusqu'au pont de Curne, on fit le long du ruisseau d'Heule, dix-huit redoutes ou redans. Avec de pareilles précautions, l'armée Françoise auroit eu beaucoup d'avantage sur celle des Alliés, s'ils avoient entrepris de l'at-

Camp & retranchemens de Courtray.
PLANCHE XIX.

Ccccc

1694.
AOUST.

taquer par le ; front le flanc droit étoit couvert par la Lys, & pour assurer le flanc gauche, on fit camper en potence, depuis Moorseele jusqu'à Wevelghem, les troupes que M. de Boufflers commandoit, lesqu'elles avoient devant elles des défilés difficiles.

En supposant que le Prince d'Orange n'étoit point occupé du dessein de combattre l'armée Françoise, il ne pouvoit avoir d'autre objet dans ses démarches, depuis l'Escaut jusqu'à la mer, que l'attaque des lignes, depuis Ypres jusqu'à Furnes, le siege de cette derniere place, ou le bombardement de Calais & de Dunkerque.

Pour assurer les lignes d'Ypres, M. le Dauphin fit avancer M. le Maréchal de Villeroy sous cette place, avec vingt-trois bataillons & trente-trois escadrons : dans ce corps étoit compris celui de M. de la Valette, qui campa avec sa Cavalerie entre Boesinge & Reninghe, & son infanterie, qui étoit de sept bataillons, occupa ce dernier poste : afin de mettre Furnes en état de se défendre, on y mit une garnison, composée de quinze bataillons & du Régiment de Dragons de Breteuil, dont le Colonel fut nommé pour commander dans la place sous M. d'Avejan : M. de Mesgrigny fit faire un camp retranché entre Furnes & la Moere ; ce qui en rendoit l'investissement très-difficile. Il restoit à pourvoir à la sûreté de Dunkerque : on y remit toutes les batteries en bon état, & M. le Dauphin envoya deux bataillons d'augmentation dans cette place. Telles furent les dispositions que ce Prince fit pour assurer la frontiere, depuis l'Escaut jusqu'à la mer.

On étoit informé que les Alliés devoient marcher à Rousselaer, pour occuper Dixmude, & pour avoir une plus grande étendue de pays pour leurs fourrages : M. de Belvese, Lieutenant-Colonel de Cavalerie, avoit été détaché le 5 de Septembre pour les observer, & il avoit remarqué qu'ils étoient en bataille à la tête de leur camp, & prêts à se mettre en marche, cependant ils ne s'avancerent que le 8 à Rousselaer : ils mirent leur droite à Hooglede, & leur aîle gauche, commandée par le Comte d'Athlone, resta dans la même position où elle étoit auparavant, près de Wackem : ces démarches, qui ne tendoient qu'à occuper l'armée Françoise du côté des lignes, & à faire subsister celle des Alliés avec plus de facilité, faisoient assez connoître qu'il ne se passeroit le reste de la campagne aucun

DE FLANDRE.

événement important sur cette frontiere, & là-dessus M. le Dauphin se décida à partir de Courtray le 18 Septembre pour Fontainebleau, où étoit la Cour. M. de Luxembourg, qui avoit conduit sous les yeux de ce Prince tous les mouvemens des troupes Françoises, resta à Courtray pour les commander.

1694.
AOUST.

Le Prince d'Orange s'étoit flatté de pouvoir retirer de grands avantages de la marche qu'il avoit entreprise pour venir sur l'Escaut; mais la diligence qu'avoit faite l'armée Françoise, ayant rompu toutes ses mesures, il borna ses desseins à lui disputer les fourrages qu'elle auroit pu faire entre la Mandelle & le canal de Gand à Bruges, & il l'obligea d'en tirer une grande quantité du pays qui étoit couvert par les lignes d'Ypres: ce Prince avoit ordonné à la Cavalerie qui étoit dans Liege d'en sortir, & de le suivre à deux journées de distance; voyant ensuite qu'elle lui devenoit inutile sur l'Escaut, il la renvoya sur la Meuse, pour former l'investissement de Huy: cette place faisoit un poste avancé pour le camp retranché de Liege, dans lequel les Alliés n'étoient pas obligés de tenir un gros corps de troupes, lorsque Huy leur appartenoit: cette raison & les difficultés qu'ils auroient éprouvé à former toute autre entreprise, les décida à faire ce siege.

La Cavalerie, qui étoit sortie de Liege au nombre de trois mille chevaux, après avoir fait plusieurs marches pour suivre l'armée des Alliés, étoit allée camper aux environs d'Hannut: elle y étoit restée pendant quelques jours pour attendre que l'infanterie qui étoit à Liege, & les munitions de guerre pussent arriver devant Huy: le 17, cette place fut investie, & le 19, les Alliés entrerent dans la ville; ils en garderent les portes, & établirent des postes au pied du Château.

M. de Regnac y commandoit, & sa garnison étoit composée d'environ neuf cens hommes: il s'étoit disposé à se défendre aussi long-tems qu'il seroit possible, afin de donner le tems aux premiers secours qu'on enverroit sur la Meuse d'y arriver: sur la nouvelle que les troupes qui étoient sorties de Liege, retournoient du côté de Huy, on avoit détaché de Courtray le 10, deux Régimens de Cavalerie & un de Dragons, pour renforcer M. d'Harcourt, & pour le mettre en état d'assurer cette frontiere.

M. d'Harcourt, qui étoit campé près de la Roche en Ardenne, n'avoit que les troupes nécessaires pour empêcher les ennemis d'étendre les contributions, & de tirer les fourrages qu'ils avoient imposés sur le pays qui appartenoit au Roi : on détacha encore de Courtray dix-huit escadrons pour aller le joindre, & après avoir reçu tous ces renforts, il devoit avoir soixante escadrons ; mais le mauvais état de Huy ne permettoit pas d'attendre que ces secours fussent arrivés. Les batteries des ennemis commencerent à tirer le 22, & furent augmentées jusqu'à soixante-sept pieces de canon, & trente-sept mortiers : le Fort Picard fut attaqué le 24 au soir, & emporté de vive force : la plus grande partie des souterreins n'ayant pu résister aux bombes, le Château capitula le 27, & la garnison en sortit le 28, avec les honneurs de la guerre, pour être conduite à Namur.

Après la prise de Huy, les forces considérables que les Alliés avoient sur la Meuse, donnoient à M. de Guiscard de l'inquiétude pour Namur & pour Dinant : on assuroit qu'ils avoient dessein de bombarder la premiere de ces places, & d'assiéger l'autre : afin de mettre M. de Guiscard plus en état de résister aux entreprises des ennemis, M. d'Harcourt lui envoya deux Régimens de Dragons : les inquiétudes que les Alliés donnoient pour cette place, durerent jusqu'au 6 d'Octobre, que leur Cavalerie commença à se rapprocher de Liege, pour aller prendre des quartiers d'hyver du côté d'Aix-la-Chapelle.

Pendant que les Alliés agissoient sur la Meuse, leur flotte se montroit sur les côtes de Flandre, pour partager l'attention des troupes Françoises sur cette frontiere : elle se présenta le 20 devant Dunkerque, & paroissoit vouloir entrer dans la rade : sur cette nouvelle, M. le Maréchal de Villeroy s'y rendit le 22 avec M. le Duc du Maine & M. le Comte de Toulouse, & y fit marcher deux Régimens de Dragons & sept cens Grenadiers. Les Milices Boulonnoises y arriverent d'un autre côté, sous les ordres de M. le Duc d'Aumont. Les ennemis firent approcher très-près des forts avancés, des bâtimens composés : ils se promettoient de détruire ces forts, & de causer beaucoup de dommage dans la ville ; mais ils n'eurent aucun succès, & ils se contenterent d'y jetter des bombes le 24 & le 25 : voyant qu'elles faisoient peu de désordre, ils allerent se présenter devant Calais, qu'ils bombarderent aussi pendant vingt-quatre heures assez inutilement ; & le 29, la mer devenant difficile, ils s'éloignerent de la côte, & ne reparurent plus.

Pendant tous ces mouvemens, les Alliés faisoient des démonstrations

monstrations de vouloir s'emparer de la Knoque, & pour s'y opposer M. de Luxembourg fit avancer à Boefinge le corps que M. le Maréchal de Villeroy avoit fait camper sous Ypres, afin qu'il fût à portée de garder le Canal, & de soutenir le Fort.

M. de Luxembourg crut que la grande sécurité du Prince d'Orange à Roussselaer, lui donneroit occasion de réparer la perte de Huy, & l'insulte faite aux côtes, par quelque avantage qu'il se proposoit de prendre sur l'armée des Alliés. Ils avoient fait cantonner le 19, leur Cavalerie dans les villages de Hantsamen, Werkene, Velaeerstelle, Beest, Keyem, Kockelare, Tourhout, & dans les lieux circonvoisins; ils avoient mis à Kacktem sur la Mandelle, une partie de l'infanterie que le Comte de Thian avoit à Vacken: on pouvoit regarder ce corps comme la gauche de leur armée, laquelle s'étendoit depuis Kacktem jusqu'à Rousselaer & Hooglede: cette séparation des Alliés faisoit naître l'idée d'entreprendre quelque chose sur la principale partie, qui étoit depuis Rousselaer jusqu'à Hooglede, & qui paroissoit plus facile à attaquer que leur gauche, qui étoit couverte de la Mandelle.

M. de Luxembourg étant occupé de ce dessein, détacha M. de Souternon, pour examiner la position des Alliés, & les chemins qu'il faudroit tenir pour s'approcher d'eux: M. de Souternon trouva trois chemins qui menoient à Rousselaer; celui de la droite partoit de Moorseele, & on y pouvoit marcher quatre de front; il y en avoit un autre dans le milieu, où on ne pouvoit aller que deux: le troisieme, qui étoit tout-à-fait sur la gauche, étoit de la même largeur que le premier pendant une demi-lieue; on rencontroit ensuite le chemin de Menin à Rousselaer, dans lequel une compagnie pouvoit aller de front. Tous ces chemins aboutissoient au village de Rousselaer, en deçà duquel le pays étoit si fourré, qu'on ne pouvoit s'y mettre en bataille: les ennemis au contraire pouvoient se former dans une petite plaine derriere le village, pour le soutenir, & ils pouvoient mettre dans cette plaine vingt bataillons en bataille sur une seule ligne, & les faire soutenir par le même nombre: les Alliés y auroient eu la hauteur pour eux, ainsi qu'à Hooglede, & ils avoient accommodés les chemins pour marcher en escadron de Kacktem à Rousselaer & à Hooglede: si ce projet eût été nécessaire à exécuter, M. de Luxembourg eût essayé de surmonter les obstacles qu'il y trouvoit; mais il ne cherchoit qu'à

Ddddd

1694.
SEPTEMBRE.

remporter un avantage certain & facile sur les Alliés; & comme il étoit fort douteux si l'on pourroit y réussir, & qu'on ne le feroit pas sans essuyer une perte considérable, il renonça à ce dessein, quand il eut reconnu que le succès en étoit incertain.

Les Alliés faisoient fortifier Dixmude & Deinse, pour y mettre des troupes pendant l'hyver; ils pouvoient faire soutenir ces deux places par les garnisons de Bruges & de Gand, & donner de l'inquiétude pour les lignes. Afin d'avoir une tête avancée sur la Lys, le Roi ordonna de mettre Courtray en état de défense, & destina huit bataillons & un Régiment de Dragons pour en composer la garnison.

Aussi-tôt que le Prince d'Orange eut appris la reddition de Huy, il quitta l'armée & alla à Liege, & de part & d'autre on parut se disposer à prendre dans peu de tems des quartiers d'hyver: le Comte de Tilly avoit été détaché de l'armée des Alliés, & campoit sous Ath, tant pour la facilité des subsistances, que pour être à portée de marcher sur la Meuse, s'il étoit nécessaire. M. de Luxembourg avoit aussi détaché M. de Ximenes avec douze escadrons, pour aller sous Mons, afin de veiller aux lignes de la Haisne & de la Trouille, & d'observer le Comte de Tilly, que M. de Laubanie, Gouverneur de Mons, entreprit de faire enlever.

(*) Voyez la Planche XX.

Le Comte de Tilly étoit logé dans le Château d'Arbre, ayant son camp (*) à un quart de lieue derriere lui : il en étoit séparé par un petit ruisseau, & négligeoit de faire garder les ponts sur le Hunel, depuis Attre jusqu'à Cambron : il avoit pour sa sûreté une garde de cinquante Maîtres en plaine devant sa maison, une autre sur sa gauche, trente Dragons à pied de garde à sa porte, & vingt à la porte de son jardin : il y avoit de plus deux cens chevaux de piquet à la tête du camp, ainsi qu'une garde de Dragons à pied & une autre à la queue.

M. de Laubanie en ayant été informé, fit partir de Mons le 28, à l'entrée de la nuit, deux cens Cavaliers de Manderscheid, soixante Dragons, cent Hussards, & deux cens cinquante hommes d'infanterie, sous les ordres de M. de Mortagny, Colonel de Hussards, & de M. de Bidelbek, Lieutenant-Colonel de Manderscheid. Ce détachement traversa la plaine entre Chievre & Cambron, & passa le Hunel proche de Brugelette, parce qu'il y avoit des sauve-gardes à Mevregnies, qui eussent pu donner l'allarme. On laissa soixante hommes au pont d'Attre, pour assurer la retraite, & pour en donner le signal en allumant de la paille, dès que les troupes du camp s'avanceroient au secours de M. de Tilly. Cinquante hommes d'infanterie & trente Dragons à pied marcherent au Château où il logeoit. Ils étoient sous les ordres d'un partisan de Mons, & avoient pris un détour pour arriver à sa maison par le côté de son camp; ils trouverent sa garde tranquille autour d'un feu; elle ne fit aucune résistance: l'infanterie, la Cavalerie & les Hussards attaquerent en même tems la garde avancée qui étoit devant sa maison, & deux escadrons de Dragons sur lesquels on n'avoit pas compté, & qui la couvroient. Les troupes qu'on attaquoit ayant été surprises, n'étoient point en défense: on en tua plusieurs, on prit soixante chevaux & un étendard: quelques-unes de ces troupes revinrent à la charge, mais elles furent repoussées avec perte.

Pendant ce tems-là le détachement destiné à enlever le Comte de Tilly s'en saisit, & l'allarme étant donnée à son camp, sa Cavalerie s'empressa de monter à cheval: on donna aussi-tôt le signal de la retraite, & toutes les troupes se retirerent, prenant leur marche pour aller à Saint-Guilain: quelques détachemens des ennemis les suivirent jusques-là; mais la plus grande partie prit le chemin de Mons, par lequel on avoit ordonné à quelques troupes de Hussards de se retirer, & de faire face de tems en tems, afin de leur faire prendre le change: l'infanterie gagna promptement les bois, & n'eût pas de peine à faire sa retraite. Les ennemis sçachant qu'il étoit arrivé des troupes à Condé, crurent que le corps qui les attaquoit étoit plus considérable, & furent incertains de ce qu'ils devoient faire; c'étoit ce que M. de Laubanie avoit prévu, & quand les ennemis sçurent qu'il n'y avoit qu'un détachement de la garnison de Mons, ils se débanderent après. La perte des troupes de M. de Tilly, fut beaucoup plus considérable que celle du détachement François, qui perdit un Capitaine, un Lieutenant, deux Hussards, & huit ou dix soldats tués ou blessés.

Le Corps de Cavalerie qui étoit sous Ath, étoit de trente-deux escadrons: il partit dans les premiers jours d'Octobre, pour aller à Soignies, & ensuite à Nivelle: les troupes Françoises s'étendirent aussi sur la frontiere, tant pour observer celles des Alliés, que pour subsister plus facilement. Une partie de celles qui étoient dans les lignes d'Ypres, sous les ordres de M. de Villeroy, marcherent avec d'autres qui partirent de Courtray, & qui faisoient ensemble seize bataillons & soixante-huit escadrons, que M. de Boufflers fit camper à Herines sur l'Escaut. M. d'Harcourt étoit pendant ce tems-là au-delà de la Meuse, M. de Ximenes entre Sambre & Meuse, avec six escadrons qu'il avoit pris sous Mons, & trois bataillons que M. de Boufflers lui envoya le 8 Octobre. M. de Courtebonne veilloit aux lignes de la Trouille & sur la Haisne, & M. de Vendeuil commandoit un autre corps de troupes à Espierres.

Les Alliés ayant commencé le 20 d'Octobre à défiler vers leurs quartiers, les troupes Françoises allerent aussi dans leurs garnisons; les Alliés se partagerent de cette façon: les Hollandois hyvernerent à Nieuport, Ostende, & derriere le Canal de Bruges: les Anglois furent distribués dans les places de Flandre, & les Allemands dans celles de Brabant & sur la Meuse.

1694.
OCTOBRE.

Le Roi avoit donné à M. le Maréchal de Boufflers le Gouvernement de Flandre, qui étoit devenu vacant par la mort de M. le Maréchal d'Humieres : Sa Majesté le nomma pour commander pendant l'hyver sur cette frontiere. Les troupes Françoises eurent leurs quartiers, depuis la mer jusqu'à la Meuse : elles étoient en plus grand nombre depuis l'Escaut jusqu'à la mer, parce que le principal objet étoit d'assurer les lignes. M. de la Mothe-Houdancourt y commandoit, depuis le Canal d'Honscotte jusqu'à la Lys; M. de Montrevel étoit chargé des lignes d'Espierres, & de la défense de l'Escaut jusqu'à Condé; M. de Ximenes veilloit sur la Haisne & aux lignes de la Trouille, & M. de Guiscard, depuis Charleroy jusqu'à Sedan.

Cette campagne fut la derniere du Maréchal de Luxembourg ; les événemens qui l'avoient précédée, avoient prouvé qu'il sçavoit vaincre quand il avoit dessein de combattre. Chargé uniquement en 1694, d'empêcher les ennemis, supérieurs en nombre, de faire des progrès sur la frontiere, il sçut leur en imposer par des démarches hardies, & les réduire à le resserrer dans ses subsistances. Il mourut au mois de Janvier de l'année 1695, lorsque ses talens éprouvés pour la guerre l'avoient rendu nécessaire à la tête des armées. Sa conduite, également glorieuse à l'Etat, & digne de servir de modele à la postérité, mérita l'admiration des Etrangers, les regrets du Roi, & ceux de toute la France.

Le sujet de cette Médaille, représente Persée, avec la teste de Méduse, il vole, porté par le Cheval Pegase. La Legende, MILITUM ALACRITAS, signifie, l'ardeur et l'allegresse du Soldat. L'Exergue, DELPHINI AD SCALDIM ITER. M.DC.XCIV.
Marche de Monseigneur sur l'Escaut 1694.

TABLE DES MATIERES.

A.

Albergotty (M. d') indique à M. de Luxembourg des chemins pour faire marcher son armée de Cerfontaine à Grandrieu. *Page* 114
Est détaché pour inquiéter l'arriere-garde des ennemis. *Ibidem*.
Est envoyé avec M. de Puyfegur pour faire préparer des routes pour l'armée. 119
    Va reconnoître avec M. de Puyfegur le camp de Longchamp. 167
    Se distingue au combat de Steenkerke. 205
Alegre (M. d') blessé à la bataille de Fleurus. 38
    Est détaché pour se saisir du passage de Gelbersée. 158
    Est blessé au combat de Steenkerke. 201
Alme (le Comte d') tué pendant le siege de Namur. 173
Angoulême (M. le Chevalier d') se trouve au combat de Steenkerke. 204
Arcy (M. d') se trouve au combat de Steenkerke. 203
Arriere-garde, voyez Leufe, Saint-Fremont, Tilly.
Artaignan (M. d') Major Général, s'empare de Plasschendale & de Nieuwendam. 60
    Fait démolir Nivelle. 90
    Se trouve au combat de Steenkerke. 199
    Eloge que M. de Luxembourg en fait. 207, 208
    Confiance que M. de Luxembourg avoit en lui. 256
    Est envoyé à Namur pour faire les préparatifs du siege de Huy. 280
    Est chargé d'exposer au Roi la situation des affaires en Flandre après la bataille de Neerwinde. 299
    Fait réparer Dixmude. 324
Avejan (M. d') reste avec M. de Ximenès à Avelois, pour assurer la retraite de M. de Boufflers. 159
    Est chargé de veiller à la sûreté de la frontiere, depuis la Knocke jusqu'à la mer. 148
    Commande la Brigade des Gardes à Steenkerke. 202
    Est chargé de défendre Furnes. 378
Auger (M. d') est envoyé sur la Meuse. 53
    Est chargé de couvrir le Haynault. 96
    La Cour lui destine cinq à six mille chevaux pour assurer cette partie de la frontiere. 98
    Joint l'armée de M. de Luxembourg. 106
    S'avance à la Bussiere. 122
    Est tué au combat de Leeuse. 138
Aumont (M. le Duc d') marche au secours de Dunkerque. 380
Auvergne (M. le Comte d') prend poste à l'Abbaye de Salsenne. 158
    Commande l'aîle gauche au combat de Steenkerke. 198, 206

B.

Bagages du Comte de Tilly font maltraiter son arriere-garde. 275, 276
Bagnoles (M. de) Intendant de Flandre, reçoit les ordres de la Cour en différentes occasions. 8, 10, 62, 150
Baliviere (M. de) se trouve au combat de Steenkerke. 205
Bartillac (M. de) commande une avant-garde dans la marche de Vignamont à Espierres. 373, 374, 375

Eeee

TABLE

Bataille de Fleurus. *Page* 32
   De Neerwinde. 288
Baviere (l'Electeur de) Gouverneur Général des Pays-Bas en 1692. 152
   Agit de concert avec le Prince d'Orange ; *voyez* Orange en 1692, 1693, 1694.
Bayonnettes à manche de bois, en usage pendant la guerre qui commença en 1688. 173, en note.
Bellefonds, (M. le Maréchal de) commande sur les côtes, sous les ordres de Monsieur en 1693. 243
Bellefonds, (le Marquis de) est blessé à mort au combat de Steenkerke. 204
Belveze, (M. de) Lieutenant-Colonel, est détaché avec trois cens chevaux vers Aloft. 234
   Est détaché de Courtray pour observer les ennemis. 378
Berteuil, (M. de) est nommé pour commander dans Furnes, sous M. d'Avejan. 378
Berwick, (M. le Duc de) se trouve au combat de Steenkerke. 207
   Est blessé & pris à la bataille de Neerwinde. 290, 297
   Marche de Venderbecq aux Estines. 319
Bezons, (M. de) couvre la marche de l'armée Françoise. 103
   Est chargé de veiller aux Lignes de la Trouille. 132
   Campe sous Bergues, & est chargé de donner du secours aux Lignes d'Honscote. 222
   Forme l'investissement de Huy du côté la basse Meuse. 281
   Commande la réserve à la bataille de Neerwinde. 290, 292
Bielke, (M. le Comte de) se trouve au combat de Steenkerke. 207
Blainville, (M. de) est blessé au combat de Steenkerke. 205
Blanchefort, (M. le Marquis de) attaque un fourrage des ennemis près de Tongres, & met l'escorte en fuite. 360
Bolhen, (M. de) est tué à Neerwinde. 297
Boisseleau, (M. de) commande l'infanterie sous Ypres. 221
   Obtient le Gouvernement de Charleroy. 324
   Est chargé d'assurer la communication de Mons à Namur. 332
Bombardement, *voyez* Charleroy & Liege.
Boufflers, (le Marquis de) commande une armée sur la Meuse en 1690. 7
   Est chargé d'observer les troupes de Brandebourg. 40
   Reçoit un renfort de cinq bataillons & de huit escadrons. 43
   Campe près de Maubeuge. 45
   Sa jonction avec M. de Luxembourg. 46
   Reçoit ordre de se rendre à Metz pour veiller sur cette frontiere. 49
   Est nommé pour commander en Flandre pendant l'hyver de 1690 à 1691. 58
   Fait une course au-delà de la Sambre, entre Namur & Louvain. 59
   Assemble des troupes du côté de la mer, & pénetre dans le pays de Waas. 60
   Est chargé d'investir Mons en 1691. 61
   Arrive le 15 de Mars devant cette place. 63
   Est blessé à l'attaque de l'ouvrage à corne. 71
   Est chargé de bombarder Liege. 74
   Sa conduite dans cette expédition. 89 & *suiv.*
   Détache la moitié de ses troupes pour joindre M. de Luxembourg. 90
   Se rend à Arlon avec neuf escadrons, & y rassemble d'autres troupes. 96
   Revient sur la Meuse, & joint M. de Luxembourg. 112 & *suiv.*
   S'en sépare avec ses troupes. 123
   Harcelle les ennemis, & les empêche de passer la riviere d'Ourte. 139
   Commande en Flandre pendant l'hyver de 1691 à 1692. 147
   Assemble une armée au-delà de la Meuse. 151
   Investit Namur. 158
   Fait attaquer le fauxbourg de Jambe. 165

DES MATIERES.

Joint l'armée d'observation. *Page* 177, 178
Commande une armée séparée de celle de M. de Luxembourg. 181
Campe à Florennes. 185
A Rosoy. 186
A la Bussiere. 188
Ensuite à Boussoit. 191
Envoye dix bataillons à Namur. 192
S'avance au Manuy-Saint-Jean. 196
Quelle part il eut au combat de Steenkerke. 198 & *suiv.*
Retourne au Manuy-Saint-Jean. 209
Campe à Chievres. 213
Ensuite à Frasne. 214
Marche à Menin. 217
Ensuite à Ypres. 218
Est chargé de faire une diversion sur la Meuse. 219
Passe la Meuse. 223
Passe la Mehaigne, & cherche à combattre la cavalerie ennemie. 224
Est chargé du bombardement de Charleroy. 228, 234 & *suiv.*
Commande sur la frontiere de Flandre pendant l'hyver de 1692 à 1693. 237
Fait investir Furnes, l'assiege & s'en empare. 238
Se rend maître de Dixmude. 239
Est fait Maréchal de France. 241
Commande en 1693 l'armée du Roi, & passe en Allemagne. 243, 244 & 254
Revient sur la Meuse, & commande en Flandre pendant l'hyver de 1693 à 1694. 316, 329
Commande en 1694 une armée sur la Meuse. 332
Fait cantonner ses troupes dans le Luxembourg. 334
Comment il empêche les séditions & la désertion dans ses troupes. 335
Campe sous Huy. 350
Marche à Horion. 351
Ensuite à Warem. 353
Envoye un détachement à la guerre sous les ordres de M. du Rozel & de M. de Blanchefort, qui battent les ennemis. 360
Campe à Verlaine. 368
Obtient le Gouvernement de Flandre, & commande sur cette frontiere pendant l'hyver. 384

Bourbon, (M. le Duc de) attaque la redoute de la Cassotte, & s'en empare. 172
Se rend maître du Fort Guillaume. 177
Charge les ennemis à Steenkerke à la tête de la Brigade des Gardes. 203
Commande l'infanterie qui marche aux Lignes d'Espierres. 320

Bouzole, (M. de) blessé à la bataille de Fleurus. 38
Bressey, (M. de) Maréchal de Camp, se trouve à la bataille de Neerwinde. 290
Bretoncelle, (M. de) commande l'avant-garde dans l'escorte d'un convoi, attaqué près de Walcourt. 262 & *suiv.*
Broglio, (le Marquis de) est tué dans une sortie faite pendant le siege de Charleroy. 317
Bruxelles. Cette place pouvoit être prise au commencement de la campagne de 1692. 242
Busca, (M. de) se trouve au combat de Steenkerke. 205

C.

Caylus, (M. de) blessé à la bataille de Fleurus. 38
Calvo, (M. de) chargé de défendre les Lignes d'Espierres, les abandonne lorsqu'elles sont forcées, & se retire sans échec. 3

Est destiné à empêcher les ennemis de pénétrer dans le Hainault. *Page* 16

Camps occupés par les François.

D'Acoche, en 1692.	171
D'Anfureulle, en 1690.	54
D'Appelteyren, en 1691.	131
De Bafy, en 1693.	252
De Baffilly, en 1692.	211
De Blicquy, en 1690.	50
De Bouffu, en 1690.	23
En 1691.	109
De Braine-le-Comte, en 1691.	89
De Cerfontaine, en 1691.	115
De Covarem, en 1693.	300
De Courtray, en 1692.	217
En 1694.	377
De Curne, en 1691.	75
De Deinfe, en 1690.	115
De l'Eclufe, 1693.	258
D'Emptine, près Florennes, en 1691.	111
D'Emptine-fur-Soile, en 1692.	169
D'Enghien, en 1691.	81
D'Efcanaffe, en 1692.	229
Des Eftinnes, en 1690.	42
En 1691.	105
En 1692.	151
De la Falife, en 1692.	176
De Farcienne, en 1690.	38
En 1694.	345
De Felluy, en 1691.	126
En 1692.	155
En 1693.	248
De Fleurus, en 1690.	37
De Fontaine-l'Evêque, en 1693.	321
Devant Furnes, en 1692.	238
De Gammaraches, en 1691.	130
De Gemblours, en 1692.	158
En 1693.	252
En 1694.	347
De Gerpines, en 1690.	23
De Gilly, en 1694.	345
De Givries, en 1692.	151
En 1693.	244
De Goffeliers, en 1693.	321
De Haifne-Saint-Pierre, en 1691.	98
En 1693.	308
De Halle, en 1691.	83
De Ham-fur-Sambre, en 1690.	26
D'Harlebeck, en 1690.	14
En 1692.	216
De Hauterive, en 1690.	13 & 18
En 1691.	76 & 140
En 1694.	375
De Henfies, en 1690.	48
De Herines, en 1691.	136
En 1692.	229
D'Herlaimont, en 1692.	152

En

DES MATIERES.

En 1693.	
D'Heyliſſem, en 1693.	Page 248
De Hons, en 1690.	272
De Horelle, en 1694.	46
De Hoves, en 1692.	364
Devant Huy, en 1693.	196
De Jandrain, en 1694.	281
De Jumont, en 1690.	350
De Landen-Fermé, en 1693.	22
De Lesky, en 1693.	287 & 299
De Leſſines, en 1690.	282
En 1691.	51
En 1692.	80 & 133
De Leuſe, en 1690.	213
De Longchamp, en 1692.	11 & 18
De Lugny, en 1691.	168 & 175
De Marbay, en 1692.	117
Du Mazy.	156
De Merbe-Potterie, en 1691.	Ibid.
En 1692.	106
Devant Mons, en 1691.	186
Devant Namur, en 1692.	64
De Nivelle, en 1693.	158
De Peronne, en 1693.	305
De Peruvelz, en 1690.	325
En 1693.	49
De Pipiers, en 1692.	326
De Pomereuil, en 1690.	229
De Pottes, en 1692.	19
De Quevy, en 1690.	215 & 229
En 1693.	21
De Quievrain, en 1690.	325
De Renay, en 1691.	44
De Saint-Amand, en 1690.	78
De Saint-Gerard, en 1692.	10
De Saint-Eloy-Vive, en 1691.	183
De Saint-Tron, en 1694.	141
Du Saulſoy, en 1693.	353
De Soignies, en 1691.	327
En 1692.	102 & 128
En 1693.	190
De Sombref, en 1693.	307
De Soye, en 1694.	303
De Strées, en 1691.	373
De Taiſnieres, en 1690.	122
De Thieulain, en 1692.	43
De Thymeon, en 1693.	229
De Tourine-les-Ordons, en 1693.	248
De Treſegnies.	253
De Tully, en 1692.	42
De Vanderbecq, en 1693.	185
De Velaines, en 1690.	309
De Vignamont, en 1693.	31
De Ville-ſur-Haiſne, en 1692.	280
De Walef, en 1693.	188
	279

Camps occupés par les Alliés.

Fffff

D'Aloſt.	Page 234
D'Arquenne.	373
Sous Ath.	133
De Beaumont.	118
De Betlehem, en 1692.	163
En 1693.	296
De Braine-Laleu, en 1690.	47
En 1691.	128
En 1692.	193
Sous Bruxelles, en 1692.	152
En 1693.	253
De Cambron, en 1691.	140
En 1694.	374
De Deinſe.	216
D'Enghien.	132
D'Eſpierres.	284
De Dieghem, en 1691.	94
En 1693.	300
De Dronghem.	228
De Fleurus, en 1691.	107
En 1694.	372
De Fraſne.	375
De Gand.	15
De Gaure, en 1690.	40
En 1691.	121
En 1692.	214
De Gemblours.	96
De Genappe.	187
De Gerpines.	107
De Grandmont.	140
De Guillenghien.	132
De Halle, en 1691.	72 & 130
En 1692.	193
De Hougarde.	166
De Kerckove.	376
De Leeffdal.	94
De Leeuſe.	134
De Liege, en 1693.	253 & 274
De Louvain, en 1691.	94
En 1693.	253
De Marbay, proche Thuin.	114
De Meldert.	166
De Montenacken.	Ibidem.
De Neer-Eſpen.	283
De Ninove, en 1692.	214
En 1693.	319
De Pottes.	376
De Reves.	20
De Rouſſelaer.	378
De Soignies.	374
De Sombzée.	111
De Sombreff.	177
De Saint-Amand.	Ibidem.
De Saint-Gerard.	122
De Saint-Quentin Lennicke.	52
De Saint-Martin-Lennicke, en 1692.	214

DES MATIERES. 391

En 1693.	Page 307
De Saint-Tron.	281
De Taviers, en 1692.	155
En 1694.	365
De Thine.	170
De Tirlemont.	351
De Trafegnies.	24
De Tongres, en 1690.	44
En 1693.	274
De Tourine.	344
De Varem.	44
De Vavre, en 1690.	Ibid.
De Velaines.	124
De Vilvorde, en 1690.	41
En 1693.	300
De Viſet.	43
De Uleſembeck, en 1691.	83
En 1693.	
Camp retranché de Liege.	304
De Furnes.	283
Caraman, (M. de) commande l'infanterie ſous Ypres.	378
Caſtanaga, (M. de) Gouverneur des Pays-Bas Catholiques, force les lignes d'Eſ-pierres en 1689.	221
Fait avancer ſes troupes à Gand.	3
Demande des troupes à M. de Waldeck, qui lui en refuſe.	15
Détache M. de Vaudemont pour joindre M. de Waldeck.	16
Marche à Gaure ſur l'Eſcaut.	37
Inſiſte auprès des Généraux des Alliés, pour attaquer les lignes d'Eſpierres.	40
Joint les Hollandois ſur la Dendre.	47
Fait ſes efforts pour retenir les Hanovriens dans les Pays-Bas.	52
S'avance avec treize eſcadrons à Bruxelles.	53
Marche à Gavre, & menace les lignes d'Eſpierres.	102
Caſtries, (M. de) eſt bleſſé à la bataille de Fleurus.	121
Cavalerie. Sur combien de rangs elle combattoit à Fleurus.	38
Cerclas, (le Comte de) commande les troupes de Liege, & joint M. de Waldeck.	32
Ne peut empêcher le bombardement de Liege.	40
Se tient ſous Huy.	90
Campe ſur l'Orneau.	107
Enſuite auprès de Namur.	113
Eſt harcelé par M. de Boufflers.	128
Joint le Prince d'Orange à Louvain.	138
Eſt détaché pour attaquer le quartier de M. de Boufflers devant Namur.	166
Campe près de Huy.	174
Cherche à couper la retraite de M. de Boufflers.	181
Marche à Hennuye.	224
Chamlay, (M. de) eſt chargé de ſe rendre devant Mons, & de travailler de concert avec M. de Boufflers & M. de Vauban.	235
Travaille avec M. de Barbezieux à régler les articles de la capitulation de Namur.	62
Son ſentiment dans un Conſeil tenu à Gemblours, en 1693.	180
Charleroy bombardé en 1692.	254
Aſſiégé & pris en 1693.	235
	316 & ſuiv.
Chartres, (M. le Duc de) viſite la tranchée au ſiege de Mons.	69
Joint l'armée à Leſſinnes en 1691.	79
Reçoit un coup de fuſil à Steenkerke.	203

TABLE

Combat à la tête de la Maison du Roi à Neerwinde. *Pages* 290 & 294

Chauvelin, (M. de) Intendant de Picardie, reçoit des ordres particuliers de la Cour. 62 & 150

Cheladet, (M. de) fait l'avant-garde le jour du passage de la Sambre. 29 & 30
    Va reconnoître le camp des ennemis à Braine-Laleu. 47
    Est détaché avec 400 chevaux pour examiner la position des ennemis campés sur le ruisseau de Ulesembeck. 83
    Est chargé de protéger les partis que M. de Luxembourg a sur les ennemis. 107 & 108
    Est détaché de Merbe-Potterie pour sçavoir des nouvelles des ennemis. 187
    Est détaché vers Enghien pour la même raison. 233
    Est détaché de Horelle avec mille chevaux, pour la même raison. 365

Chemin couvert de la ville de Namur, attaqué & pris en plein jour. 165
    Du Château de Namur emporté de même. 178 & 179
    De Charleroy forcé en plein jour. 323

Chevilly, (M. de) est chargé de veiller à la garde des Lignes, depuis Comines jusqu'à la Knocke. 148
    Propose des quartiers qui puissent assurer les lignes d'Ypres pendant l'hyver de 1692 à 1693. 225 & *suiv.*
    Son projet est suivi. 237

Choiseuil, (M. le Duc de) passe la Sambre avec quelques escadrons, partie à gué, partie à la nage, pour investir le Château de Froidmont. 26
    Commande une partie de l'aîle droite à la bataille de Fleurus. 35
    Est détaché avec deux mille chevaux pour pénétrer dans le pays ennemi. 41
    Est détaché à Chievres. 193
    Se trouve à la tête de la Maison du Roi à Steenkerke. 200
    Commande les troupes destinées à défendre les lignes d'Ypres. 219 & *suiv.*
    Est fait Maréchal de France. 241, 311

Circonvallation de Charleroy. 238
    De Furnes. 281
    De Huy. 64
    De Mons. 158
    De Namur. 158

Coigny, (M. le Comte de) est chargé de veiller sur Charleroy. 167
    Joint M. de Luxembourg. 181
    Est détaché pour aller en Allemagne. 30

Combat de Fleurus. 137
    De Leuse. 139
    Près la riviere d'Ourte. 169
    Devant le Château de Namur. 197
    De Steenkerke. 262
    De Boussu, près Valcourt. 223
    Près de Roumont. 275
    De Hamal, près de Tongres. 254

Conseil tenu à Gemblours en 1693. 174

Consommation de fourrages secs. 354
    De vivres.

Conty, (M. le Prince de) a beaucoup de part au gain du combat de Steenkerke. 198, 201, 202, 203 & 204
    Quelle idée M. de Luxembourg avoit de ses talens pour la guerre. 255 & 256
    Commande la droite à la bataille de Neerwinde. 290
    Quelle ardeur il sçut inspirer aux troupes dans la marche de Vignamont à Espierres, & quels en furent les effets. 375

Convoi attaqué dans sa marche. 262 & *suiv.*

Courses faites sur le pays ennemi pour y établir des contributions. 59, 69, 132, 220

Courtebonne,

DES MATIERES.

Courtebonne, (M. de) commande sur la Haisne. 393
Crequy, (M. le Marquis de) est détaché avec M. de Puysegur pour reconnoître un Camp entre les deux Geettes. 383
    Est employé à la droite de la bataille de Neerwinde. 255
    Attaque les retranchemens des ennemis. 290
    Sort de la tranchée à Charleroy, pour combattre une sortie des ennemis. 294
     317

D.

Dauphin, (M. le) assiége & prend Philisbourg en 1688. 1
    Commande l'armée du Rhin en 1690. 7
    Accompagne le Roi au siege de Mons. 69
    Visite la tranchée. *Ibid.*
    Passe de Flandre en Allemagne en 1693. 254
    Commande l'armée de Flandre en 1694. 331 & *suiv.*
    Donne au Prince d'Orange de l'inquiétude pour Liege. 361 & *suiv.*
    Prévient les ennemis sur l'Escaut, & sauve les Lignes. 372 & *suiv.*
    Fait des dispositions pour la défense de la frontiere. 378
    Retourne à la Cour. 379
Défensive, *voyez* Guerre.
Disposition pour garder les passages de la Sambre. 24
    De M. de Flodorf & de M. de Luxembourg, pour le combat de cavalerie donné à Fleurus. 29 & 30
    De M. de Waldeck & de M. de Luxembourg, pour la bataille de Fleurus. 32, 34 & 35
    De M. de Luxembourg, pour combattre l'infanterie Hollandoise formée en quarré. 37
    Par laquelle le Prince d'Orange comptoit fortifier sa cavalerie, & M. de Luxembourg son infanterie. 92 & 93
    De la cavalerie Françoise & de celle des Alliés au combat de Leuse. 137
    De M. de Luxembourg sur la Mehaigne. 171 & 172
    Au combat de Steenkerke. 199 & 200
    De M. d'Harcourt, pour combattre les ennemis. 223
    De M. de Guiscard, chargé d'escorter un convoi. 262 & *suiv.*
    Des deux armées à la bataille de Neerwinde. 289 & *suiv.*
Dunkerque : état de cette place en 1692. 219
    Bombardée en 1694. 380
Duras, (le Maréchal de) commande l'armée d'Allemagne en 1689. 2
    Accompagne le Roi au siege de Mons. 69

E.

Elbeuf, (M. le Duc d') se trouve au combat de Steenkerke. 198, 199, 205
Embuscade formée près la tombe de Step. 365
Escorte, *voyez* Convoi. Fourrage.
Espierres, *voyez* Lignes.
Espions : de quels moyens M. de Luxembourg se sert pour les tromper. 24
Etat des munitions de guerre menées devant Mons. 64 & *suiv.*
    Devant Namur. 159 & *suiv.*
    Devant Charleroy. 310 & *suiv.*
    Des troupes, *voyez* les ordres de bataille dans les Cartes de cet Ouvrage.

F.

Feuquieres, (le Marquis de) employé au centre, à la bataille de Neerwinde. 290
    Contribue au gain de cette bataille. 294

Ggggg

TABLE

Fimarcon, (M. de) est blessé au combat de Steenkerke. *Page* 205
Flandre, état de cette frontiere au commencement de 1690. 6
Fleming, (M. de) commande les troupes de Brandebourg, près de Huy. 107
    Campe à Farcienne. 113
    Enfuite à Marchienne au pont. 120
    Pouvoit être battu par l'armée Françoise. 123
    Campe près de Namur. 128
    Veut s'emparer de la Roche, & est harcelé par M. de Boufflers. 139
    Joint l'armée des Alliés à Louvain. 166
    Campe près de Huy. 181
    Veut s'opposer à la retraite de M. de Boufflers. 214
    S'avance à Hennuye. 235
    Observe la marche de M. le Dauphin en 1693, & revient joindre l'armée des Alliés. 274
Fleurus, *voyez* Bataille, Camp, Combat.
Flodorf, (M. de) détaché par M. de Waldeck, pour garder les passages de la Sambre. 23
    Se retire, étant suivi par M. de Luxembourg, qui met sa cavalerie en fuite. 29, 30 & 31
Forces des Alliés en Flandre en 1690. 15, 17 & 20
    Des troupes Françoises dans la même année. 9, 10, 17, 19 & 20
    Des deux armées à la bataille de Fleurus. 33
    Des troupes Françoises devant Mons. 62 & 63
    Des Alliés pendant le siege de cette place. 72
    De M. de Boufflers pour bombarder Liege. 74
    Des Alliés sous Liege. 90
    De M. de Luxembourg en 1691. 77, 90, 107, 114
    Des Alliés dans la même campagne. 106, 107, 121
    Des troupes Françoises en Flandre pendant le siege de Namur. 154, 155
    Des deux armées sur la Mehaigne en 1692, *voyez* la Planche X de cette Campagne.
    De M. de Luxembourg après le siege de Namur. 181
    Des troupes Françoises en Flandre en 1693, pendant que le Roi étoit à la tête de son armée. 243 & 244
    De M. de Luxembourg après le départ du Roi & de M. le Dauphin. 254
    Des Alliés en 1693. 253, 273, 274, 297
    Des troupes Françoises en Flandre en 1694. 332
    Des Alliés pendant cette campagne. 354
Fourrage, disposition faite pour l'assurer. 91, 92
    En différens terreins. 355 & *suiv.*
    Attaqué & battu. 360
Furnes assiégé en 1692. 238

G.

Gaffion, (M. le Chevalier de) se trouve au combat de Steenkerke, & charge à la tête de la Brigade des Gardes. 198, 203, 204
    Est détaché pour renforcer M. de Boufflers. 229
    S'avance à Beaumont. 234
Gournay, (M. de) Lieutenant Général, reste avec un corps de troupes sur la Sambre. 10 & 11
    Joint M. de Luxembourg. 22
    Marche à Ham-sur-Sambre. 25
    Passe la Sambre. 26
    Arrive à propos pour arrêter la cavalerie ennemie. 31
    Commande l'aîle gauche à la bataille de Fleurus. 34
    Attaque la droite des ennemis, & est tué. 36

DES MATIERES.   395

Guerre, les raisons qui y donnerent lieu.
 Etat de la guerre avant 1690.   Page 1
 Choix de la défensive en Flandre par la Cour de France en 1690.   2, 3 & 4
 La bataille de Fleurus la fait changer de nature.   6 & 7
 De pure défensive en 1691.   38 & 39
 Offensive en 1692, de la part de la France, au commencement de la campagne.   93, 106
 De simple observation après le siege de Namur.   149
 Offensive de la part de la France au commencement de la campagne de 1693.   181
 De simple observation après le départ du Roi.   241
 Défensive & de simple observation de la part de la France en 1694.   254 & 255
Guiscard, (M. de) ce qu'il écrivoit à M. de Louvois sur la bataille de Fleurus, en note.   331 & 332
 A ordre de brûler des fourrages.   33 & 34
 Détruit l'Ecluse de Salcen.   107
 Commande sur la Meuse pendant l'hyver de 1691 à 1692.   120 & 121
 Est fait Gouverneur de la ville & de château de Namur.   148
 Fait des démonstrations de vouloir attaquer Huy.   166 & 180
 Bat les ennemis près de Valcour   237
 Est chargé de faire les préparatifs du siege de Huy, & d'investir cette place.   262 & *suiv.*
 Investit Charleroy.   280 & 281
 Est chargé d'assurer la Sambre depuis Charleroy jusqu'à Namur.   310
 Fait remonter des ponts de bateaux pour le passage de l'armée de M. le Dauphin.   332
 A de l'inquiétude pour Namur.   372
 Commande sur la Meuse.   380
Guldenleu, (M. de) se trouve au combat de Steenkerke.   384
       207

H.

Harcourt, (le Marquis d') commande sur la Moselle, & fait une diversion pendant le siege de Mons.   63
 La Cour projette de le faire pénétrer dans le pays de Juliers.   100
 Elle le destine à venir sur la Meuse.   113
 Joint M. de Boufflers.   128
 Commande dans le Luxembourg.   180 & 181
 Bat les ennemis à Ourteville.   223
 Joint M. de Boufflers.   224
 Marche du côté de Luxembourg.   234
 Est destiné en 1693, à couvrir le Luxembourg.   244
 Se rend devant Huy.   280 & 281
 Arrive pendant la bataille de Neerwinde, & se joint à la cavalerie de l'aîle gauche.   294
 Assure les convois qui viennent de Mons à Charleroy.   319
 Marche à Menin.   *Ibid.*
 Est destiné en 1694, à couvrir la frontiere du Luxembourg.   332
 Fait une diversion du côté de Kerpen.   351
 Reçoit ordre de M. le Dauphin de se rapprocher de son armée.   355
 Ne peut secourir Huy.   379 & 380
Humieres, (le Maréchal d') commande l'armée Françoise en Flandre, en 1689, & reçoit un échec à Walcourt.   2 & 3
 Est chargé de la défense des Lignes, depuis l'Escaut jusqu'au Canal d'Honscote.   7
 Prend une partie des troupes de M. de Luxembourg, & se place à Harlebeck.   17

A ordre de chercher à attaquer les Espagnols. 38
Campe à Avelghem. 41
Envoye des troupes à Mortagne, qui reviennent le joindre. 47
Tire des troupes des garnisons. *Ibid.*
Renvoye de la cavalerie à Mortagne. 48
Commande une armée d'observation pendant le siege de Mons. 63
A ordre de s'avancer à Espierres. 70
Vient entre Condé & Mortagne. 71
Campe à Saint-Guilain. 72
Sert en Flandre en 1692, dans l'armée du Roi. 151 & 159
Commande sur les côtes sous les ordres de Monsieur. 243
Huy assiégé & pris par les François en 1693. 280 & 281
Repris par les Alliés en 1694. 379 & 380

I.

Imecourt, (M. d') est détaché pour faire contribuer le Brabant. 132
Infanterie : sur combien de rangs elle combattoit à Fleurus en 1690. 32
Intervalles entre les bataillons. *Ibid.*
Changement arrivé en 1692 dans la formation des bataillons. 149 en note.
Ses armes. 173 en note, 208 & 209
Pelotons entremêlés parmi la cavalerie. 264 & 265
Investissement de Charleroy. 310
De Furnes. 238
De Huy. 281
De Mons. 63
De Namur. 158
Joyeuse, (M. de) est chargé de faire une diversion sur le bas-Rhin pendant le siege de Namur. 151
Est fait Maréchal de France en 1693. 241
Le Roi desire qu'il marche au secours de M. de la Valette. 284
Est détaché la veille de la bataille de Neerwinde. 285
Rejoint M. de Luxembourg. 287
Commande l'aîle gauche à Neerwinde. 290
Y est blessé. 297

L.

Lagny, (M. de) est chargé de l'arriere-garde dans l'escorte d'un convoi attaqué près de Valcourt. 263 & *suiv.*
Laubanie, (M. de) succede à M. de Vertillac dans le gouvernement de Mons. 266 en note.
Est chargé en 1694 de la défense de la Haisne & des Lignes de la Trouille. 332
Fait enlever le Comte de Tilly. 382 & 383
Leuse, *voyez* Camp. Combat.
Liege bombardé en 1691. 89 & 90
Menacé d'un siege en 1693. 281 & 283
Lignes d'Espierres en 1689. 3
Mal réparées pendant l'hyver suivant. 6
Forcées de nouveau en 1693. 294
Projet d'une nouvelle ligne, depuis l'Escaut jusqu'à la Lys. 329
Défense des Lignes d'Espierres, *voyez* Villars.
Lignes de la Trouille forcées en 1693. 262
Sentiment de M. de Luxembourg sur ces Lignes. 273
Et sur celles d'Honscote. 77

Lippe,

DES MATIERES. 397

Lippe, (M. le Comte de) est fait prisonnier à Neerwinde. Page 296
Livan, (M. le Comte de) se trouve au combat de Steenkerke. 207
Locmaria, (M. de) est chargé de couvrir du côté de Mons la marche de l'armée Françoise, & d'assurer un fourrage. 48
Lorraine, (le Prince Paul de) est tué à Neerwinde. 297
Louis XIV prend les armes pour la défense du Cardinal de Furstemberg, & pour rompre la Ligue formée à Ausbourg. 1
    Fournit des secours au Roi Jacques. 2
    Se réduit à une guerre défensive sur la frontiere de Flandre en 1690. 7
    Approuve les préparatifs & les dispositions faites par M. de Louvois pour assiéger Mons. 61
    Arrive devant cette place, & reconnoît les endroits par lesquels les ennemis pouvoient s'en approcher pour la secourir. 69
    Est présent à l'ouverture de la tranchée. *Ibid.*
    Visite la tranchée. 70
    Choisit un champ de bataille pour combattre l'armée ennemie, si elle tente le secours de la place. 72 & 73
    Retourne à Versailles après la prise de Mons. 73 & 74
    Fait bombarder Liege. 74
    Recommande au Maréchal de Luxembourg de faire tête aux ennemis sans courir les risques d'une bataille. 106
    Desire qu'on puisse entreprendre quelque chose pour l'honneur de ses armes, en cas que les ennemis partagent leurs forces. 123
    A des desseins sur Nieuport. 139
    Forme le projet de rétablir le Roi Jacques sur le trône d'Angleterre, & d'obliger les Alliés à la paix. 149
    Se propose le siege de Namur, & en fait les préparatifs. 149 & 150
    Se rend en Flandre. 151
    Fait investir Namur. 158
    Détache des troupes pour renforcer l'armée d'observation. 167
    Fait sous ses yeux attaquer la Cassotte. 172 & 173
    Envoie ses chevaux pour le service de l'artillerie. 173
    Range lui-même ses troupes en bataille hors des Lignes. 174
    Est présent à l'attaque du chemin couvert du château de Namur. 178
    Laisse la conduite de son armée à M. de Luxembourg, & retourne à Versailles. 180
    Veut que son armée s'avance à Enghien. 181
    Ecrit aux Généraux de ses armées pour les consulter sur l'armement de son infanterie. 209
    Fait marcher des troupes en Dauphiné. 213
    Se fait rendre compte directement par ses Généraux de toutes les opérations. 218
    Envoie M. de Boufflers sur la Meuse. 218 & 219
    Se détermine à faire bombarder Charleroy. 228
    Regle la conduite que M. de Luxembourg doit tenir pendant le bombardement. 235
    Fait assiéger Furnes. 237
    Fait les préparatifs de la campagne de 1693. 249 & *suiv.*
    Crée sept Maréchaux de France. *Ibid.*
    Etablit l'Ordre Militaire de Saint-Louis. *Ibid.*
    Se décide à porter la guerre sur la Meuse. 242
    Part pour la Flandre, & tombe malade au Quesnoy. 244
    Marche à Gemblours à la tête de son armée. 252
    Envoie M. le Dauphin en Allemagne, & ne peut, à cause de sa mauvaise santé, continuer la campagne. 254

Hhhhh

TABLE

Ordonne d'assiéger Huy, & d'attaquer le Prince d'Orange, s'il en donne occasion. *Page* 269
Donne ordre à M. le Maréchal de Joyeuse de marcher aux Lignes d'Espierres, après que l'armée des Alliés aura reçu un échec. 284
Se détermine à faire assiéger Charleroy. 300
Renforce l'armée de Flandre. 301
Prend des mesures pour s'opposer aux entreprises des Alliés pendant le siége de Charleroy. 331
Prend le parti de la défensive en 1694. 331 *& suiv.*
Donne le Gouvernement de la Flandre à M. le Maréchal de Boufflers. 384

Louvois, (le Marquis de) propose au Roi le siége de Mons. 61
Fait les préparatifs, & dresse une instruction détaillée concernant cette entreprise. 61 *& suiv.*
Se rend devant Mons avant le Roi, pour accélérer les préparatifs du siege. 69

Lucan, (Milord) Maréchal de Camp, à la bataille de Neerwinde. 290
Y est blessé. 297

Luxe, (M. le Comte de) est blessé à Neerwinde. 297

Luxembourg, (le Maréchal-Duc de) est nommé par le Roi pour commander l'armée de Flandre en 1690. 7
Quoique chargé d'une guerre défensive, a la liberté d'attaquer les ennemis. *Ibid.*
Forme, de concert avec la Cour, un premier plan d'opérations pour la sûreté des Lignes d'Ypres & d'Espierres. 9
Fait croire à ses troupes & aux ennemis qu'il est occupé de tout autre dessein que de passer l'Escaut. 12
Cherche à attirer la cavalerie de M. de Castanaga au combat. 15
Marche sur la Sambre pour observer M. de Waldeck. 17 *& suiv.*
Quelles étoient ses forces après sa jonction avec les troupes de M. de Boufflers. 19
Reçoit ordre de choisir quelque poste sur la Sambre, près de Namur. 20
Cherche à cacher sa marche aux ennemis pour surprendre le Prince de Nassau aux environs de Gemblours. 24
Raisons qui le décident à faire avancer son armée à Velaines, & à chercher l'occasion de combattre les ennnemis. 26, 27 & 28
Attaque la cavalerie ennemie, commandée par M. de Flodorf, & la met en fuite. 29 *& suiv.*
Se décide à attaquer les ennemis à Fleurus, & remporte sur eux une victoire complette. 32 *& suiv.*
Propose d'assiéger Ath. 39
Pourquoi il marche sur la Haisne. 41
Ses desseins & ceux de la Cour pour le reste de la campagne. 45, 46 & 47
Raisons qui le décident à camper à Blicquy. 49
Fait démolir les murs de l'Abbaye de Cambron. 50
Prévient les ennemis à Lessines, & leur fait tête au milieu de leur pays. 51 *& suiv.*
Pourquoi il fait démolir les murailles de plusieurs petites villes. 52
Détache des troupes pour aller sur la Meuse. 53
Met son armée dans des quartiers de cantonnemens. 55 *& suiv.*
Laisse le commandement de la frontiere pendant l'hyver à M. de Boufflers. 58

Accompagne le Roi au siege de Mons. 69
S'approche de Bruxelles pour faire une puissante diversion pendant le bombardement de Liege. 75 *& suiv.*
Cherche à combattre les ennemis. 83 & 84

DES MATIERES.

Ses vues & celles de la Cour pour s'opposer aux desseins des ennemis. 93 & 94
Combat les desseins de la Cour sur Bruxelles. 95, 98 & suiv.
Reçoit ordre de ne point chercher une bataille. 106
Fait échouer les desseins que les Alliés pouvoient avoir contre les places de la Meuse & du Hainault. 111 & suiv.
Rompt les projets qu'ils avoient contre les Lignes d'Espierres, & contre les places de la mer. 116 & suiv.
Occupé de suivre le Prince d'Orange, laisse échapper l'occasion d'accabler le Général Fleming. 123
Propose d'attaquer les ennemis, en cas qu'ils partagent leurs troupes. 124
Prévient les ennemis sur la Dendre. 129
Part de Lessinnes dans le dessein d'entreprendre sur les ennemis qui campoient à Leuse, 134
Bat l'arriere-garde des ennemis à Leuse. 136 & suiv.
Met son armée dans des quartiers de cantonnement. 141 & suiv.
Commande en 1692 une armée séparée de celle du Roi. 151
Ses mouvemens d'observation pour couvrir le siege de Namur. 167 & suiv.
Retire les gardes qu'il avoit sur la Mehaigne pour laisser le passage libre aux ennemis. 171
Côtoye l'armée des ennemis sur la Mehaigne. 175
Est chargé, après la prise de Namur, de défendre la frontiere sans former aucune entreprise. 181
Comment il se propose de secourir Namur si cette place est attaquée. 192
S'avance à Hoves & à Steenkerke. 193
Remporte une victoire complette sur le Prince d'Orange, à Steenkerke. 197 & suiv.
Prévient les ennemis sur l'Escaut & sur la Lys. 210 & suiv.
Ses dispositions pour assurer la frontiere, depuis l'Escaut jusqu'à la mer. 218 & suiv.
Son idée sur la diversion que M. de Boufflers étoit chargé de faire sur la Meuse. 223 & 224
Approuve les dispositions projettées par M. de Chevilly pour assurer pendant l'hyver la frontiere, depuis la Lys jusqu'à la mer. 225
Fait rétablir Courtray. 227
Ses vues pour favoriser le bombardement de Charleroy. 229 & 235
Commande en 1693 une armée séparée de celle du Roi. 243
Reçoit les ordres du Roi pour la conduite de son armée pendant cette campagne. 254 & 255
Va reconnoître le camp des ennemis. 258 & 259
Ses desseins en quittant les environs de Louvain. 267, 268 & 269
Bat l'arriere-garde du Comte de Tilly près de Tongres. 274 & suiv.
S'empare de Huy. 281
Va reconnoître le camp retranché de Liege. 283
Se détermine à marcher aux ennemis. 285
Attaque & bat l'armée des Alliés à Neerwinde. 288 & suiv.
Propose au Roi différens sieges. 298
Se justifie sur le reproche que les Courtisans lui faisoient d'avoir différé à s'avancer sur le pays ennemi. 300
Fait investir Charleroy. 310
Desseins de M. de Luxembourg pour empêcher le secours de cette place. 315 & 316
Observe les démarches des Alliés du côté des Lignes d'Espierres. 319 & 320
Prend Charleroy. 323
Fait réparer les Lignes d'Espierres. 329
Est chargé du commandement de l'armée de Flandre en 1694, sous les ordres de M. le Dauphin. 331

Son sentiment sur la marche des troupes Françoises, depuis Vignamont jusqu'à Mons. 369
Examine de quelle façon on pourroit remporter quelque avantage sur les Alliés. 381
Meurt en 1695. 384

M.

Magasins de vivres pour le siege de Namur. 150
    De fourrages secs en 1690. 10
    D'avoine à Philippeville en 1691. 113
    Sur la Meuse & sur la Sambre en 1692. 150
    En 1692, pour le siege de Charleroy. 307
Major Général, *voyez* Artaignan.
Mailly, (M. le Comte de) se distingue au combat de Steenkerke. 201
Maine : (M. le Duc du) quelle part il eut au combat de cavalerie & à la bataille de Fleurus. 29, 30, 35 & 36
    Marche à Cambron. 51
    Se trouve au combat de Steenkerke. 206
    Se rend à Dunkerque lorsque cette place est menacée. 380
Malezieux, (M. de) Intendant de Champagne, reçoit les ordres de la Cour. 9, 149 & 150
Marche sur deux colonnes. 18 & 19
    Sur trois colonnes. 12, 13, 14, 20, 21, 22, 23, 42, 44, 46 & 51
    Sur quatre colonnes. 42, 48, 168, 175, 212 & 216
    Sur cinq colonnes. 50, 54, 77, 134, 135 & 306
    Sur six colonnes. 103, 108, 110, 129, 302 & 304
    Sur sept colonnes. 100, 188, 193, 244, 286 & 361
    Sur huit colonnes. 185, 187 & 277
    Sur neuf colonnes. 84, 183 & 366
    Sur dix colonnes. 269 & 279
    Sur onze colonnes. 351
Marche dans laquelle chaque colonne de troupes est composée de cavalerie & d'infanterie. 12, Pl. IV, 46, Pl. XXIV.
Marche dans laquelle la cavalerie & l'infanterie couvrent les bagages du côté où on craint l'ennemi. 20, Pl. X. 22, Pl. XII. 42, Pl. XXII.
Marche dans laquelle la cavalerie & l'infanterie forment chacune une colonne, au milieu desquelles les bagages marchent en sûreté. 23, Pl. XIII.
Marche dans laquelle les colonnes de cavalerie & de bagages sont couvertes par l'infanterie. 116, Pl. XVIII.
Marche dans laquelle l'ennemi peut inquiéter l'arriere-garde & les flancs. 269, Pl. IX. 361, Pl. VIII.
Marche en arriere près de l'ennemi. 84, 269 & 361
    En avant pour s'approcher de l'ennemi. 82 & 286
    Sur un des flancs côtoyant la marche de l'ennemi. 168 & 175
Marche de nuit. 116
Marche sur neuf colonnes, réduite à six, & ensuite à trois. 84
Marche, *voyez* Camp.
Maréchal Général des Logis de l'armée, *voyez* Puysegur.
Marsilly, (M. de) est détaché pour sçavoir des nouvelles des ennemis. 136
    Commence le combat de Leuse. 137
Marsin, (M. de) mene l'avant-garde au combat d'Hamal. 274, 275 & 276
Maulevrier, (M. de) campe à Pottes pour assurer les convois qui venoient de Tournay à Espierres. 52
    Est chargé de veiller à la sûreté des Lignes & des Places maritimes de Flandre pendant le siege de Namur. 151
Commande à Dunkerque lorsque cette place est menacée d'un siege. 219 & 221

Est

DES MATIERES.

Est chargé de défendre les Lignes pendant le bombardement de Charleroy. Page 229
Metz, (M. du) commandant l'artillerie, fait faire des ponts sur l'Escaut. 12
 Est chargé de conduire l'artillerie, les vivres & les gros équipages de Deinse à Tournay. 17
 Dispose l'artillerie à la bataille de Fleurus. 34
 Est tué. 38 en note.
Mons assiégé & pris en 1691. 69 & suiv.
Monseigneur, *voyez* Dauphin.
Montal, (M. du) contribue au gain du combat de Steenkerke. 199 & 205
Montchevreuil, (M. de) Lieutenant Général, commande une des attaques faites au village de Neerwinde. 290
 Est tué. 297
Montfort, (M. le Duc de) est blessé au combat d'Hamal, près de Tongres. 275 & 276
Montmorency, (M. le Duc de) est blessé à Neerwinde. 297
Montrevel, (M. de) commande sur l'Escaut & aux Lignes d'Espierres en 1694. 384
Mortagny, (M. de) enleve le Comte de Tilly. 382
Mothe-Houdancourt, (M. de la) est chargé de donner du secours à la Knoque, & de veiller à la sûreté des Lignes. 220 & 221
 Commande aux Lignes d'Ypres en 1694. 384
Munitions de guerre, *voyez* Etat.

N.

Namur assiégé & pris en 1692. 164 & suiv.
Nassau, (le Prince de) occupe des quartiers sur l'Orneau. 24
 Leve ses quartiers avant que M. de Luxembourg puisse l'attaquer. 26
Nassau, (le Comte de) blessé à la bataille de Fleurus. 38
Neerwinde. (bataille de) 288 & suiv.
Nesle, (M. le Chevalier de) est détaché vers Ninove pour sçavoir des nouvelles des ennemis. 233
 Combat avec succès un détachement des ennemis. 365
Neuchelle, (M. de) est tué au combat de Leuse. 138
Noailles, (le Duc de) entre en Catalogne, & prend Campredon. 4
 Continue à commander sur cette frontiere. 151 & 243
 Est fait Maréchal de France. 241
Nonant, (M. de) est blessé près du Roi au siege de Namur. 173

O.

Offensive, *voyez* Guerre.
Orange, (M. le Prince d') fait conclure la Ligue d'Ausbourg. 1
 Se rend maître de l'Angleterre. 2
 Gagne la bataille de la Boine en Irlande. 44
 Rassemble les troupes des Alliés à Bruxelles pour secourir Mons. 70
 S'avance à Halle. 72 & suiv.
 Paroît avoir des desseins contre les places du Hainault. 92
 Se propose de fortifier sa cavalerie par des bataillons entremêlés parmi les escadrons. Ibid.
 Marche à Gemblours. 96
 Veut engager M. de Luxembourg à passer le premier la Sambre. 107
 Ses desseins contre les Lignes d'Espierres & d'Ypres. 116
 Sa surprise voyant l'armée du Roi campée à Lugny. 118
 Quelles étoient ses vues en marchant à Saint-Gerard. 123

TABLE

Fait marcher son armée à Leuse, & en laisse la conduite à M. de Waldeck.
Page 134
Assemble ses troupes à Bruxelles & sur la Meuse. 152
S'avance au secours de Namur. 166
Campe sur la Mehaigne, & n'ose hazarder une bataille. 171 & 172
Fait des démonstrations de vouloir combattre. 175 & 176
Marche à Saint-Amand. 177
Ensuite à Genappe. 187
Donne de l'inquiétude pour Namur & Dunkerque. 191
Détache le Comte d'Horn à Bruxelles. 193
Mesures qu'il prend pour tromper M. de Luxembourg, & le surprendre à Steenkerke. 196 & 197
Est battu à Steenkerke. 198 *& suiv.*
Fait passer des troupes d'Angleterre en Flandre. 214
S'avance sur l'Escaut. *Ibid.*
Delà sur la Lys, & passe cette riviere. 215 & 216
Fait occuper Furnes & Dixmude, & menace Dunkerque. 219
Fait faire différens mouvemens à ses troupes. 221
Détache le Comte de Castille pour observer M. de Boufflers. 222
Menace la Knoque & la Fintelle. 224
Quitte son armée, & part pour la Hollande. 227
Revient à Bruxelles, résolu d'hazarder une bataille pour sauver Charleroy. 236
Retourne en Hollande sans avoir rien entrepris. *Ibid.*
Assemble son armée en 1693, sous Bruxelles, & fait marcher des troupes sous Liege. 253
Sauve Louvain, & oblige M. de Luxembourg à s'en éloigner le premier. 268
Fait suivre l'armée du Roi dans sa marche de l'Ecluse à Heylissem ou Eleyssem. 272
Tire des troupes de toutes parts pour renforcer son armée. 273 & 274
Fait un détachement pour attaquer les Lignes d'Espierres. 276
Marche à Saint-Tron. 281
Son incertitude sur le camp de Tongres. 283
Fait entrer des troupes dans les retranchemens de Liege. 284
Se détermine à combattre malgré les Députés des Etats Généraux. 288
Est battu à Neerwinde. 289 *& suiv.*
Rassemble ses troupes à Bruxelles. 300
Fait venir des troupes d'Angleterre. 301
Marche à Anderlecht. 304
Fait entrer des troupes dans Ath. 307
Donne de l'inquiétude pour les Lignes d'Ypres & le siege de Charleroy. 318, 319 & 320
Fait cantonner ses troupes, & part pour la Hollande. 321
Assemble ses troupes en 1694 sur la Dyle, & leur fait prendre des quartiers de fourrage. 344
Campe à Tirlemont. 351
Ne songe qu'à resserrer M. le Dauphin dans ses fourrages. 354
Marche à Taviers. 365
N'est occupé que de garantir Liege, & de prévenir les François aux Lignes d'Espierres. 368
Décampe le premier pour aller sur l'Escaut. 372
Essaye d'établir des ponts sur cette riviere. 376
Marche à Rousselaer. 378
Fait assiéger Huy. 379 & 380
Fait bombarder Dunkerque & Calais. 380
Répand sa cavalerie dans des quartiers de cantonnement. 381

DES MATIERES.

Sépare son armée. Page 383
Ordre Militaire de Saint-Louis établi en 1693. 241
Ormond, (M. le Duc d') est fait prisonnier à Neerwinde. 296 & 297

P.

Partis envoyés à la guerre par M. de Luxembourg. 273, 275 & 365
Passage de la Sambre en 1690, pour surprendre le Prince de Nassau. 24, 25 & 26
    De la Tenre en 1691, pour s'éloigner des ennemis. 130 & 131
    Dispositions pour assurer le passage de la Meuse en 1694. 371
Pointis, (M. de) Capitaine des vaisseaux du Roi, se trouve volontaire au siege de Charleroy.
Polastron, (M. de) se trouve au combat de Steenkerke. 318
Porlier, (M. de) Colonel, est tué à Steenkerke. 199
Position d'une armée dont le front est libre & les flancs appuyés. 83, Pl. VIII. 202
Position d'une armée qui a ses flancs appuyés & des défilés devant le front. 253, Pl. IV.
Position d'une armée qui a devant le front un terrain coupé par les sources de différens ruisseaux, & qu'on ne peut attaquer que par corps séparés. 23, Pl. XII. 105, Pl. XIII. 190, Pl. XVIII. 213, Pl. XXIII.
Position d'une armée qui a ses flancs assurés, & dont une partie du front est couvert par un ruisseau & un ravin. 364, Pl. VIII.
Pracontal, (M. de) est chargé d'empêcher les partis ennemis de pénétrer entre Maubeuge & Condé. 386, Pl. IX.
    Est destiné à couvrir la frontiere du côté de Philippeville. 49
    Est chargé d'établir le camp à Heylissem. 123
    Est employé à l'aîle gauche à la bataille de Neerwinde. 272 & 273
Préparatifs pour l'ouverture de la campagne de 1690. 290
    Pour le siege de Mons. 7, 8, 9 & 10
    Pour le siege de Namur. 62
    Pour la campagne de 1693. 151 & 152
Projets des Alliés en 1690. 241
    De la Cour de France & de M. de Luxembourg dans la même année. 5, 6 & 47
    De la même pendant l'hyver de 1690 & 1691. 7, 9, 20, 28, 38, 39, 40, 41, 45, 46 & 48
    De la même sur Liege. 59
    De la même & de M. de Luxembourg en 1691. 74, 93, 95, 98, 99, 100, 119,
    Du Prince d'Orange en 1691. 123 & 134
    De Louis XIV pour l'ouverture de la campagne de 1692. 92, 116, 123, 134 & 140
    Du Roi & de M. de Luxembourg, depuis la prise de Namur jusqu'à la fin de la même campagne. 149 & 151
    Du Prince d'Orange en 1692. 181, 192, 210, 228, 229, 235 & 237
    Du Roi à l'ouverture de la campagne de 1693. 191, 192, 196, 214, 215, 216, 227 & 236
    Du Roi & de M. de Luxembourg pendant la campagne de 1693. 241, 242, 243, 244 & 254, 255, 259, 262, 267, 268, 269, 281, 284, 285, 287, 297, 298, 300, 314, 315 & 316
    Du Prince d'Orange pendant la même campagne. 259, 276, 281, 288 & 321
    Du Roi, de M. le Dauphin & de M. de Luxembourg en 1694. 331, 332, 333, 334, 364, 365, 369, 371 & 378
    Du Prince d'Orange en 1694. 344, 354, 368, 372, 376 & 379
Puysegur, (M. le Marquis de) Maréchal Général des Logis de l'armée de M. de Luxembourg, va reconnoître des chemins pour aller de Cerfontaine à Grandrieu. 114
    Prépare des routes de Lugny à Charlemont. 119
    Est détaché avec M. d'Albergotty pour reconnoître le camp de Longchamp. 167

Avoit la confiance de M. de Luxembourg. *Pages* 255 & 256
Examine les bords de la Dyle, & en rend compte à M. de Luxembourg. 260

Q.

Quartiers de cantonnement pris par l'armée Françoise en 1690. 56 & 57
 En 1691, & précautions pour les assurer. 143 & *suiv.*
 En 1692, pendant le bombardement de Charleroy. 230 & *suiv.*
 En 1693. 237 & *suiv.*
 Des Alliés en 1694. 344

R.

Rangs ou hauteur, *voyez* Cavalerie. Infanterie.
Redans faits par M. de Luxembourg au camp de Courtray. 377
Reinold, (M. de) se trouve au combat de Steenkerke. 202
Retraite de Halle à Braine-le-Comte. 84 & *suiv.*
 De l'Ecluse à Heylissem. 269 & *suiv.*
 Projettée de Vignamont à Huy. 371
Rivarolles, (M. de) est détaché à Mortagne, & revient à Espierres. 47
 Marche une seconde fois à Mortagne. 48
Rochefort, (M. le Marquis de) se distingue au combat de Steenkerke. 201
 Est blessé à Neerwinde. 297
Roche-Guyon, (M. le Duc de la) se trouve au combat de Steenkerke. 207
 Est blessé à Neerwinde. 297
Rozel, (M. le Chevalier du) enleve quarante cavaliers & quatre-vingt-dix chevaux dans un petit combat. 95
 Est détaché avec cinq cens chevaux pour éclairer la marche des ennemis. 118
 Est chargé d'observer les mouvemens des Alliés. 127
 Forme l'avant-garde en marchant aux ennemis près de Tongres en 1693. 275
  Attaque un fourrage près de Tongres en 1694. 360 & 361
 Est détaché pour observer les mouvemens des Alliés. 368
Rosen, (M. de) assemble les troupes Françoises à Courtray. 75
 Va reconnoître le camp d'Enghien. 94
 Est détaché sous Mons. 139
 Se trouve au combat de Steenkerke. 206
 Attaque & bat un détachement des ennemis. 209
 Est chargé de la défense des Lignes d'Espierres pendant le bombardement de Charleroy. 229
 Se trouve à la bataille de Neerwinde. 290
 Est détaché pour faire contribuer la Campine. 299
 Commande l'armée Françoise à Vanderbeck. 319
 Commande dans les quartiers en 1694, & y fait observer une exacte discipline. 335
 Moyens dont il se sert pour empêcher les séditions & la désertion. *Ibid.*
Roucy, (M. de) blessé à la bataille de Fleurus. 38
Roussel, (M.) Commissaire Provincial d'artillerie au combat de Steenkerke. 201
Rubantel, (M. de) commande un gros détachement que M. de Boufflers envoie à M. de Luxembourg. 24
 Campe à Avelois. 31
 Passe la Sambre. 32
 Commande l'infanterie à la bataille de Fleurus. 35 & 36
 Est détaché après le bombardement de Liege pour joindre M. de Luxembourg. 95

Fait

DES MATIERES.

Fait faire un logement sur la breche d'un bastion du château de Namur. 169
Attaque le village de Neerwinde. 290

S.

Saillant, (M. de) est blessé à la bataille de Neerwinde. 297
Saint-Fremont, (M. de) attaque l'arriere-garde des ennemis à différentes reprises, & avec succès. 139
Salis, (M. de) est blessé à la bataille de Neerwinde. 297
Salseguaibre, (M. de) se trouve au combat de Steenkerke. 202
Sanguinette, (M. de) Exempt des Gardes du Corps, est tué au combat d'Hamal, près de Tongres. 275 & 276
Saulx, (M. de) est tué à la bataille de Fleurus. 38
Sgravenmoer, (M. de) est fait prisonnier à Neerwinde. 296
Siege de Charleroy. 316
    De Furnes. 238
    De Huy par les François. 281
    Par les Alliés. 379 & 380
    De Mons. 69
    De Namur. 164
Signaux pour la sûreté des quartiers de cantonnement. 146
Sillery, (M. le Chevalier de) est blessé à la bataille de Neerwinde. 297
Soubize, (M. le Prince de) attaque les ennemis, & les chasse des postes qu'ils occupoient en avant du château de Namur. 169 & 170
    Force les deux chemins couverts du château de Namur. 178 & 179
    Se trouve au combat de Steenkerke. 206
    Marche de Courtray à Herines. 229
Soyecourt, (M. de) tué à la bataille de Fleurus. 38
Steenkerke. (combat de) 197 & *suiv.*
Stoup ou *Stoppa*, (M. de) Colonel, blessé à la bataille de Fleurus. 38
    Est encore blessé au combat de Steenkerke. 202
    Se trouve à la bataille de Neerwinde. 292
Subsistances, voyez Préparatifs & Consommation.
Surville, (M. de) est blessé à la bataille de Neerwinde. 297

T.

Thiange, (M. de) est blessé au combat d'Hamal, près de Tongres. 276
Tilladet, (M. le Marquis de) commande la seconde ligne de l'aîle gauche à la bataille de Fleurus. 35
    Prend la place de M. de Gournay. 36
    Se trouve au combat de Steenkerke. 198
    Charge les ennemis à la tête de la Brigade des Gardes, & y reçoit une grande blessure. 203
Tilly, (M. le Comte de) reçoit un échec près de Tongres. 274 & *suiv.*
    Est enlevé à la tête de son camp près d'Ath. 282 & 283
Toulouse, (M. le Comte de) est blessé au siege de Namur. 173
    Se rend à Dunkerque lorsque cette place est menacée. 380
Tracy, (M. de) empêche M. de Luxembourg d'être surpris à Steenkerke. 197
    Est blessé à Neerwinde. 297
Tremble, (M.) Colonel, se trouve au combat de Steenkerke. 207
Turenne, (M. le Maréchal de) : sa disposition à la bataille d'Ensheim en note. 93
    Son neveu est tué au combat de Steenkerke ; éloge qu'en fait M. de Luxembourg. 207

V.

Vaguenair, (M. de) se trouve au combat de Steenkerke. 202
Vaisse, (M. de la) se trouve au combat de Steenkerke. 201

TABLE

Valdeck, (le Prince de) a l'avantage du combat de Valcourt. *Page* 3
    Commande l'armée de Hollande en 1690. 5
    Refuse de marcher sur la Lys. 28
    Laisse surprendre le passage de la Sambre. 28
    Sa conduite avant & pendant la bataille de Fleurus. 33 *& suiv.*
    Renforce son armée de beaucoup de troupes. 41
    S'approche de Louvain pour se joindre avec les troupes de Brandebourg. 44
    Refuse de donner une seconde bataille, & d'entreprendre un siege. 47
    Le Prince d'Orange lui laisse le commandement de l'armée à Leuse. 134
    Son arriere-garde est battue. 137
Vallette, (M. de la) campe à Mortagne. 16
    Ensuite à Condé. 19
    Envoie quatre bataillons à Tournay à M. le Maréchal d'Humieres. 38
    Est chargé de la défense des Lignes d'Espierres en 1692. 187
    Campe à Roesbrugge. 218 & 219
    Et ensuite sous Bergues. 221
    Est destiné à défendre les Lignes, depuis l'Escaut jusqu'à la mer. 253
    Est forcé d'abandonner les Lignes d'Espierres, & se retire sur la Deule. 384
    Les fait réparer au mois d'Octobre. 329
    Commande en 1694, depuis l'Escaut jusqu'à la mer. 332
    Défend le passage de l'Escaut. 375 *& suiv.*
Vatteville, (M. de) commande un fourrage. 11
    Se trouve au combat de Steenkerke. 206
Vauban, (M. de) se rend devant Mons, & en dirige les attaques. 62 *& suiv.*
    Est envoyé dans le Hainault pour faire les préparatifs du siege de Namur. 150
    Conduit les attaques contre cette place. 158, 164 *& suiv.*
    Et contre Charleroy. 317
Vaubecourt, (M. de) commande l'infanterie détachée par M. le Maréchal d'Humieres pour joindre M. de Luxembourg. 47
Vaudemont, (le Prince de) arrive à Nivelle avec un détachement de l'armée de M. de Castanaga. 37
    Fait marcher l'armée des Alliés à Beaumont. 118
Vandeuil, (M. de) commande sur la Lys pendant le siege de Furnes. 338
    A Espierres. 383
Vandôme, (MM. de) contribuent au gain du combat de Steenkerke, & chargent les ennemis à la tête de la Brigade des Gardes. 198 *& suiv.*
Vertillac, (M. de) commande depuis la mer jusqu'à la Lys. 58
    S'empare de Plaschendalle & de Nieuwendam. 60
    Est chargé d'inquiéter les ennemis. 118
    Envoie un détachement du côté de Tubise, pour sçavoir des nouvelles des ennemis. 187
    Escorte un convoi de Mons à Namur, & est tué dans un combat près de Valcourt, en 1693. 262 *& suiv.*
Vieuxpont, (M. de) se trouve au combat de Boussu, près Valcourt. 262 *& suiv.*
Vigny, (M. de) commande l'artillerie en Flandre. 62, 150 & 241
    Est blessé au combat de Steenkerke. 201
    Est blessé devant Charleroy. 317
Villars, (M. de) commande sur la frontiere, depuis la Lys jusqu'à l'Escaut. 58
    Marche à Halle, & bat l'arriere-garde de M. de Valsassine. 59 & 60
    Investit Mons. 63
    Est chargé de la défense des Lignes d'Espierres. 94
    Campe à Belœil. 95
    Retourne aux Lignes. 102
    Rassemble trente-cinq escadrons & sept bataillons. 107
    Ses dispositions pour défendre les Lignes d'Espierres. 121

DES MATIERES.

Se trouve au combat de Leufe. *Pages* 136 & *fuiv.*
Commande pendant l'hyver de 1691 à 1692, fur l'Efcaut. 148
Commande à Tournay à la fin de la campagne de 1692, & fe rend devant Furnes. 237 & *fuiv.*
Villequier, (M. de) eft bleffé à la bataille de Neerwinde. 297
Villeroy, (M. le Duc de) fe trouve au combat de Steenkerke. 198
    Charge les ennemis à la tête de la Brigade des Gardes. 203
    Marche à Thieulain. 229
    S'avance à la Buffiere pour protéger la retraite de M. de Boufflers devant Charleroy. 236
    Eft fait Maréchal de France. 241
    Marche avec M. de Luxembourg pour combattre le Comte de Tilly. 274 & 275
    Inveftit Huy. 281
    Commande le centre à la bataille de Neerwinde. 290 & 294
    Eft chargé du fiege de Charleroy en l'abfence de M. de Luxembourg. 319
    Fait réparer cette place. 324
    Fait cantonner les troupes. 328 & 329
    Eft deftiné en 1694 à marcher avec un gros détachement au fecours des Lignes d'Efpierres. 334
    Fait cantonner une partie des troupes fur la Haifne. *Ibid.*
    Campe à Heppeny, ou Heppenies. 344
    Prend les devants pour arriver à Efpierres. 374 & *fuiv.*
Vivans, (M. de) bleffé à la bataille de Fleurus. 38
Voifin, (M. de) Intendant du Hainault, reçoit des ordres particuliers de la Cour. 8 & 62

Ufez, (M. le Duc d') tué à la bataille de Neerwinde. 297
Uffon, (M. d') commande les troupes que M. de Luxembourg envoie à M. de Boufflers. 43
    Eft envoyé fur la Meufe. 53
Wirtemberg, (M. le Prince de) force les Lignes d'Efpierres en 1693. 284
    Rejoint le Prince d'Orange à Bruxelles. 300
    Prend les devants en 1694, pour prévenir l'armée Françoife aux Lignes d'Efpierres. 376

X.

Ximenes, (M. de) marche de Deinfe à Saint Amand, avec 14 bataillons. 17
    Eft bleffé à la bataille de Fleurus. 38
    Commande dans le Hainault. 58
    Retire les troupes qui étoient dans Beaumont. 111
    Eft chargé des Lignes de la Trouille & de la défenfe du Hainault. 148
    Efcorte l'artillerie menée devant Namur. 155
    Inveftit Namur, depuis la Sambre jufqu'à la haute Meufe. 158
    Affemble de la cavalerie pour affurer la marche d'un corps d'infanterie, depuis la Sambre jufqu'à Philippeville. 192
    Eft détaché pour affurer la communication de l'armée Françoife avec Namur. 261
    Eft deftiné à attaquer un corps de cavalerie campé fous Charleroy. 266
    Eft employé à l'aîle gauche à la bataille de Neerwinde. 290
    Inveftit Charleroy. 310
    Couvre la marche de l'armée Françoife du côté de Liege, en 1694. 367
    Commande un corps de troupes entre la Sambre & la Meufe. 383
    Eft chargé de la défenfe de la Haifne & des Lignes de la Trouille. 384

Z.

Zuileftein, (M. de) eft fait prifonnier à Neerwinde. 296

Fin de la Table des Matieres.

FAUTES à corriger dans les Campagnes de 1692, 1693 & 1694, & dans les Planches de 1691.

DANS les Planches de 1691, celle qui est numerotée 18, ayant été placée depuis l'impression, toutes celles qui la suivent dans cette même Campagne, sont dérangées d'un chiffre.

Page 167, *ligne* 12, ces troupes, *lisez* les troupes.
Page 182, *ligne* 13, Moustiez, *lisez* Moustier.
Page 187, *ligne* 24, Philippeaux, *lisez* Phelippeaux.
Page 188, *ligne* 21, Givrils, *lisez* Givries.
Page 202, *lignes* 7 & 9, Paulier, *lisez* Porlier.
Page 204, *ligne* 1, *Idem*.
Page 229, *ligne* 33, Leeuse, *lisez* Leuse.
Page 233, *ligne* 10, *Idem*.
Page 270, *ligne* 21, derriere la seconde ligne droite, *lisez* derriere la seconde ligne de l'aîle droite.
Page 272, *ligne* 13, sur la chaussée, *lisez* sur la grande chaussée.
Page 273, *ligne* 35, aller, *lisez* allée.
Page 294, *ligne* 26, à la cavalerie, *lisez* à une partie de la cavalerie.
Page 297, *ligne* 29, consommées, *lisez* consommés.
Page 299, *ligne* 22, pendant quelques jours: après la bataille, *lisez* pendant quelques jours après la bataille:
Page 306, *ligne* 33, *supprimez* menus.
Page 310, *ligne* 13, cent quarante-neuf, *lisez* cent trente-neuf.
Page 318, *ligne* 32, qui resta, *lisez* qui y resta.
Page 320, *ligne* 37, Quarrgnon, *lisez* Quaregnon.
Page 322, *ligne* 29, soutenus, *lisez* soutenues.
Page 326, *ligne* 4, Quarrgnon, *lisez* Quaregnon.
Page 346, *ligne* 12, passerent la cense, *lisez* passerent à la cense.
Page 351, *ligne* 19, sur dix colonnes, *lisez* sur onze colonnes.
Page 353, *ligne* 20, les deux de la gauche, *lisez* les deux de l'aîle gauche.
Même page, *lignes* 22 & 23, celle des bagages passa, *lisez* celles des bagages passerent.
Page 356, *ligne* 34, formé, *lisez* formée.
Page 365, *ligne* 22, prisonniers, *lisez* cavaliers.
Page 373, *ligne* 32, M. de la Mottes, *lisez* M. de la Mothe.
Page 374, *ligne* 20, *Idem*.
Page 377, *ligne* 19, dans lignes, *lisez* dans les lignes.

APPROBATION.

J'AI lu, par ordre de Monseigneur le Chancelier, un Manuscrit intitulé, *Les Marches & Campemens de notre armée en Flandre, commandée par M. le Maréchal Duc de Luxembourg, ou Histoire Militaire de Flandre, depuis l'année 1690, jusqu'en 1694 inclusivement*, & je n'y ai rien trouvé qui puisse en empêcher l'impression. Fait à Paris ce 5 Octobre 1755.

BELIN.

PRIVILEGE DU ROI.

LOUIS, par la grace de Dieu, Roi de France & de Navarre : à nos amés & féaux Conseillers, les Gens tenant nos Cours de Parlement, Maîtres des Requêtes ordinaires de notre Hôtel, Grand Conseil, Prevôt de Paris ; Baillifs, Sénéchaux, leurs Lieutenans Civils, & autres nos Justiciers qu'il appartiendra : SALUT. Notre bien amé le Chevalier DE BEAURAIN, notre Géographe ordinaire, & ci-devant de l'Education de notre très-cher & bien amé Fils le Dauphin de France, nous a fait exposer qu'il desireroit faire graver, imprimer, & donner au Public un Ouvrage qui a pour titre : *Les Marches & Campemens de notre armée en Flandre, commandée par M. le Maréchal Duc de Luxembourg, ou Histoire Militaire de Flandre, depuis 1690, jusqu'en 1694 inclusivement* ; s'il nous plaisoit lui accorder nos Lettres de privilege pour ce nécessaires. A CES CAUSES, voulant favorablement traiter l'Exposant, nous lui avons permis & permettons par ces Présentes, de faire graver & imprimer ledit Ouvrage, autant de fois que bon lui semblera, & de le faire vendre & débiter par tout notre Royaume, pendant le tems de douze années consécutives, à compter du jour de la date des Présentes. Faisons défenses à tous Imprimeurs, Libraires, & autres personnes, de quelque qualité & condition qu'elles soient, d'en introduire d'impression étrangere dans aucun lieu de notre obéissance : comme aussi d'imprimer ou faire imprimer, vendre, faire vendre, & débiter ledit Ouvrage, ni d'en faire aucun extrait, sous quelque prétexte que ce soit d'augmentation, correction, changement, ou autres, sans la permission expresse & par écrit dudit Exposant, ou de ceux qui auront droit de lui ; à peine de confiscation des exemplaires contrefaits, de trois mille livres d'amende contre chacun des contrevenans, dont un tiers à Nous, un tiers à l'Hôtel-Dieu de Paris, & l'autre tiers audit Exposant, ou à celui qui aura droit de lui, & de tous dépens, dommages & intérêts : à la charge que ces Présentes seront enrégistrées tout au long sur le Registre de la Communauté des Imprimeurs & Libraires de Paris, dans trois mois de la date d'icelles ; que l'impression dudit Ouvrage sera faite dans notre Royaume, & non ailleurs, en bon papier & beaux caractères, conformément à la feuille imprimée & attachée pour modele sous le contre-scel des Présentes ; que l'impétrant se conformera en tout aux Réglemens de la Librairie, & notamment à celui du 10 Avril 1725 ; & qu'avant que de les exposer en vente, le Manuscrit qui aura servi de copie à l'impression dudit Ouvrage, sera remis dans le même état où l'approbation y aura été donnée, ès mains de notre très-cher & féal Chevalier Chancelier de France, le Sieur de Lamoignon, & qu'il en sera ensuite remis deux exemplaires de chacun dans notre Bibliothéque publique, un dans celle de notre Château du Louvre, un dans celle de notredit très-cher & féal Chevalier Chancelier de France, le Sieur de Lamoignon, & un dans celle de notre très-cher & féal Chevalier Garde des Sceaux de France, le Sieur de Machault, Compandeur de nos Ordres ; le tout à peine de nullité des Présentes : du contenu desquelles vous mandons & enjoignons de faire jouir l'Exposant & ses ayans cause, pleinement & paisiblement, sans souffrir qu'il leur soit fait aucun trouble ou empêchement. Voulons que la copie des Présentes, qui sera imprimée tout au long au commencement ou à la fin dudit Ouvrage, soit tenue pour duement signifiée, & qu'aux copies collationnées par l'un de nos amés & féaux Conseillers Secretaires, foi soit ajoutée comme à l'Original. Commandons au premier notre Huissier ou Sergent sur ce requis, de faire pour l'exécution d'icelles tous actes requis & nécessaires, sans demander autre permission, & nonobstant clameur de haro, Charte Normande, & Lettres à ce contraires ; car tel est notre plaisir. DONNÉ à Versailles, le vingt-neuvieme jour du mois de Mars, l'an de grace mil sept cent cinquante-quatre, & de notre regne le trente-neuvieme. Par le Roi en son Conseil.

PERRIN.

Regiftré fur le Regiftre XIII de la Chambre Royale & Syndicale des Libraires & Imprimeurs de

Paris, N°. 348, fol. 278, conformément au Réglement de 1723, qui fait défense, article 4, à toutes personnes, de quelque qualité qu'elles soient, autres que les Libraires & Imprimeurs, de vendre, débiter & faire afficher aucuns Livres pour les vendre en leur nom, soit qu'ils s'en disent les Auteurs ou autrement, & à la charge de fournir à la susdite Chambre neuf Exemplaires prescrits par l'article 108 du même Réglement. A Paris, le 4 Mai 1754.

Signé DIDOT, Syndic.

De l'Imprimerie de Ch. Ant. Jombert, Imprimeur-Libraire du Corps Royal de l'Artillerie & du Génie, rue Dauphine, à l'Image Notre-Dame. 1756.

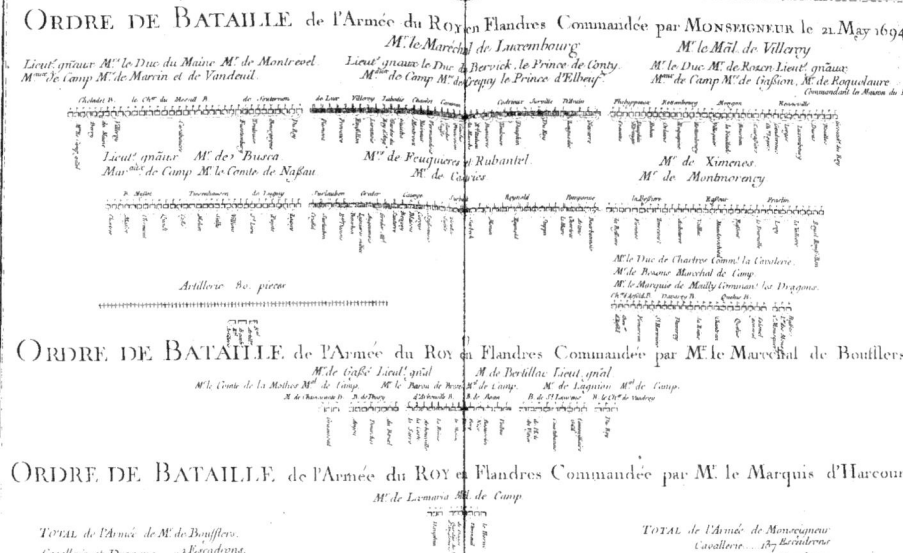

ORDRE DE BATAILLE de l'Armée du Roy en Flandres Commandée par MONSEIGNEUR le 21. May 1694.

Mr. le Maréchal de Luxembourg — Mr. le Mal. de Villeroy

Lieut. gnaux Mr. le Duc du Maine, Mr. de Montrevel — Lieut. gnaux le Duc de Bervick, le Prince de Conty — Mr. le Duc Mr. de Rouen Lieut. gnaux
Mrs. de Camp Mr. de Marcin et de Vandeuil — Mrs. de Camp Mr. de Crepy le Prince d'Elbeuf — Mrs. de Camp Mr. de Chaßion, Mr. de Roquelaure
Commandant la Maison du Roy

Lieut. gnaux Mr. de Busca — Mr. de Feuquieres et Rubantel — Mr. de Ximenes
Mar.aux de Camp Mr. le Comte de Naßau — Mr. de Caprice — Mr. de Montmorency

Mr. le Duc de Chartres Comm.t la Cavalerie
Mr. de Boßeus Marechal de Camp
Mr. le Marquis de Mailly Comman.t les Dragons

Artillerie 80 pieces

ORDRE DE BATAILLE de l'Armée du Roy en Flandres Commandée par Mr. le Marechal de Boufflers.

Mr. le Gaßé Lieut. gnal — Mr. de Bertillac Lieut. gnal
Mr. le Comte de la Mothe Mr. de Camp — Mr. le Baron de Bron Mr. de Camp — Mr. de Laquion Mr. de Camp

ORDRE DE BATAILLE de l'Armée du Roy en Flandres Commandée par Mr. le Marquis d'Harcourt.

Mr. de Lesmaris Mal. de Camp

TOTAL de l'Armée de Mr. de Boufflers.
Cavallerie et Dragons .... 23 Escadrons.
Infanterie .... 14 Bataillons.

TOTAL de l'Armée de Mr. le Marquis d'Harcout.
Cavallerie et Dragons .... 10 Escadrons.

TOTAL de l'Armée de Monseigneur
Cavallerie .... 137 Escadrons
Dragons .... 25 Escadrons
Infanterie .... 78 Bataillons

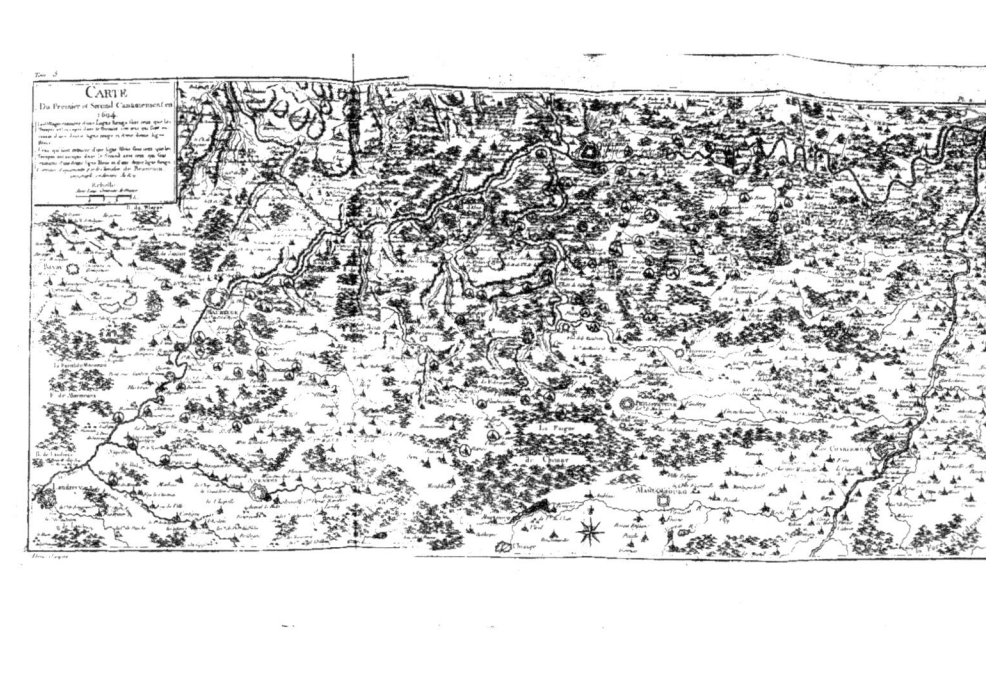

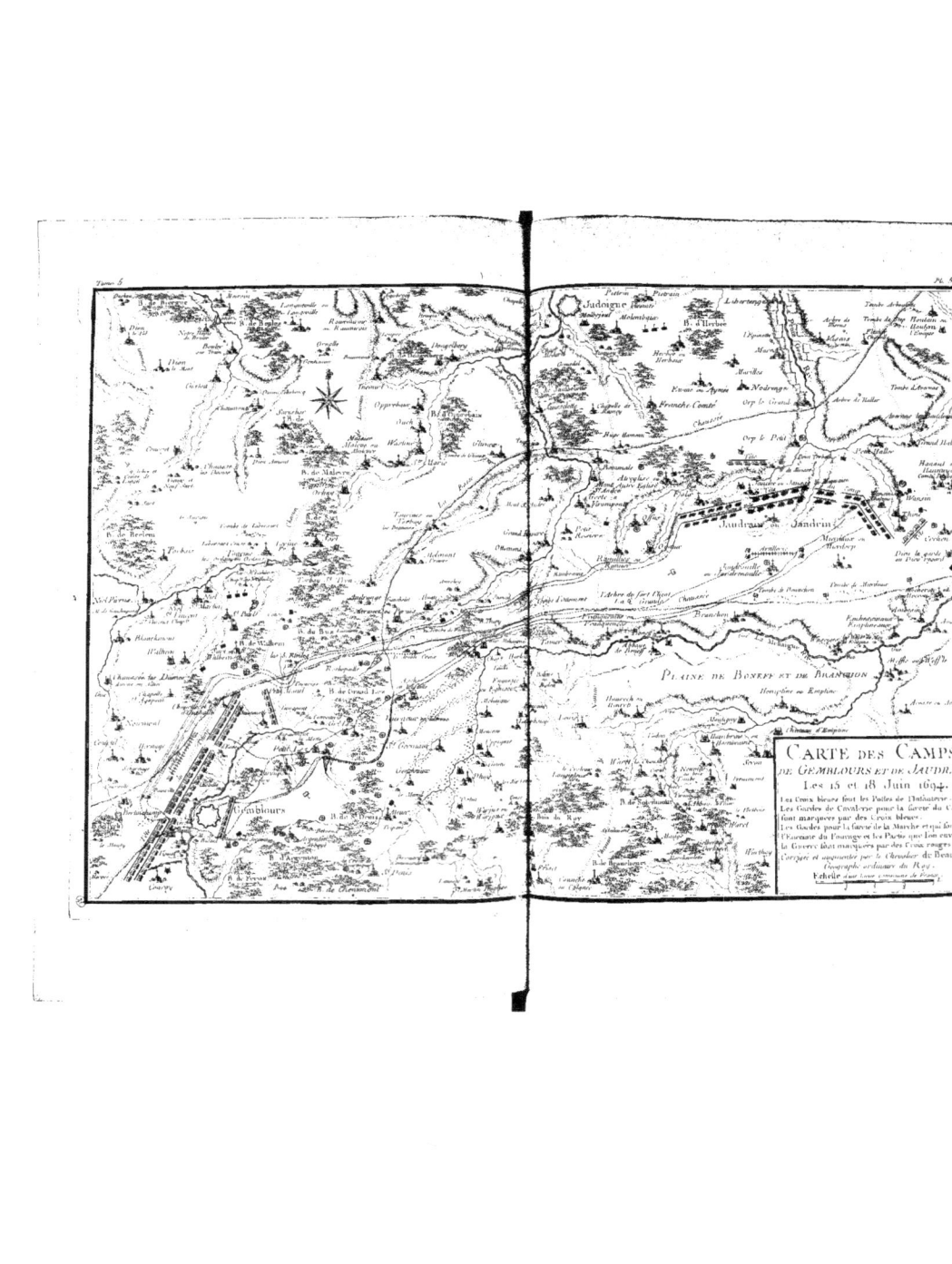

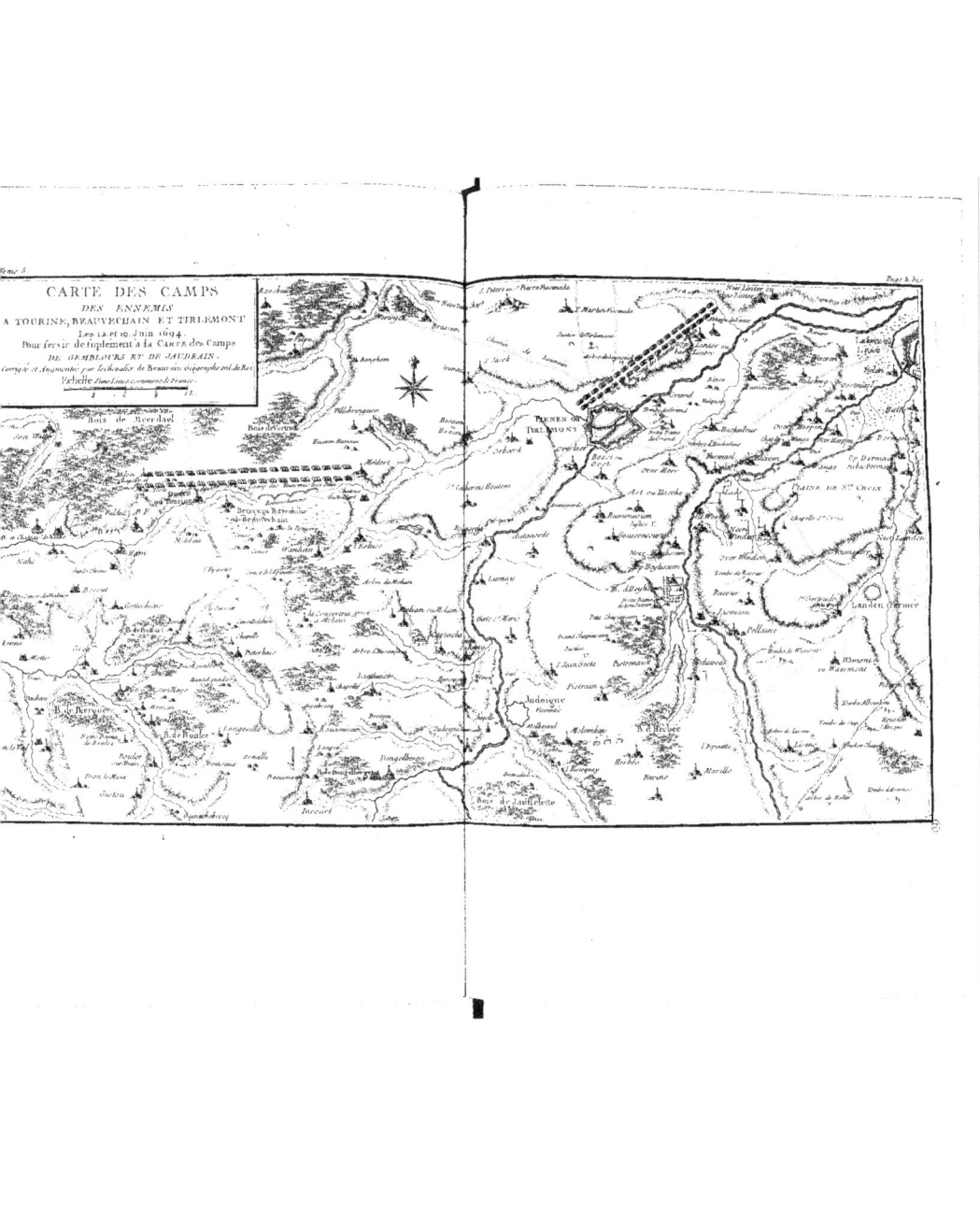

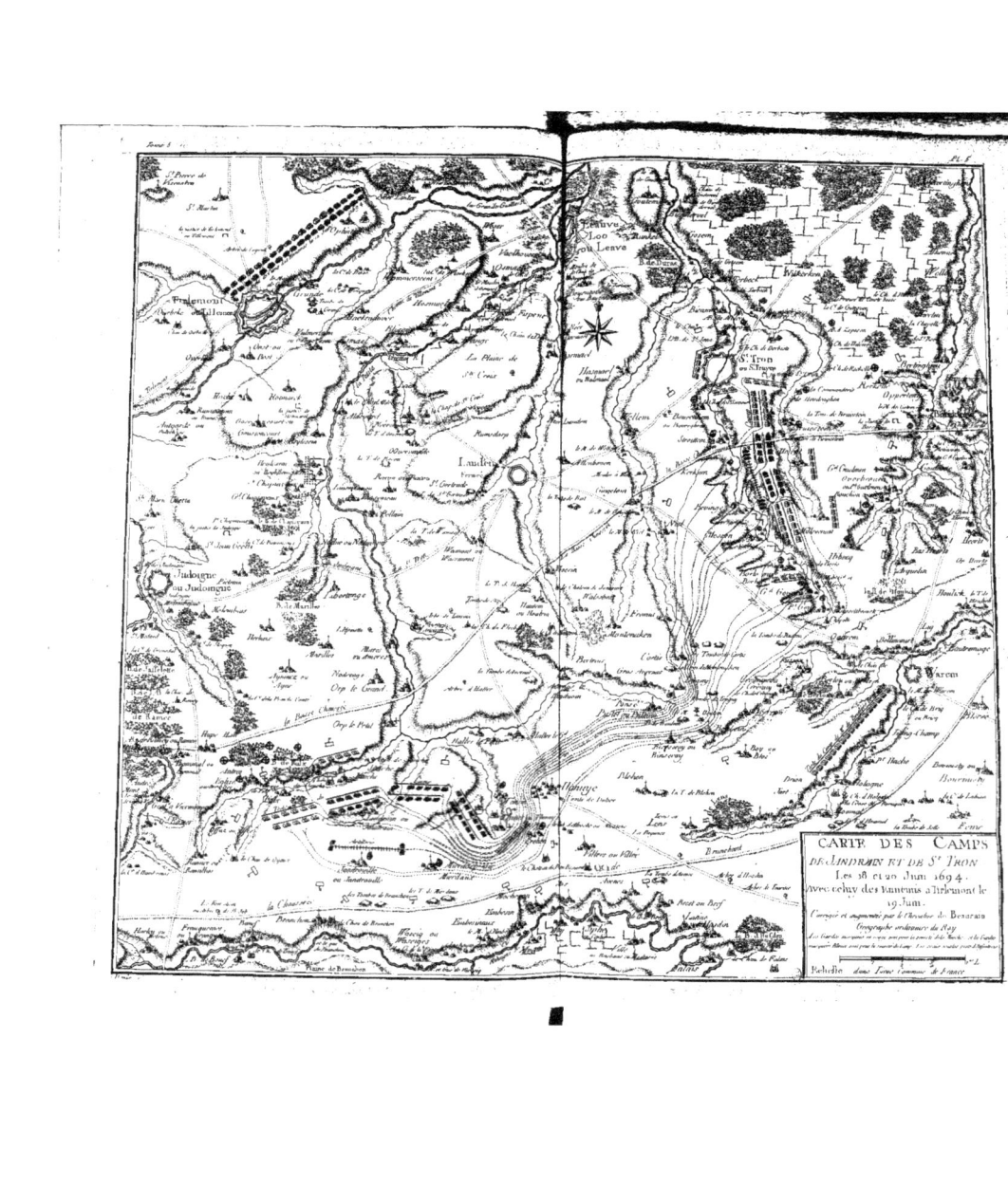

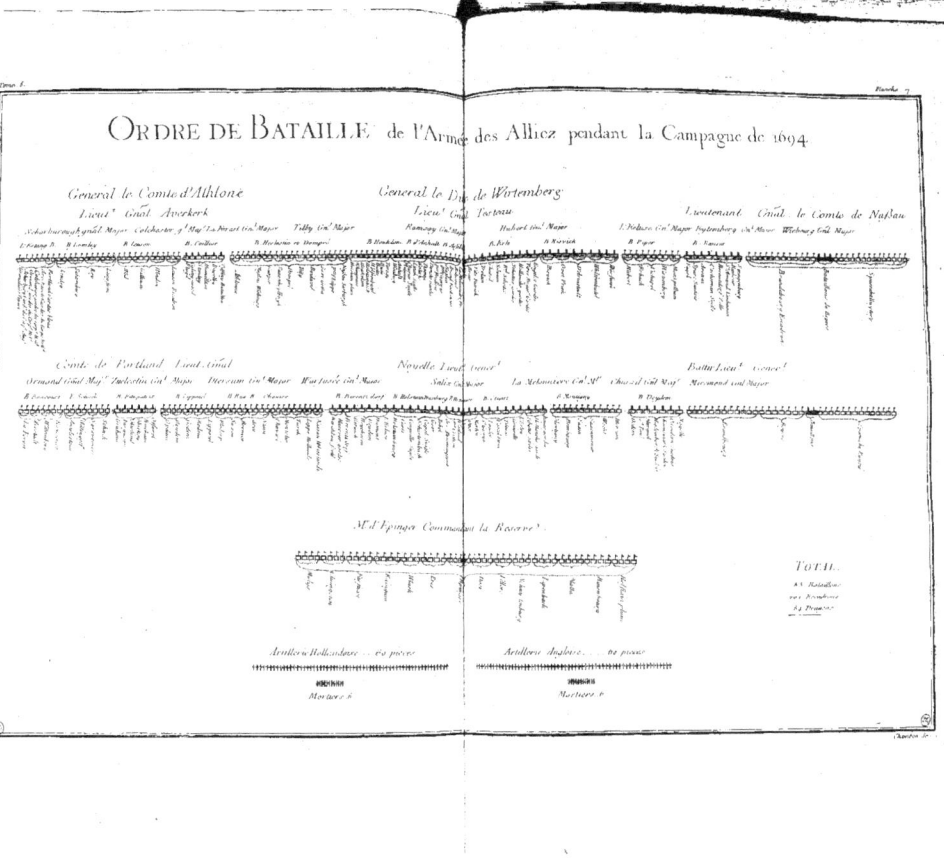

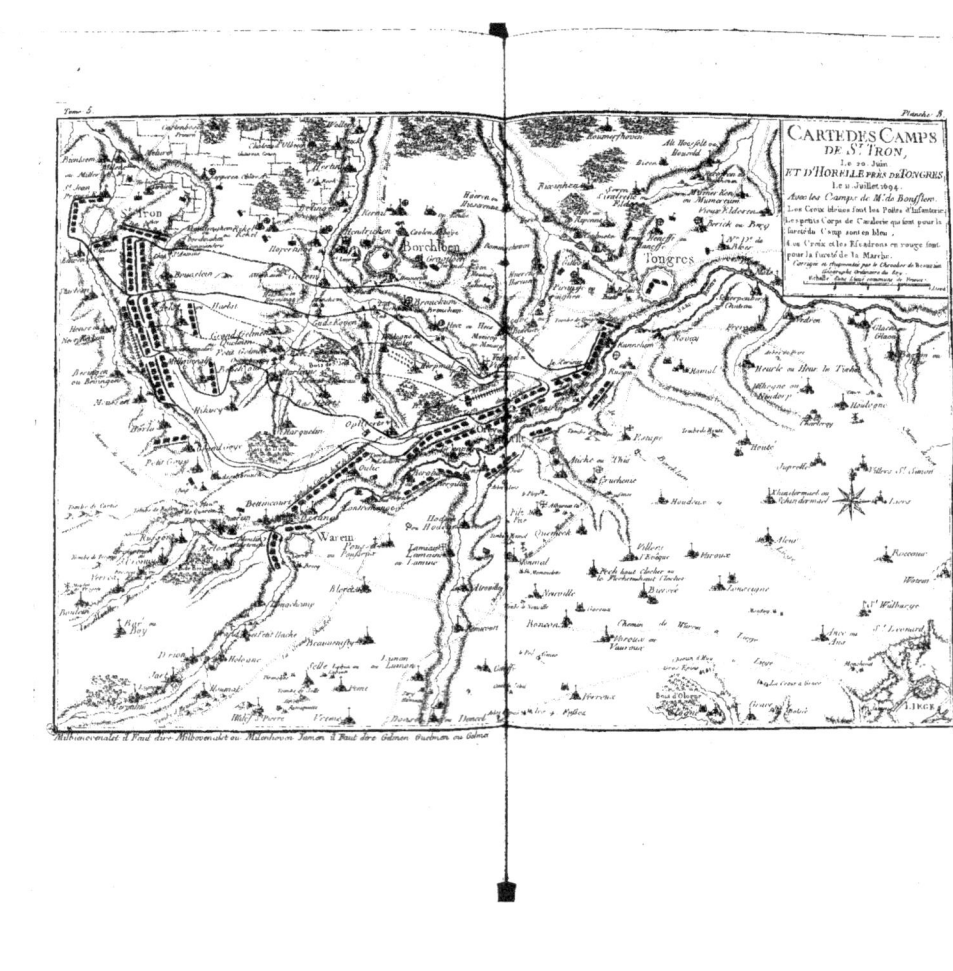

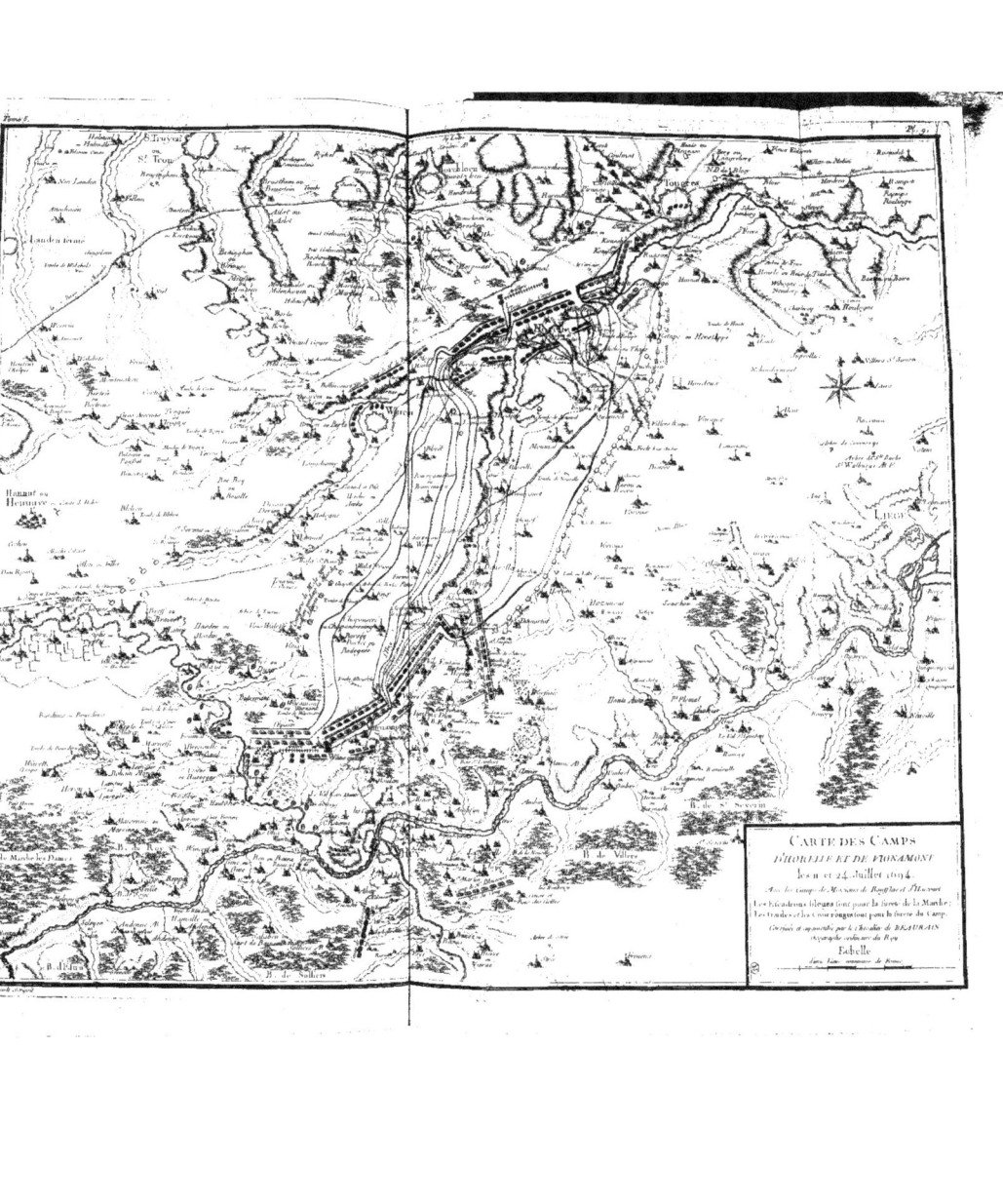

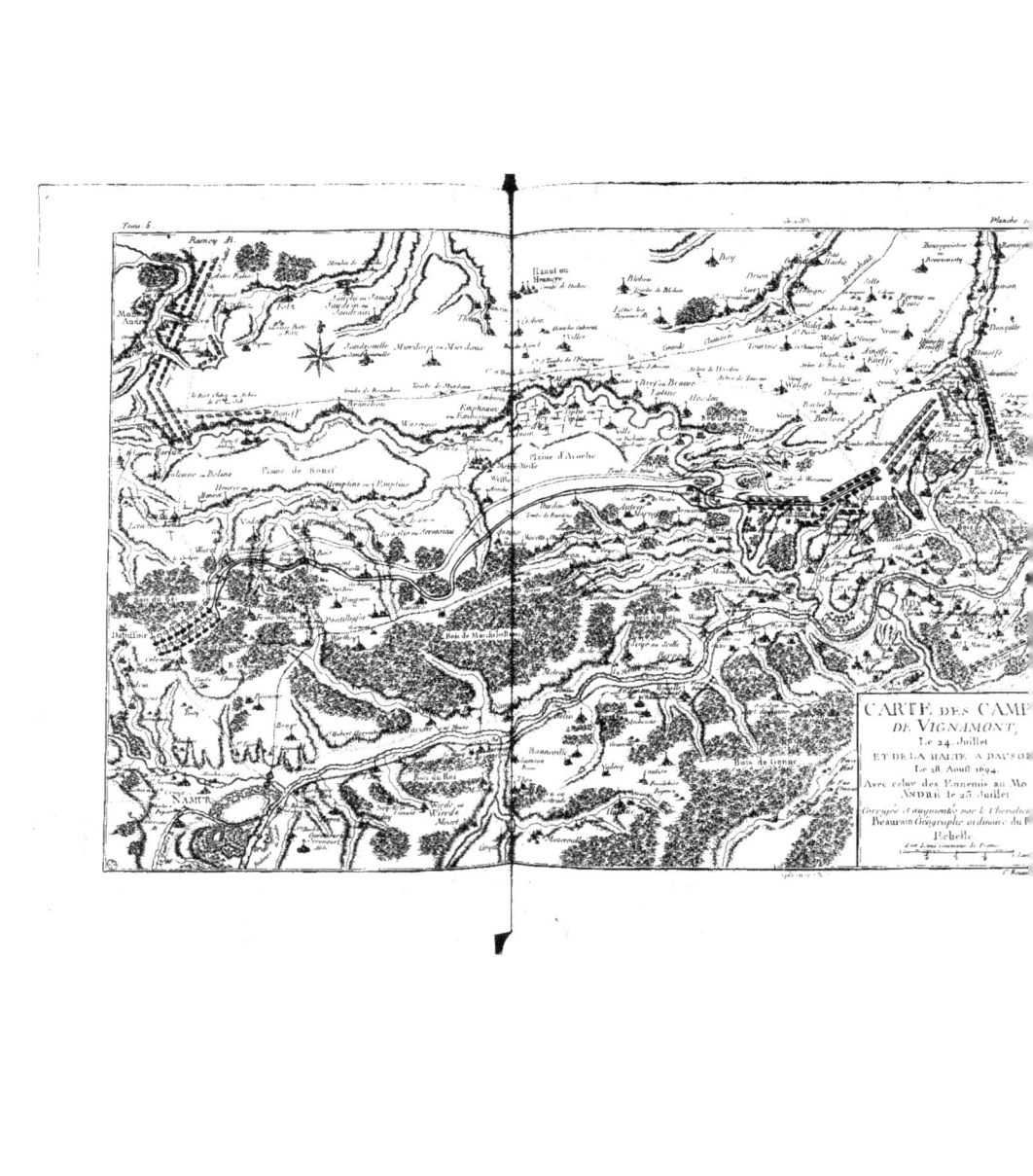

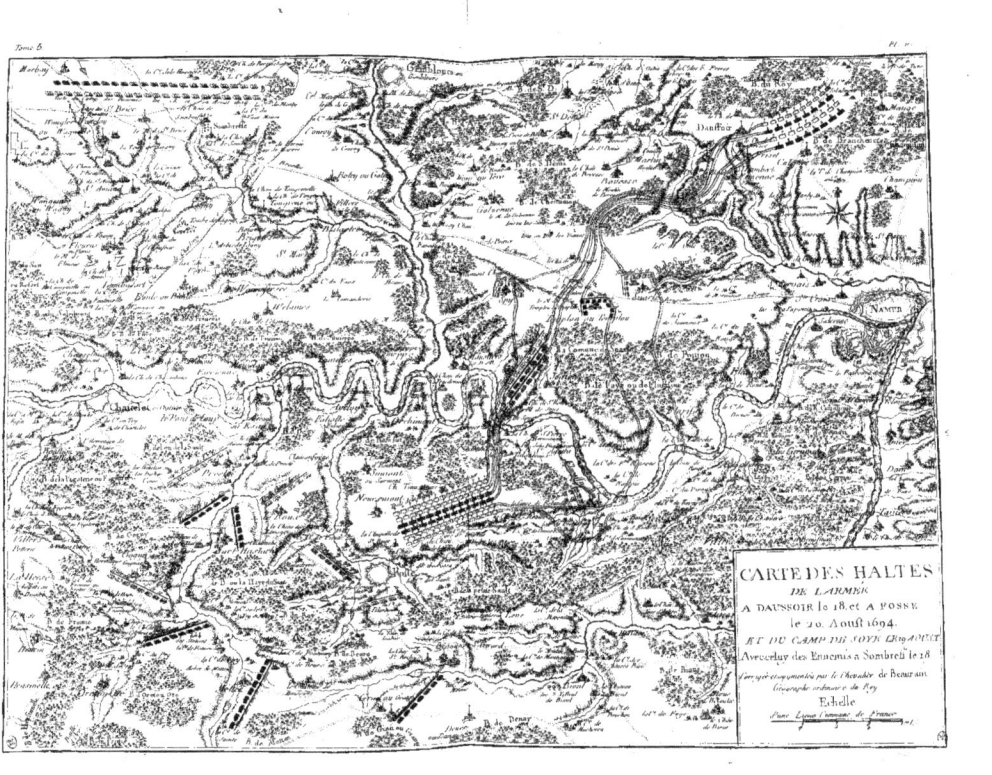

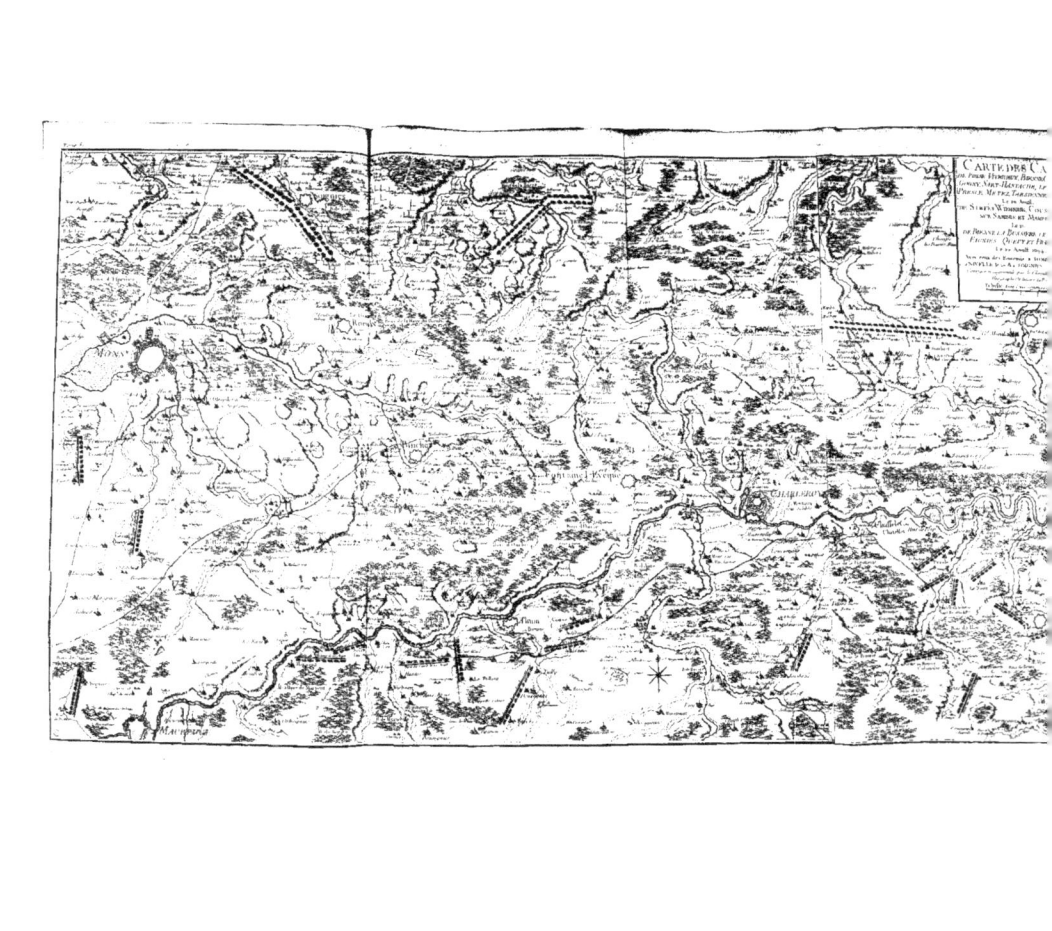

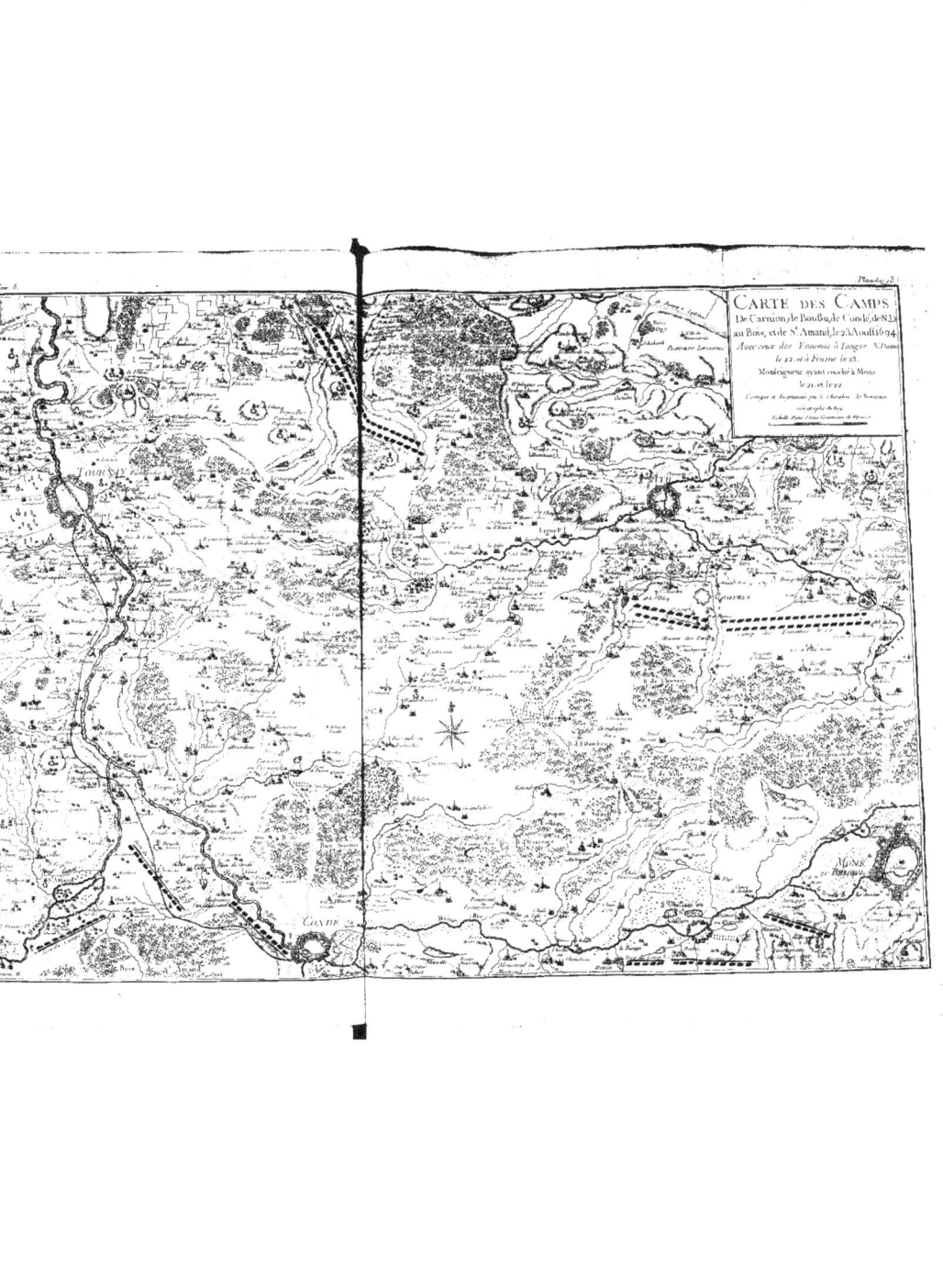

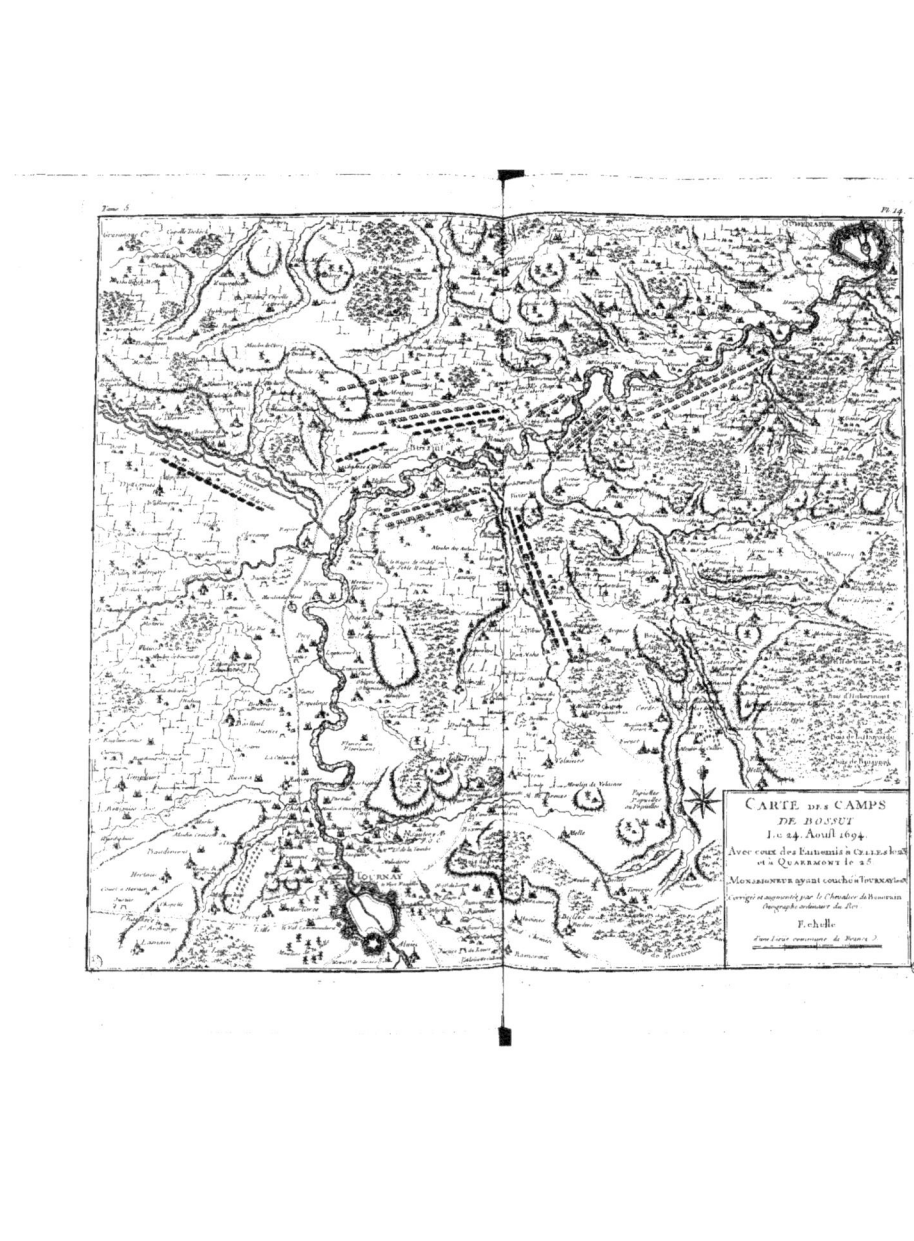

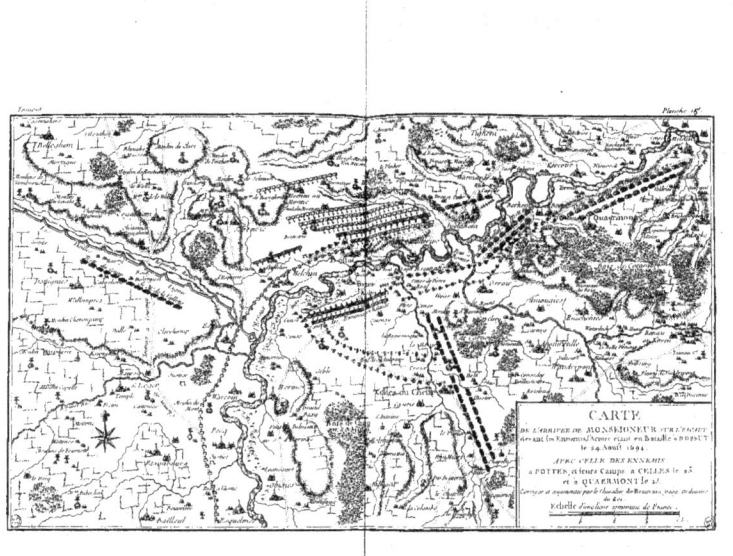

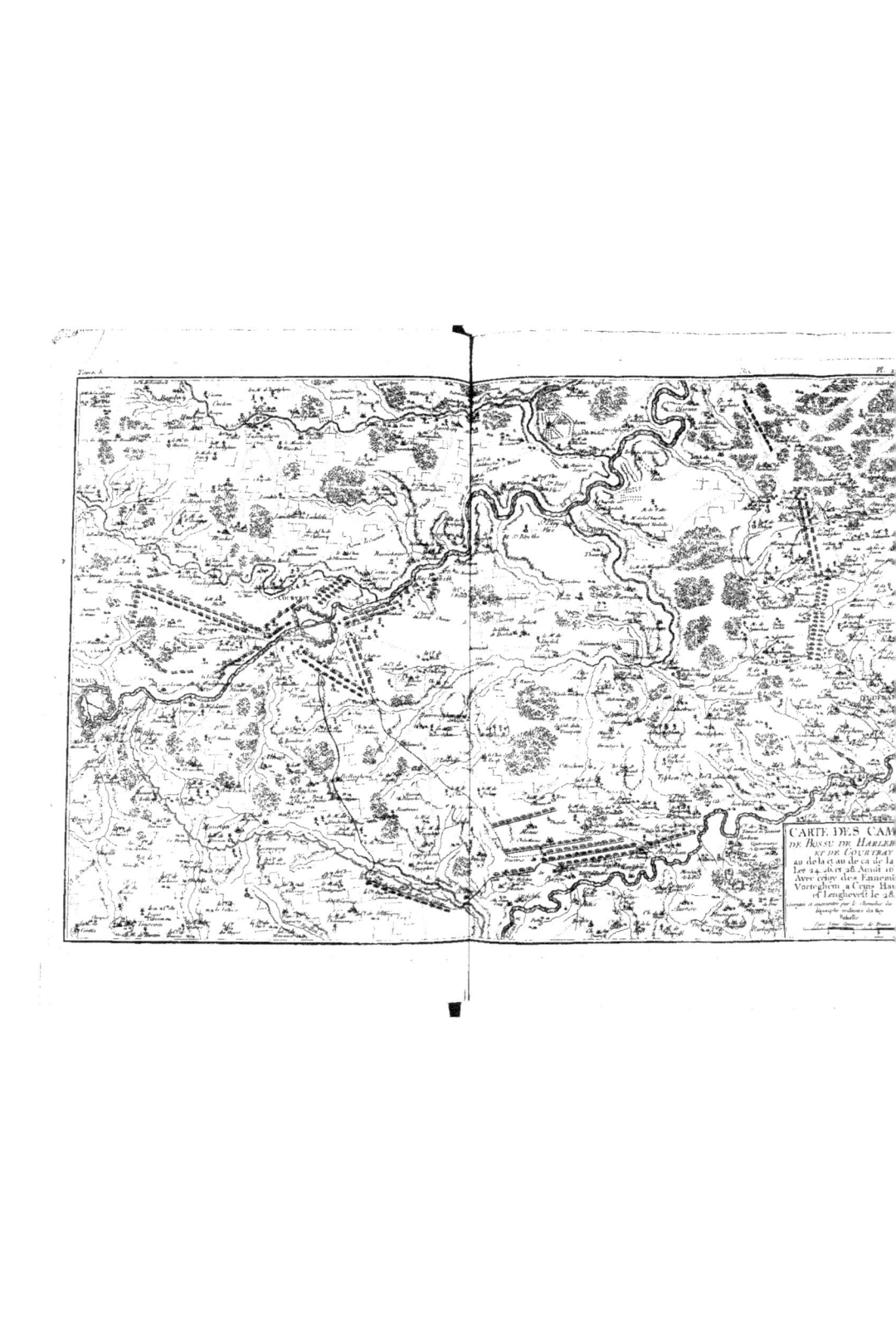

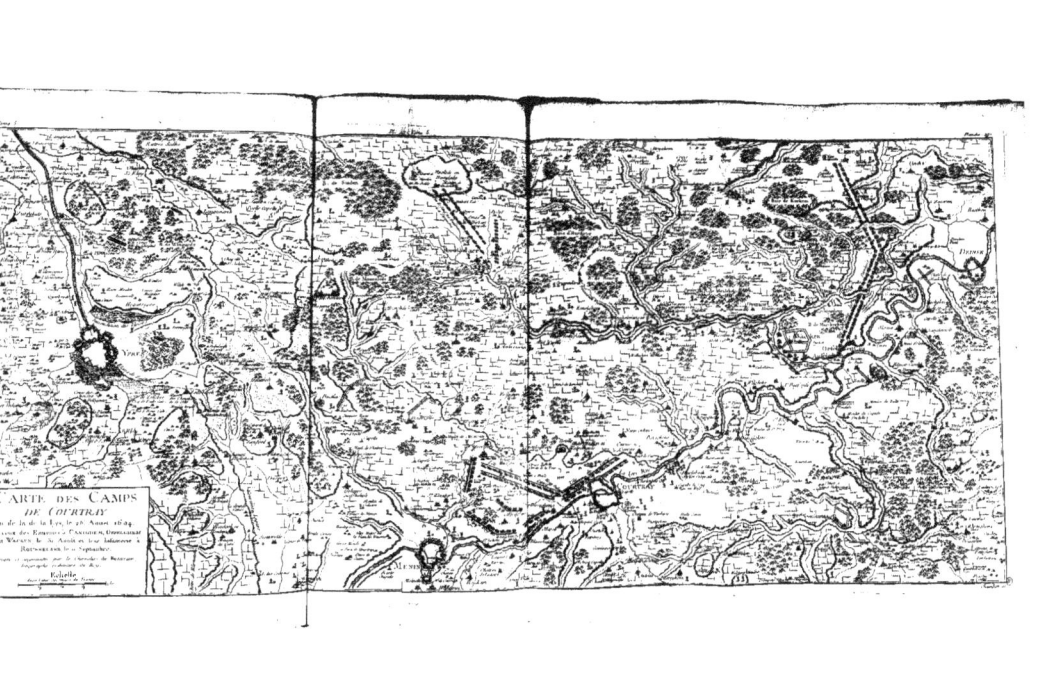

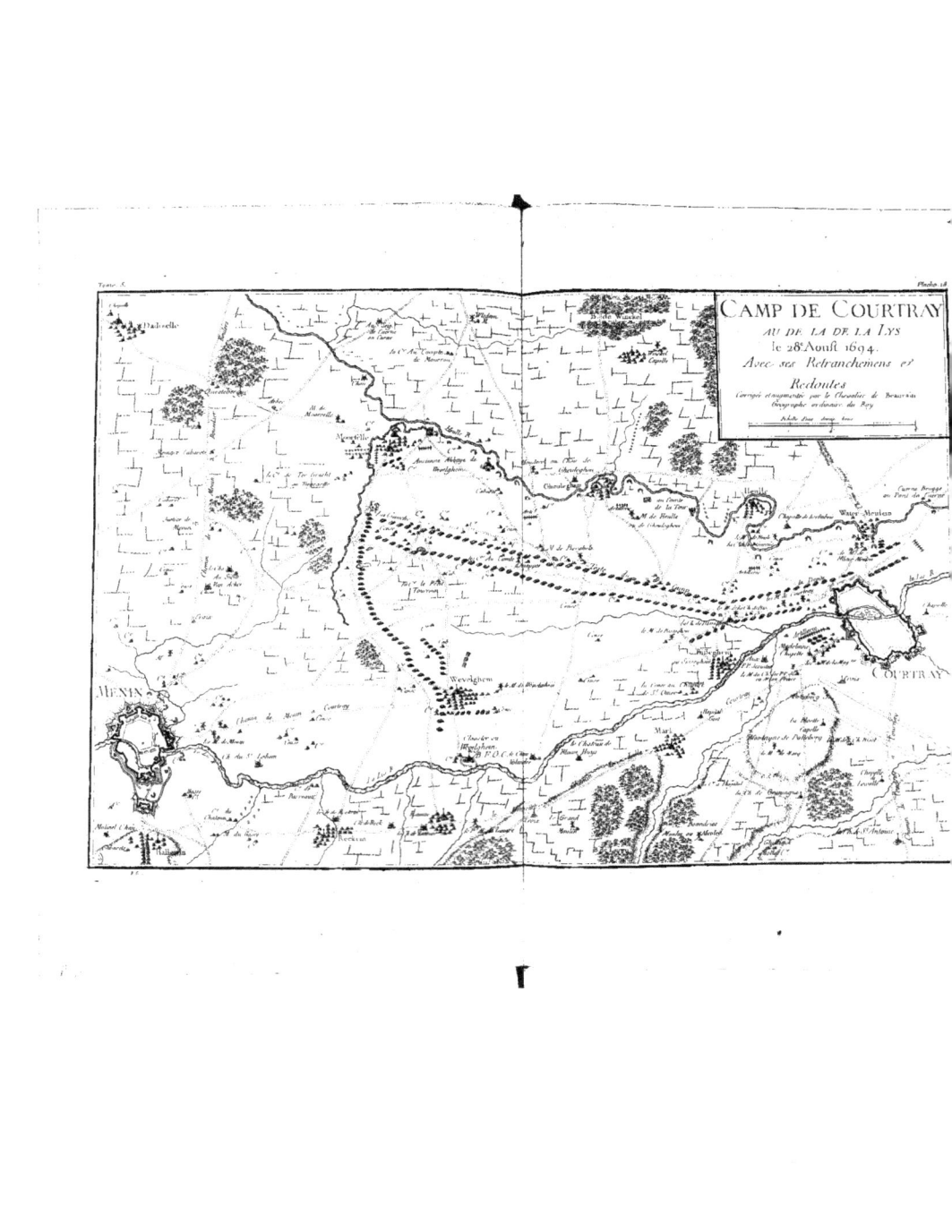

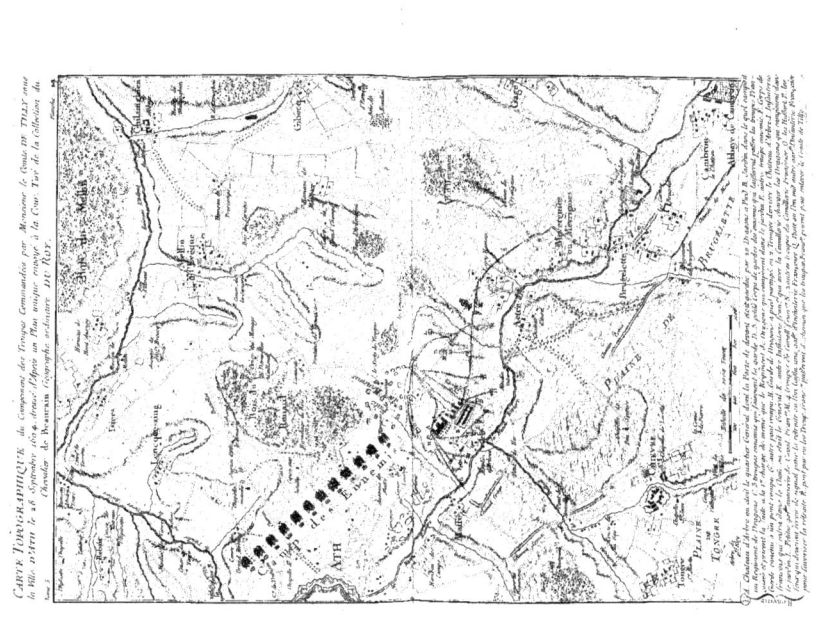

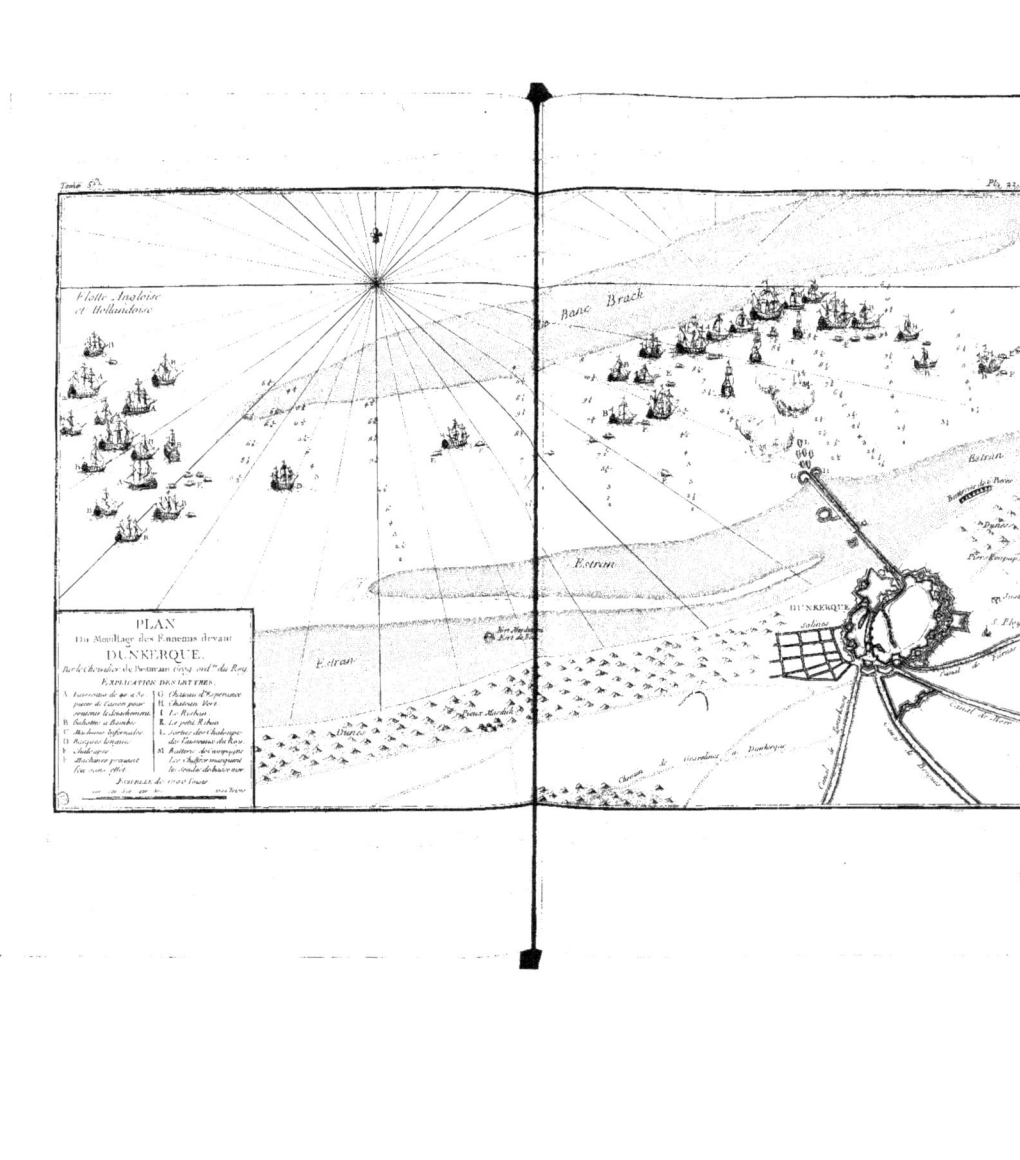

COUPE DE LA MACHINE INFERNALE,

Que les Anglois employerent aux Bombardemens de Saint Malo en 1693,
de Diepe et de Dunquerque en 1694.

Voyés l'histoire de Louis XIV. par De Larrey page 136. 138. 190 et 192.

Explication des Chifres.

1. Le fond de Calle rempli de sable limoneux, boiés, garni de Traverses et Piliers qui soutenoient le premier Pont, pour donner plus de force aux Poudres.
2. Premier Pont d'un pied et demi d'épaisseur.
3. Quinze milliers de poudre.
4. Second Pont fait en Coffre, qui avoit un pied et demi de vuide, rempli de Cailloux de 15 à 20 livres.
5. Sur le deuxième Pont 35o Bombes et 5o Carcasses.
6. Troisième Pont d'un demi pied d'épaisseur.
7. 35o Barils à Cercles de fer, pleins de Grenades chargées et enveloppées de Cordages goudronnés, et 5o Machines de fer ayant des pointes et qui tombant sur du bois, s'y plantoient et étoient remplies d'une Composition de poix, gaudron, soufre et eau de vie, comme il se voit par la figure qui vomit du feu, 10.
8. Le Couvert d'un ais pour empêcher les amorces de bruler.
9. Le Canal qui conduit le feu aux amorces et aux poudres.

Cette Machine avoit 34 pieds Rinlandes de longueur, sa hauteur de 18, et elle prenoit 9 pieds d'eau.

www.ingramcontent.com/pod-product-compliance
Lightning Source LLC
Chambersburg PA
CBHW071155240526
45470CB00016BA/20